Irene Husser
Elfriede Jelineks Theater des (Post-)Politischen

Gegenwartsliteratur –
Autoren und Debatten

Irene Husser

Elfriede Jelineks Theater des (Post-)Politischen

Agonistik der Gegenwartsliteratur

DE GRUYTER

Dissertation an der WWU Münster, D6

ISBN 978-3-11-102806-4
e-ISBN (PDF) 978-3-11-102872-9
e-ISBN (EPUB) 978-3-11-102931-3
ISSN 2567-1219

Library of Congress Control Number: 2022947809

Bibliografische Information der Deutschen Nationalbibliothek
Die Deutsche Nationalbibliothek verzeichnet diese Publikation in der Deutschen
Nationalbibliografie; detaillierte bibliografische Daten sind im Internet über
http://dnb.dnb.de abrufbar.

© 2023 Walter de Gruyter GmbH, Berlin/Boston
Einbandabbildung: „Die Schutzflehenden/Die Schutzbefohlenen" (Schauspiel Leipzig,
Regie: Enrico Lübbe, 2015). © Bettina Stöß. https://www.moving-moments.de/.
Druck und Bindung: CPI books GmbH, Leck

www.degruyter.com

*Meinen Eltern,
meiner Schwester*

Inhalt

I Einleitung —— 1

II Kontextologie der Gegenwartsliteratur: Literarisches Feld und diskursiver Erfahrungsraum —— 9

III Die politische Differenz: Politik und das Politische —— 16
1 Begriffsgeschichten, Traditionslinien, Kritik —— 16
2 Figuren des Politischen I: Hegemonie —— 27
3 Figuren des Politischen II: Postpolitik und Postdemokratie —— 32
4 Figuren des Politischen III: Rückkehr des Politischen und künstlerische Praxis —— 38

IV Politische Literatur und das literarische Feld der Gegenwart —— 43
1 Krise und Begehren der Repräsentation —— 43
2 Deutsch-österreichische Perspektiven —— 52
3 Forschungspositionen: Politische Literatur und das Politische der Literatur —— 58
4 Elfriede Jelinek im literarischen Feld der Gegenwart —— 65
4.1 Engagierte Autorschaft —— 65
4.2 Autonomie und Engagement —— 75
4.3 Theater des Politischen – Theater des Agons —— 83

V Ordnungen des Postpolitischen —— 93
1 Geschichte und Widerstand (*Wolken.Heim.*, *Ulrike Maria Stuart*) —— 93
1.1 Heimsuchungen – Geistesgeschichte als Geistergeschichte —— 93
1.2 Vereinnahmungen und Verausgabungen – RAF und die linke Revolution —— 105
2 Kapitalismus und Kritik (*Die Kontrakte des Kaufmanns*, *Rein Gold*) —— 115
2.1 Ökonomie im Gegenwartstheater – Tendenzen und blinde Flecken —— 115
2.2 Kapitalismus als Religion —— 121
2.2.1 Jenseits von Tätern und Opfern —— 121
2.2.2 Ein „System des Glaubens und der Ideen" —— 127
2.3 Kapitalismuskritik und Religion —— 144
2.3.1 Die Ohnmacht der Kritik —— 144

| 2.3.2 | Revolution und Postapokalypse —— 152 |
| 3 | Populismus – Illusion der Alternative (*Am Königsweg, Das Lebewohl*) —— 156 |

VI Fallstricke der (politischen) Literatur —— 166
1	Literarische und politische Avantgarde (*Wolken.Heim., Ulrike Maria Stuart, Am Königsweg*) —— 166
2	Kunstreligion – Exklusivität und Exklusion (*Wolken.Heim., Rein Gold*) —— 180
3	Komödie und Ökonomie – Interferenzen und Allianzen (*Die Kontrakte des Kaufmanns*) —— 191

VII Antizipationen des Politischen —— 205
1	Innenansichten der Hegemonie – Literatur als Sakrileg (*Die Kontrakte des Kaufmanns*) —— 205
2	Provokationen der Hegemonie – Hegemonie als Provokation (*Wolken.Heim., Rechnitz (Der Würgeengel)*) —— 214
3	Der Blick auf das Außen (*Wolken.Heim., Rechnitz (Der Würgeengel), Die Schutzbefohlenen*) —— 224
3.1	Die zivile Tragödie —— 224
3.2	Ein unmögliches Gedächtnis —— 228
3.3	Eine unmögliche Rede —— 236
3.4	Erscheinen des *demos* —— 246

VIII Epilog: Literatur, Macht und Hegemonie —— 254

Literaturnachweise —— 258

Danksagungen —— 280

Register —— 281

I Einleitung

Anfang 2022 diskutierte die deutsche Literaturszene über einen Vorschlag, den die Autor/-innen Simone Buchholz, Dmitrij Kapitelman und Mithu Sanyal im Feuilleton der *Süddeutschen Zeitung* unterbreitet hatten: die Einrichtung des Amtes des/r Parlamentsdichter/-in. „Was wäre, wenn wir sie hätten, und wenn es nicht die Nebenaufgabe, sondern die Hauptaufgabe dieser poetischen Amtsinhaberinnen und Amtsinhaber wäre, mit Abgeordneten zu reden, um parlamentarische Diskurse, politische Debatten und Strömungen in Poesie oder Prosa zu gießen? Unbedingt auch als Irritation, als Störfaktor?"[1] Buchholz, Kapitelman und Sanyal sehen in dem/der parlamentarischen Dichter/-in eine Instanz, die in die routinierten Abläufe der Politik störend eingreift, diese Störungen stehen im Dienst eines integrativen Projekts: der „Versöhnung und Heilung"[2] der Gesellschaft. Die Initiative möchte der Gegenwartsliteratur eine Anregung liefern: „Nebenbei würde das auch der Dichtung in diesem Land einen Politisierungsschub geben. Ein Gefühl von: Wir sind relevant, wir werden gehört und deshalb haben wir auch eine Verantwortung."[3]

Die Stellungnahme von Buchholz, Kapitelman und Sanyal ist sowohl auf Befürwortung als auch Ablehnung gestoßen, einen neuen Literaturstreit hat sie freilich nicht vom Zaun gebrochen. Innerhalb kürzester Zeit ist der Aufruf versandet, was wohl auch darauf zurückzuführen ist, dass das Politische in der Gegenwartsliteratur allgegenwärtig ist und der Beitrag rhetorisch (wenn auch in der Sache) keinen diskursiven Mehrwert geltend machen konnte. Wo die Initiative in Aussicht stellt, einen Politisierungsschub anzustoßen, übersehen die Autor/-innen, dass die Forderung selbst das Symptom eines Politisierungsschubes im literarischen Feld seit 2000 ist. Mit der Jahrtausendwende erfahren die politische Literatur und das politische Theater einen Aufschwung: Autor/-innen nehmen *politisch-ästhetische Ortsbestimmungen*[4] vor, verstehen sich als *Einmischer*[5] in gesellschaftspolitische Debatten, denken über das *Verhältnis von Literatur und*

---

1 Simone Buchholz, Dmitrij Kapitelman und Mithu Sanyal. „Dichterin gesucht". *Süddeutsche Zeitung* (03. Januar 2022). https://www.sueddeutsche.de/kultur/parlament-poesie-kraft-der-spra che-kanada-parlamentspoetin-1.5500469 (01. März 2022).
2 Ebd.
3 Ebd.
4 Vgl. Wilfried F. Schoeller und Herbert Wiesner (Hg.). *Widerstand des Textes. Politisch-ästhetische Ortsbestimmungen*. Berlin: Matthes & Seitz, 2009.
5 Vgl. Thomas Wagner (Hg.). *Die Einmischer. Wie sich Schriftsteller heute engagieren*. Hamburg: Argument, 2011.

Ethik[6] nach, wollen einen „politischen Blick auf die Welt eröffnen"[7] und schreiben an gegen „Allianzen der Vereinfachung und das Ausblenden eines Zusammenhangs. Gegen demokratischen Verfall. Gegen die Verschiebung Europas, nach rechts"[8] – um nur einige Positionierungen wiederzugeben.

Die Gründe für diese Konjunktur des Politischen sind nicht zuletzt in einem veränderten gesellschaftlichen Klima zu suchen. Schien noch in den 1990er Jahren der Sieg der liberalen Demokratie entschieden und falsche ideologische Alternativen überwunden, so muss am Anfang des einundzwanzigsten Jahrhunderts festgestellt werden, dass die Geschichte keineswegs ein glückliches Ende gefunden hat, sondern zu immer neuen Antagonismen und (gewalttätigen) Auseinandersetzungen anhebt: Zu alten Rivalitäten sind neue globale und lokale Konflikte hinzugetreten, die Heilsversprechen des Kapitalismus haben sich als selektiv erwiesen, die westlichen Demokratien geraten von unterschiedlichen Seiten zunehmend in Bedrängnis. Weil die Politik immer wieder Antworten auf die Herausforderungen des einundzwanzigsten Jahrhunderts schuldig bleibt und keine gesamtgesellschaftlich wirksamen Sinnangebote liefert, ist die Literatur als Medium der Orientierung und Vermittlung von Werten und Leitideen des demokratischen Miteinanders im Zeitalter der Globalisierung, Digitalisierung, der wachsenden sozialen Ungleichheit und ökologischen Krisen mehr denn je gefragt.

In der Gegenwartsliteraturwissenschaft ist die Konjunktur der politischen Literatur umfassend registriert worden und hat im Versuch, die gegenwärtige Literaturproduktion einzuordnen und literaturhistorisch abzugrenzen, eine Konjunktur, mitunter Konfusion der Begrifflichkeiten nach sich gezogen: Zur Disposition steht, ob herkömmliche Modelle der engagierten Literatur dazu taugen, die Spezifika der Gegenwartsliteratur zu erfassen; Alternativen zu der etablierten Terminologie sollen Konzepte des ‚Politischen der Literatur' oder begriffliche Differenzierungen (‚subversive Literatur', ‚unengagiertes Engagement' usw., vgl. Kapitel IV.3) bieten. In dieser Arbeit geht es nicht darum, eine Definition der

---

6 Vgl. Stephanie Waldow (Hg.). *Ethik im Gespräch. Autorinnen und Autoren über das Verhältnis von Politik und Ethik heute.* Bielefeld: transcript, 2011.
7 Juli Zeh. „Auf den Barrikaden oder hinter dem Berg. Die jungen Schriftsteller und die Politik". *Deutschland denken. Beiträge für die reflektierte Politik.* Hg. Undine Ruge und Daniel Morat. Wiesbaden: VS Verlag für Sozialwissenschaften, 2005, S. 23–28, hier 28.
8 *Nazis und Goldmund. Über uns.* http://www.nazisundgoldmund.net/info/ (01. März 2022). Zu dem Autorenkollektiv „Nazis und Goldmund" gehörten Jörg Albrecht, Thomas Arzt, Sandra Gugić, Thomas Köck, Gerhild Steinbruch und Gastautor/-innen, die auf dem Blog wöchentlich „Texte, Essays, Gedankensplitter, Reportagen, poetische Fragmente, innere Monologe, offene Anklagen, Pamphlete, Dramolette, Kampfparolen, Schlagzeilen, schöne Lieder, linke Propaganda" zu gesellschaftspolitischen Themen veröffentlichten.

politischen Literatur zu entwickeln, die auf die gegenwartsliterarische Produktion zugeschnitten ist, sondern eine methodische Diskussion anzustoßen. Dementsprechend operiert die vorliegende Studie mit einer Minimaldefinition, wonach es sich bei politischer Literatur um eine „kontextsensible Textsorte"[9] handelt, die eine „politische Bedeutsamkeit für sich reklamiert"[10] – oder allgemeiner gefasst: die ihre politische Bedeutsamkeit reflektiert. Derweil muss im Einzelfall geprüft werden, wie sich ein Text zu den Parametern ‚Kontext' und ‚Bedeutsamkeit' verhält: Literatur kann Bezug nehmen auf (zeit-)geschichtliche Ereignisse, Diskurse, Wahrnehmungsmuster usw. Der Kontextbezug stellt zugleich ein heuristisches Problem dar, insofern die Konzeptualisierung des Kontextes theoretisch-methodischen Vorannahmen folgt. Dabei kann die Bezugnahme auf außerliterarische Wirklichkeit affirmativ oder ablehnend, konformistisch oder kritisch (manchmal beides zugleich) ausfallen, auf jeden Fall wird dieser Bezugnahme eine gesellschaftspolitische Bedeutsamkeit zugestanden. Diese machen politische Texte in der Regel durch einen Anspruch auf unmittelbare Wirkung geltend, denkbar ist aber auch eine politische Literatur, die sich als Beitrag zu längerfristigen gesellschaftlichen Transformationen versteht.

Damit zeigt sich, dass die gesellschaftspolitische Bedeutsamkeit die *differentia specifica* der politischen Literatur bezeichnet: Politische Texte machen einen Gesellschaftsbezug geltend, ebenso wie z. B. Texte, die sich vornehmlich der Unterhaltung verschreiben, einen Gesellschaftsbezug geltend machen können. Politisch wird Literatur aber erst dort, wo die gesellschaftspolitische Tragweite des Literarischen reflektiert wird, wo also Texte als politische Texte in Szene gesetzt werden. Die Bedeutsamkeit betrifft demnach die poetologische, selbstreflexive Dimension von Literatur, welche sich in Handlungs- und Figurenanordnungen, der Formensprache oder Gattungszugehörigkeit manifestieren, aber auch in paratextueller Form, so etwa in Selbstaussagen von Autor/-innen, zutage treten kann. Unter politischer Literatur sollen dementsprechend nicht Texte verstanden werden, die in der Rezeption eine politische Wirkkraft entfalten; politische Literatur ist produktionsseitig als politische Literatur intendiert und lässt sich deshalb *„zureichend nur im Viereck von Autor, Text, (literarischer) Öffentlichkeit und politischem Status quo erfassen* [Hervorhebungen i. O.]".[11]

---

9 Nikolaus Wegmann. „Engagierte Literatur? Zur Poetik des Klartexts". *Systemtheorie der Literatur*. Hg. Jürgen Fohrmann und Harro Müller. München: Fink, 1996, S. 345–365, hier S. 346.
10 Christian Sieg. *Die „engagierte Literatur" und die Religion. Politische Autorschaft im literarischen Feld 1945 und 1990*. Berlin: De Gruyter, 2017, S. 1.
11 Willi Huntemann und Kai Hendrik Patri. „Einleitung: Engagierte Literatur in Wendezeiten". *Engagierte Literatur in Wendezeiten*. Hg. Willi Huntemann, Malgorzata Klentak-Zablocka, Fabian Lampart und Thomas Schmidt. Würzburg: Königshausen & Neumann, 2003, S. 9–31, hier S. 12.

Diese historisch neutrale Minimaldefinition der politischen Literatur soll die Grundlage für eine historische Betrachtung des gegenwartsliterarischen Gegenstandes darstellen. Bei der Gegenwartsliteraturwissenschaft handelt es sich um eine relativ junge Errungenschaft; noch in den 1960er Jahren war die philologische Beschäftigung mit der zeitgenössischen Literaturproduktion legitimationsbedürftig, da methodisch fragwürdig. Im für die Nachkriegsgermanistik lange Zeit dominanten hermeneutischen Paradigma, wonach die Differenz zwischen Text und Leser/-in die Grundlage des Verstehens bildet, konnte nur der „Abstand der Zeiten"[12] ein eingehendes Verständnis von Literatur gewährleisten. Auch wenn spätestens seit der Jahrtausendwende die Vorbehalte gegen die Gegenwartsliteraturwissenschaft aus dem Weg geräumt sind, kann diese der „Frage, welche historische und begrifflich-methodische Distanz sie zu ihrem Gegenstand einnimmt, [...] nicht ausweichen".[13] Diese Distanzierung soll in dem vorliegenden Beitrag methodisch durch die Einbettung der untersuchten Texte in ihre literatur- und diskursgeschichtlichen Kontexte geleistet werden. Es gilt, die politische Gegenwartsliteratur zum einen als ein Produkt des gegenwartsliterarischen Feldes und seiner Geschichte auszuweisen, wofür Heribert Tommeks Studie *Der lange Weg in die Gegenwartsliteratur* zentrale Impulse liefern wird, zum anderen als Produkt von Transformationen der politischen Theoriebildung im zwanzigsten Jahrhundert.

Im Fokus dieser Arbeit steht das Œuvre Elfriede Jelineks – einer Autorin, deren nun 50-jähriges literarisches Schaffen durchweg der Auseinandersetzung mit gesellschaftspolitischen Fragen verpflichtet gewesen ist. Mit dem Anliegen, Jelinek als eine Vertreterin der politischen Gegenwartliteratur zu beleuchten, schreibt sich diese Studie in eine dominante Tradition der Jelinek-Forschung ein, möchte diese aber in entscheidenden Punkten weiterdenken. Selbstredend ist Jelinek als politische Autorin wahrgenommen worden, deren Texte gesellschaftliche Missstände kritisch adressieren. In der Forschung liegen dementsprechend zahlreiche Beiträge zu Themen und Diskursen wie Patriarchat, Nationalismus, Kapitalismus usw. vor,[14] die im Zentrum von Jelineks Auseinandersetzung mit der Gegenwart stehen. Desgleichen sind die formalen Eigenheiten der Texte eingehend beschrieben worden: Mythenkritik, Dekonstruktion oder Störung sind Ver-

---

12 Vgl. Hans-Georg Gadamer. *Wahrheit und Methode. Grundzüge einer philosophischen Hermeneutik.* 6. Aufl. Tübingen: Mohr, 1990, S. 302. Vgl. dazu auch Leonhard Herrmann und Silke Horstkotte. *Gegenwartsliteratur. Eine Einführung.* Stuttgart: Metzler, 2016, S. 7 f.
13 Heribert Tommek: *Der lange Weg in die Gegenwartsliteratur. Studien zur Geschichte des literarischen Feldes in Deutschland 1960–2000.* Berlin, Boston: De Gruyter, 2015, S. 2.
14 Für eine Übersicht vgl. Pia Janke (Hg.): *Jelinek Handbuch.* Stuttgart, Weimar: Metzler, 2013.

fahrensweisen, die der Autorin im Umgang mit gesellschaftlichen Wirklichkeiten und Diskursen attestiert werden.

Alles in allem ist die Lektüre von Jelineks Texten als politische Texte so omnipräsent, dass programmatische Darstellungen der politischen Dimension der Theaterstücke und Romane eher die Ausnahme darstellen.[15] Aufbauend auf der Forschungslage möchte ich deshalb den Versuch unternehmen, Konfigurationen und Schreibweisen des Politischen in Jelineks Theatertexten systematisch zu beschreiben. Diese werden im Sinne einer „Geschichtsschreibung der Gegenwartsliteratur"[16] einerseits in Bezug zu Diskursen der politischen Literatur sowie Transformationen der Avantgardeposition im gegenwartsliterarischen Feld gesetzt, andererseits zum Paradigmenwechsel des marxistischen Denkens nach 1968, im Zuge dessen der Begriff des Politischen in Abgrenzung vom Begriff der Politik geprägt worden ist. Im Folgenden sollen also Übereinstimmungen zwischen postmarxistischen Theorien des Politischen und Jelineks politischen Texten geltend gemacht werden; zugleich stellen die Theorien des Politischen ein Begriffsinstrumentarium bereit, an dem sich die Struktur der Textanalysen orientiert: Es ist zunächst darzulegen, dass die Theatertexte der Autorin Ordnungen des Postpolitischen entwerfen, die vom Verschwinden des Politischen in der Gegenwart zeugen (Kapitel V). Dabei problematisieren die Stücke, dass die Literatur von der ‚feindlichen Übernahme' durch die hegemonialen politischen und ökonomischen Verhältnisse gleichfalls nicht sicher sein kann (Kapitel VI), eruieren jedoch ausgehend von diesen – auf den ersten Blick trostlos stimmenden – Einsichten Möglichkeiten der Rückkehr des Politischen (Kapitel VII). Diesen drei Analysekapiteln sind drei begrifflich-methodische Kapitel vorgeschaltet, in denen die feld- und diskurstheoretischen Annahmen dieser Arbeit erläutert (Kapitel II), der Begriff des Politischen dargelegt (Kapitel III) und das gegenwartsliterarische Feld kartographiert werden sollen (Kapitel IV).

Wie oben ausgeführt, verlangt die literaturwissenschaftliche Analyse politischer Texte nach einer Auseinandersetzung mit ihren selbstreflexiven und poetologischen Dimensionen. Politisch wird Literatur dort, wo sie sich als politische Literatur positioniert und reflektiert – als Literatur, die mit der Öffentlichkeit in-

---

15 Ansätze dazu finden sich z. B. in Bettina Gruber und Heinz-Peter Preußer (Hg.). *Weiblichkeit als politisches Programm? Sexualität, Macht und Mythos*. Würzburg: Königshausen & Neumann, 2005; Isolde Charim: „Elfriedes Teekesselchen. Elfriede Jelineks politisch-literarisches Unternehmen". JELINEK[JAHR]BUCH (2011), S. 78–84; Jerome Carroll, Steve Giles und Karen Jürs-Munby (Hg.). *Postdramatic Theatre and the Political. International Perspectives on Contemporary Performance*. London: Bloomsbury Publishing, 2013; Pia Janke und Teresa Kovacs (Hg.). *Schreiben als Widerstand. Elfriede Jelinek & Herta Müller*. Wien: Praesens, 2017.
16 Tommek. *Der lange Weg in die Gegenwartsliteratur*, S. 1.

teragiert bzw. Öffentlichkeit erzeugt und eine gesellschaftspolitische Bedeutsamkeit in Rechnung stellt. Dieser poetologische Aspekt der politischen Literatur wird in der Jelinek-Forschung vor allem im Zusammenhang ihrer Autorschaft diskutiert.[17] Jelinek hat als engagierte Autorin immer wieder öffentlich Stellung zu gesellschaftspolitischen Fragen bezogen und verhandelt in ihren Theatertexten mit dem Auftritt von Autorinnenfiguren die Möglichkeiten und Grenzen des politischen Engagements. Freilich kann die Dimension des Politischen in der Literatur, wie auch Christian Sieg darlegt, nur zureichend im Hinblick auf die Instanz des/der Autor/-in erschlossen werden: „Eine Bestandsaufnahme des Politischen in der Literatur muss unvollständig bleiben, wenn sie allein danach fragt, zu welchen politischen Themen die Literatur Stellung bezieht. Politisch ist auch die Zuschreibung einer gesellschaftlichen Funktion, die durch die Inszenierung von Autorschaft erfolgt."[18] Im Kontext der politischen Literatur entwerfen Autor/-innen in öffentlichkeitswirksamen Stellungnahmen zu gesellschaftlichen Debatten und/oder in ihren literarischen Erzeugnissen Modelle von politischer Autorschaft und formulieren so einen Deutungshorizont, hinter den die Gegenwartsliteraturwissenschaft nicht zurückgehen kann. Insofern wird auch diese Studie methodisch nicht davon absehen können, Jelineks Inszenierungen von Autorschaft wahrzunehmen und in Beziehung zu der literarischen Produktion zu setzen. Dennoch sollen an dieser Stelle nicht Jelineks Autorinszenierungen zum Gegen-

---

17 Vgl. z. B. Marlies Janz. „Mütter, Amazonen und Elfi Elektra. Zur Selbstinszenierung der Autorin in Elfriede Jelineks *Sportstück*". *Weiblichkeit als politisches Programm? Sexualität, Macht und Mythos*. Hg. Bettina Gruber und Heinz-Peter Preußer. Würzburg: Königshausen & Neumann, 2005, S. 87–96.; Alexandra Tacke. „,Sie nicht als Sie'. Die Nobelpreisträgerin Elfriede Jelinek spricht ‚Im Abseits'". *Autorinszenierungen. Autorschaft und literarisches Werk im Kontext der Medien*. Hg. Christine Künzel und Jörg Schönert. Würzburg: Königshausen & Neumann, 2007, S. 191–209; Konstanze Fliedl. „Im Abseits. Elfriede Jelineks Nobelpreisrede". *Elfriede Jelinek. Sprache, Geschlecht und Herrschaft*. Hg. Francoise Rétif. Würzburg: Königshausen & Neumann, 2008, S. 19–32; Jeanine Tuschling. „,Ich, eine Figur, die zu nichts taugt?' Autofiktionale Erzählstrategien in Elfriede Jelineks Internetroman *Neid*". *Auto(r)fiktion. Literarische Verfahren der Selbstkonstruktion*. Hg. Martina Wagner-Egelhaaf. Bielefeld: transcript, 2013, S. 235–261; Lena Lang: „Elfriede privat?! Elfriede Jelineks Selbstinszenierung". *Textpraxis. Digitales Journal für Philologie* 12 (2016). http://www.uni-muenster.de/textpraxis/lena-lang-elfriede-jelineks-digitale-selbstinszenierung (01. März 2022); Jeanine Tuschling-Langewand. *Autorschaft und Medialität in Elfriede Jelineks Todsündenromanen* Lust, Gier *und* Neid. Marburg: Tectum, 2016; Peter Clar. „*Ich aber bleibe weg.*" *Dekonstruktionen der Autorinnenfigur(en) bei Elfriede Jelinek*. Bielefeld: Aisthesis, 2017; Anne Fleig. „Zitierte Autorität – Zur Reflexion von Autorschaft in ‚Rosamunde', ‚Ulrike Maria Stuart' und den Sekundärdramen". *„Machen Sie, was Sie wollen!" Autorität durchsetzen, absetzen und umsetzen: Deutsch- und französischsprachige Studien zum Werk Elfriede Jelineks*. Hg. Delphine Klein und Aline Vennemann. Wien: Praesens, 2017, S. 148–157.
18 Sieg. *Die „engagierte Literatur" und die Religion*, S. 2.

stand der Auseinandersetzung gemacht werden, vielmehr richtet diese Untersuchung den Blick auf Inszenierungen des Verhältnisses der Literatur zum Feld der Macht in Theatertexten, in denen poetologische Fragen der politischen Literatur nicht auf die Autorinnenperspektive beschränkt werden. Siegs Beobachtung, dass sich politische Literatur erst in der Selbstzuschreibung einer gesellschaftspolitischen Bedeutsamkeit konstituiert, ist im Rahmen dieser Arbeit dahin gehend zu ergänzen, dass sich diese Zuschreibung nicht nur in der Inszenierung von Autorschaft manifestieren kann, sondern auch in anderer Weise auf Textebene (in der Themenwahl, der literarischen Formensprache, in intertextuellen, intermedialen oder interdiskursiven Arrangements usw.) greifbar ist.

Der Fokus auf das Werk einer Autorin wirft die Frage nach seiner Repräsentativität für den literaturgeschichtlichen Kontext auf, in dem es entstanden ist. Dieser Beitrag möchte Jelineks Schaffen nicht repräsentativ für das Schreiben anderer Gegenwartsautor/-innen[19] verstanden wissen, sondern die Frage der Repräsentativität anders stellen. Die Rezeptionsästhetik hat vorgeschlagen, das Verhältnis von Text und Leser/-in in einer dialogischen Frage-Antwort-Struktur zu denken: „Die Rekonstruktion des Erwartungshorizonts, vor dem ein Werk in der Vergangenheit geschaffen und aufgenommen wurde, ermöglicht andererseits, Fragen zu stellen, auf die der Text eine Antwort gab, und damit zu erschließen, wie der einstige Leser das Werk gesehen und verstanden haben kann."[20] Diese Überlegungen lassen sich produktionsästhetisch modulieren: Ersetzt man das rezeptionsästhetische Modell des Erwartungshorizonts durch die Konzepte des literarischen Feldes und des diskursiven Erfahrungsraums, so ist der literarische Text als Antwort auf eine feld- und diskursgeschichtliche Problemlage zu verstehen, die es literaturwissenschaftlich zu rekonstruieren gilt. Folgt man dieser Grundannahme, so muss geklärt werden, ob der einzelne Text repräsentativ im Hinblick auf die Dimension der Frage oder der Antwort betrachtet werden soll. In der Rekonstruktion der Feld- und Diskurskontexte des politischen Schreibens der Gegenwart sollen in dieser Studie Herausforderungen der politischen Gegenwartsliteratur bestimmt werden, auf die Jelineks Theaterwerk Antworten sucht. Im Folgenden geht es also darum, Jelineks Stücke repräsentativ im Hinblick auf eine literarische und politische Problematik (also Frage), der sie sich stellen, zu lesen. Indessen soll die Bedeutung der Antworten, die Jelineks Texte auf die Le-

---

19 Was die politische Positionierung von Jelineks Werk im literarischen Feld angeht, lassen sich Verbindungen und Schnittpunkte z. B. mit dem Schaffen von Autor/-innen wie Marlene Streeruwitz, Kathrin Röggla oder René Pollesch ausmachen.
20 Vgl. Hans Robert Jauß. „Literaturgeschichte als Provokation der Literaturwissenschaft". *Rezeptionsästhetik. Theorie und Praxis.* Hg. Rainer Warning. München: Fink, 1975, S. 126–162, hier S. 136.

gitimationskrise der engagierten Literatur und die Krise marxistischen Denkens geben, nicht in ihrer Repräsentativität für andere politische Gegenwartsliteraturen gesucht werden, was im Fokus auf das Werk einer Autorin auch gar nicht eingeholt werden kann und unzulässige Verallgemeinerungen nach sich ziehen würde. Diese Monographie interessiert sich demgegenüber für die Differenzqualitäten, mit Pierre Bourdieu gesprochen: die Distinktionslogik von Jelineks Stücken, also für ihre Abgrenzungen von literarischen Positionen in der Gegenwart und Geschichte der politischen Literatur. Mit diesem Blick für die ‚feinen Unterschiede' verspricht die Auseinandersetzung mit Jelineks literarischer Produktion nicht nur einen Einblick in die Tendenzen und Strukturen der politischen (Gegenwarts-)Literatur, sondern vermag auch ihre blinden Flecken, Leerstellen und Widersprüche offenzulegen.

II Kontextologie der Gegenwartsliteratur: Literarisches Feld und diskursiver Erfahrungsraum

Konsens der gegenwartsliterarischen Forschung ist, dass das „Nahverhältnis"[1] bzw. „die kommunikative Nähe gegenwartsliterarischer Produktion und Rezeption"[2] die Wissenschaft vor besondere methodische Herausforderungen stellt. Nichts weniger als Objektivität und Autonomie scheinen auf dem Spiel zu stehen, wenn der literaturwissenschaftliche Diskurs die – so zumindest das hermeneutische Credo – sonst zeitlich garantierte Distanz[3] zu seinem Gegenstand nicht herstellen kann und damit Gefahr läuft, die Grenzen zum (Geschmacks-)Urteil zu überschreiten. Als besonders problematisch gilt die Abhängigkeit der Wissenschaft von nicht-wissenschaftlichen, traditionell an heteronomen Prinzipien orientierten Instanzen und Akteur/-innen des literarischen Feldes: Weil eine „,objektive' Auswahl literarischer Texte, die als ,repräsentativ' für ihre eigene Zeit gelten können, [...] unmöglich"[4] ist, ist die Literaturwissenschaft auf die selektiven Kompetenzen der Literaturkritik und anderer Institutionen angewiesen, „aus tausenden von jährlich erscheinenden belletristischen Neuerscheinungen substantielle Neu-Erscheinungen zu machen, das heißt Texte auszuwählen, denen die Chance geboten wird, auch in Zukunft noch gegenwärtig zu sein".[5]

Methodische Überlegungen zum wissenschaftlich angemessenen Umgang mit Gegenwartsliteratur kreisen demgemäß um die Frage nach Möglichkeiten des „Distanz-Gewinn[s]"[6], wobei vor allem zwei Distanzierungsstrategien prominent

---

[1] Sandro Zanetti. „Welche Gegenwart? Welche Literatur? Welche Wissenschaft? Zum Verhältnis von Literaturwissenschaft und Gegenwartsliteratur". *Wie über Gegenwart sprechen? Überlegungen zu den Methoden einer Gegenwartsliteraturwissenschaft.* Hg. Paul Brodowsky und Thomas Klupp. Frankfurt/M.: Peter Lang, 2010, S. 13–29, hier S. 15.
[2] Silke Horstkotte. „Zeitgemäße Betrachtungen: Die Aktualität der Gegenwartsliteratur und Aktualisierungsstrategien der Literaturwissenschaft". *Engagement. Konzepte von Gegenwart und Gegenwartsliteratur.* Hg. Jürgen Brokoff, Ursula Geitner und Kerstin Stüssel. Göttingen: V & R Unipress, 2016, S. 371–387, hier S. 373.
[3] Zum Verhältnis der Gegenwartsliteraturliteraturwissenschaft und Nachkriegshermeneutik vgl. Horstkotte und Herrmann: *Gegenwartsliteratur*, S. 7f. Vgl. auch die Einleitung dieser Studie.
[4] Horstkotte und Herrmann. *Gegenwartsliteratur*, S. 11.
[5] Ursula Geitner. „,hier entscheidet die Zeit'? Gegenwartsliteratur, Literaturkritik, Literaturwissenschaft – programmatisch". *Aktualität. Zur Geschichte literarischer Gegenwartsbezüge vom 17. bis zum 21. Jahrhundert.* Hg. Stefan Geyer und Johannes F. Lehmann. Hannover: Wehrhahn, 2018, S. 61–94, hier S. 73.
[6] Ebd., S. 70.

verhandelt werden. Die Gegenwartsliteraturwissenschaft ist sich über weite Strecken darin einig, dass es nicht genügt, sich auf das künstlerische Artefakt zu beschränken, vielmehr müsse „das gesamte Rahmenwerk der Produktion des Textes: vom Schreibtisch und der Ideenwerkstatt im Kleinen bis zum Literaturbetrieb und seinen ökonomischen Gesetzmäßigkeiten im Großen"[7] in den Blick genommen werden. Für Ursula Geitner erlaubt diese praxeologische Perspektive, der (temporalen) Dynamik des gegenwartsliterarischen Feldes gerecht zu werden:

> Statt fertige Objekte und Werke – jeweils als *opus operatum* – zu betrachten, kommen dann *modi operandi*, das heißt Prozesse, Verfahrensweisen, Praktiken und deren Resultate in den Blick. Statt Bücher, Preise, Auszeichnungen und Autoren-Platzierungen als je gegebene Tatsache („fact/matter of fact") zu begreifen, lassen sie sich als kontroverse Sachverhalte („states of affair/matter of concern") verstehen – sie können mithin in allererst zu verhandelnde, noch im Entstehen begriffene Sachverhalte sozusagen rückverwandelt und retrograd gegengelesen werden.[8]

Die Aufmerksamkeit für die Kontexte des gegenwartsliterarischen Schaffens soll es der Forschung außerdem – und hier zeigt sich ein weiteres Desiderat der Gegenwartsliteraturwissenschaft – möglich machen, ihrer Funktion im Feld der Gegenwartsliteratur als „teilnehmende Beobachtung"[9], die auf den Gegenstand der Beobachtung zurückwirkt, gewahr zu werden. So ist die Literaturwissenschaft für Silke Horstkotte auf den „hermeneutischen Anspruch" zu verpflichten, ihre „Zeitgenossenschaft und [...] Aktualität in der eigenen interpretativen Tätigkeit zu reflektieren".[10]

Die methodischen Überlegungen zielen insgesamt darauf, die Gegenwartsliteraturwissenschaft als eine selbstreflexive Text-Kontext-Wissenschaft zu etablieren. In der Praxis lässt sich allerdings beobachten, dass eine Explikation der methodischen Erschließung der Kontexte nicht konsequent erfolgt. Auch die vorliegende Studie proklamiert und praktiziert eine kontextualisierende Lektüre von Gegenwartsliteratur, deren theoretische Annahmen und methodisches Vorgehen im Folgenden dargelegt werden sollen. Dieser Forschungsbeitrag ist dem literatursoziologischen Ansatz Pierre Bourdieus und seiner Weiterentwicklung zu einer Geschichte des deutschen gegenwartsliterarischen Feldes durch Heribert Tommek verpflichtet. Tommek führt aus, dass der Vorzug der Bourdieu'schen Feldtheorie darin besteht, ein differenziertes Instrumentarium für die Analyse der „Vermittlung von Gesellschaft und Literatur, Struktur und Ereignis und von

---

[7] Zanetti. „Welche Gegenwart? Welche Literatur? Welche Wissenschaft?", S. 25 f.
[8] Geitner. „,hier entscheidet die Zeit'?", S. 74.
[9] Horstkotte. „Zeitgemäße Betrachtungen", S. 373.
[10] Ebd.

Machtverhältnissen und ästhetischen Formen"[11] zur Verfügung zu stellen. Im Gegensatz zu älteren literatursoziologischen Ansätzen sucht Bourdieu nicht die direkte Relationierung von literarischem Text und gesellschaftlichem Kontext, sondern verortet das „‚Soziale' der Literatur [...] in einer Gesellschaft innerhalb der Gesellschaft".[12] Das literarische Feld bezeichnet dabei einen sozialen Raum, der infolge seiner (relativen[13]) Autonomisierung eine spezifische Struktur mitsamt einem System von Regeln und Zwängen ausgebildet hat, das als „Kräftefeld"[14] auf die darin um Anerkennung ringenden Akteur/-innen wirkt. Die von den Literaturschaffenden aufgrund ihrer subjektiven Dispositionen eingenommenen Positionen in dem Netz objektiver Feldbeziehungen verhalten sich unterdessen homolog zu den von ihnen hervorgebrachten Positionierungen (d. h. literarischen Werken, aber auch politischen Schriften, Manifesten, poetologischen Selbstaussagen usw.).

Die Literatursoziologie nach Bourdieu interessiert sich also für die ästhetische Verfasstheit des Einzeltextes, nur lassen sich formale und thematische Entscheidungen feldtheoretisch „nicht mehr rein immanent thematisieren; sie sind auf ihren distinktiven Antrieb zu befragen"[15], wobei der Impuls der Distinktion sowohl synchron – als Absetzungsbewegung gegen Zeitgenoss/-innen – als auch diachron – als Agon mit der Tradition – gedacht werden muss. Die Feldtheorie bekommt mit dem ästhetischen Gebilde immer auch schon seine Produktionskontexte in den Blick, die – und das ist für die Gegenwartsliteraturwissenschaft entscheidend – sich nicht von den institutionellen Bedingungen der Rezeption trennen lassen. So setzt Bourdieu auseinander, dass die Herausbildung eines relativ autonomen Kunstfeldes an die „Erfindung des reinen Blicks"[16] gekoppelt ist, der „das Kunstwerk so zu erfassen vermag, wie es erfasst zu werden

---

11 Tommek. *Der lange Weg in die Gegenwartsliteratur*, S. 11.
12 Markus Joch und Norbert Christian Wolf. „Feldtheorie als Provokation der Literaturwissenschaft. Einleitung". *Text und Feld. Bourdieu in der literaturwissenschaftlichen Praxis.* Hg. dies. Tübingen: Niemeyer, 2005, S. 1–24, hier S. 2.
13 Vgl. Pierre Bourdieu. „Das literarische Feld. Kritische Vorbemerkungen und methodologische Grundsätze". *Pierre Bourdieu. Kunst und Kultur. Kunst und künstlerisches Feld. Schriften zur Kultursoziologie 4.* Hg. Franz Schultheis und Stephan Egger. Berlin: Suhrkamp, 2015, S. 309–339, hier S. 326: „[...], je größer die Autonomie des literarischen und künstlerischen Feldes ist, desto weiter tritt das beherrschende, also das wirtschaftliche und politische Hierarchisierungsprinzip in den Hintergrund. Aber wie frei es auch sein mag, es bleibt stets durchzogen von den Gesetzen des übergeordneten Feldes, d. h. von den Gesetzen des wirtschaftlichen und politischen Profits."
14 Ebd., S. 310.
15 Joch und Wolf. „Feldtheorie als Provokation der Literaturwissenschaft", S. 14.
16 Pierre Bourdieu. *Die Regeln der Kunst. Genese und Struktur des literarischen Feldes.* Frankfurt/M.: Suhrkamp, 2001, S. 469.

verlangt, an und für sich selbst, als Gestalt und nicht als Funktion"[17], und fordert ausgehend davon die Selbstreflexion und Selbsthistorisierung der feldinternen Konsekrationsinstanzen, darunter auch der wissenschaftlichen Literatur- und Kunstbetrachtung:

> Wenn die Kunstwissenschaft heute noch in den Kinderschuhen steckt, so rührt dies gewiss daher, dass die mit ihr Befassten, vornehmlich die Kunsthistoriker und -theoretiker, in den Auseinandersetzungen, in denen Sinn und Wert des Kunstwerks produziert werden, selber Partei sind, und dies, ohne es zu ahnen oder doch jedenfalls ohne daraus alle Konsequenzen zu ziehen: Sie sind Teil des Gegenstandes, den sie zum Gegenstand zu haben meinen.[18]

Die literatursoziologische Betrachtung ist für Bourdieu eine Methode der wissenschaftlichen Distanzierung, die die Doxa des literarischen Feldes (Formalismus, Autonomie usw.) nicht einfach reproduziert, sondern reflektieren und einordnen kann.

Bourdieu verortet das Soziale der Literatur in den agonalen Konstellationen des literarischen Feldes, nimmt aber auch das Verhältnis von Literatur und gesellschaftlichem Kontext in den Blick. Dabei spricht er sich dezidiert gegen eine direkte Korrelierung von Literatur- und Sozial-, Kultur-, Ökonomiegeschichte usw. aus und macht demgegenüber einen „Übersetzung- oder *Brechungs*effekt"[19] geltend, der von dem Grad der Autonomie des literarischen Feldes abhängig ist: Wirtschaftskrisen, Regimewechsel und andere externe Faktoren können durchaus Veränderungen im literarischen Feld nach sich ziehen, doch wirken sich diese Einflüsse „stets nur über die spezifischen Kräfte und Formen des Feldes aus, das heißt nachdem sie in einer Weise *umstrukturiert* wurden, die um so tiefer greift, je autonomer das Feld ist, je fähiger es ist, seine spezifische Logik zur Geltung zu bringen".[20]

Neben dem literarischen Feld soll in dieser Studie eine weitere „Vermittlungsstruktur"[21] geltend gemacht werden, die als Bestimmungsfaktor auf die Produktion von politischer Gegenwartsliteratur wirkt. Die folgenden Ausführungen gründen auf der Beobachtung, dass sich der diagnostisch-kritische Bezug auf die sozio-politischen Entwicklungen der Gegenwart in Jelineks Texten und in den Theorien des Politischen in gleichen Parametern vollzieht: Sowohl in der Literatur als auch in der Theorie wird ein semiotisch-symbolischer Zugang zu sozio-politischen Wirklichkeiten priorisiert, der auf die Denkfiguren der Hegemonie, Post-

---

17 Ebd., S. 453.
18 Ebd., S. 464.
19 Ebd., S. 349.
20 Ebd., S. 367.
21 Bourdieu. „Das literarische Feld", S. 309.

politik und des Agons zurückgreift. Diese Korrespondenzen sollen nicht einer direkten (so auch gar nicht nachweisbaren) Einflussbeziehung oder Rezeption zugerechnet werden, sondern sind methodisch als diskursive Interferenzen einzustufen.

Die Philologien haben in den letzten Jahrzehnten unterschiedliche Text-Kontext-Theorien hervorgebracht, mit denen diskursive Wechselwirkungen zwischen Literatur und anderen Wissensbereichen beschrieben werden können. So würde eine wissenspoetologische Untersuchung des Gegenstandes den Herstellungsprozess des Erkenntnisbereichs des Politischen und die damit verknüpften ästhetisch-darstellungslogischen Entscheidungen in Literatur und Philosophie in den Blick nehmen oder die Rolle künstlerischer Formen bei der Konstitution des philosophischen Diskurses beleuchten.[22] Eine kulturwissenschaftliche Analyse der politischen Literatur könnte gleichfalls ergründen, wie die gegenwartsliterarischen Texte „auf synchron koexistierende [in diesem Fall: philosophisch-politologische] Wissensgeflechte ausgerichtet sind", und nach dem Mehrwert der „Rekonfiguration des kulturellen Wissens im Medium der Fiktion"[23] fragen. Der kulturwissenschaftlich-wissenspoetologische Ansatz erscheint für das Erkenntnisinteresse dieser Studie nicht zielführend. Die vorliegende Untersuchung richtet ihren Fokus weniger auf „Interdependenzen und Austauschprozesse"[24] zwischen Literatur und politischer Theorie denn auf die Entwicklungen des gegenwartsliterarischen Feldes, die mit diesen Interdependenzen und Austauschprozessen einhergehen. Die Wechselwirkungen zwischen Literatur und Theorie können dabei punktuell in den Blick geraten, vor allem sollen diese konzeptuell als Interferenzen in einem größeren diskursiven Zusammenhang – oder um einen Begriff von Reinhart Koselleck abzuwandeln: diskursiven Erfahrungsraum – gedacht werden.

Koselleck bezeichnet mit dem Begriff des geschichtlichen Erfahrungsraums die Zeitdimension der „gegenwärtige[n] Vergangenheit"[25]; in diesem sedimentieren neben individuellen Erfahrungen „durch Generationen oder Institutionen

---

22 Zu den Grundannahmen der Poetologie des Wissens siehe Joseph Vogl. „Poetologie des Wissens". *Einführung in die Kulturwissenschaft*. Hg. Harun Maye und Leander Scholz. München: Fink, 2011, S. 49–71.
23 Birgit Neumann. „Kulturelles Wissen und Literatur". *Kulturelles Wissen und Intertextualität. Theoriekonzeptionen und Fallstudien zur Kontextualisierung von Literatur*. Hg. Marion Gymnich, Birgit Neumann und Ansgar Nünning. Trier: Wissenschaftlicher Verlag Trier, 2006, S. 29–51, hier S. 30 und 47.
24 Ebd., S. 30.
25 Reinhart Koselleck. *Vergangene Zukunft. Zur Semantik geschichtlicher Zeiten*. Frankfurt/M.: Suhrkamp, 1989, S. 354.

vermittelt[e], immer fremde Erfahrung[en]"[26], die in unterschiedlichem Maße[27] Richtlinien, Handlungs- und Wahrnehmungsmuster für die Gegenwart bereitstellen und das Verhältnis zur Zukunft prägen. Der diskursive Erfahrungsraum ist im Anschluss daran als ein historisch gewachsenes Aussagesystem zu bestimmen, das die Wahrnehmung und Bewertung der (zeit-)geschichtlichen Wirklichkeit organisiert. Die in diesem Raum (inter-)agierenden Diskursteilnehmer/-innen sind verbunden durch ihre geteilte diskursive Erfahrung, das bedeutet, dass sie Erfahrung mit Wirklichkeit auf eine ähnliche Weise diskursiv verarbeiten bzw. dass sie ähnliche diskursive Erfahrungen mit der Wirklichkeit machen. Der in dieser Studie zur Disposition stehende diskursive Erfahrungsraum, in welchem sowohl die postmarxistischen Theorien des Politischen als auch die politischen Texte Elfriede Jelineks entstehen, ist näher zu bestimmen als ein sich in linksavantgardistischen Kreisen der 1960er Jahre formierender Diskurszusammenhang, in dem die Grundlagen marxistischen Denkens, u. a. durch Impulse (post-)strukturalistischer Theorien, neu verhandelt werden. In Kapitel III ist dieser Diskurszusammenhang terminologisch abzustecken.

Die begriffliche Differenzierung zwischen Diskurs und diskursivem Erfahrungsraum soll deutlich machen, dass die vorliegende Studie keine im *strengen* Sinne diskursanalytische Vorgehensweise verfolgt. Im Anschluss an Foucault lassen sich Diskurse als „institutionalisierte bzw. institutionalisierbare Redeweisen, deren Regeln und Funktionsmechanismen gleichsam ‚positiv' zu ermitteln sind"[28], bestimmen. Die Aufgabe der Diskursanalyse besteht darin, einen Textkorpus im Hinblick auf „regelmäßig auftauchende und funktionstragende Bestandteile" zu untersuchen, „die einen Diskurs formen".[29] Den Anspruch, den Diskurs des Politischen im zwanzigsten und einundzwanzigsten Jahrhundert zu rekonstruieren, verfolgt dieser Forschungsbeitrag nicht und arbeitet stattdessen mit dem heuristischen Konstrukt des diskursiven Erfahrungsraums, das es erlaubt, die Existenz von Korrespondenzen und Homologien zwischen Literatur und politischer Theorie zu erklären. Die Metapher des Raums ist zugleich an das

---

26 Ebd.
27 In *Vergangene Zukunft* untersucht Koselleck das Verhältnis von Vergangenheit (Erfahrungsraum) und Zukunft (Erwartungshorizont) in der Neuzeit, das sich – so die These Kosellecks – durch eine Auseinanderentwicklung dieser Zeitdimensionen auszeichnet.
28 Peter Schöttler. „„Wer hat Angst vor dem ‚linguistic turn?'" *Geschichte und Gesellschaft* 32 (1997), S. 134–151, hier S. 139.
29 Achim Landwehr. *Historische Diskursanalyse*. 2. Aufl. Frankfurt/M.: Campus, 2018, S. 107. Der Verdienst von Landwehr besteht darin, gegen das Vorurteil, „eine mehr oder minder ominöse Geheimwissenschaft zu sein", eine „umfassend gültige" (S. 97), erlernbare Methode des diskursanalytischen Arbeitens vorzulegen.

feldtheoretische Modell angelehnt. In dem in Rede stehenden diskursiven Erfahrungsraum finden Akteur/-innen aus unterschiedlichen sozialen und kulturellen Feldern zusammen – so auch Produzent/-innen von Literatur, wobei die Form und der Grad der Partizipation nicht nur der Ordnung des Diskurses, sondern immer auch schon der Distinktionslogik des Herkunftsfeldes unterliegen: Die Teilnahme an den postmarxistischen und poststrukturalistischen Verhandlungen des Politischen von Literaturschaffenden ist dementsprechend von der subjektiven Disposition und objektiven Position des/der Autor/-in im literarischen Feld abhängig.

Die bisherigen Ausführungen machen deutlich, dass es nicht darum gehen soll, „Literatur [...] als Teil eines ‚politiktheoretischen Diskurses' [zu betrachten], der spezifische Beiträge zu Theoriedebatten liefern kann"[30], sondern die Begrifflichkeiten der politischen Theorie als Grundfiguren des diskursiven Erfahrungsraums des Politischen zu verstehen, die in den Spezialdiskursen unterschiedliche (mitunter nicht-begriffliche) Manifestationen erfahren. Bevor Figuren des Politischen in den Texten von Elfriede Jelinek in den Blick genommen werden sollen, ist es im Sinne der obigen Überlegungen notwendig, den Begriff des Politischen in der postmarxistischen Theorie zu eruieren (Kapitel III); ausgehend davon gilt es, sich einen Überblick über die Struktur des gegenwartsliterarischen Feldes zu verschaffen, gleichfalls den Status der politisch-engagierten Literatur und Jelineks Position in diesem Feld zu klären (Kapitel IV).

---

30 Marion Löffler und Georg Spitaler. „Demo ohne Demos? Politische Handlungsfähigkeit, Emotionen und ‚Unvernehmen' in *Die Reise einer jungen Anarchistin in Griechenland* von Marlene Streeruwitz als Nelia Fehn (2014)". *Das Politische in der Literatur der Gegenwart.* Hg. Stefan Neuhaus und Immanuel Nover. Berlin, Boston: De Gruyter, 2019, S. 475–496, hier S. 476.

III Die politische Differenz: Politik und das Politische

1 Begriffsgeschichten, Traditionslinien, Kritik

Der Begriff des Politischen hat entscheidende Impulse aus der Philosophie und dem politischen Denken des zwanzigsten Jahrhunderts bezogen, wobei sich drei zentrale Traditionslinien identifizieren lassen: Carl Schmitt, Hannah Arendt und Martin Heidegger zählen zu den einflussreichsten Stichwortgeber/-innen in der Theoriebildung des Politischen.[1] Carl Schmitt unternimmt in seinem Essay *Der Begriff des Politischen* (1932) den Versuch, das Politische als eine von anderen Sachgebieten unterscheidbare Konstellation zu bestimmen:

> Nehmen wir an, daß auf dem Gebiet des Moralischen die letzten Unterscheidungen Gut und Böse sind; im Ästhetischen Schön und Häßlich; im Ökonomischen Nützlich und Schädlich oder beispielsweise Rentabel und Nicht-Rentabel. Die Frage ist dann, ob es nicht auch eine besondere, jenen Unterscheidungen zwar nicht gleichartige und analoge, aber von ihnen doch unabhängige, selbstständige und als solche ohne weiteres einleuchtende Unterscheidung als einfaches Kriterium des Politischen gibt und worin sie besteht.[2]

Für Schmitt erweist sich die Unterscheidung zwischen Freund und Feind als spezifisch politisch, was jedoch nicht bedeutet, dass jeder gesellschaftliche (religiöse, ökonomische, moralische usw.) Konflikt politischer Natur ist, sondern erst dann politisch wird, „wenn er stark genug ist, die Menschen nach Freund und Feind effektiv zu gruppieren".[3] Das Monopol der Entscheidung, wer Freund und wer Feind ist, liegt beim Staat, wobei für Schmitt der Staat und das Politische nicht identisch sind, jedoch aufeinander bezogen: „Der Begriff des Staates setzt

---

[1] Mit dem Fokus auf diese Denker/-innen folgt die vorliegende Studie Oliver Marchart. *Die politische Differenz*. Berlin: Suhrkamp, 2010, S. 35–42. Erwähnt sei an dieser Stelle allerdings, dass sich die Wiederentdeckung des Politischen im zwanzigsten und einundzwanzigsten Jahrhundert gleichfalls in der produktiven Rezeption von Klassikern der politischen Theorie und Philosophie vollzieht. Zahlreiche der diskutierten Theoretiker/-innen haben sich intensiv mit Aristoteles, Niccolò Machiavelli, Baruch Spinoza u. a. auseinandergesetzt. Vgl. dazu Herfried Münkler und Grit Straßenberger. *Politische Theorie und Ideengeschichte. Eine Einführung.* München: Beck, 2016, S. 26–55.
[2] Carl Schmitt. *Der Begriff des Politischen. Text von 1932 mit einem Vorwort und drei Corollarien.* 8. Aufl. Berlin: Duncker & Humblot, 2009, S. 25.
[3] Ebd., S. 35.

den Begriff des Politischen voraus."⁴ In dem Essay definiert Schmitt das Politische als „außenpolitische[n] Gegensatz gegen einen anderen Staat"⁵, muss jedoch als Zeitzeuge der sozialen und politischen Proteste in den 1960er Jahren und der Entstehung von „neuen, zeitgemäßen Arten und Methoden des Krieges"⁶ im Vorwort zum Neudruck der Schrift die Verbindung von Staat und dem Politischen neu bewerten⁷ – und weist damit auf die Unterscheidung zwischen der Politik und dem Politischen in der neueren politischen Theorie voraus. So formuliert Chantal Mouffe in deutlicher Anlehnung an Schmitt:

> Mit dem „Politischen" meine ich die Dimension des Antagonismus, die ich als für menschliche Gesellschaften konstitutiv betrachte, während ich mit „Politik" die Gesamtheit der Verfahrensweisen und Institutionen meine, durch die eine Ordnung geschaffen wird, die das Miteinander der Menschen im Kontext seiner ihm vom Politischen auferlegten Konflikthaftigkeit organisiert.⁸

Zu den bekanntesten Schmitt-Rezipienten in der politischen Theorie der Gegenwart, den sogenannten ‚Linksschmittianern'⁹, zählen neben Mouffe ihr langjähriger Ko-Autor Ernesto Laclau und Giorgio Agamben. Diesen geht es im Anschluss an Schmitt vor allem darum, die Struktur des Konflikts als Kernstück des Politi-

---

4 Ebd., S. 19.
5 Ebd., S. 31. In der Ko-Lektüre von *Der Begriff des Politischen* (1932) und *Verfassungslehre* (1928) gibt Ernst-Wolfgang Böckenförde allerdings zu bedenken, dass das „Politische, wie Carl Schmitt es definiert, [...] im errichteten und als politische Einheit handlungsfähigen Staat nicht verschwunden [ist], abgedrängt etwa in den Bereich der Außenpolitik. Es ist potentiell, als die Möglichkeit eskalierender Freund-Feind-Gruppierung, auch im Staat stets gegenwärtig, selbst wenn es in der Normallage nicht sichtbar hervortritt." Ernst-Wolfgang Böckenförde. *Recht, Staat, Freiheit. Studien zur Rechtsphilosophie, Staatstheorie und Verfassungsgeschichte*. Frankfurt/M., Suhrkamp, 1991, S. 348.
6 Schmitt. *Der Begriff des Politischen*, S. 17.
7 Vgl. ebd., S. 10: „Die Epoche der Staatlichkeit geht jetzt zu Ende. [...] Es gab wirklich einmal eine Zeit, in der es sinnvoll war, die Begriffe *Staatlich* und *Politisch* zu identifizieren."
8 Chantal Mouffe. *Über das Politische. Wider die kosmopolitische Dimension*. 7. Aufl. Frankfurt/M.: Suhrkamp, 2017, S. 16.
9 Schmitt, der zwischen 1933 und 1945 immer wieder als Anhänger des NS-Regimes und seiner Ideologie hervorgetreten ist und Kritiker/-innen als ‚Kronjurist' des Dritten Reiches dient, wird heute gleichermaßen als Vordenker der neuen Rechten rezipiert. Vgl. dazu z. B. Ingo Elbe. „Der Zweck des Politischen – Carl Schmitts faschistischer Begriff der ernsthaften Existenz". *Moral und Gewalt. Eine Diskussion der Dialektik der Befreiung*. Hg. Hendrik Wallat. Münster: Unrast-Verlag, 2014, S. 145–172; Samuel Salzborn. *Angriff der Antidemokraten. Die völkische Rebellion der Neuen Rechten*. Weinheim, Basel: Beltz Juventa, 2017; Jens Hacke. „Antiliberalismus, identitäre Demokratie und Weimarer Schwäche". *Das alte Denken der Neuen Rechten. Die langen Linien der antiliberalen Revolte*. Hg. Christoph Becker und Ralf Fücks. Frankfurt/M.: Wochenschau, 2020, S. 30–48.

schen auszuweisen und demokratietheoretisch fruchtbar zu machen. So stellt für Chantal Mouffe „die Unterscheidung von Freund und Feind nur [...] eine der möglichen Ausdrucksformen der für das Politische konstitutiven antagonistischen Dimension"[10] dar. Eine Wir-Sie-Unterscheidung, bei der sich die gegenüberstehenden Gruppen als Feinde begegnen und den Krieg als legitimes Mittel der Austragung von Antagonismen betrachten,[11] ist nicht mit dem Selbstverständnis demokratischer Ordnungen verträglich; demokratische Gesellschaften verlangen, so Mouffe, nach Manifestationen des Politischen, die nicht nach dem Prinzip der Feindschaft, sondern der Gegnerschaft funktionieren, bei der die Kontrahent/-innen in einem von beiden Seiten anerkannten demokratischen Rahmen aufeinandertreffen: „Als Hauptaufgabe der Demokratie könnte man die Umwandlung des Antagonismus in einen Agonismus ansehen."[12] Das Konzept des Agonismus erlaubt es Mouffe, „‚mit Schmitt gegen Schmitt'"[13] Pluralismus nicht als Pluralismus von Staaten, sondern als Pluralisierung von politischen Identitäten, die nicht substantiell, sondern relational-kontingent verfasst sind, zu denken und zur Voraussetzung der Demokratie zu erklären.

Während die in der Tradition von Schmitt stehenden Ansätze das Politische dissoziativ als „Raum der Macht, des Konflikts und des Antagonismus" konzipieren, wird bei Hannah Arendt das Politische assoziativ verstanden als „Raum der Freiheit und öffentlichen Deliberation".[14] Freiheit stellt für Arendt nicht den „Zweck der Politik", sondern den „eigentliche[n] Inhalt und de[n] Sinn des Politischen selbst" dar: „In diesem Sinne sind Politik und Freiheit identisch, und wo immer es diese Art von Freiheit nicht gibt, gibt es auch keinen im eigentlichen Sinne politischen Raum."[15] Nach dem Vorbild der griechischen Polis denkt Arendt das Politische als einen öffentlichen Raum, in dem freie Bürger/-innen aufeinandertreffen und ihre „Angelegenheiten durch das Miteinander-Reden und das gegenseitige Sich-Überzeugen"[16] regeln. Dabei gilt es nicht, die Pluralität der Meinungen und Perspektiven zugunsten einer Wahrheit aufzulösen, sondern die Erfahrung zu perpetuieren, dass Welt etwas ist, „was Vielen gemeinsam ist,

---

10 Mouffe. *Über das Politische*, S. 24.
11 Vgl. Schmitt. *Der Begriff des Politischen*. S. 31: „Denn zum Begriff des Feindes gehört die im Bereich des Realen liegende Eventualität eines Kampfes. [...] Der Krieg folgt aus der Feindschaft, denn diese ist seinsmäßige Negierung eines anderen Seins."
12 Mouffe. *Über das Politische*, S. 30.
13 Ebd., S. 22.
14 Marchart. *Die politische Differenz*, S. 35.
15 Hannah Arendt. *Was ist Politik? Fragmente aus dem Nachlass.* Hg. Ursula Ludz. 3. Aufl. München: Piper, 2007, S. 52.
16 Ebd., S. 39.

zwischen ihnen liegt, sie trennt und verbindet, sich jedem anders zeigt und daher nur in dem Maß verständlich wird, als Viele miteinander *über* sie reden [...]."[17] Arendt geht es also gleichfalls darum, die Autonomie des Politischen zu behaupten: Sie verpflichtet politisches Handeln nicht auf die Durchsetzung bestimmter Ziele, sondern sieht seinen Sinn im Bezug auf eine gemeinsame Welt erfüllt, der zugleich ein Vollzug dieser Welt ist und für ihr Weiterbestehen sorgt. Arendts politische Theorie übersteigt also wie Schmitts Konzept des Politischen die Ebene der staatlichen Institutionen und Organisationsformen: Der Erscheinungsraum des Politischen liegt „vor allen ausdrücklichen Staatsgründungen und Staatsformen, in die er jeweils gestaltet und organisiert wird"[18]; die Aufgabe des (demokratischen) Staates besteht dann darin, die Bedingungen für einen öffentlichen Raum zu schaffen, in dem gemeinsames Handeln möglich wird.

Bezüge zu Arendt und Schmitt finden sich auch in Jacques Rancières Denken. Über die Auseinandersetzung mit Aristoteles gelangt Rancière zu einem Verständnis des Politischen, in dessen Zentrum die Konzepte des Gemeinsamen bzw. der Gemeinschaft und des Streits bzw. Dissenses stehen. Das Politische ist bei Rancière maßgeblich an die Figur des Volkes (*demos*) gebunden, weshalb bei ihm die Begriffe Politik und Demokratie konzeptuell zusammenfallen:[19] In Rancières Lesart von Aristoteles stellt das Volk die Aufteilung des Gemeinsamen zwischen den Besitzenden (*oligoi*) und den Besten (*aristoi*) infrage, indem es „seinen Namen – den Namen der unterschiedslosen Masse der Männer ohne Eigenschaften – mit dem Namen der Gemeinschaft"[20] gleichsetzt. Das Volk bezeichnet dabei nicht eine Gruppe mit einer definierten (etwa nationalen oder Klassen-)Identität, sondern gilt Rancière als eine Erscheinungsform der Beliebigen. Die demokratische Politik vollzieht sich sonach in einem eigentümlichen Paradox: Das Volk als „Anteil der Anteillosen"[21], das im Grunde genommen „nichts anderes [darstellt] als die undifferenzierte Masse derer, die keine positiven Anspruchsrechte haben – weder Reichtum noch Tugend"[22], nimmt für sich in Anspruch, die Gemeinschaft zu sein, und stellt damit die Ordnung des Sozialen, die Zählung der Teile, infrage: *„Die Demokratie [...] [bezeichnet einen] Bruch mit der Logik der archē, das heißt [...]*

---

17 Ebd., S. 52.
18 Hannah Arendt. *Vita activa oder Vom tätigen Leben.* München: Piper, 2002, S. 251.
19 Vgl. Claudia Ritzi. „Die politische Theorie der Postdemokratie: Jacques Rancière". *Politische Theorien der Gegenwart III*. Hg. André Brodocz und Gary S. Schaal. Opladen: Verlag Barbara Budrich, 2016, S. 337–366, hier S. 358 f.
20 Jacques Rancière. *Das Unvernehmen. Politik und Philosophie.* Frankfurt/M.: Suhrkamp, 2002, S. 21.
21 Jacques Rancière. *Zehn Thesen zur Politik.* Wien: Passagen-Verlag, 2018, S. 24.
22 Rancière. *Das Unvernehmen*, S. 21.

[einen] Bruch mit der Vorwegnahme des Herrschens in der Begabung zum Herrschen [...] [Hervorhebungen i. O.]."[23] Das Volk verlangt damit nicht nur Gleichheit, sondern hypostasiert und demonstriert sie durch seine störende Erscheinung im öffentlichen Raum. Im Interesse an Momenten der Disruption und Intervention zeigt sich Rancières Ablehnung des deliberativen Paradigmas, die er mit der Linksschmittianischen Traditionslinie des politischen Denkens teilt: „Dissens ist das Wesen von Politik"[24], resümiert Rancière; nicht die argumentative Abwägung von Interessen zum Zwecke der Verständigung und Konsensfindung, sondern die „Abweichung von [der] normalen Ordnung der Dinge"[25] konstituiere den demokratischen Diskurs.

Die Schmittianische Unterscheidung zwischen der Politik und dem Politischen kehrt in Rancières Unterscheidung zwischen der Polizei und der Politik bzw. Demokratie wieder. Unter der Polizei versteht Rancière Formen der (staatlichen, institutionellen, administrativen, diskursiven usw.) Macht, welche eine Unterteilung des gesellschaftlichen Raums vornehmen in

> jene, die man sieht, und jene, die man nicht sieht; jene, von denen es einen *Logos* – ein erinnertes Wort, eine aufzustellende Rechnung – gibt, und jene, von denen es keinen *Logos* gibt; jene, die wirklich sprechen, und jene, deren Stimme, um Freude und Leid auszudrücken, die artikulierte Stimme nachahmt.[26]

Während die Polizei die Ordnung des Sinnlichen, also dessen, was sagbar, sichtbar, überhaupt wahrnehmbar ist – und was nicht, herstellt, versteht Rancière unter Politik die Infragestellung und Herausforderung der Aufteilung des Sinnlichen: „Es gibt Politik, weil diejenigen, die kein Recht dazu haben, als sprechende Wesen gezählt zu werden, sich dazuzählen und eine Gemeinschaft dadurch einrichten, [...]."[27]

Der bisherige Abriss hat gezeigt, dass die politischen Theorien der Gegenwart von der Frage nach dem Eigensinn politischen Handelns ausgehen und dabei eine Differenz zwischen der Politik als Praxis der Ordnung und Organisation von Gesellschaft und einer dieser vorgängigen Sphäre des Politischen geltend machen. Diese Trennung verweist zurück auf Martin Heideggers ontisch-ontologische Differenz. Chantal Mouffe legt im Anschluss an Heidegger dar, dass „es auf der ontischen Ebene um die vielfältigen Praktiken der Politik im konventionellen

---

23 Rancière. *Zehn Thesen zur Politik*, S. 19. [Hervorhebungen i. O.]
24 Ebd., S. 38.
25 Ebd., S. 30.
26 Rancière. *Das Unvernehmen*, S. 34.
27 Ebd., S. 38.

Sinne geht, während die ontologische die Art und Weise betrifft, in der Gesellschaft eingerichtet ist"[28] – auf der ontologischen Ebene ist also das Politische angesiedelt. Mit Blick auf Heidegger kann die politische Differenz noch genauer gefasst werden: So wie für Heidegger das Sein den Grund des Seienden bezeichnet, stellt das Politische eine „Ontologie der Möglichkeiten"[29] dar, während Politik die „Aktualisierung, als das Werden des Möglichen durch Entscheidungen"[30] bezeichnet. Die geläufige Identifikation der Politik mit dem Staat und seinen Institutionen und des Politischen mit zivilgesellschaftlichem Engagement folgt – wie auch die historische Einordnung unten zeigen wird – einer gewissen sozialempirischen Plausibilität, fällt jedoch verkürzt aus und unterschlägt das Bedingungsverhältnis dieser beiden Ebenen.

Überhaupt darf der Einfluss von Heidegger auf das Denken des Politischen nicht unterschätzt werden. So identifiziert Oliver Marchart Familienähnlichkeiten zwischen den unterschiedlichen Ansätzen des Politischen, indem er ihre „heideggerianischen Wurzeln"[31] freilegt und dabei die postfundamentalistische Stoßrichtung dieser Denktradition in den Blick nimmt. Im Gegensatz zu postmodernen Antifundamentalismen, die aus der Unmöglichkeit einer Letztbegründung von Gesellschaft „vollständige Sinnlosigkeit, absolute Freiheit oder totale Autonomie" nach dem Ende der großen Erzählungen postulieren, erkennen postfundamentalistische Theorien des Politischen „trotz Abwesenheit eines letzten Grundes [...] die Notwendigkeit *gewisser Gründe*"[32] an – darin Heideggers Verwindung der Metaphysik verpflichtet, in dem Marchart den „wichtigsten Wegbereiter des Postfundamentalismus"[33] sieht. Ein anschauliches Beispiel für den postfundamentalistischen Impetus des politischen Denkens soll an dieser Stelle Claude Leforts ‚negative Politologie'[34] bieten, die von seinem Schüler Marcel Gauchet weiterentwickelt wurde.

Im Zentrum von Leforts und Gauchets Denken steht die Idee der Negativität des Sozialen: Diese argumentieren, dass es kein positives Prinzip gibt, auf dem

---

28 Mouffe. *Über das Politische*, S. 15.
29 Torben Bech Dyrberg. „Diskursanalyse als postmoderne politische Theorie". *Das Undarstellbare der Politik. Zur Hegemonietheorie Ernesto Laclaus*. Hg. Oliver Marchart. Wien: Turia + Kant, 1998, S. 23–51, hier S. 26.
30 Ebd., S. 30.
31 Marchart. *Die politische Differenz*, S. 59.
32 Ebd., S. 62f.
33 Ebd., S. 67.
34 Vgl. Oliver Marchart. „Die politische Theorie des zivilgesellschaftlichen Republikanismus: Claude Lefort und Marcel Gauchet". *Politische Theorien der Gegenwart II*. Hg. André Brodocz und Garry S. Schaal. 4. Aufl. Opladen, Toronto: Verlag Barbara Budrich, 2016, S. 239–269, hier S. 241–260.

sich eine Identität des per se gespaltenen Sozialen gründen lässt; stattdessen können Gesellschaften „einen bestimmten Grad an Identität erreichen"[35], indem sie sich als zusammenhängende Gesamtheit repräsentieren. Lefort und Gauchet interessieren sich für die symbolische Dimension des Politischen, also für die Art und Weise der In-Form-Setzung (*mise en forme*), Inszenierung (*mise en scène*) und Sinngebung (*mise en sens*)[36] von Gesellschaft als Ganzheit. Die Instituierung der Gesellschaft vollziehe sich dabei in Bezug auf einen ihr äußerlichen symbolischen Pol – in der Monarchie etwa auf die göttliche Ordnung, die der König inkarniert, weshalb Lefort und Gauchet von der „*ursprünglichen Teilung* der Gesellschaft"[37] in ein Innen und (imaginäres) Außen sprechen. Während in Monarchien Gesellschaft im Körper des Königs als organische Einheit repräsentiert wird, bleibt für Lefort und Gauchet in der Demokratie der symbolische Ort der Macht leer, insofern keine Regierung, keine Partei, keine Amtsträger/-innen in Anspruch nehmen können, identisch mit der Gesellschaft zu sein.[38] Dementsprechend sind demokratische Systeme vor die Herausforderung gestellt, die „Zerrissenheit" und „Zersplitterung"[39] des Sozialen anzuerkennen und institutionell – so etwa durch Wahlen, die die „regelmäßige Infragestellung der Identität der Regierung"[40] sichern – zu verankern. Aus diesem – für das Denken des Politischen paradigmatischen – Bekenntnis zum Konflikt und Agonismus lässt sich ein spezifisches Verständnis des demokratischen Staates ableiten, dessen Aufgabe darin gesehen wird, den zivilgesellschaftlichen Konflikt zu symbolisieren und diesem dadurch sein Gewaltpotential zu entziehen, wodurch der demokratische Staat zum „Bild der Zivilgesellschaft innerhalb dieser selbst"[41] wird. Postfundamentalistisch ist

---

[35] Marchart. *Die politische Differenz*, S. 130.
[36] Vgl. Claude Lefort. „Die Frage der Demokratie". *Autonome Gesellschaft und libertäre Demokratie*. Hg. Ulrich Rödel. Frankfurt/M.: Suhrkamp, 1990, S. 281–297, hier S. 284 f.
[37] Marcel Gauchet. „Die totalitäre Erfahrung und das Denken des Politischen". *Autonome Gesellschaft und libertäre Demokratie*. Hg. Ulrich Rödel. Frankfurt/M.: Suhrkamp, 1990, S. 207–239, hier S. 224.
[38] Dieser Gedankengang findet sich auch bei anderen Theoretiker/-innen des Politischen. Vgl. zum Beispiel Chantal Mouffe. *Das demokratische Paradox*. Wien: Turia + Kant, 2008, S. 37: „Ihr [d. i. der Gesellschaft] demokratischer Charakter kann nur dem Umstand entstammen, dass kein sozialer Akteur sich selbst die Repräsentation der Totalität anmaßen kann."; Jacques Rancière. *Der Hass der Demokratie*. 2. Aufl. Berlin: Matthes & Seitz, 2012, S. 60: „Die Politik ist die Begründung der Regierungsmacht im Fehlen jeder Grundlage."
[39] Gauchet. „Die totalitäre Erfahrung und das Denken des Politischen", S. 235 f.
[40] Michel Gauchet und Claude Lefort. „Über die Demokratie: Das Politische und die Instituierung des Gesellschaftlichen". *Autonome Gesellschaft und libertäre Demokratie*. Hg. Ulrich Rödel. Frankfurt/M.: Suhrkamp, 1990, S. 89–122, hier S. 112.
[41] Uwe Hebekus und Jan Völker. *Neue Philosophien des Politischen zur Einführung*. Hamburg: Junius, 2012, S. 82.

der Ansatz von Lefort und Gauchet also insofern, als die Philosophen „auf der Notwendigkeit der symbolischen Repräsentation der Gesellschaft für diese selbst [bestehen], auch wenn das real nicht möglich ist".[42] Aus der Grundlosigkeit soziopolitischer Ordnungen folgt nicht eine defätistische Beliebigkeit, sondern die Einsicht in die Notwendigkeit der Arbeit an der demokratischen, immer schon prekären Identität.

Diese postfundamentalistische Grundhaltung ebenso wie die Konzeption des Politischen als einer ontologischen Sphäre sind nicht ohne Widerspruch geblieben. So kritisiert Michael Hirsch, dass durch das Desinteresse an institutionellen Strukturen die Reduktion der Demokratie auf eine kritische Öffentlichkeit erfolgt und damit die Grundlagen und Grundbegriffe moderner Demokratien (wie Volkssouveränität und Rechtsstaatlichkeit) ausgehöhlt werden.[43] Kritisch sehen Hirsch u. a. auch den Primat des Symbolischen bzw. der diskursiv-sprachlichen Dimension der Gesellschaft bei Lefort/Gauchet oder auch Laclau/Mouffe. Laclau und Mouffe geht es in ihrem Opus magnum *Hegemonie und radikale Demokratie* (1985) darum, die Ökonomie als „letzte[s] Bollwerk des Essentialismus"[44] zu diskreditieren und Konflikte im Anschluss an Wittgenstein und den (Post-)Strukturalismus losgelöst von Produktionsverhältnissen und den materiellen Interessen der Diskursteilnehmer/-innen zu denken.[45] Hirsch attestiert den genannten Theoretiker/-innen deshalb die Verkürzung des Politischen auf eine „selbstbezügliche ontologische Kategorie [...], die sich weniger mit Politik im Sinne der Form der Änderung realer Existenzbedingungen als mit dem Politischen im Sinne des imaginären Verhältnisses zu unseren realen Existenzbedingungen beschäftigt".[46]

Die Kritik an der Blindheit gegenüber den sozio-ökonomischen Positionen der Akteur/-innen politischer Konflikte muss ernst genommen werden, möchte man die subjektseitige Logik gesellschaftlicher Prozesse in den Blick bekommen. An vielen Stellen greift die Kritik am Denken des Politischen allerdings zu kurz – so im Vorwurf der Aushöhlung demokratischer Werte, geht es den Theoretiker/-in-

---

42 Marchart. „Die politische Theorie des zivilgesellschaftlichen Republikanismus", S. 245.
43 Vgl. Michael Hirsch. *Die zwei Seiten der Entpolitisierung. Zur politischen Theorie der Gegenwart.* Stuttgart: Steiner, 2007, S. 149–155.
44 Ernesto Laclau und Chantal Mouffe. *Hegemonie und radikale Demokratie. Zur Dekonstruktion des Marxismus.* 6. Aufl. Wien: Passagen-Verlag 2020, S. 109.
45 Eine Zusammenfassung der kritischen Positionen und die dazugehörigen bibliographischen Hinweise finden sich bei Urs Stäheli und Stefanie Hammer. „Die politische Theorie der Hegemonie: Ernesto Laclau und Chantal Mouffe". *Politische Theorien der Gegenwart III.* Hg. André Brodocz und Gary S. Schaal. Opladen: Verlag Barbara Budrich, 2016, S. 61–98, hier S. 89 f.
46 Hirsch. *Die zwei Seiten der Entpolitisierung*, S. 156.

nen doch im Gegenteil um eine Revitalisierung der demokratischen Idee und ihrer Leitbegriffe (wie etwa der Volkssouveränität) angesichts der wahrgenommenen Krise westlicher Demokratien. Eine literaturwissenschaftliche Studie muss sich damit begnügen, diese politologischen Debatten anzuschneiden. Nur skizziert sei an dieser Stelle daher auch der kultur- und sozialgeschichtliche Kontext, in dem ein Theoriestrang entsteht, der die Abwendung vom Tagesgeschäft der Politik und die Hinwendung zu alternativen, auch prä- und antiinstitutionellen Formen des politischen Handelns konzeptualisiert. Hirsch sieht einen Zusammenhang zwischen der Durchsetzung der Diskurse des Politischen in den 1970er und 1980er Jahren und dem „Scheitern ambitionierter Reform- und Revolutionsbewegungen im Westen" nach 1968 und bewertet die Konjunktur des Politischen „als Modus der Verarbeitung oder als Symptom eines sich anbahnenden politischen Scheiterns [...] – als Symptom sowohl der sozialdemokratischen wie der sozialistischen Bewegung".[47] Das Denken des Politischen sei demnach Ausdruck einer Skepsis und Resignation hinsichtlich der Möglichkeiten der Gestaltung der Gesellschaft über institutionelle Wege, weshalb Hirsch am Grunde der Ansätze des Politischen eine „Verfallstheorie des Staates"[48] diagnostiziert. Die Deutung des Interesses an alternativen politischen Praktiken als *Reaktion* auf das Ausbleiben einer umfassenden Veränderung der Gesellschafts-, Wirtschafts- und Herrschaftsordnung nach 68 sieht jedoch darüber hinweg, dass die Theorien des Politischen die Positionen, aber auch Aktions- und Mobilisierungsstrategien der – europäischen sowie internationalen[49] – Neuen sozialen Bewegungen vielfach beerben.

Ingrid Gilcher-Holtey legt dar, dass die Neuen sozialen Bewegungen in den 1960er Jahren eine Abgrenzung vom traditionellen Marxismus und seinen theoretischen, organisatorischen sowie strategischen Grundlagen forcieren, die folgende Verschiebungen und Neugewichtungen hervorgebracht hat:[50]

---

47 Michael Hirsch. „Der symbolische Primat des Politischen und seine Kritik". *Das Politische und die Politik*. Hg. Thomas Bedorf und Kurt Röttgers. Berlin: Suhrkamp, 2010, S. 335–363, hier S. 346 f.
48 Ebd., S. 349.
49 So führt Ernesto Laclau, der bis Ende der 1960er Jahre als Führungsmitglied in sozialistischen Parteien Argentiniens aktiv war, die anti-essentialistische Stoßrichtung seines Denkens auf Erfahrungen in der politischen Praxis zurück. Siehe dazu die weiteren Ausführungen.
50 Die folgende Aufzählung orientiert sich an Ingrid Gilcher-Holtey. *Die 68er Bewegung. Deutschland – Westeuropa – USA*. 4. Aufl. München: Beck, 2008, S. 14–17. Zur Rolle der 68er-Bewegung bei der Ablösung des kulturellen Paradigmas der Politik durch das Paradigma des Politischen siehe auch Ivana Perica. „*Politische Literatur* und *Politik der Literatur*, Revolution und Evolution. Schnittstellen von politischer Theorie und kritischer Literaturwissenschaft". *Politische Literatur. Begriffe, Debatten, Aktualität*. Hg. Christine Lubkoll, Manuel Illi und Anna Hampel. Stuttgart: Metzler, 2018. 93–107, hier S. 100–104.

- Neuinterpretation der marxistischen Theorie (Verbindung von Marxismus und Existentialismus, Marxismus und Psychoanalyse)
- neuer Entwurf der sozialistischen Gesellschaftsordnung (Akzentuierung der Entfremdung des Individuums in sozialen, sexuellen usw. Beziehungen)
- neue Transformationsstrategie (Kulturrevolution als Bedingung von sozialer Revolution)
- neue Organisationskonzepte (Aktion statt Organisation)
- neue Definition der Träger sozialen Wandels (nicht mehr Proletariat, sondern junge Intelligenz, neue (fachgeschulte) Arbeiterklasse, gesellschaftliche Randgruppen)

Die Neuen sozialen Bewegungen, Trägergruppe der Neuen Linken,[51] beschränken das politische Handeln nicht mehr auf die Ebene der politischen Institutionen und administrativen Abläufe, sondern betonen auf der einen Seite die Bedeutung von Veränderungen in der symbolischen Ordnung der Gesellschaft (Sprache, Kunst, Kultur) und plädieren für die Erprobung alternativ-experimenteller Lebensformen, die die Weichen für die Emanzipation des Individuums von autoritären sozialen Strukturen stellen und es zur Autonomie befähigen sollen, forcieren auf der anderen Seite die Entstehung neuer Aktionsformen, aus denen eine Vielfalt nicht-parlamentarischer Bewegungen und Gegenöffentlichkeiten (in Form von alternativen Verlagen, Presseorganen und Nachrichtenagenturen) hervorgehen sollte.[52] Kurzum: „Nicht die Eroberung von politischer Macht, sondern die Bildung von Gegenmacht, Gegeninstitutionen, Gegenöffentlichkeit stand im Zentrum ihrer [gemeint ist die Neue Linke] Aktions- und Transformationsstrate-

---

51 Zum Verhältnis der Neuen sozialen Bewegungen und der Neuen Linken vgl. Ingrid Gilcher-Holtey. „Einleitung". „1968" – Eine Wahrnehmungsrevolution. Horizont-Verschiebungen des Politischen in den 1960er und 1970er Jahren. Hg. dies. München: Oldenbourg, 2013, S. 7–12, hier S. 10: „Die kognitive Orientierung der Neuen Linken wurde in intellektuellen Zirkeln entwickelt, deren Mitglieder sich von der alten Linken – den sozialdemokratischen, sozialistischen und kommunistischen Parteien – bereits am Ende der 1940er Jahre und Ende der 1950er Jahre losgesagt hatten beziehungsweise aus diesen Parteien ausgeschlossen worden waren. Um Zeitschriften wie die ‚New Left Review' in London, ‚Socialisme ou Barbarie', ‚Arguments' oder ‚Internationale Situationniste' in Frankreich, ‚Argument' in Deutschland oder ‚Quaderni Piacentini' in Italien gruppiert, nahmen diese dissidenten Intellektuellen eine grundlegende Revision der Sozialismusvorstellungen der alten Linken, ihrer Transformationsstrategien und Organisationskonzeptionen sowie ihrer Vorstellungen vom Träger sozialen Wandels vor. [...] Konkrete Gestalt und Mobilisierungsdynamik im politischen Feld gewannen die Vorgaben der dissidenten Intellektuellen der Neuen Linken, als studentische Gruppen sich in der ersten Hälfte der 1960er Jahre darauf zu beziehen begannen."
52 Vgl. Gilcher-Holtey. Die 68er Bewegung, S. 120–125.

gien."⁵³ Diese politischen Praktiken zielen nicht mehr darauf, „Missstände in die etablierten Kanäle von Politik abzuleiten", sondern „den Raum des Möglichen durch Infragestellung, Subversion und Redefinition von etablierten Sicht- und Teilungskriterien der sozialen Welt"⁵⁴ zu erweitern. Gegenüber dem orthodoxen Marxismus wird die Auseinandersetzung mit den Produktionsverhältnissen in der Theoriebildung der Neuen Linken zunehmend zweitrangig, was keineswegs bedeutet, dass die soziale Frage in westlichen, geschweige denn nicht-westlichen Gesellschaften geklärt worden war (bzw. ist). Vielmehr ist die Vernachlässigung sozio-ökonomischer Faktoren auf die Abwehr eines klassenfundierten, dem „plurale[n] und mannigfaltige[n] Charakter der zeitgenössischen sozialen Kämpfe"⁵⁵ nicht mehr gerecht werdenden Denkens zurückzuführen, die den Blick für die weiterhin bestehenden sozio-ökonomischen Determinanten einstweilen getrübt hat.

Ohne politische Praxis und Theorie zusammenfallen zu lassen oder eine direkte Verbindung zu behaupten, gilt es demnach festzustellen, dass die theoretische und praktische Verlagerung politischen Handelns ins Zivilgesellschaftliche und an die Ränder des politischen Feldes in den 1960er Jahren eine Entsprechung in dem interventionalistischen, basis- und radikaldemokratischen Charakter des Politischen bei Rancière, Laclau, Mouffe, Lefort u. a. findet. Die für das Denken des Politischen zentrale These von der „Undurchsichtigkeit des Sozialen"⁵⁶ verweist zurück auf die Erfahrung der Pluralisierung der politischen Räume und der Koexistenz von heterogenen politischen Kräften, die sich aus unterschiedlichen sozialen Schichten rekrutieren. Die Theorien des Politischen entstehen in einem historischen Umfeld, dessen Bedeutung für die Entwicklung einer postfundamentalistischen, gegen den marxistischen Klassenreduktionismus gerichteten Theorie von Ernesto Laclau folgendermaßen reflektiert wird:

> Aus diesem Grund musste ich nicht darauf warten, poststrukturalistische Texte zu lesen, um zu verstehen, was ein ‚Angelpunkt', ein ‚Hymen', ein ‚flottierender Signifikant' oder die

---

[53] Gilcher-Holtey. „Einleitung", S. 11.
[54] Ebd., 9 f. Gilcher-Holtey spricht in Anlehnung von Bourdieu auch von einer „Politik der Wahrnehmung" (vgl. ebd., S. 11). Auf die hier zutage tretenden Parallelen zwischen Bourdieu (‚Politik der Wahrnehmung') und Rancière (‚Aufteilung des Sinnlichen') sei nur hingewiesen. Den Versuch einer Ko-Lektüre der beiden Autoren unternimmt der Sammelband von Jens Kastner (Hg.). *Pierre Bourdieu und Jacques Rancière. Emanzipatorische Praxis denken.* Wien: Turia + Kant, 2014.
[55] Laclau und Mouffe. *Hegemonie und radikale Demokratie*, S. 32.
[56] Ebd., S. 49.

‚Metaphysik der Präsenz' war: Ich lernte dies bereits durch meine praktischen Erfahrungen als politischer Aktivist in Buenos Aires.[57]

Nicht nur die Abwendung von einem klassenfundierten Denken unter Beibehaltung der emanzipatorischen Ansprüche des Marxismus hat den Theorien des Politischen die Bezeichnung des Postmarxismus eingebracht; postmarxistisch sind die genannten Ansätze auch insofern, als sie zwar das marxistische Geschichtsbild und die damit zusammenhängende Vorstellung von historischem Fortschritt hinter sich lassen, jedoch in linker Tradition auf der Notwendigkeit der Überwindung einer als ungerecht wahrgenommenen Gegenwart bestehen. Der Begriff des Postmarxismus wird von Theoretikerinnen wie Mouffe inzwischen abgelehnt, weil dieser falsche Schwerpunkte lege,[58] doch darf nicht vergessen werden, dass der Versuch einer Neuformulierung des Marxismus den Ausgangspunkt für ein Denken darstellt, das heute – wie in Kapitel III.3 auszuführen sein wird – vor allem die Auseinandersetzung mit deliberativ argumentierenden Demokratietheorien sucht.

Der in diesem Kapitel erfolgte Überblick über die Geschichte und die Leitideen der Theorien des Politischen bildet die Grundlage für eine eingehendere Diskussion von drei zentralen Figuren dieser Denkrichtung: Vorgestellt werden die Begriffe der Hegemonie (II.2), des Postpolitischen (II.3) sowie der Subversion und radikalen Demokratie (II.4). Durch diese Einzelbetrachtungen soll ein Begriffs- und Analyseinstrumentarium erarbeitet werden, das für die Lektüre der literarischen Texte fruchtbar gemacht werden kann.

2 Figuren des Politischen I: Hegemonie

Den Ausgangspunkt linken Denkens stellt seit Marx und Engels die Analyse der gesellschaftlichen Machtverhältnisse dar – das gilt auch für die Theoretiker/-innen des Politischen. In III.1 wurde bereits Rancières machtpolitischer Ansatz vorgestellt: Danach wird durch die Polizei die Aufteilung des Sinnlichen und damit auch die Schaffung von Zonen des Unsinnlichen, d.h. des Unsichtbaren

---

[57] Ernesto Laclau. *New Reflections on the Revolution of Our Time.* London: Verso Books, 1990, S. 200. Übersetzung zitiert nach Stäheli und Hammer. „Die politische Theorie der Hegemonie", S. 66.
[58] Vgl. Chantal Mouffe und Oliver Marchart. „Chantal Mouffe im Gespräch mit Oliver Marchart". *Mesotes* 3 (1993), S. 407–413, hier S. 407: „Nein, ich möchte den Aspekt radikaler Demokratie betonen, nicht den Aspekt des Post-Marxismus. [...] Heute würde ich die marxistische Komponente sicherlich weniger betonen."

und Unhörbaren, organisiert. Im Folgenden möchte ich eine weitere Denkfigur diskutieren, mit der nicht nur die Genese von Machtstrukturen, sondern auch ihre Durchsetzung und Funktionsweise eingeholt werden kann: Laclaus und Mouffes Konzept der Hegemonie. Den Begriff der Hegemonie entnehmen Laclau und Mouffe dem neomarxistischen Philosophen Antonio Gramsci, der zwei Formen der Machtausübung unterscheidet: Eine Klasse kann demnach

> auf zweierlei Weise herrschend [sein]: nämlich „führend" und „herrschend". Sie ist führend gegenüber den verbündeten Klassen und herrschend gegenüber den gegnerischen Klassen. Deswegen kann eine Klasse, bereits bevor sie an die Macht kommt, „führend" sein (und muß es sein): wenn sie an der Macht ist, wird sie herrschend, bleibt aber auch weiterhin „führend".[59]

Gramsci argumentiert, dass der Weg zur Macht über die Herstellung von Allianzen zwischen unterschiedlichen Gruppierungen führt. Eine Gruppe (Gramsci denkt da selbstredend an die Linke) kann zur hegemonialen Klasse werden, indem sie „die eigenen Interessen, die eigene Weltsicht, die kulturelle Lebensweise und die vorherrschenden Deutungsmuster mit der Aura des Universellen, Allgemeingültigen und des Fortschritts"[60] versieht. In der Praxis erfordert das Projekt der Hegemonie Kompromiss- und Konzessionsbereitschaft, überhaupt eine gewisse Offenheit, die die Integration und Neutralisierung konkurrierender Positionen möglich macht.

Bei Laclaus und Mouffes Bezug auf Gramsci handelt es sich im Grunde genommen um eine „diskurstheoretische Reformulierung"[61] und Weiterentwicklung dieses Hegemonieverständnisses, wobei der Begriff des Diskurses für Laclau und Mouffe nicht nur sprachliche Äußerungen, sondern auch soziale Handlungen und Objekte, die in diese Handlungen eingebunden sind, umfasst, also sprachliche und nicht-sprachliche Praktiken meint, mit denen Wirklichkeit als Sinnzusammenhang hervorgebracht wird. Dem Diskurs ist die Artikulation als soziale „Praxis [vorgelagert], die eine Beziehung zwischen Elementen so etabliert, dass ihre Identität als Resultat der artikulatorischen Praxis modifiziert wird".[62] Die (post-)strukturalistischen Implikationen dieser Begriffsbestimmung seien kurz dargelegt: Nach Ferdinand de Saussure ergibt sich die Bedeutung eines Zeichens

---

[59] Antonio Gramsci. *Gefängnishefte. Kritische Gesamtausgabe.* Bd. 1. Hg. Klaus Bochmann und Wolfgang Fritz Haug. Hamburg: Argument-Verlag, 1991, S. 101.
[60] Hans-Jürgen Bieling. „Die politische Theorie des Neomarxismus: Antonio Gramsci". *Politische Theorien der Gegenwart I.* Hg. André Brodocz und Gary S. Schaal. 4. Aufl. Opladen, Toronto: Verlag Barbara Budrich, 2016, S. 447–478, hier S. 463.
[61] Hebekus und Völker. *Neue Philosophien des Politischen zur Einführung*, S. 42.
[62] Laclau und Mouffe. *Hegemonie und radikale Demokratie*, S. 139.

aus der Differenz zu anderen Zeichen. Während Strukturalist/-innen nach invarianten Strukturen und Gesetzmäßigkeiten suchen, die die Bedeutung des Zeichens fixieren, betonen poststrukturalistische Ansätze das ‚Spiel der Differenzen' (um eine idiosynkratische Formulierung zu verwenden) und die daraus entstehende Kontingenz und Kontextualität von Bedeutung. In der Forschung ist herausgestellt werden, dass Laclau und Mouffe eine Vermittlungsposition zwischen Saussure und einem Poststrukturalismus Derrida'scher Prägung einnehmen, insofern sie zum einen Saussures Fixierung der Differenzrelationen nicht mittragen, zum anderen gegen Derrida die partielle Fixierung der oszillierenden Signifikanten als notwendige Funktionsweise der politischen Praxis anerkennen.[63] Genau dieses Zusammenspiel haben Laclau und Mouffe im Blick, wenn sie darlegen, dass in der artikulatorischen Verknüpfung von Elementen deren Identität bzw. Bedeutung modifiziert und dadurch partiell fixiert wird. Als Diskurs wird in *Hegemonie und radikale Demokratie* sodann die „aus der artikulatorischen Praxis hervorgehende strukturierte Totalität"[64] bezeichnet. Der Diskurs leistet eine Bedeutungsverengung überdeterminierter Elemente durch ihre Verknüpfung, wie sich am Beispiel des politischen Diskurses der Grünen bei Uwe Hebekus und Jan Völker verdeutlichen lässt:

> Nimmt man etwa das Element ‚Umweltbewusstsein', so ist nicht von vornherein bestimmt, mit welchem weiteren Element sich dieses verbinden – eben: artikulieren – lässt. So ist beispielsweise vorstellbar, dass der Anhänger einer ‚Blut-und-Boden'-Ideologie sich gerade für Umwelt- und Naturschutz engagiert. Erst die Stabilisierung der ‚grünen' Artikulation von ‚Umweltbewusstsein' und ‚Antirassismus' schließt diese Möglichkeit aus.[65]

Dieses Beispiel führt die beiden Logiken des Diskurses vor: die Logik der Differenz und die Logik der Äquivalenz. Der Diskurs konstituiert sich in der Verkettung von differenten Elementen (Umweltbewusstsein, Antirassismus, Pazifismus, Feminismus usw.), die in einer Hinsicht äquivalent gesetzt werden: Sie bezeichnen das Leitbild der grünen Partei. Diesem Leitbild kommt jedoch keine Positivität zu. Laclau und Mouffe betonen immer wieder, dass politische Identitäten ausnahmslos in der Abgrenzung von einem antagonistischen Außen des Diskurses, genauer gesagt in der Konstruktion eines radikal Anderen (im Diskurs der Grünen wäre dieser Andere zum Beispiel die politische Rechte) und seiner Exklusion entstehen: „Jede gesellschaftliche Ordnung [...] basiert auf einer Form von Aus-

---

[63] Vgl. Hebekus und Völker. *Neue Philosophien des Politischen zur Einführung*, S. 36–39.
[64] Laclau und Mouffe. *Hegemonie und radikale Demokratie*, S. 139.
[65] Hebekus und Völker. *Neue Philosophien des Politischen zur Einführung*, S. 38 f.

schließung."⁶⁶ Mit Laclau und Mouffe sind also zwei Ebenen der Differenz zu denken: „einerseits Differenzen innerhalb eines Diskurses, andererseits eine konstitutive Differenz, die den Diskurs von seinem Außen trennt".⁶⁷

Mit diesen Vorannahmen lässt sich Gramscis Begriff der Hegemonie diskursanalytisch profilieren: Hegemonie bezeichnet einen Prozess der Äquivalenzbildung, also der paradigmatischen Verknüpfung differenter Positionen, wobei eine „Hegemonie [...] umso mächtiger [ist], je ‚länger' die Äquivalenzkette, die sie hegemonialisiert".⁶⁸ Der hegemoniale Diskurs muss eine gewisse Offenheit aufweisen, um möglichst viele, unterschiedliche Positionen integrieren zu können, zugleich kann er Identität nur über die Herstellung von Einheit und Totalität, kurzum über die Absteckung von Grenzen artikulieren. Nach Laclau wird diese Schließung über einen Signifikanten bewerkstelligt, der bezeichnet, worin alle Signifikanten äquivalent sind, also einen „Signifikanten der Auslöschung aller Differenzen".⁶⁹ Laclau spricht in diesem Zusammenhang von einem ‚leeren' Signifikanten, weil diesem kein Signifikat mehr entspricht – denn insofern dieser Signifikant eine Vielzahl differenter Identitäten repräsentieren muss, wird er „weniger konkret sein, je länger die Äquivalenzkette ist".⁷⁰ Im Prozess der Entleerung verkommt der universale Signifikant so „nahezu zu einem bedeutungslosen Zeichen"⁷¹, das die einst dahinter stehende, partikulare politische Agenda nicht mehr repräsentieren kann: „Somit tendiert die hegemoniale Operation – gerade *aufgrund* ihres Erfolgs – dazu, ihre Verkettung mit der Kraft, die ihr ursprünglicher Gründer und Nutzgenießer war, zu brechen."⁷²

Ein eindringliches Beispiel für die Funktionsweise hegemonialer Diskurse stellt die Entwicklung des Kapitalismus in den westlichen Nachkriegsgesellschaften dar. Luc Boltanski und Ève Chiapello gehen der Frage nach, wie „ein absurdes System"⁷³ wie der Kapitalismus eine weitgehend unangefochtene Affirmation und Motivation zur Teilhabe entfalten konnte, und machen im „Geist des Kapitalismus eine *Ideologie* [...] [aus], die das *Engagement für den Kapitalismus rechtfertigt*"⁷⁴:

---

66 Mouffe. *Über das Politische*, S. 27.
67 Stäheli und Hammer. „Die politische Theorie der Hegemonie", S. 68.
68 Hebekus und Völker. *Neue Philosophien des Politischen zur Einführung*, S. 49.
69 Ernesto Laclau. *Emanzipation und Differenz*. Wien: Turia + Kant, 2013, S. 68.
70 Ebd., S. 72.
71 Stäheli und Hammer. „Die politische Theorie der Hegemonie", S. 73.
72 Laclau. *Emanzipation und Differenz*, S. 76.
73 Luc Boltanski und Eve Chiapello. *Der neue Geist des Kapitalismus*. Konstanz: UVK Verlagsgesellschaft mbH, 2013, S. 42.
74 Ebd., S. 43.

> Wenn der Kapitalismus regelmäßigen Untergangsprophezeiungen zum Trotz nicht nur überlebt, sondern seinen Einflussbereich unablässig ausgedehnt hat, so liegt das eben auch daran, dass er sich auf eine Reihe von handlungsanleitenden Vorstellungen und gängigen Rechtfertigungsmodellen stützen konnte, durch die er als eine annehmbare oder sogar wünschenswerte, allein mögliche bzw. als beste aller möglichen Ordnungen schien.[75]

Boltanski und Chiapello zeichnen historische Etappen des kapitalistischen Geistes nach und entdecken am Grunde seiner Wandlungsfähigkeit die „dynamische Wirkung der Kritik auf den Geist des Kapitalismus".[76] Danach vermag es der Kapitalismus, *„einen Teil der Werte, derentwegen er kritisiert wurde"*[77], zu verinnerlichen: „In unterschiedlichen Epochen [...] gelingt es ihm, sich an Gesellschaften mit völlig unterschiedlichen Idealen anzupassen und die Ideen derjenigen für sich zu vereinnahmen, die ihn in der vorangegangen Entwicklungsstufe noch bekämpft hatten."[78] Boltanski und Chiapello beschreiben hier, ohne explizit auf die Terminologie zurückzugreifen, den Prozess der hegemonialen Äquivalenzbildung: Der Kapitalismus kann kritische Positionen neutralisieren, indem er die entsprechenden Forderungen mit dem neoliberalen Projekt der Deregulierung der Wirtschaft gleichsetzt – wie man paradigmatisch an der Umgestaltung der Arbeitswelt am Ende des zwanzigsten Jahrhunderts nachverfolgen kann. Die Forderungen der antiautoritären Künstlerkritik nach Authentizität, Freiheit, Autonomie, Kreativität, Spontaneität und überhaupt nach einer ‚menschlicheren' Arbeitswelt konnten mit dem Leitbild des neoliberalen Kapitalismus vereinbart und in die Praxis übertragen werden – zum einen durch die Herstellung und Vermarktung von Gütern, die auf individuelle Bedürfnisse und Kundenwünsche abgestimmt sind und so „Vermassungsängste vorübergehend besänftigen"[79] sowie ein „Gefühl des Authentischen"[80] vermitteln können; zum anderen durch die Reorganisation der Arbeitswelt nach den Maßstäben einer ‚projektbasierten Polis', in der die Forderungen nach Selbstverwirklichung, Emanzipation und Individualität in neue Unternehmensstrukturen und Anstellungsverhältnisse (so etwa befristete Arbeitsverträge) umgesetzt wurden.[81] Der Kapitalismus entzieht sich also immer wieder der Kritik, indem er diese teilweise aufnimmt und sich dadurch aus sich heraus modernisiert: Im einundzwanzigsten Jahrhundert kann man in westlichen kapitalistischen Wirtschafts- und Gesell-

---

75 Ebd., S. 46.
76 Ebd., S. 70.
77 Ebd., S. 70.
78 Ebd., S. 257.
79 Ebd., S. 145.
80 Ebd., S. 146.
81 Vgl. ebd., S. 142–187.

schaftssystemen ein selbstbestimmtes Leben führen, das den Idealen der Freiheit, Autonomie und Kreativität verpflichtet ist.

Freilich könnte man in dieser Adaptionsfähigkeit einen progressiven Umgang mit Kritik sehen, Boltanski und Chiapello kritisieren allerdings, dass die Akkulturation der Künstlerkritik in den 1970er und 1980er Jahren nicht zu einer Verbesserung der gesellschaftlichen Gerechtigkeitsbedingungen, sondern zu einer Verschärfung der sozialen und wirtschaftlichen Schieflagen und Ungleichheiten geführt hat; die Umgestaltung der Arbeitswelt und des Sozialstaats im Namen der Freiheit hat langfristig Prozesse in die Wege geleitet, im Zuge derer Akkumulationsstrukturen und Formen der Profitmaximierung zuungunsten derjenigen, die kein oder wenig Eigenkapital besitzen, verändert worden sind.[82] Diese Kritik lässt sich mit Laclaus/Mouffes diskursanalytischem Ansatz dahin gehend zuspitzen, dass in der hegemonialen Artikulation der Begriff der Freiheit dazu tendiert, sich zu einem leeren Signifikanten zu überdehnen, der sich von seinem ursprünglichen emanzipatorischen Anspruch immer weiter entfernt.

Dieser soziologisch-ökonomische Exkurs leitet über zu einer weiteren Denkfigur in den Theorien des Politischen: zu dem Problem der Hegemonie und scheinbaren Immunität der kapitalistisch-neoliberalen Ordnung. Im nächsten Kapitel soll die Gegenwartsdiagnose des postpolitischen bzw. postdemokratischen Zeitalters diskutiert und damit eine Grundlage für die Auseinandersetzung mit den Texten von Elfriede Jelinek geschaffen werden, in denen diskursive hegemoniale Verhältnisse in Szene gesetzt werden.

3 Figuren des Politischen II: Postpolitik und Postdemokratie

Hannah Arendt hat in einem Interview klargestellt, dass sie keine politische Philosophie, sondern politische Theorie betreibt. Der Unterschied zwischen der klassischen Philosophie und der politischen Theorie bestehe darin, dass der philosophierende Mensch in der Ontologie, Epistemologie oder Logik einen neutralen Standpunkt einnehmen könne – das sei in der politischen Theorie nicht möglich.[83] In diesem Sinne kann auch das Denken des Politischen als ein eingreifendes Denken bestimmt werden, das Position bezieht und Leitbilder des politischen Miteinanders formuliert – was in dem Begriff des Politischen selbst begründet liegt. Der Konzeption eines Möglichkeitsraumes, der die hegemoniale

---

82 Vgl. ebd., S. 22–33.
83 Vgl. Hannah Arendt im Gespräch mit Günter Gaus (28. Oktober 1964). https://www.youtube.com/watch?v=J9SyTEUi6Kw (01. März 2022).

Ordnung ermöglicht, zugleich jedoch ihre Unmöglichkeit, genauer gesagt die Unmöglichkeit ihrer Letztbegründung bezeichnet, wohnt ein kritischer Impuls inne, der sich gegen Formen der sozialen Erstarrung richtet und im Unbehagen an den politischen Verhältnissen der Gegenwart zum Tragen kommt. Die in Rede stehenden Theoretiker/-innen diagnostizieren für die westlichen Demokratien am Ende des zwanzigsten und Anfang des einundzwanzigsten Jahrhunderts eine Krise des Politischen: Chantal Mouffe spricht von einem „‚postpolitischen' Zeitgeist[...]", der sich in dem „Unvermögen [äußert], politisch zu denken".[84] Jacques Rancière beschreibt die westlichen Gesellschaften als postdemokratisch bzw. Demokratien „nach dem *Demos*", worunter er ein „bestimmtes Regime des Sinnlichen"[85] versteht, das der Figur des Volkes keine Möglichkeit des Erscheinens einräumt. Welche Ursachen für die Krise des Politischen werden ausgemacht, was sind ihre Symptome?

Die Begriffe der Postdemokratie und der Postpolitik, die über den politologischen Fachdiskurs hinaus eine breitere Öffentlichkeit erreicht haben, beschreiben bei den Denker/-innen des Politischen das Verschwinden des Streits und Dissenses, der Ambivalenz und der Unentschiedenheit aus den politischen Debatten – oder andersherum: die Durchsetzung des „rationalistische[n] Glaube[ns] an die Möglichkeit eines auf Vernunft basierenden universellen Konsenses".[86] Den Grund für die Unterdrückung der für das Politische konstitutiven Dimension des Agonismus sieht Mouffe in der „Hegemonie des Neoliberalismus und seiner Behauptung, es gebe zur bestehenden Ordnung keine Alternative".[87] Der Diskurs der Alternativlosigkeit zeige sich in der „Unfähigkeit der etablierten demokratischen Parteien [...], klare Alternativen anzubieten"[88], aber auch im allgemeinen Trend zur Moralisierung der Politik und Reduktion des politischen Kampfes um Gleichheit auf die Begriffe der Inklusion und Exklusion. Im Gegensatz zu Francis Fukuyama, dem vielleicht bekanntesten Befürworter der These vom Ende der Geschichte, das mit dem Sieg der liberalen Demokratien und ihrer kapitalistischen Wirtschaftsordnung nach 1989 eingetroffen sei,[89] sieht Mouffe in

---

84 Mouffe. *Über das Politische*, S. 15 und 17.
85 Rancière. *Das Unvernehmen*, S. 111 f.
86 Mouffe. *Über das Politische*, S. 19.
87 Ebd., S. 44.
88 Ebd., S. 91.
89 Vgl. Francis Fukuyama. *Das Ende der Geschichte. Wo stehen wir?* München: Kindler, 1992, S. 83 f.: „Wir hingegen können uns heute nur schwer eine Welt vorstellen, die von Grund auf besser ist als die, in der wir leben, oder uns eine Zukunft ausmalen, die nicht demokratisch oder kapitalistisch geprägt ist. Innerhalb dieses Rahmens ließe sich natürlich noch vieles verbessern: [...]. Wir können uns auch zukünftige Welten ausmalen, die bedeutend schlechter sind als unsere heutige Welt, [...]. Aber wir können uns nicht vorstellen, dass wir in einer Welt leben, die wesentlich anders ist als

der Hegemonie des Neoliberalismus und dem Diskurs der Alternativlosigkeit eine Gefahr für westliche Demokratien. Nach Mouffe führt die Eliminierung agonistischer Ausdrucksmöglichkeiten auf der einen Seite zum Erstarken rechtspopulistischer und anderer Anti-Establishment-Kräfte, die rhetorisch eine diskursive Leerstelle in einem sonst konsensorientierten politischen Feld besetzen: „Die Rechtsparteien hatten immer dann Zulauf, wenn zwischen den traditionellen Parteien keine deutlichen Unterschiede mehr erkennbar waren."[90] Auf der anderen Seite sorge der Abschied vom Modell der Gegnerschaft für die Wiedereinführung von Freund-Feind-Unterscheidungen, die entlang essentialistisch gedachter Identitäten oder moralischer Wertesysteme verlaufen. Problematisch für Mouffe ist zum Beispiel die moralische Dämonisierung rechtspopulistischer Kräfte, insofern sie nicht nur der analytischen Auseinandersetzung mit den Gründen ihres Erstarkens im Weg steht, sondern auch „zwangsläufig die Entstehung von Antagonismen [fördert], die demokratischen Institutionen sehr gefährlich werden können", denn: „Mit den ‚bösen anderen' ist keine agonistische Diskussion möglich – sie müssen beseitigt werden."[91]

Auch im Zentrum von Rancières Kritik der Postdemokratie steht die These vom Verschwinden des Dissenses. Um diese Kritik nachzuvollziehen, sei sein Verständnis der Demokratie noch einmal dargelegt: „Im strikten Sinne ist die Demokratie keine Staatsform. Sie liegt immer diesseits oder jenseits der Staatsformen. […] Jeder Staat ist oligarchisch. […] Doch die Oligarchie kann der Demokratie mehr oder weniger Platz einräumen, sie ist von ihrer Aktivität mehr oder weniger begeistert."[92] Der *demos* stellt für Rancière ein undarstellbares und – im doppelten Sinne des Wortes – unberechenbares, da anarchisches und nicht verrechenbares Prinzip dar, das niemals identisch mit staatlichen Institutionen und gewählten Volksvertreter/-innen sein kann. Bei westlichen Demokratien handelt es sich nach Rancière also um demokratische Oligarchien, die sich der „Macht der Beliebigen"[93] nähern, also dem Erscheinen des Volkes durch etwa konstitutionelle Bestimmungen[94] Raum bieten können. Genau an diesem Punkt setzt Ran-

---

unsere derzeitige Welt und zugleich besser. In anderen, weniger nachdenklichen Zeitaltern glaubten die Menschen zwar auch, sie lebten in der besten aller möglichen Welten, doch wir gelangen zu diesem Schluss, nachdem wir sozusagen erschöpft sind durch die Verfolgung von Alternativen, die vermeintlich besser sein mussten als die liberale Demokratie."

90 Mouffe. *Über das Politische*, S. 87.
91 Ebd., S. 99 f.
92 Rancière. *Der Hass der Demokratie*, S. 87.
93 Ebd., S. 88.
94 Zu den Formalien, die es einem repräsentativen System erlauben, „sich als demokratisch zu verstehen", zählt Rancière: „kurze, nicht akkumulierbare und nicht erneuerbare Mandate; das Monopol der Volksvertreter über die Ausarbeitung der Gesetze; das den Staatsfunktionären auf-

cières gegenwartskritische Analyse an: Er diagnostiziert eine Erosion der die Demokratie ermöglichenden Regierungs- und Staatspraktiken, als deren Ursache der „Wunsch der Oligarchie – ohne Volk, d. h. ohne Teilung des Volkes [zu] regieren; ohne Politik [zu] regieren"[95], ausgemacht wird. Die oligarchische Skepsis gegenüber dem ‚unregierbaren' Volk führe zur Einrichtung einer „konsensuellen Demokratie" oder „Postdemokratie", die „die Erscheinung, die Verrechnung und den Streit des Volks liquidiert hat" und darauf zielt, „die Identität von allem mit dem Ganzen"[96] zu erreichen. Zu den Instrumenten und Merkmalen der Postdemokratie zählt Rancière die Herrschaft der Demoskopie, des Rechts und des Expertentums: Die Macht der Meinungsumfragen suggeriere die Existenz eines identischen Volkes; im Zuge der Ausweitung des Rechtsstaates werde politischer Dissens zu einem juristischen Problem disqualifiziert, zu dem sich die Bürger/-innen aufgrund der Komplexität des rechtlichen Regelwerks nicht mehr verhalten können; die zunehmende Deutungshoheit von Expert/-innen in sozio-politischen Angelegenheiten führe zu einer Rationalisierung und schließlich Auslöschung des Widerstreits. In seinen Überlegungen nimmt Rancière auch zum Scheitern verurteilte Formen des Widerstreits in den Blick, so etwa (wie auch Mouffe[97]) die Figur der Ausschließung. Auch emanzipatorisch motivierte Projekte, die auf die Integration des Ausgeschlossenen zielen, müssen vorab den ‚ungezählten' Ausgeschlossenen eine Identität zuschreiben und nehmen ihnen damit die Möglichkeit des störenden Erscheinens im öffentlichen Raum, weshalb Rancière schlussfolgert, dass „die Ausschließung nur der andere Name des Konsenses ist".[98]

Diese begrifflichen Einordnungen erlauben es, eine Abgrenzung der Konzepte der Postdemokratie und Postpolitik von dem Denken des Posthistoire vorzunehmen, in dessen Zentrum ebenso die Gegenwartsdiagnose der Alternativlosigkeit steht. Als wichtigste Vertreter des posthistoristischen Paradigmas gelten Arnold Gehlen, Dietmar Kamper, Francis Fukuyama und Jean Baudrillard, wobei sich die Vorstellung eines Zeitalters, in dem die Geschichte zu ihrem Ende gekommen ist, bereits bei Hegel findet; auch Nietzsche und Spengler werden als Vorläufer eines posthistorischen Denkens herangezogen. Gemeinsam ist posthistorischen Positionen ein Zeitlichkeitsmodell der „verhinderte[n] oder geschlossene[n] Zu-

---

erlegte Verbot, zugleich Abgeordnete zu sein; die Reduktion der Wahlkampagnen und ihrer Kosten auf ein Minimum und die Kontrolle der Einmischung ökonomischer Kräfte in die Wahlvorgänge". Ebd.
95 Ebd., S. 96.
96 Rancière. *Das Unvernehmen*, S. 105, 111 und 132.
97 Vgl. Mouffe. *Über das Politische*, S. 80–84.
98 Rancière. *Das Unvernehmen*, S. 125.

kunft".[99] Angesichts des Endes der Geschichte, das – je nach Traditionslinie – als Erfüllung oder als Erschöpfung gedacht wird, wird die Zeitdimension der Zukunft im Posthistoire fragwürdig, weil diese nur noch als die Wiederkehr des Gleichen zutage treten kann. Dabei erscheint das Ende der Geschichte in der Hegelschen Tradition als ein erstrebenswerter Zustand der Vollendung des geschichtsphilosophischen Prozesses; so wurde dieser Zustand der besten aller möglichen Welten für Fukuyama nach dem Zusammenbruch des Kommunismus mit der Alternativlosigkeit der liberalen Demokratien und ihrer kapitalistischen Wirtschaftsordnung erreicht, die es fortan nur noch zu perfektionieren, also (global) auszubauen und gegenüber verbliebenen Widerständen und Residuen des Totalitarismus zu behaupten gelte.

Demgegenüber zeichnet sich für Baudrillard die Gegenwart durch das Fortbestehen von „abgestorbene[n] Ideologien, vergangene[n] Utopien, tote[n] Begriffen und fossile[n] Ideen"[100] aus, was allerdings das Eintreten des längst fälligen Endes verhindert und dafür sorgt, dass der komatöse gesellschaftliche Status quo verwaltet und ins Unendliche verlängert wird: „Die Dinge funktionieren weiter, während die Idee von ihnen längst verlorengegangen ist. Sie funktionieren weiter in totaler Gleichgültigkeit gegenüber ihrem eigenen Gehalt. Und das Paradoxe ist, dass sie umso besser funktionieren."[101] Deshalb müsse man sich nach Baudrillard

> an die Idee gewöhnen, *dass es kein Ende mehr gibt, dass es kein Ende mehr geben kann, dass es kein Ende mehr geben wird* und dass die Geschichte selbst nicht beendet werden kann. Wenn man also vom ‚Ende der Geschichte', vom ‚Ende des Politischen', vom ‚Ende des Sozialen' und vom ‚Ende der Ideologien' spricht, so ist nichts von dem wahr. Das Schlimmste ist gerade, dass nichts aufhört und dass all das weiterhin in langsamer, langwieriger und rückläufiger Weise ablaufen wird, in der Hysterese all dessen, was wie Fingernägel und Haare nach dem Tod weiterwächst.[102]

In posthistorischen Geschichtsmodellen der 1970er und 1980er Jahren wird die Vorstellung von Geschichte als sinnvollem Zusammenhang von Vergangenheit, Gegenwart und Zukunft verabschiedet und an „die Stelle des historischen Kon-

---

99 Fernando Esposito. „‚Posthistoire' oder: Die Schließung der Zukunft und die Öffnung der Zeit". *Die Zukunft des 20. Jahrhunderts. Dimensionen einer historischen Zukunftsforschung.* Hg. Luca Hölscher. Frankfurt/M., New York: Campus, 2017, S. 279–301, hier S. 280.
100 Jean Baudrillard. *Die Illusion des Endes oder Der Streik der Ereignisse.* Berlin: Merve, 1994, S. 48.
101 Jean Baudrillard. *Transparenz des Bösen. Ein Essay über extreme Phänomene.* Berlin: Merve, 1992, S. 12.
102 Ebd., S. 180.

tinuums tritt das Ungeschichtliche, inhaltlich [z. B. bei Baudrillard, I. H.] als anthropologische Konstante oder ewige Wiederkehr des Gleichen, methodisch [z. B. bei Foucault, I. H.] als strukturelle Querschnitte durch die Geschichte".[103] Gesellschaft ist in diesem Geschichtsbild nicht als Handlungsraum vorgesehen, in dem historische Entwicklungen beeinflusst, in die Wege geleitet oder abgewendet werden können. Dennoch wäre es voreilig, der Philosophie des Posthistoire jeden subversiven Anspruch abzusprechen. Der Bruch mit dem Paradigma des Fortschritts und die Verabschiedung des Subjekts als politische Kategorie gehen keineswegs mit einer Absage an die Möglichkeit der Veränderung des Status quo einher; das links-posthistorische Denken der Achtziger ist noch maßgeblich von der Frage nach der Revolution der gesellschaftlichen Verhältnisse geprägt. Revolution nach dem Abschied von der marxistischen Meta-Narration zu denken, heißt bei Baudrillard allerdings, Veränderung und Entwicklung nicht mehr in den Kategorien der Negation und Antithese zu denken:

> Das ist das Schicksal eines jeden Systems, das sich durch seine Logik zur totalen Perfektion und also zur totalen Zerrüttung verurteilt, zur absoluten Unfehlbarkeit und also zur unwiderruflichen Ohnmacht: alle gebundenen Energien zielen auf ihren eigenen Tod. Darum ist die einzigmögliche Strategie katastrophisch, nicht dialektisch. Man muss die Dinge bis zum Äußersten treiben, bis zu jenem Punkt, an dem sie sich von selbst ins Gegenteil verkehren und in sich zusammenstürzen.[104]

Kritik und Subversion könnten nicht mehr von außen an das System herangetragen werden; weil Baudrillard kein Außen der Macht kennt, wird Revolution bzw. Veränderung inhärent und lokal als Intensivierung, Verausgabung, Katastrophe und Entropie des Status quo konzipiert.

Es verwundert daher nicht, dass angesichts des Bruchs mit der Idee des Fortschritts, der Evolution und Innovation Phänomene des Extremen und des Ausnahmezustandes als vermeintlich letzte Optionen politisch-strategischen Handelns in den Fokus posthistorischer und diesen nahestehender poststrukturalistischer Positionen rücken, wie sich an der geschichtsphilosophischen Allegorisierung des Krieges zum Motor der Geschichte bei Denkern wie Michel Foucault, Paul Virilio oder Friedrich Kittler,[105] aber auch an dem philosophischen

---

103 Johannes Rohbeck. *Geschichtsphilosophie zur Einführung*. Hamburg: Junius, 2004, S. 118.
104 Jean Baudrillard. *Der symbolische Tausch und der Tod*. München: Matthes & Seitz, 1982, S. 12 f.
105 Vgl. Philipp Felsch. *Der lange Sommer der Theorie. Geschichte einer Revolte 1960–1990*. München: Beck, 2015, S. 200–202. „Nach der sexuellen Befreiung, deren Rhetorik für die Generation der Achtundsiebziger zu Folklore, wenn nicht zu Nötigung heruntergekommen war, erwachte das ‚Phantasma des Militärischen' zu neuer Kraft." Ebd., S. 200.

Interesse für Terrorismus nachvollziehen lässt. Für Baudrillard bezeichnet das terroristische Selbstmordattentat als hyperbolisches, anti-ökonomisches Prinzip die „letzte[...] Hoffnung auf Subversion gegenüber einer Gesellschaft, die bis auf den Tod alles simulativ integrieren konnte".[106]

In der Rede vom Ende der Geschichte geht es also nicht darum, Geschichte als ordnungsstiftende Kraft wiederzuerlangen; diese taugt für die Denker/-innen des Posthistorie nicht mehr als Kategorie der Beschreibung und Gestaltung von Gesellschaften, weil sie entweder ihren Zweck erfüllt oder sich als überholt erwiesen hat. Demgegenüber bezeichnen die Begriffe der Postpolitik und Postdemokratie nicht das Ende des Politischen, sondern dessen Verschwinden bzw. die Versuche seiner Unterdrückung. Die Theorien des Politischen verstehen sich als Projekt der Rückgewinnung des Politischen, die allerdings nicht in ein historiographisches Heilsnarrativ eingebettet ist; vielmehr wird das Politische als konstitutiv für moderne Demokratie betrachtet und damit auch zum Sinn und Zweck des Sozialen bestimmt. Die Gegenwartsdiagnose des Postpolitischen wird dementsprechend von der Diskussion um die Möglichkeiten und Strategien der Rückkehr des Politischen begleitet.

4 Figuren des Politischen III: Rückkehr des Politischen und künstlerische Praxis

Es ist deutlich geworden, dass das Denken des Politischen letztlich auf die Frage nach den Möglichkeiten der (Wieder-)Erlangung des Politischen, von Dissens und Konflikt hinauslaufen muss. Interessant erscheint in diesem Zusammenhang, dass Theoretiker/-innen wie Mouffe und Rancière diese Frage an die Kunst richten, dabei jedoch keineswegs auf einen emphatischen Kunstbegriff zurückgreifen und Kunst per definitionem zum Gegenbild der Gesellschaft stilisieren. Im Gegenteil erkennt Mouffe, dass im gegenwärtigen Kapitalismus, der sich zunehmend „semiotischer Methoden [bedient], um die für seine Reproduktion notwendigen Modi der Subjektivierung hervorzubringen"[107], auch der Kunst ein vollständiger Bruch mit dem System unmöglich ist. Doch wenn Mouffe der Kunst auch den Status des radikal Anderen im *ästhetischen Kapitalismus*[108] abspricht, gesteht sie

---

106 Falko Blask. *Jean Baudrillard zur Einführung*. 3. Aufl. Hamburg: Junius, 2005, S. 51. Vgl. dazu Jean Baudrillard: *Der Geist des Terrorismus*. 2. Aufl. Wien: Passagen-Verlag, 2003.
107 Chantal Mouffe. *Agonistik. Die Welt politisch denken*. Berlin: Suhrkamp, 2014, S. 139 und 135.
108 Vgl. Gernot Böhme. *Ästhetischer Kapitalismus*. Berlin: Suhrkamp, 2016.

künstlerischen Praktiken eine Rolle „als agonistische Interventionen im Kontext des gegenhegemonialen Kampfes"[109] zu.

In *Hegemonie und radikale Demokratie* haben Laclau und Mouffe die Grundlagen für das Denken kontrahegemonialer Strategien gelegt. Wenn der hegemoniale Diskurs eine artikulatorische Praxis der Etablierung von Äquivalenzbeziehungen zwischen differenten Elementen bezeichnet, so stellt die *Desartikulation* eine gegenhegemoniale Praxis der Abgrenzung der Elemente dar; es gilt, gegen die hegemoniale Neutralisierung Differenzen wieder sichtbar zu machen und autonome politische Räume zu schaffen, von denen demokratische Agonismen ausgehen können. Gegenhegemoniale Strategien finden für Laclau und Mouffe ihren Sinn in der Installierung einer neuen Form von Hegemonie, sonst würde man sich „in einer chaotischen Situation bloßer Dissemination"[110] wiederfinden. Auf die Desartikulation müsse also die *Reartikulation* politischer Forderungen in äquivalenten Reihen folgen, will der politische Kampf überhaupt eine Chance auf Erfolg haben; es gilt demnach, der „‚Strategie der Opposition' [...] eine ‚Strategie der Konstruktion einer neuen Ordnung'"[111] an die Seite zu stellen. Mouffe und Laclau versuchen im Modell der radikalen Demokratie die Logik der Autonomie und die Logik der Äquivalenz, also den Pluralismus des Politischen und die Notwendigkeit der Vereinheitlichung des Pluralen und der Stiftung von kollektiven Identitäten zusammenzudenken, indem sie von nicht-essentialistischen, kontingenten und dynamischen politischen Formationen ausgehen, die in der Dringlichkeit des historischen Augenblicks geboren werden; emanzipatorisches Potential könne der politische Kampf allerdings nur entfalten, wenn dieser seiner internen, potentiell agonistischen Differenzen gewahr bleibt.

Mouffe führt in ihren späteren Arbeiten diese Überlegungen fort und fragt nach dem politischen Potential der Kunst bei der Herausforderung hegemonialer Ordnungen. Besonderes Interesse zeigt sie dabei an künstlerischen Strategien der Destabilisierung und Desartikulation von Konsens, die die Weichen für die Produktion von Agonismen und Konflikten stellen können. Dieser kritischen Funktion vermag die Kunst allerdings nur nachzukommen, indem sie nicht „Lektionen über den Zustand der Welt" erteilt oder die Geste des radikalen Bruchs vollzieht, sondern den „Wunsch nach Veränderung" weckt und ein „Gefühl" davon vermittelt, „dass alles auch anders sein könnte".[112] In diesem Kunstverständnis wirkt das auf den Russischen Formalismus zurückgehende Konzept der Verfremdung bzw. Entautomatisierung nach, das Mouffe um affekttheoretische Überlegungen

---

109 Mouffe. *Agonistik*, S. 136.
110 Ebd., S. 117.
111 Laclau und Mouffe. *Hegemonie und radikale Demokratie*, S. 236.
112 Mouffe. *Agonistik*, S. 146 f.

erweitert. In ihren Schriften wendet sich die Theoretikerin immer wieder gegen das rationalistische Leitbild, „demokratische Politik sollte nur auf der Ebene von Vernunft, Mäßigung und Konsens diskutiert werden"[113], und betont die affektive Dimension politischer Praxis.[114] Für Mouffe kann die künstlerische Verfremdung hegemonialer Verhältnisse zu einer Infragestellung dieser Verhältnisse führen und das Denken politischer Alternativen ermöglichen, wenn es der Kunst gelingt, die Rezipient/-innen affektiv anzusprechen und bei ihnen Empörung, Mitleid, Hoffnung oder Sehnsucht nach Veränderung zu wecken. In der Kunst gehe es also primär nicht darum, konkrete politische Anliegen zu artikulieren, sondern den gesellschaftlichen Konsens aufzubrechen und die Bildung von neuen Äquivalenzketten zu forcieren. Mouffe diffamiert den Glauben an einen Alleingang der Kunst bei der Umgestaltung der Gesellschaft als „Illusion"[115], behautet jedoch Synergieeffekte zwischen künstlerischen und anderen politischen Praktiken im Kampf gegen die neoliberale Hegemonie.

Gleich Mouffe erteilt auch Ranciére eine Absage an die Vorstellung, bei Kunst und Politik handele es sich um zwei getrennte Sphären, wenn er etwa argumentiert, dass die ästhetische Revolution um 1800 „eine neue Vorstellung von der politischen Revolution hervorgerufen hat".[116] Diese ästhetische Revolution bezeichnet Rancière als ästhetisches Regime, das die Nachfolge des ethischen und des repräsentativen Regimes angetreten hat: Im ethischen Regime, so etwa bei Platon, wird Kunst nach ihrem Wahrheitswert und ihrer Wirkung bzw. ihrem Nutzen bemessen und als Trugbild verurteilt; im repräsentativen Regime – Rancière nennt Aristoteles als wegweisenden Denker dieses Regimes – wird Kunst als eine Tätigkeit der Nachahmung verstanden und tritt, weil sie sich nicht mehr durch ihre Gebrauchsfunktion definieren muss, als eigenständiger Bereich zutage; im ästhetischen Regime befreit sich die Kunst nun „von jeder spezifischen Regel und Hierarchie der Gegenstände, Gattungen und Künste. Auf diese Weise wird jedoch die Grenze der *mimesis* gesprengt, die die künstlerischen von den übrigen Tätigkeitsformen und die Regeln der Kunst von den sozialen Beschäfti-

---

113 Mouffe. *Über das Politische*, S. 40.
114 Vgl. Mouffe. *Das demokratische Paradox*, S. 104: „Ein wichtiger Unterschied zum Modell der ‚deliberativen Demokratie' ist, dass für den ‚agonistischen Pluralismus' das Hauptziel demokratischer Politik nicht in der Eliminierung von Leidenschaften aus der Öffentlichkeit besteht, um einen rationalen Konsens möglich zu machen, sondern in der Mobilisierung dieser Leidenschaften in Richtung auf demokratische Modelle."
115 Mouffe. *Agonistik*, S. 151.
116 Jacques Rancière. *Die Aufteilung des Sinnlichen. Die Politik der Kunst und ihre Paradoxien*. 2. Aufl. Berlin: b_books, 2008, S. 45.

gungen trennte".¹¹⁷ Weil Kunst nicht mehr notwendig in Verhältnis zur Wirklichkeit gesetzt wird, kann sie einen „sinnliche[n] Erfahrungsraum" eröffnen, in dem die „gegebene Aufteilung des Sinnlichen außer Kraft"¹¹⁸ gesetzt ist. Rancière zeigt paradigmatisch an Schillers *Briefen über die ästhetische Erziehung des Menschen*, dass dem ästhetischen Regime ein demokratisches Programm zugrunde liegt, geht es Schiller doch darum, „die Vorstellung von einer Gemeinschaft [zu] zerstören, die auf dem Gegensatz zwischen denen beruht, die denken und entscheiden, und denen, die zur materiellen Arbeit bestimmt sind"¹¹⁹, und ausgehend davon eine neue sinnliche Gemeinschaft zu stiften. Demokratisch ist das ästhetische Regime für Rancière aber auch insofern, als es in der Absage an das repräsentative Prinzip und das damit einhergehende hierarchische Denken, das zwischen darstellungs- und nicht darstellungswürdigen Gegenständen unterscheidet, ein „Interesse am Beliebigen"¹²⁰ entwickelt und in der Herstellung von „Beliebigkeit, Gleichgültigkeit, Unterschiedslosigkeit"¹²¹ das Erscheinen des *demos*, des Dissenses und des Streits präfiguriert. Rancière stellt sein Verständnis der politischen Kunst klar:

> Kunst ist weder politisch aufgrund der Botschaften, die sie überbringt, noch aufgrund der Art und Weise, wie sie soziale Strukturen, politische Konflikte oder soziale, ethnische oder sexuelle Identitäten darstellt. [...] Sie ist eine spezifische Form der Sichtbarkeit, eine Veränderung der Beziehungen zwischen den Formen des Sinnlichen und den Regimen der Bedeutungszuweisung, zwischen unterschiedlichen Geschwindigkeiten, aber auch und vor allem zwischen den Formen der Gemeinsamkeit und der Einsamkeit.¹²²

Politische Kunst konstituiert sich für die Denker/-innen des Politischen demnach nicht im inhaltlichen Bezug auf bestimmte Gegenstände und Diskurse, sondern in der Infragestellung hegemonialer (Wahrnehmungs-)Ordnungen und der Stiftung von demokratischem Dissens. Politisch wird Kunst danach in der Differenz zur Politik und der Störung ihrer Neutralisierungstendenzen. Dabei macht Mouffe geltend, dass künstlerische Kritik, wie Kritik überhaupt, sich nicht außerhalb der

---

117 Ebd., S. 40.
118 Hebekus und Völker. *Neue Philosophien des Politischen zur Einführung*, S. 169.
119 Ebd., S. 68.
120 Rancière. *Die Aufteilung des Sinnlichen*, S. 53. Rancières Überlegungen weisen eine Nähe zu Erich Auerbachs Konzept der Mimesis auf. Vgl. dazu Maria Muhle. „*Mimesis* und *Aisthesis*. Realismus und Geschichte bei Auerbach und Rancière". *Die Wirklichkeit des Realismus*. Hg. Veronika Thanner, Joseph Vogl und Dorothea Walter. Paderborn: Fink, 2018, S. 27–40.
121 Maria Muhle. „Einleitung". Rancière, Jacques. *Die Aufteilung des Sinnlichen. Die Politik der Kunst und ihre Paradoxien*. 2. Aufl. Berlin: b_books, 2008, S. 7–19, hier S. 14.
122 Rancière. *Die Aufteilung des Sinnlichen*, S. 77.

hegemonialen Ordnung wähnen, also „niemals rein oppositionell oder als Desertion begriffen"[123] werden kann, sondern als des- und reartikulatorische Praxis immer schon aus dem Innen des Diskurses wirkt. Im Folgenden wird zu zeigen sein, dass Elfriede Jelineks Selbstreflexionen der politischen Literatur entlang gleicher topologischer Bestimmungen verlaufen. An dieser Stelle sei festgehalten, dass die Theorien des Politischen der Literaturwissenschaft entscheidende Anregungen für die Auseinandersetzung mit der politischen Dimension gegenwartsliterarischer Produktionen geliefert haben; es sind dabei vor allem Rancières Überlegungen zum Politischen der Kunst, die eine breitere Rezeption erfahren haben.[124] In Kapitel IV.3 soll die Rezeption politischer Theorien in der Gegenwartsliteraturwissenschaft dargelegt und nach der Funktion dieser Rezeption gefragt werden, dazu gilt es jedoch vorab, den Status politischer Literatur im Feld der Gegenwartsliteratur zu eruieren.

---

[123] Chantal Mouffe. „Kritik als gegenhomogeniale Intervention". *Kunst der Kritik.* Hg. Birgit Mennel. Wien, Berlin: Turia + Kant, 2010, S. 33–45, hier S. 43.
[124] Vgl. zum Beispiel folgende Forschungsbeiträge, die mit Rancières Bestimmungen des Politischen der Literatur arbeiten: Friedrich Balke, Harun Maye und Leander Scholz (Hg.). *Ästhetische Regime um 1800.* München: Fink, 2009; Christine Hegenbart. *Zum Politischen der Dramatik von Thomas Bernhard und Peter Handke. Neue Aufteilungen des Sinnlichen.* Frankfurt/M.: Peter Lang, 2017; Teresa Kovacs. „Widerständiges Schreiben. Subversion bei Elfriede Jelinek und Herta Müller". *Schreiben als Widerstand. Elfriede Jelinek & Herta Müller.* Hg. Pia Janke und Teresa Kovacs. Wien: Praesens, 2017, S. 237–252.

IV Politische Literatur und das literarische Feld der Gegenwart

1 Krise und Begehren der Repräsentation

Noch in den 1990er Jahren hatte die literarische Öffentlichkeit (vor allem in Gestalt von Ulrich Greiner, Frank Schirrmacher und Karl-Heinz Bohrer) das Leitbild der engagierten Literatur im deutsch-deutschen Literaturstreit verabschiedet,[1] linke Gesellschaftskritik und literarische Zeitgenossenschaft als ‚Gesinnungsästhetik'[2] diffamiert und den Weg so frei gemacht für den Erfolg einer neuen Unterhaltungsliteratur,[3] die nicht mehr „Literatur gegen die eigene Zeit", sondern „Literatur für die eigene Zeit"[4] war. Zu Beginn des einundzwanzigsten Jahrhunderts müssen Literaturwissenschaft und -kritik nun jedoch revidieren, „dass sich auch nach 1989/90 noch Autoren politisch engagieren und Texte verboten, diffamiert und verklagt werden. Auf dem Abstellgleis der Geschichte scheint der

---

[1] Der ‚deutsch-deutsche Literaturstreit' bezeichnet die Auseinandersetzung, die sich im literarischen Feld um Christa Wolfs 1990 erschienene Erzählung *Was bleibt* entzündete. Ging es dabei zunächst um Wolfs Position zum DDR-Staat, mündete der Streit schließlich in eine grundsätzliche Debatte um das Verhältnis von Literatur und Moral. Siehe dazu z. B. Thomas Anz. *Es geht nicht um Christa Wolf. Der Literaturstreit im vereinten Deutschland.* München: Ed. Spangenberg, 1991; Karl Deiritz und Hannes Krauss (Hg.). *Der deutsch-deutsche Literaturstreit oder „Freunde, es spricht sich schlecht mit gebundener Zunge". Analysen und Materialien.* Hamburg: Luchterhand, 1991; Bernd Wittek. *Der Literaturstreit im sich vereinigenden Deutschland. Eine Analyse des Streits um Christa Wolf und die deutsch-deutsche Gegenwartsliteratur in Zeitungen und Zeitschriften.* Marburg: Tectum, 1997; Helmut Peitsch. „‚Vereinigungsfolgen': Strategien zur Delegitimierung von Engagement in Literatur und Literaturwissenschaft der neunziger Jahre". *Weimarer Beiträge* 47 (2001), S. 325–352; Ingrid Gilcher-Holtey. „Die ‚große Rochade': Schriftsteller als Intellektuelle und die literarische Zeitdiagnose 1968, 1989/90, 1999". *Transformationen des literarischen Feldes in der Gegenwart. Sozialstruktur – Medien-Ökonomien – Autorpositionen.* Hg. Heribert Tommek. Heidelberg: Synchron, 2012, S. 77–97.
[2] Der Begriff ‚Gesinnungsästhetik' oder ‚Gesinnungskitsch' wurde von Karl-Heinz Bohrer und Ulrich Greiner geprägt bzw. populär gemacht. Vgl. Karl-Heinz Bohrer. „Kulturschutzgebiet DDR?" *Merkur* 44.400 (1990), S. 1015–1018; Ulrich Greiner. „Die deutsche Gesinnungsästhetik. Noch einmal: Christa Wolf und der deutsche Literaturstreit. Eine Zwischenbilanz". *Die Zeit* (02. November 1990).
[3] Vgl. Tommek. *Der lange Weg in die Gegenwartsliteratur*, S. 217–298; Verena Holler. *Felder der Literatur. Eine literatursoziologische Studie am Beispiel von Robert Menasse.* Frankfurt/M.: Peter Lang, 2003, S. 56–80.
[4] Richard Kämmerlings. *Das kurze Glück der Gegenwart. Deutschsprachige Literatur seit '89.* Stuttgart: Klett-Cotta, 2011, S. 28.

Diskurs um die engagierte Literatur noch nicht gelandet zu sein".[5] Auch hat sich „der Schriftsteller als meinungsbildender, sich in den öffentlichen Diskurs einbringender Intellektueller keineswegs [als] eine der Vergangenheit angehörende Figur"[6] erwiesen:

> Zwanzig Jahre nach dem Mauerfall ist die Literatur so breit und vielgestaltig engagiert wie lange nicht mehr. Jenseits von Pop-Literatur, Fräuleinwunder und einem sogenannten Neuen Feminismus melden sich Autorinnen und Autoren deutlich vernehmbar zu Wort, greifen Schriftsteller als kritische Intellektuelle kraftvoll und beherzt in die gesellschaftlichen Auseinandersetzungen ein.[7]

Selbst Frank Schirrmacher, der noch 20 Jahre zuvor an der Seite von Greiner und Bohrer einen Nekrolog auf die engagierte Literatur gehalten hatte, diagnostiziert 2011 nicht nur eine „große Nachfrage nach einer neuen politischen Literatur", sondern befürwortet diese auch und stellt sein ehemaliges Urteil infrage: „Vielleicht kann man als Konsument des Geistes nach den jüngsten Erfahrungen die Frage stellen, ob die völlige Entpolitisierung von Literatur und literarischem Leben nicht ein ernstes Problem wird."[8] Rückblickend konstatiert er in der Entpolitisierung des literarischen Feldes ein Versäumnis, das es unbedingt wettzumachen gilt:

> Indem Literatur, entnervt und zermürbt von den Routinen der Achtziger, sich in eine Parallelwelt zurückgezogen hat, hat sie auch die Evolution des politischen Denkens den Institutionen der Macht überlassen. [...] Sie [d. i. die Literatur] muss die Politik zurückgewinnen. Sie darf ihr ihr Reden und ihr Schweigen nicht durchgehen lassen.[9]

In der Tat stützen zahlreiche, in ihrer Menge hier unmöglich wiederzugebende Initiativen,[10] Veranstaltungsreihen,[11] öffentlich ausgetragene Dispute[12] und poli-

---

[5] Thomas Ernst. *Literatur und Subversion. Politisches Schreiben in der Gegenwart*. Bielefeld: transcript, 2013, S. 12.
[6] Sabrina Wagner. *Aufklärer der Gegenwart. Politische Autorschaft zu Beginn des 21. Jahrhunderts – Juli Zeh, Ilja Trojanow, Uwe Tellkamp*. Göttingen: Wallstein, 2015, S. 16.
[7] Thomas Wagner. „Einleitung". *Einmischer. Wie sich Schriftsteller heute engagieren*. Hg. ders. Hamburg: Argument, 2011, S. 5–23, hier S. 5f.
[8] Frank Schirrmacher. „Eine Stimme fehlt. Literatur und Politik". *FAZ* (18. März 2011). http://www.faz.net/aktuell/feuilleton/themen/literatur-und-politik-eine-stimme-fehlt-1613223.html?printPagedArticle=true#pageIndex_0 (01. März 2022).
[9] Ebd.
[10] Man denke z. B. an Juli Zehs auf der Petitionsplattform *change.org* veröffentlichtes Manifest *Die Demokratie verteidigen im digitalen Zeitalter*, dem sich 2013 mehr als 560 internationale Schriftsteller/-innen (darunter Elfriede Jelinek, Günter Grass, Orhan Pamuk u. a.) anschlossen.

tische Selbstverortungen von Autor/-innen[13] die Beobachtung einer Politisierung des literarischen Feldes und seiner Akteur/-innen. Nicht anders zeugen sowohl die Spielpläne deutscher Schauspielhäuser, die eine starke Orientierung an aktuellen Themen wie Flucht und Migration, Ökonomie und Rechtspopulismus aufweisen, als auch die vielen theaterseitigen Organisationen und Unterstützungen von humanitären und sozialen Projekten von einem Selbstverständnis des Theaters als einer gesellschaftlich bedeutsamen Institution. Programmatisch heißt es zum theatralen Engagement auf *nachtkritik.de*, dem Internetportal für Theaterkritik und Theaterberichterstattung: „Der Trend weg von einer vordringlich ästhetischen Positionierung zur sozialen Intervention ist länger schon beobachtbar [...]. In der Flüchtlingshilfe manifestiert sich diese Neugewichtung."[14]

---

11 Exemplarisch zu nennen wären hier die 2002 initiierte vierteilige Veranstaltungsreihe „Schriftsteller treffen Politiker – Anstiftung zum Dialog", das von Günter Grass ins Leben gerufene Schriftstellertreffen „Lübeck 05" bzw. „Gruppe 05", das die Tradition der engagierten Literatur im Geiste der Gruppe 47 wiederbeleben sollte, oder auch die u. a. vom damaligen Außenminister Frank-Walter Steinmeier kuratierte Europäische Schriftstellerkonferenz „GrenzenNiederSchreiben" im Mai 2016. Die im Rahmen dieser Veranstaltungsreihen entstehenden, an aktuellen Themen und Problemlagen orientierten Vorträge und Diskussionen erfahren immer wieder durch Veröffentlichungen eine breitere Rezeption, siehe etwa Ingo Schulz' im Rahmen der „Dresdner Reden" 2012 publizierte politikkritische Streitschrift *Unsere schönen neuen Kleider. Gegen eine marktkonforme Demokratie – für demokratiekonforme Märkte*. Auch die von Florian Höllerer und Tim Schleider herausgegebenen Textsammlungen *Betrifft* (2004) und *Zur Zeit* (2010), die aus einer Veranstaltungsreihe des Stuttgarter Literaturhauses hervorgegangen sind, enthalten Beiträge, die eine Auseinandersetzung der beteiligten Künstler/-innen mit gesellschaftsbezogenen Themen darstellen.
12 Mediale Präsenz hat z. B. im März 2018 das Dresdener Streitgespräch zwischen Durs Grünbein und Uwe Tellkamp erregt, das sich um Meinungsfreiheit und die deutsche Asyl- und Flüchtlingspolitik entzündete. Die Distanzierung des Suhrkamp-Verlages von Tellkamps Äußerungen und die im Vorfeld kontrovers diskutierte Präsenz von rechten Verlagen auf der Leipziger Buchmesse 2018 initiierten eine Debatte um die politische Verantwortung des literarischen Feldes.
13 Vgl. die politischen Positionierungen und poetologischen Stellungnahmen von Autoren/-innen in Florian Höllerer und Tim Schleider (Hg.). *Betrifft: Chotjewitz, Dorst, Hermann, Hoppe, Kehlmann, Klein, Kling, Kronauer, Mora, Ortheil, Oswald, Rakusa, Walser, Zeh*. Frankfurt/M.: Suhrkamp, 2004; Schoeller und Wiesner (Hg.): *Widerstand des Textes*; Florian Höllerer und Tim Schleider (Hg.). *Zur Zeit. Bärfuss, Bleutge, Geiger, Genazino, Härtling, Hettche, Jirgl, Krechel, Kuckart, Lewitscharoff, Mosebach, Müller, Oliver, Steinfest, Stolterfoht, Streeruwitz, Tripp, Trojanow, Zaimoglu*. Göttingen: Wallstein, 2010; Wagner (Hg.): *Die Einmischer*; Waldow (Hg.): *Ethik im Gespräch*.
14 N. N. „Die Türen sind offen. #refugeeswelcome – Wie die Theater in der Flüchtlingshilfe aktiv werden". *nachtkritik.de* (ab 23. September 2015). https://www.nachtkritik.de/index.php?option=com_content&view=article&id=11497:immer-mehr-theater-engagieren-sich-fuer-fluechtlinge&catid=1513:portraet-profil-die-neuen-deutschen&Itemid=85 (01. März 2022).

Eine Erklärung für diese fulminante Rückkehr der politischen Literatur in der Gegenwart stellt der feldanalytische Ansatz bereit. Heribert Tommek hat mit seiner Studie *Der lange Weg in die Gegenwartsliteratur* eine wegweisende Darstellung der Entwicklungen und Umbrüche des literarischen Feldes in Deutschland von 1960 bis 2000 vorgelegt. Tommeks Ausführungen gelten nicht primär politischen Tendenzen der Gegenwartsliteratur; insofern er aber übergeordnete strukturelle Veränderungen in den Blick nimmt, lassen sich auf der Grundlage seiner Beobachtungen die Bedingungen der Erscheinungsformen politischer Literatur im einundzwanzigsten Jahrhundert rekonstruieren. In seiner Strukturgeschichte der deutschen Gegenwartsliteratur, die eine Langzeitperspektive auf den Gegenstandsbereich einnimmt und sich so dezidiert gegen eine ereignisgeschichtlich operierende Gegenwartsliteraturwissenschaft wendet, zeichnet Tommek zunächst die für die Entwicklung des Feldes relevanten sozialen Transformationen am Ende des zwanzigsten Jahrhunderts nach: Die Pluralisierung der kulturellen Stile und Milieus, die Ökonomisierung und Medialisierung der kulturellen Produktion, die wirtschaftliche und kulturelle Globalisierung sowie die im Zeichen der Postmoderne stehende Vermischung der Produkte und Öffentlichkeitsformen der Hoch- und Populärkultur[15] sollten die westlichen Gesellschaften nicht nur nachhaltig verändern, sondern haben auch weitreichende Spuren im literarischen Feld hinterlassen, die die Möglichkeitsbedingungen politischen Schreibens in der Gegenwart darstellen:

> Die *Ökonomisierung und Medialisierung kultureller Differenz* zeigt sich im Fokus des literarischen Feldes in der wachsenden, strukturell begründeten Schwierigkeit, ein ‚Werk' mit ‚Universalanspruch' hervorzubringen, das *langfristig* an einen für Identität und Kontinuität stehenden ‚großen' Autornamen geknüpft ist. Strukturell wahrscheinlicher ist dagegen eine zunehmend medial vermittelte, kurzzeitige ‚Inthronisation' von ‚Star-Autoren' und ihren Büchern als ‚neue Ereignisse' mit gewandelten Funktionen: Die immer schnellere, *iterative* Abfolge des symbolisch-kulturellen Neuen entspricht dem ökonomischen Zeitmaß und dem Zwang, ein neues Angebot auf dem Markt zu platzieren.[16]

Zentral für die Konstitution der Gegenwartsliteratur ist nach Tommek also die Verabschiedung des Anspruchs auf eine Literatur mit gesamtgesellschaftlichem Repräsentationsmandat, wie er noch von der Gruppe 47 geltend gemacht wurde. Der deutsch-deutsche Literaturstreit, in dem die Figur des/r universellen Intellektuellen an den Pranger gestellt wurde, stellt dabei eine wichtige Station dieser Delegitimierungsgeschichte dar. In diesem Sinne argumentiert Klaus-Michael Bogdal, dass das Dilemma der gesellschaftskritisch-engagierten Literatur zur

---

15 Vgl. Tommek. *Der lange Weg in die Gegenwartsliteratur*, S. 15–26.
16 Ebd., S. 46.

Jahrtausendwende darin besteht, „dass sich diese Literatur in einem Zentralgang wähnt, der zu allen sozialen Milieus führen müsste, während sie in Wirklichkeit nur einer unter vielen und nicht einmal mehr der bedeutendste ist".[17] Im Zusammenhang mit der Pluralisierung und Individualisierung der Lebensstile vollzieht sich am Ende des zwanzigsten Jahrhunderts der „Wandel von einer ästhetisch-moralischen Literatur mit ‚Universalanspruch' zu einer immer dominanter auftretenden Unterhaltungsliteratur der ästhetischen Zweideutigkeit mit ‚sektoralem Legitimationsanspruch'".[18] Als Hauptumschlagsplatz der Literatur mit sektoralem Legitimationsanspruch hat sich nach Tommek seit den 1960er Jahren der Mittelbereich einer ästhetisch ambitionierten Unterhaltungsliteratur herausgebildet und in den 1990er Jahren mit literarischen Bewegungen wie der Popliteratur, ‚Fräuleinwunder'-Literatur und ‚Migrationsliteratur' und Autor/-innen wie Sibylle Berg, F. C. Delius, Matthias Politycki, Ilja Trojanow, Juli Zeh u. a. einen Durchbruch erlebt. In diesem Mittelbereich der ästhetisch ambitionierten Unterhaltungsliteratur entstehen „neue Ästhetiken in Form von *Kompromiss*bildungen zwischen den Anforderungen des ökonomisch-medialen und denen des ästhetisch-autonomen Pols des literarischen Feldes".[19] Hier werden also Texte produziert und Autorpositionen behauptet, die sich an Diskurs- und Werteordnungen der Gegenwart, Paradigmen der Alltagskultur und milieuspezifischen Themen orientieren, diese allerdings ästhetisch anspruchsvoll aufbereiten.[20] Dabei wird die „alltags- und popkulturelle Mittelmäßigkeit"[21] nicht nur affirmativ in Szene gesetzt, Auseinandersetzungen mit der Gegenwart können, wie die oben genannte Auswahl an Autor/-innen zeigt, durchaus eine politische Signatur tragen. Die Delegitimierung einer gesamtgesellschaftlich repräsentativen Literatur geht also keineswegs mit der Verabschiedung des Desiderats einer Literatur mit Universalitätsanspruch einher. Ganz im Gegenteil ist die

> durch den Strukturwandel kultureller Produktion und Rezeption dynamisierte Auseinandersetzung um die Legitimation unterschiedlicher Formen einer repräsentativen Kultur [...] seit den sechziger Jahren eine zentrale Antriebskraft der Entwicklung des literarischen Feldes. Diese Auseinandersetzung zeigt sich auch im institutionell und medial vermittelten

---

17 Klaus-Michael Bogdal. „Klimawechsel. Eine kleine Meteorologie der Gegenwartsliteratur". *Baustelle Gegenwartsliteratur. Die neunziger Jahre*. Hg. Andreas Erb. Opladen, Wiesbaden: Westdeutscher Verlag, 1998, S. 9–31, hier S. 20.
18 Tommek. *Der lange Weg in die Gegenwartsliteratur*, S. 236.
19 Ebd., S. 52.
20 Einen Verlust der ästhetischen Komplexität in der neueren ‚Midcult'-Literatur des populären Realismus diagnostiziert Moritz Baßler. „Der neue Midcult". *Pop. Kultur und Kritik* 18 (Frühling 2021), S. 132–149.
21 Tommek. *Der lange Weg in die Gegenwartsliteratur*, S. 285

Phantasma der oder *Spiegelbegehren* (im Sinne Lacans) nach Repräsentanz, das in den neunziger Jahren häufig in einem Begehren nach dem ‚Wenderoman' oder dem gesamtdeutschen ‚Super-Autor' zum Ausdruck kam.[22]

Am Grunde zahlreicher gegenwartsliterarischer Debatten zeigt sich nach Tommek das „Streben nach einer ‚wahrhaften', substantiellen Relevanz und einer längerfristigen, repräsentativen Stellung der Literatur in der Gesellschaft"[23]: Die Forderungen nach neuen Realismen (Matthias Polityckis relevanter Realismus[24] und ‚Neue Deutsche Lesbarkeit'[25], Enno Stahls sozialer bzw. analytischer Realismus,[26] Maxim Billers realitätshaltige Verbindung von Journalismus und Literatur[27]), die Diskreditierung modernistischer, dezidiert anti-mimetischer Avantgarde-Programmatiken (Näheres dazu vgl. Kapitel IV.2) ebenso wie die Konjunktur von Genres wie dem Wende-, Familien- und Generationenroman, der Erinnerungs- und Migrationsliteratur legten Zeugnis von dem Bedürfnis nach einer ‚welthaltigen' Literatur ab, die die soziale und alltagskulturelle Gegenwart abbilden, dabei aber unterschiedliche Leserschichten erreichen soll.

Analog zu den Entwicklungen in der Prosa lässt sich auch für das Theater seit den 1990er Jahren eine zunehmende Orientierung an den (nicht immer eindeutig gebrauchten) Kategorien der Wirklichkeit und Gegenwart, Authentizität und Relevanz feststellen. Zuvor wurden in den 1970er und 1980er Jahren ausgehend vom Avantgardepol postdramatische Ästhetiken, Formelemente und Inszenierungspraktiken im gesamten Theaterfeld verbreitet und popularisiert, was zunächst mit der Zurückdrängung der sozial-politischen Nachkriegsdramatik (Rolf Hochhuth, Peter Weiss, Heinar Kipphardt, Franz Xaver Kroetz) einherging, die den Status des Theaters als „gesellschaftspolitisches Leitmedium"[28] begründet hatte. Die Post-

---

[22] Ebd., S. 76.
[23] Ebd., S. 293.
[24] Vgl. Martin R. Dean., Thomas Hettche, Matthias Politycki und Michael Schindhelm. „Was soll der Roman?" *Die Zeit* (23. Juli 2005); vgl. dazu auch Tommek. *Der lange Weg in die Gegenwartsliteratur*, S. 293–296.
[25] Vgl. Matthias Politycki. *Die Farbe der Vokale. Von der Literatur, den 78ern und dem Gequake der Frösche*. München: Luchterhand, 1998.
[26] Vgl. Enno Stahl. *Diskurspogo. Über Literatur und Gesellschaft*. Berlin: Verbrecher Verlag, 2013; Enno Stahl. „Analytischer Realismus zwischen Engagement und Experiment". *Social Turn? Das Soziale in der gegenwärtigen Literatur(-wissenschaft)*. Hg. Dominic Büker, Esteban Sanchino Martinez und Haimo Stiemer. Weilerswist: Velbrück Wissenschaft, 2017, S. 30–50.
[27] Maxim Biller. „Soviel Sinnlichkeit wie der Stadtplan von Kiel. Warum die neue deutsche Literatur nichts so nötig hat wie den Realismus. Ein Grundsatzprogramm." *Maulhelden und Königskinder. Zur Debatte über die deutschsprachige Gegenwartsliteratur*. Hg. Andrea Köhler und Rainer Moritz. Leipzig: Reclam, 1998, S. 62–71.
[28] Andreas Englhart. *Das Theater der Gegenwart*. München: Beck, 2013, S. 32.

dramatik ist dabei „weniger als einheitliche Bewegung denn als längerer Umwälzungsprozess zu verstehen, in dem elementare Parameter des Theaters (Raum, Licht, Körper, Bewegung, Geste, Stimme) aus ihrer Unterordnung unter den Dramentext befreit werden"[29] und das Theater seine eigenen ästhetischen und medialen Bedingungen zur Verhandlung stellt. Gerade in dieser selbstreferentiellen und selbstreflexiven Dimension war das postdramatische Theater immer wieder dem Verdacht des Elitarismus und der Selbstgenügsamkeit ausgesetzt, der in verschärfter Form in theatralen Krisendiskursen der 1990er Jahre zutage trat, in denen die vorgebliche Dominanz des avantgardistischen Regietheaters und der Postdramatik ins Visier genommen, der mangelnde Wirklichkeitsbezug des Theaters angeklagt und die Wiederkehr der Kategorie des Realen begrüßt wurden, so etwa von Thomas Ostermeier und John von Düffel:

> Wir brauchen einen neuen Realismus. [...] Der Kern des Realismus ist die Tragödie des gewöhnlichen Lebens. Dem gewöhnlichen Leben eine Sprache zu geben, ist eine große Kunst. Ich will durch die Figuren nicht die literarische Kunstfertigkeit des Autors hören.[30]

> Zu Anfang der neunziger Jahre waren sicherlich Autorinnen wie Elfriede Jelinek und Marlene Streeruwitz einflussreich, ebenso Werner Schwab. Man versuchte, so scheint mir, das alte Medium Theater durch eine bestimmte Sprache, durch eine Form von Diskurs zu erschüttern, der für den gängigen Theaterapparat zum Teil recht widerständig war. [...] Es entstand in dieser Zeit also eine Art Sprachfront, die den Eindruck vermittelte, dass jeder, der eine eigene Sprache entwickelt hatte, am Theater auch seinen Ort fand. [...] Danach kam es zu einer Phase, die stark von den Stücken aus England bestimmt wurde, durch die Autoren Mark Ravenhill und Sarah Kane, die deutlich gemacht haben, dass man Wirklichkeit erzählen kann, dass es nicht nur um Sprache geht, nicht nur um eine bestimmte Form, die es zu finden gilt. [...] Spürbar wurde, dass es nicht reicht, Sprachhorizonte zu eröffnen oder mithilfe des Regietheaters bekannte Dramen neu zu inszenieren, sondern wichtig wurden diejenigen, die eine Nabelschnur zur Wirklichkeit legten, und das waren die Autoren. Diese Botschaft wirkte wie ein Urknall, der eine große Zahl junger Talente auf den Weg brachte, jedes auf seinen eigenen. Doch die gemeinsame Aufgabe bestand darin, Themen der Wirklichkeit aufzugreifen.[31]

In der Tat zeichnet sich das Theater seit der Jahrtausendwende durch eine „Neuentdeckung der drängenden ‚Wirklichkeit' der Gegenwart"[32] und „eine Re-

---

29 Herrmann und Horstkotte. *Gegenwartsliteratur*, S. 162.
30 Thomas Ostermeier. „Das Theater im Zeitalter seiner Beschleunigung". *Theater der Zeit. Zeitschrift für Politik und Theater* (Juli/August 1999), S. 10–15, hier S. 10, S. 13.
31 John von Düffel und Franziska Schößler. „Gespräch über das Theater der neunziger Jahre". *Theater fürs 21. Jahrhundert. Text+Kritik. Zeitschrift für Literatur. Sonderband* (2004), S. 42–51, hier S. 42 f.
32 Tommek. *Der lange Weg in die Gegenwartsliteratur*, S. 300.

aktivierung von Referenz" aus: „Theaterzeichen verweisen nicht mehr nur auf sich selbst, sondern auf die Welt außerhalb oder jenseits der Bühne."[33] Diese Welt außerhalb des Theaters ist vor allem die Welt des Prekariats, der Arbeitslosen und der Verlierer/-innen der neoliberalen Wirtschaftsreformen. Seit den 1990er Jahren erleben Themen wie Arbeit, Ökonomie und Armut eine Konjunktur in deutschen Theaterproduktionen: „Es ging wieder um die Realität hinter den Masken und Geschäftsmauern, um eine neue Substantialität. [...], es ging um den theatralen Versuch, zu eruieren, wie wir heute leben."[34] Dieser Fokus auf soziale und ökonomische Themen ging maßgeblich mit der Wiederbelebung der dramatischen Tradition einher: „Der Wiederkehr des Erzählens entspricht eine Rückkehr des Dramas"[35], wobei sich diese Rückkehr als „kein einfaches Zurück zum Drama vor der Postdramatik" gestaltete, sondern als eine „um postdramatische Elemente bereicherte Rückkehr".[36] Auf jeden Fall entstanden zur Jahrtausendwende wieder Wirtschafts- und Sozialdramen von Urs Widmer, Falk Richter, Kathrin Röggla, Moritz Rinke, Gesine Danckwart, Dea Loher, Robert Schimmelpfennig u. a., die „sich mit dem wachsenden Dienstleistungssektor, mit Flexibilität und Mobilität, vor allem jedoch mit der grassierenden Arbeitslosigkeit von Akademikern, von ‚freigesetzten' Managern"[37] beschäftigten. Dabei hat die Sehnsucht nach sozialen und ökonomischen Wirklichkeiten nicht nur die Produktion von Dramen befördert, die von der Kritik als „Post-Postdramatik" bezeichnet und „einer neuen Mimesis, einem neuen Realismus auf dem deutschen Theater"[38] zugerechnet werden, sondern auch neue Formen des Dokumentar- und „Reality-Theater[s]"[39] hervorgebracht. In diesem wird „Wirklichkeit nicht mimetisch simuliert, sondern die theatrale Fiktionalität mit sozioökonomischen Konkreta überschrieben" oder

---

[33] Herrmann und Horstkotte. *Gegenwartsliteratur*, S. 174.
[34] Englhart. *Das Theater der Gegenwart*, S. 94.
[35] Michael Hofmann. „Neue Tendenzen der deutschsprachigen Dramatik". *Deutschsprachige Gegenwartsliteratur seit 1989. Zwischenbilanzen – Analysen – Vermittlungsperspektiven*. Hg. Clemens Kammler und Torsten Pflugmacher. Heidelberg: Synchron, 2004, S. 51–60, hier S. 51.
[36] Herrmann und Horstkotte. *Gegenwartsliteratur*, S. 176. So betont auch Tommek, dass aufgrund der spezifischen Geschichte und Verfasstheit des theatralen Subfeldes „das neue ‚Theater der Präsenz' im Vergleich zur analog situierten Prosa einen höheren Grad avantgardistischer Merkmale im kunstautonomen Sinne realisieren" konnte, sodass die Wiederentdeckung des Sozialen und des Realismus im Theater weniger auf die Verabschiedung der postdramatischen Avantgarde denn „auf eine neue Kombination formalästhetischer und politisch-moralischer Bestimmungen" verweist. Tommek. *Der lange Weg in die Gegenwartsliteratur*, S. 306 und 309.
[37] Franziska Schößler und Christine Bähr. „Die Entdeckung der ‚Wirklichkeit'. Ökonomie, Politik und Soziales im zeitgenössischen Theater". *Ökonomie im Theater der Gegenwart. Ästhetik, Produktion, Institution*. Hg. dies. Bielefeld: transcript, 2009, S. 9–20, hier S. 10.
[38] Herrmann und Horstkotte. *Gegenwartsliteratur*, S. 164.
[39] Ebd., S. 172.

aber es werden „soziale Situationen arrangiert"⁴⁰, die im Sinne einer „Ästhetik der Unentscheidbarkeit"⁴¹ Inszenierung und Wirklichkeit zusammenfallen lassen und mit dieser Grenzüberschreitung auf eine Verstörung des sozialen Raums zielen.⁴²

Das breite Interesse des Theaters für gesellschaftliche, politische und ökonomische Verhältnisse und Schieflagen ist nach Franziska Schößler und Christine Bähr auf die prekäre finanzielle Situation des Theaterfeldes selbst zurückzuführen, welches nach 1989 einschneidende „Rationalisierungsmaßnahmen"' hinnehmen musste und von der Zusammenlegung von Sparten, der Privatisierung oder Schließung ganzer Häuser sowie von Publikumsschwund betroffen war.⁴³ Hatte sich das Theater in den 1970er Jahren also noch in Konkurrenz zu Massenmedien als postdramatisches Theater neu erfinden müssen,⁴⁴ ist das Theater seit den 1990er Jahren neben der Herausforderung durch die neuen Medien auch mit seiner Ökonomisierung konfrontiert und hat auf die Legitimationskrise mit der Ausbildung eines Dramas und Theaters des *Prekären*⁴⁵ geantwortet, das sich in der Kritik an den sozialen und ökonomischen Wirklichkeiten des einundzwanzigsten Jahrhundert als Gegenöffentlichkeit positioniert: „Keine andere literarische Gattung hat sich in den letzten Jahren derart intensiv mit den sozialen, ökonomischen und politischen Veränderungen einer rasant sich beschleunigenden Moderne auseinandergesetzt wie das Drama. [...] Viele Theaterschaffende verstehen sich explizit als Mitwirkende am öffentlichen Diskurs."⁴⁶

In diesem Sinne lässt sich auch die aktuelle Konjunktur des Politischen im literarischen Feld dem Begehren nach einer gesellschaftlich relevanten, orientierungs- und identitätsstiftenden Gegenwartskunst in Zeiten politischer und sozialer Verunsicherungen und Auflösungserscheinungen zurechnen. Eine politisierte, an gesellschaftlichen Realitäten ausgerichtete Literatur verspricht Antworten auf zentrale Fragen und Herausforderungen des gesellschaftlichen Miteinanders im einundzwanzigsten Jahrhundert und soll zugleich ein Bollwerk der

---

40 Schößler und Bähr. „Die Entdeckung der ‚Wirklichkeit'", S. 10.
41 Englhart. *Das Theater der Gegenwart*, S. 111.
42 Man denke etwa an die Arbeiten des Regiekollektivs Rimini Protokoll, die Theatermacher Völker Lösch, Christoph Schlingensief, Dirk Laucke oder Milo Rau.
43 Vgl. Schößler und Bähr. „Die Entdeckung der ‚Wirklichkeit'", S. 9.
44 Hans-Thies Lehman führt das Aufkommen des postdramatischen Theaters in den 1970er Jahren auf die „Verbreitung und dann Allgegenwart der Medien im Alltagsleben" (Lehmann 2008, 22f.) zurück, auf die das ‚ältere' Medium des Theaters mit der Ausbildung einer „neuen Qualität von Selbstreflexivität und -referentialität" (Tommek 2015, 299) reagiert hat.
45 Vgl. Katharina Pewny. *Das Drama des Prekären. Über die Wiederkehr der Ethik in Theater und Performance*. Bielefeld: trancript, 2011.
46 Herrmann und Horstkotte. *Gegenwartsliteratur*, S. 161.

liberalen Gesellschaft gegen rechtsnationale und andere fundamentalistische Kräfte darstellen. Die feldtheoretische Perspektive weist das Interesse an einer gesellschaftsbezogenen, politischen Kunst als Produkt einer historisch gewachsenen, strukturellen Leerstelle aus, die zugleich *ex negativo* einen Bezugspunkt und eine Antriebskraft gegenwartsliterarischen und -theatralen Schreibens darstellt: Die politische Literatur der Gegenwart entsteht im Angesicht der soziokulturell verunmöglichten Literatur mit Universalanspruch, fordert diese Unmöglichkeit zugleich aber im Begehren, soziale Verbindlichkeiten zu formulieren, heraus. Im Folgenden wird zu betrachten sein, wie diese Repräsentationskrise in gegenwartsliterarischen Debatten thematisch wird. Vorab ist jedoch mit Blick auf den Gegenstand dieser Arbeit, das theatrale Œuvre von Elfriede Jelinek, der Status des politischen Schreibens im österreichischen Feld zu eruieren.

2 Deutsch-österreichische Perspektiven

Die bisherigen Ausführungen beschränkten sich auf das bundesdeutsche Feld der Gegenwartsliteratur. Der Umstand, dass es sich bei Jelinek um eine österreichische Autorin handelt, macht es notwendig, danach zu fragen, welcher Bezugsrahmen für die literarische Produktion der Autorin geltend zu machen ist, denn: „Ein Vergleich der einzelnen, ein literarisches Feld konstituierenden Instanzen im österreichischen und deutschen Literaturbetrieb lässt die Konturen zweier differenter Felder kenntlich werden, so dass eine Vereinheitlichung in ein einziges deutschsprachiges Feld kaum gerechtfertigt scheint."[47] Den Hauptunterschied zwischen dem deutschen und österreichischen literarischen Feld stellt der Status der autonomen Produktion dar: In den 1990er Jahren trat im deutschen Feld neben den „Feldzug gegen eine moralisierende ‚Gesinnungsästhetik' im sogenannten ‚deutsch-deutschen Literaturstreit' [...] die Verabschiedung einer ‚Akademikerprosa', die sich an poststrukturellen Theorien einer subjektlosen, selbstreflexiven und simulativen Postmoderne orientierte".[48] Programmatisch hatte Maxim Biller dem „defätistischen, uninspirierten Avantgardistendenken" vorgeworfen, „in einem Exorzismus nach echter Akademikerart, der deutschen

---

47 Verena Holler. „Positionen – Positionierungen – Zuschreibungen. Zu Robert Menasses literarischer Laufbahn im österreichischen und deutschen Feld". *Mediale Erregungen? Autonomie und Aufmerksamkeit im Literatur- und Kulturbetrieb der Gegenwart*. Hg. Nina Birkner, Markus Joch, York-Gothart Mix und Norbert Christian Wolf. Tübingen: Niemeyer, 2009, S. 169–187, hier S. 169. Zur ausführlichen Begründung eines eigenständigen österreichischen Feldes vgl. auch Holler. *Felder der Literatur*, S. 31–92.
48 Tommek. *Der lange Weg in die Gegenwartsliteratur*, S. 238.

Literatur jedes Leben, jedes Stück Wirklichkeit und [den] Willen zur Außenweltkommunikation ausgetrieben"[49] zu haben. Dem Desiderat einer welthaltigen, realistischen Literatur mit gesamtgesellschaftlichem Repräsentationsanspruch konnte aus Sicht ihrer Kritiker/-innen eine vermeintlich selbstbezogene, weltfremde Avantgarde-Literatur im autonomen Subfeld der literarischen Produktion nicht gerecht werden. Wie in IV.1 dargestellt, sollte langfristig aus dem Begehren nach Wirklichkeit der Mittelbereich der ästhetisch ambitionierten Unterhaltungsliteratur hervorgehen, der in der Gegenwart den „Hauptmotor der Reproduktion des literarischen Feldes"[50] bezeichnet.

Demgegenüber findet man ein österreichisches Feld der Literatur vor, „in dem – ganz im Gegensatz zu seinem deutschen Pendant – die Macht des autonomen Pols in den 90er Jahren unangetastet blieb".[51] Die kulturell anerkannte Stellung der kunstautonomen Produktion in Österreich lässt sich nach Verena Holler zum einen auf die spezifische Verfasstheit der österreichischen literarischen Öffentlichkeit zurückführen, die sich durch den „Mangel einer institutionalisierten Literaturkritik"[52] auszeichnet. Die Wertungen und Urteile der Literaturkritik richten sich traditionell an ökonomischen Prinzipien aus, stehen „in unmittelbarer Nähe zu Verkauf und Vermarktung der Literatur, insofern, als sie potentielle Literaturkonsumenten"[53] bedienen. Während die Literaturkritik in Deutschland einen „entscheidende[n] Faktor im literarischen Feld [darstellt], der zudem ständig darum bemüht ist, das Gewicht seiner Stimme den anderen Instanzen des literarischen Feldes gegenüber durchzusetzen"[54], wird das Fehlen der Literaturkritik in Österreich durch die universitäre Germanistik kompensiert, die traditionell dem Subfeld der autonomen Produktion nahesteht. Nicht nur sind Universitätsgermanist/-innen in den Redaktionen von Literaturzeitschriften wie *manuskripte*, *Literatur und Kritik* u. a. vertreten, die den Hauptumschlagsplatz der Rezension der österreichischen Gegenwartsliteratur darstellen,[55] auch setzen sich die Kommissionen und Jurys anderer Konsekrationsinstanzen des Feldes (Literaturstipendien, Literaturpreise) aus Wissenschaftler/-innen zusammen, die einen dem Prinzip der Autonomie verpflichteten Kunstbegriff vertreten und die deutschen Realismus-Debatten der 1990er und 2000er Jahre eher mit Skepsis verfolgt haben.

---

49 Biller. „So viel Sinnlichkeit wie der Stadtplan von Kiel", S. 63.
50 Tommek. *Der lange Weg in die Gegenwartsliteratur*, S. 237.
51 Holler. „Positionen – Positionierungen – Zuschreibungen", S. 182. Vgl. dazu auch Holler. *Felder der Literatur*, S. 56–80.
52 Holler. *Felder der Literatur*, S. 75.
53 Ebd., S. 51.
54 Ebd., S. 52.
55 Vgl. ebd., S. 54 f.

Einen mit Deutschland vergleichbaren Feldzug der Literaturkritik gegen modernistische und postmodernistische Ästhetiken hat es in der österreichischen Gegenwartsliteratur nicht gegeben.

Als weiteren Grund für die in Österreich „mittlerweile scheinbar allseits mit Verve verfochtene Machtstellung des *l'art pour l'art*" nennt Verena Holler den Umstand, dass es sich bei dieser um eine „relativ junge Errungenschaft"[56] handelt. Die autonome Produktion konnte sich erst in den 1990er Jahren in einem Feld, das bis dato von konservativen Kräften dominiert wurde, endgültig durchsetzen. Noch bis in die 1970er Jahre wurde die Rezeption der Avantgarde in Österreich durch eine „rückwärtsgewandte Austriazität" behindert.[57] Wie wenig die avantgardistische Literatur noch in den 1960er und 1970er Jahren etabliert war, zeigt der Fall von Autor/-innen der Grazer Gruppe wie Elfriede Jelinek, Peter Handke, Gerhard Roth, Michael Scharang, Barbara Frischmuth u. a., die in der staatlich subventionierten österreichischen Verlagslandschaft keinen Rückhalt fanden und aufgrund von fehlenden Rezeptionsstrukturen für avantgardistische Kunst „ihre literarischen Karrieren über den Umweg Deutschland machten", in deutschen Verlagen publizierten und „erst rückwirkend in Österreich Anerkennungen fanden".[58]

Es versteht sich von selbst, dass autonomieästhetische Literaturen, die sich gegen die in Österreich gängige „Vernetzung zwischen Politik und Literatur"[59] behaupten mussten, nicht nur gegen antimoderne Positionen ins Feld zogen, sondern auch die kritische Auseinandersetzung mit politischen Autoritäten und Eliten gesucht haben, die ihren Machtanspruch auf einem klassizistischen Kulturbegriff gründeten: „Ab Mitte der achtziger Jahre standen dann vehementere Konfrontationen auf der Tagesordnung und in den Tageszeitungen. Viele bekannte österreichische Schriftsteller äußerten sich in ihren Texten und bei öffentlichen Auftritten zu den zahlreichen Skandalen und Affären"[60] der österreichischen Politik und Öffentlichkeit. Die unzähligen, über das Feld der kulturellen Produktion hinausgehenden Literaturskandale und Diffamierungskampagnen gegen Autor/-innen wie Thomas Bernhard und Elfriede Jelinek dokumentieren die langwierigen Kämpfe (und auch Rückschläge) um eine autonome österreichische

---

56 Ebd., S. 76.
57 Vgl. Klaus Zeyringer. *Österreichische Literatur 1945–1998. Überblicke, Einschnitte. Wegmarken.* Innsbruck: Haymon, 1999, S. 68–71.
58 Holler. *Felder der Literatur*, S. 90.
59 Zeyringer. *Österreichische Literatur 1945–1998*, S. 66.
60 Ebd., S. 79.

Literatur, von der aus kritisches Engagement möglich wird.⁶¹ Während man also „im Deutschland der Nachwendezeit den Abgesang auf die engagierte Literatur anstimmt, zeichnet sich in Österreich zur gleichen Zeit geradezu eine Renaissance der *littérature engagée* ab"⁶², wobei es nach Holler zu bedenken gilt, dass die österreichischen Autor/-innen, die sich „seit einigen Jahrzehnten auch politisch verstärkt zu Wort [melden], über eine der deutschen Situation vergleichbare Benennungsmacht im Feld der Macht [...] jedoch nach wie vor nicht"⁶³ verfügen.

Vergegenwärtigt man sich die unterschiedlichen Strukturen im deutschen und österreichischen Feld, wird deutlich, warum die (vor allem frühe) Rezeption von Elfriede Jelineks Texten in Deutschland und Österreich so unterschiedlich ausgefallen ist. Während Jelinek die österreichische Öffentlichkeit vor allem wegen der politischen, die verdrängte Geschichte des Landes betreffenden Inhalte ihrer Theaterstücke und Romane gegen sich aufgebracht hat und sich so den Vorwurf der „Nestbeschmutzerin"⁶⁴ einhandelte, hat die deutsche Rezeption im Feuilleton, z.T. aber auch in der Wissenschaft immer wieder Anstoß an den avancierten Verfahrensweisen der Texte genommen und deren politisch-gesellschaftskritische Implikationen infrage gestellt:

> Der Vorrang der „gesellschaftskritischen Fragestellungen", den Marlies Janz betont hat, bleibt angesichts Jelineks ästhetischen Verfahrens allerdings fraglich. [...] Der Text reflektiert sich selbst und nicht die gesellschaftlichen Verhältnisse, der Text verweist auf sich und auf andere Texte, und nicht auf einen Inhalt, den die Autorin mitzuteilen wünscht (und die Frage bleibt, ob das in ihrem Sinne geschieht). [...] Das kommunikative, um nicht zu sagen rhetorische Prinzip Jelineks ist die Überflutung, die jedoch keine persuasive, sondern (erst einmal) nur noch ornamentale Funktion hat. Jelinek versucht nicht, vor dem Leser oder Zuschauer ein Geschehen zu entwickeln, sondern führt (bestenfalls) mit Figuren instrumentierte Sprache vor. [...] [I]nwiefern ein dezidiert antirhetorisches Textgeneseverfahren und Textpräsentationsprinzip mit einem Mal politisch relevant werden kann (also Kritik kommuniziert), bleibt eine offene Frage [...].⁶⁵

---

61 Zum Zusammenhang von autonomer Literatur und Engagement siehe Bourdieus Ausführungen zu Émile Zola in Bourdieu. *Die Regeln der Kunst*, S. 209–214.
62 Matthias Beilein. „Wende im Entweder-und-Oder: Österreich und die engagierte Literatur seit 1986". *Engagierte Literatur in Wendezeiten*. Hg. Willi Huntemann, Malgorzata Klentak-Zablocka, Fabian Lampart und Thomas Schmidt. Würzburg: Königshausen & Neumann, 2003, S. 209–221, hier S. 220.
63 Holler. *Felder der Literatur*, S. 79.
64 Eine Dokumentation der österreichischen Debatten um Elfriede Jelinek liefert Pia Janke (Hg.). *Die Nestbeschmutzerin. Jelinek & Österreich*. Salzburg, Wien: Jung und Jung, 2002.
65 Walter Delabar. „Jenseits der Kommunikation. Elfriede Jelineks antirhetorisches Werk (Zu *Wolken.Heim.* und *Und dann nach Hause*)". *Rhetorik. Ein internationales Jahrbuch* 27 (2008), S. 86–105, hier S. 87–91.

> *Wolken.Heim.* ist hochartifizielle Versprosa. Was Andersch über den jungen Enzensberger schrieb, gilt auch für Elfriede Jelinek: Eine derartige sprachliche Begabung ist in ihrer Artifizialität immer gefährdet. Ihr letzter Roman *Lust*, von der Kritik zumeist begackert, bewegte sich auf der Kippe zwischen satirischem Ingrimm, der gnadenlos seine Trivialstory exekutiert, und einem spielerischen Manierismus, dem sein Gegenstand bloßer Sprech-Vorwand war. Auch im neuen Buch verwischt die Grenze zwischen politischer Parodie und narzisstischer Mimikry.[66]

In einem deutschen Feld, das die (post-)modernistische Avantgarde im Namen eines ‚neuen Realismus' verabschiedet hatte und in dem „die vertikal ausgerichtete avantgardistische Reproduktionslogik des ästhetisch Neuen [...] von der horizontal ausgerichteten Marktlogik zunehmend konterkariert"[67] wurde, in dem also anti-mimetische Poetiken in den Verdacht der ‚Akademikerprosa' und des „Rezensentenbuchs"[68] gerieten, musste Jelineks Ineinander von Gesellschaftskritik und Sprach-/Formartistik, von politischem Anspruch und „spielerische[m] Manierismus" als Widerspruch erscheinen. Jelinek selbst hat sich immer wieder darum bemüht, das Verhältnis von Form und Inhalt in ihren Texten richtigzustellen: „Ich wehre mich gegen das gleichberechtigte, gleichgültige, ornamentale Nebeneinanderbestehen von Stilelementen. [...] Meine Texte sind engagierte Texte."[69] Dazu hat die Autorin die Vorläufer ihres engagierten Schreibens in der Tradition der sprachkritischen und -experimentellen österreichischen Literatur (Johann Nepomuk Nestroy, Ferdinand Raimund, Wiener Gruppe, Karl Kraus, Ödön von Horváth) ausgemacht, die sich durch das Zusammenspiel von prononciertem Sprach- und Formbewusstsein und kritischem Gesellschaftsbezug auszeichnen, und vor allem der nicht-akademischen Rezeption so quasi einen Leitfaden zur Lektüre an die Hand gegeben. Desgleichen hat Jelinek mit Blick auf die Literaturwissenschaft, die traditionell am Pol der autonomen Kunstproduktion orientiert ist und die Dechiffrierung formalistischer Ästhetiken beherrscht, eine klare Einordnung ihrer literarischen Produktion vorgenommen: „Auf die Wissenschaft

---

[66] Burkhardt Lindner. „Deutschland: Erhabener Abgesang. Elfriede Jelineks Spiegel-Verzerrung zur Selbsterkenntnis: Wolken.Heim". *Elfriede Jelinek*. Hg. Kurt Bartsch und Günther A. Höfler. Graz: Droschl 1991, S. 243–246, hier S. 245. [Ursprünglich erschienen in *Frankfurter Rundschau* am 07. April 1990.]

[67] Tommek. *Der lange Weg in die Gegenwartsliteratur*, S. 435.

[68] Biller. „Soviel Sinnlichkeit wie der Stadtplan von Kiel", S. 63.

[69] Anke Roeder und Elfriede Jelinek. „‚Ich will kein Theater. Ich will ein anderes Theater.' Gespräch mit Elfriede Jelinek". *Autorinnen. Herausforderungen an das Theater*. Hg. Anke Roeder. Frankfurt/M.: Suhrkamp, 1989, S. 141–160, hier S. 154.

bin ich angewiesen, weil die Rezeption in den Medien einfach so fürchterlich ist, so dumm zum Teil und deprimierend; mich rettet eher die Wissenschaft."[70]

Das österreichische literarische Feld und seine Geschichte sind als Produktionskontexte für Jelineks Schreiben also maßgeblich prägend: Die Sprach- und Gesellschaftskritik vereinenden Texte sind in einem Feld entstanden, in dem das autonomieästhetische Bewusstsein für literarische Formen den legitimen Kunstbegriff bezeichnet und das engagierte, offen in Opposition zum Feld der Macht tretende Schreiben als vergleichsweise junge Errungenschaft von den Akteur/-innen und Konsekrationsinstanzen des literarischen Feldes akkreditiert wird. Dennoch erscheint es zu kurzsichtig, den Einfluss und die Bedeutung des deutschen Literaturbetriebs für Jelineks Schaffen gänzlich auszublenden. Schließlich handelt es sich bei ihr um eine Autorin, die sich einerseits am Kanon der deutschen Literatur- und Philosophiegeschichte abarbeitet. Die intertextuellen Bezüge der Romane und Theatertexte reichen von Lessing, Schiller und Goethe, Hölderlin und Kleist, Kant und Heidegger, Marx und Nietzsche bis zu Brecht und Benjamin (um hier nur einige zu nennen). Andererseits partizipiert die Autorin an bundesdeutschen literarischen und politischen Diskursen und Debatten (Wiedervereinigung, Rechts- und Linksextremismus, RAF- und NSU-Terrorismus), sucht die Auseinandersetzung mit zeitgenössischen Autoren wie Botho Strauß, Martin Walser, Heiner Müller, Hans Magnus Enzensberger, Rainald Goetz u. a. und weist insgesamt durch ihre Präsenz und Sichtbarkeit eine Zugehörigkeit zum deutschen literarischen Feld auf.

Vor allem das deutsche Theaterfeld ist in seinem Stellenwert für Jelineks Etablierung als bedeutendste Akteurin des postdramatischen Gegenwartstheaters nicht zu unterschätzen: Der Großteil der Theaterstücke wurde auf deutschen Bühnen uraufgeführt, was zum einen auf Jelineks schwieriges Verhältnis zur österreichischen Politik und Öffentlichkeit zurückzuführen ist, welches sie Mitte der 1990er und noch einmal Anfang der 2000er Jahre dazu veranlasste, ein Aufführungsverbot ihrer Theatertexte in Österreich zu erwirken. Zum anderen findet Jelineks Verbindung von ästhetischem Formwillen und politischem Engagement im deutschen Theaterfeld, in dem sich in den 1970er Jahren postdramatische Ästhetiken am Avantgarde-Pol durchgesetzt hatten und postdramatische Formelemente in den 1990er Jahren in der gesamten Theaterlandschaft populär wurden,[71] in dem aber auch ein gesellschaftspolitisches Selbstverständnis vorherr-

---

70 Sigrid Berka und Elfriede Jelinek. „Ein Gespräch mit Elfriede Jelinek". *Modern Austrian Literature* 26.2 (1993), S. 127–155, hier S. 127.
71 Tommek unterscheidet „zwischen einem eingeschränkten, ‚inneren' Bereich des postdramatischen Theaters (Heiner Müller, Reinald Goetz, Elfriede Jelinek etc.) und der Popularisierung

schend ist, einen fruchtbaren Boden; z.T. langjährige Kooperationen mit Theaterschaffenden wie Karin Beier, Einar Schleef, Christoph Schlingensief, Johan Simons, Nicolas Stemann und Jossi Wieler zeugen von diesem produktiven Verhältnis.

Insofern also „das Feld keine substanzielle, sondern eine relationale Kategorie ist [...] [und] Autoren mehrere und unterschiedliche Positionen besetzen"[72] können, soll mit Verena Holler bei Autor/-innen wie Peter Handke, Friederike Mayröcker und eben auch Elfriede Jelinek von einer „doppelte[n] Integration"[73] die Rede sein: Produktions- und rezeptionsseitig, was also die Entstehungsbedingungen und Einflüsse, Positionierungen und Abgrenzungen, aber auch was die Veröffentlichungs- und Konsekrationskontexte angeht, stellen sowohl das österreichische als auch das deutsche Feld zentrale Bezugsgrößen für Jelineks Schreiben dar. Vor allem aber birgt die doppelte Integration auch Potential für Konflikte und Unverhältnismäßigkeiten, die literarisch fruchtbar gemacht und distinktionsökonomisch eingesetzt werden können. Zwar produziert Jelinek politische Texte, die dem Diktum der Relevanz im deutschen gegenwartsliterarischen Feld augenscheinlich entgegenkommen, deren avantgardistischer Impetus und autonomieästhetischer Anspruch jedoch in ein Spannungsverhältnis zu dem Begehren der Repräsentation geraten. Diese Zusammenhänge gilt es zu bedenken, wenn in IV.4 Jelineks Ort in der Gegenwartsliteratur umrissen werden soll.

3 Forschungspositionen: Politische Literatur und das Politische der Literatur

Die bisherigen Ausführungen haben gezeigt, dass die Rückkehr der politischen Literatur in der Gegenwart im Zusammenhang mit der Verabschiedung einer engagierten Literatur mit gesamtgesellschaftlichem Repräsentationsanspruch und dem daraus erwachsenden ‚Spiegelbegehren nach Repräsentanz' (Tommek) betrachtet werden muss. Diese literaturhistorische Enwicklung ist von der Gegenwartsliteraturforschung nicht immer expliziert, doch aufmerksam registriert worden. Die zahlreichen Bemühungen um eine Definition und Systematisierung der politischen Literatur nach 1990 zeugen von dem Bewusstsein um einen Paradigmenwechsel, wobei sich in der Germanistik zwei Grundtendenzen des begrifflichen Umgangs mit den Entwicklungen im literarischen Feld ausmachen

---

postdramatischer Formelemente im gesamten, horizontal ausgerichteten Theaterfeld". Tommek. *Der lange Weg in die Gegenwartsliteratur*, S. 299.
72 Ebd., S. 38f.
73 Holler. *Felder der Literatur*, S. 91.

lassen, die an repräsentativen Beispielen vorgestellt und diskutiert werden sollen. Auf der einen Seite sind Versuche der Rehabilitierung des Begriffs des Engagements qua seiner Neubewertung bzw. Neuausrichtung festzustellen. So geht es Ursula Geitner darum, mit Sartre und Barthes einen Begriff des engagierten Textes zu entwickeln, der „von engagierten Menschen und von integralen Intellektuellen unterschieden" werden muss, also einen „eigenständigen Schauplatz des literarischen Engagements"[74] bezeichnet. Geitner setzt sich mit dem Stigma der formalen Unterkomplexität engagierter Literatur auseinander und bestimmt mit Sartre die literarische Form als einen Prozess der „*R*esignifikation", d.h. der „Modifikation vorfindlicher kommunikativ-instrumenteller Sprache"[75], der als konstitutiv für politisches Schreiben geltend gemacht wird. Die Verteidigung der engagierten Literatur gegen den Vorwurf des Inhaltsprimats findet sich auch bei Nikolaus Wegmann, der literarisches Engagement als eine Angelegenheit der Form verstanden wissen möchte:

> Engagiert ist eine Literatur, die sich nicht nur die gesellschaftlichen Verhältnisse als kunsteigenes Ausdrucksmedium schafft, sondern zugleich auch *in der Wahl ihrer Formen das im Medium selbst vorgefundene Formniveau kritisiert*. Alle Auswege aus dem Dilemma einer lesbaren Fiktion führen demnach durch das Nadelöhr der negativ kommentierenden (man kann auch sagen politischen) Formenwahl.[76]

Geitner und Wegmann entwickeln einen Begriff des Engagements, der nicht dezidiert auf politische Gegenwartsliteratur zugeschnitten, sondern historisch übergreifend angelegt ist und für die Analyse der gegenwartsliterarischen Produktion fruchtbar gemacht werden soll.

An dem Begriff des Engagements halten auch Ansätze fest, die eine Umorientierung der politischen Literatur diagnostizieren und dieser durch entsprechende Differenzierungen beizukommen versuchen. So sieht Willi Huntemann einen „Strukturwandel des literarischen Engagements nach der Wende", der sich in zwei zentralen Entwicklungen des politischen Schreibens äußert: Zum einen verteile sich das Engagement „auf die verschiedenen soziokulturellen Milieus, die emanzipatorische Ziele verfolgen (Frauen- und Friedensbewegung, Multikulturalismus, Homosexuellen- und Psychoszene)"[77]; auf der anderen Seite trete an die

---

[74] Ursula Geitner. „Stand der Dinge: Engagement-Semantik und Gegenwartsliteratur-Forschung". *Engagement. Konzepte von Gegenwart und Gegenwartsliteratur*. Hg. Jürgen Brokoff, Ursula Geitner und Kerstin Stüssel. Göttingen: V & R Unipress, 2016, S. 19–58, hier S. 33.
[75] Ebd., S. 42.
[76] Wegmann. „Engagierte Literatur?", S. 357.
[77] Willi Huntemann. „‚Unengagiertes Engagement' – zum Strukturwandel des literarischen Engagements nach der Wende". *Engagierte Literatur in Wendezeiten*. Hg. Willi Huntemann, Mal-

Stelle der engagierten Nachkriegsliteratur ein ‚delegiertes' bzw. ‚unengagiertes Engagement' von Autor/-innen wie Ruth Klüger, F. C. Delius, Bernhard Schlink u. a. Mit dem Begriff des ‚unengagierten Engagements' möchte Huntemann Literatur verstanden wissen, die sich in der Tradition der Nachkriegsliteratur mit der deutschen (nationalsozialistischen) Vergangenheit auseinandersetzt. Während die engagierte Literatur der Nachkriegszeit jedoch mit der Thematisierung des Nationalsozialismus und seiner Verbrechen „gegen Widerstände einem verdrängten Thema zur Öffentlichkeit verholfen hatte" und sich so als moralisches Korrektiv der Nachkriegsgesellschaft verstand, hat die Verarbeitung der nationalsozialistischen Vergangenheit im vereinigten Deutschland nach Huntemann einen „offiziellen, staatstragenden Charakter angenommen"[78], was das unengagierte Engagement der 1990er Jahre „davon entlastet, sich für dieses Thema zu ‚engagieren' und ihm eine Öffentlichkeit zu verschaffen, was längst andere Medien und Organisationen besorgen".[79] Engagiert sei die Literatur nach der Wende dennoch, weil sie an politischen Leitdiskursen partizipiert – unengagiert, insofern das „Vergangenheitsthema, politisch verstanden, keineswegs leitend für [...] [das] Schreiben [der oben genannten Autor/-innen] ist (ihre übrigen Texte sind meist ganz anders orientiert) und sie [...] weder eine gemeinsame ‚Gesinnung' noch eine Generationszugehörigkeit"[80] verbindet.

Mit dem für den Diskurs des Engagements konstitutiven Begriff der Aufklärung arbeitet Sabrina Wagner in ihrer Studie zu Juli Zeh, Ilja Trojanow und Uwe Tellkamp, die von Wagner in ihrer Hinwendung zum „‚Humanum' [...] bzw. [...] ‚Allgemein-Menschliche[n]" und zu den „teils vergessenen Grundwerten der Aufklärung"[81] in eine Traditionslinie mit der Gruppe 47 gestellt werden, ohne dass die Differenzen zwischen dem nachkriegszeitlichen und gegenwartsliterarischen Engagement aus dem Blick geraten: Was die *Aufklärer der Gegenwart* von der engagierten Literatur der Nachkriegszeit unterscheide, sei ihre „Absage an jedwede Ideologie" und an ein parteipolitisches Programm: „Die literarischen Texte sind vielmehr diagnostisch als prognostisch zu verstehen. Damit können sie – gemäß dem dargestellten Begriffsverständnis – sehr wohl politisch sein, ohne dabei in die Nähe einer negativ konnotierten ‚Tendenzliteratur' zu geraten."[82]

---

gorzata Klentak-Zablocka, Fabian Lampart und Thomas Schmidt. Würzburg: Königshausen & Neumann, 2003, S. 33–48, hier S. 40.
78 Ebd., S. 41 f.
79 Ebd., S. 44.
80 Ebd., S. 46.
81 Wagner. *Aufklärer der Gegenwart*, S. 280.
82 Ebd., S. 282.

Während Ansätze, die mit begrifflichen Kontinuitäten arbeiten, dazu tendieren, eine evolutionistische Sicht auf die Geschichte der politischen Literatur nach 1945 einzunehmen, und sich auf gegenwärtige Literaturen fokussieren, die mit dem einem Anspruch auf gesamtgesellschaftliche Repräsentation auftreten, machen Positionen, die eine alternative Begrifflichkeit vorschlagen, stärker einen literaturhistorischen Bruch geltend. So spricht Thomas Ernst von dem Erscheinen einer ‚subversiven Literatur' in den 1990er Jahren, die nicht mehr durch das Modell der engagiert-aufklärerischen Literatur abgedeckt werden kann: „Der Begriff der Subversion, so die Ausgangsthese, eignet sich besonders gut für eine Beschreibung einer politischen Gegenwartsliteratur, die sich aus einer minorisierten Position heraus kritisch zu komplexen, flexibilisierten und globalisierten Verhältnissen positioniert."[83] Ernsts Begriff der subversiven Literatur ebenso wie Huntemanns Konzept einer engagiert-emanzipatorischen Literatur, die sich auf unterschiedliche soziokulturelle Milieus verteilt, stellen Versuche dar, der Entstehung einer politischen Literatur ohne gesamtgesellschaftliches Repräsentationsmandat begrifflich Rechnung zu tragen. Ernst geht es zudem darum, die subversive Literatur in ein ästhetisches Diskontinuum zur engagierten Literatur der Nachkriegszeit zu setzen, versteht er doch darunter „ästhetisch innovativ[e] Texte" in der avantgardistischen Tradition, die „politische Relevanz nicht primär durch ihre Inhalte zu gewinnen versuchen", „sich der politischen Einflussnahme über staatliche Institutionen verweigern oder als skeptisch erweisen" und „ohne eine (starke) öffentliche Präsenz der (authentischen) Autoren auskommen".[84]

Desgleichen ist der Eingang des Begriffs des Politischen in den Diskurs der Gegenwartsliteratur im Zusammenhang mit einer Neuvermessung des literarischen Feldes nach 1990 zu sehen, die den Fokus auf das Neuartige und Diskontinuierliche der gegenwartsliterarischen Produktion legt. Ansätze, die für die Verwendung des Begriffs des Politischen plädieren, argumentieren, dass sich die gegenwartsliterarische Produktion nicht mehr mit traditionellen Konzepten politischer Literatur fassen lässt:

> Die verbreitete These des Unpolitischen in der Literatur der Gegenwart beruht jedoch auf einem strukturellen Denkfehler, da sie die Kategorien der politischen Artikulation und Partizipation, die etwa an Texten der Nachkriegsliteratur erarbeitet wurden, nun an Texte

---

[83] Ernst. *Literatur und Subversion*, S. 477.
[84] Thomas Ernst. „Engagement oder Subversion? Neue Modelle zur Analyse politischer Gegenwartsliteraturen". *Das Politische in der Literatur der Gegenwart*. Hg. Stefan Neuhaus und Immanuel Nover. Berlin, Boston: De Gruyter, 2019, S. 21–44, hier S. 29, 38 und 40.

anlegt, die ihre mögliche politische Semantik nicht aufgrund *ihrer Erzählung der Politik, sondern aufgrund ihrer Erzählung des Politischen* gewinnen.[85]

Im Rückgriff auf Rosanvallon, Lefort/Gauchet, Mouffe, Rancière u. a. entwickeln Neuhaus und Nover einen Begriff des Politischen der Literatur, der es ihnen erlaubt, Texte in den Blick zu nehmen, die nicht auf das traditionelle Themenspektrum politischer Literatur begrenzt sind, sich „vielleicht sogar Themen widmen, die dem Bereich der Politik und des Politischen vermeintlich fernliegen"[86], sowie eine parteipolitische und ideologische Unbefangenheit an den Tag legen. In der Rede vom Politischen der Literatur bzw. von der Literatur als „Reflexionsraum des Politischen"[87] wird die „ästhetische Eigenständigkeit"[88] der Literatur hervorgehoben, die es ihr ermögliche, eine kritische Distanz zu gesellschaftlichen Entwicklungen zu wahren.

Auch wenn nicht immer so begriffs- und theoriegeschichtlich eingeholt wie bei Neuhaus/Nover, lässt sich doch feststellen, dass Konzepte des Politischen die Diskurse über die politische Gegenwartsliteratur maßgeblich prägen. Allgegenwärtige Funktionszuschreibungen an gegenwartsliterarische Texte, diese verhielten sich als Störungen, Unterbrechungen oder Irritationen zur gesellschaftlichen Wirklichkeit (man denke nur an die in der Einleitung diskutierte Initiative zur Einsetzung von Parlamentsdichter/-innen), stehen offensichtlich unter dem Einfluss von postmarxistischen Neuformulierungen des politischen Engagements (vgl. Kapitel III.4). Schließlich erlauben es die Konzepte des Politischen, der Krise der Repräsentation im gegenwartsliterarischen Feld Rechnung zu tragen, indem sie einerseits auf der (parteipolitischen, ideologischen) Nicht-Identität von Literatur und dem Feld der Macht bestehen, andererseits Kritik und Widerstand dezentralisieren und pluralisieren.

Die an Tommeks Feldstudie entwickelte These, dass die Konjunktur des Politischen in der Gegenwart den Verlust und das damit einhergehende Begehren einer Literatur mit gesamtgesellschaftlichem Repräsentationsmandat widerspie-

---

85 Stefan Neuhaus und Immanuel Nover. „Einleitung: Aushandlungen des Politischen in der Gegenwartsliteratur". *Das Politische in der Literatur der Gegenwart*. Hg. dies. Berlin, Boston: De Gruyter, 2019, S. 3–18, hier S. 5 f.
86 Ebd., S. 6.
87 Christine Lubkoll, Manuel Illi und Anna Hampel. „Einleitung". *Politische Literatur. Begriffe, Debatten, Aktualität*. Hg. dies. Stuttgart: Metzler, 2018, S. 1–10, hier S. 7.
88 Anna Hampel. „Das Politische besprechen. Zur politischen Gegenwartsliteratur am Beispiel von Senthuran Varatharajahs *Vor der Zunahme der Zeichen*". *Politische Literatur. Begriffe, Debatten, Aktualität*. Hg. Christine Lubkoll, Manuel Illi und Anna Hampel. Stuttgart: Metzler, 2018, S. 441–458, hier S. 456.

gelt, lässt sich an den literaturwissenschaftlichen (Begriffs-)Debatten nachvollziehen, in denen der Begriff des Engagements für Positionen mit Universalitätshabitus reserviert ist, während alternative Begrifflichkeiten vorwiegend an (minoritären) Literaturen mit sektoralem Repräsentationsanspruch entwickelt werden. Dabei lässt sich bei allen Divergenzen feststellen, dass literaturwissenschaftliche Ansätze, die an den Begriffen des Engagements und der Aufklärung festhalten, und solche, die terminologisch neue Wege einschlagen, eine ähnliche Agenda verfolgen: Beiden geht es darum, die politische Literatur nach der Wende angesichts ihrer Diskreditierung als Gesinnungsästhetik neu aufzustellen als parteipolitisch unbefangene Literatur; dazu soll diese von dem Stigma des Inhaltsprimats und der (formal-)ästhetischen Unterkomplexität, dem politische Literatur als „kontextsensible Textsorte"[89] immer schon ausgesetzt war,[90] befreit werden. Die Verteidigung gegen das Stereotyp einer ästhetischen Minderwertigkeit geht gleichfalls mit der Abwehr der Kategorie des/r Intellektuellen einhergeht. Der Begriff der engagierten Literatur war seit Émile Zola[91] an eine Autorfigur gebunden, die im Namen humanistischer Werte als moralisches Gewissen und Korrektiv der Gesellschaft agiert. Seit der Durchsetzung poststrukturalistischer Theorien in den 1970er und 1980er Jahren (Roland Barthes' *Der Tod des Autors* ist 1967, Michel Foucaults *Was ist ein Autor?* 1969 erschienen) gilt der/die Autor/-in als eine literaturwissenschaftlich umstrittene und problematische Kategorie, weshalb auch Diskurse der politischen Gegenwartsliteratur den ästhetischen

---

89 Wegmann. „Engagierte Literatur?", S. 346.
90 Überhaupt zeigen die gegen die engagierte Literatur vorgebrachten Einwände, dass der Diskreditierungsdiskurs der 1990er Jahre auf zentrale Argumentationslinien und Topoi der Kritik politischer Literatur zurückgreift. So erinnert der Vorwurf der Gesinnungsästhetik an den Begriff der Tendenzliteratur im Vormärz.
91 Zola hatte sich 1898 in der Dreyfus-Affäre in einem offenen Brief an den Präsidenten der Französischen Republik, Félix Faure, gewandt, in dem er die ungerechtfertigte Verurteilung des jüdisch-elsässischen Offiziers Alfred Dreyfus wegen Landesverrats als Justizskandal diffamierte und die mediale antisemitische Hetzjagd um seine Person anprangerte. Zola hatte mit seiner Anklageschrift *J'accuse* das Risiko auf sich genommen, selbst zur Zielscheibe der anti-dreyfusardischen Schmutzkampagne und gar verurteilt bzw. inhaftiert zu werden (tatsächlich wurde Zola wegen Verleumdung schuldig gesprochen und entzog sich einer Gefängnisstrafe durch die Flucht nach London). Zola hatte mit seinem öffentlichen Einschreiten zur Revision des Urteils und Rehabilitierung von Dreyfus beigetragen. Für Bourdieu findet in Zolas politischem Engagement eine Vermittlung von literarischem und politischem Feld statt, die konstitutiv für die Position des modernen Intellektuellen ist. Zola greift in die Politik „im Namen der Autonomie eines kulturellen Produktionsfeldes [ein], das zu einem hohen Grad von Unabhängigkeit gegenüber den staatlich-gesellschaftlichen Machtinstanzen gelangt ist", und kann so die Werte der Unabhängigkeit und Emanzipation im politischen Universum geltend machen. Bourdieu. *Die Regeln der Kunst*, S. 210 f.

Mehrwert des literarischen Textes in Abgrenzung von der Figur des/r Intellektuellen suchen.

Diese Entwicklungen gilt es im Hinblick auf die Konjunktur des Begriffs des Politischen, der auch in dieser Studie zum Tragen kommt, zu bedenken. Der Begriff des Politischen der Literatur wird in der Forschung damit beworben, dass dieser es ermögliche, die politischen Implikationen einer Literatur zu denken, die sich nicht mit (tages-)politischen Angelegenheiten beschäftigt, parteipolitisch-ideologisch unvoreingenommen agiert und weniger an der direkten Einflussnahme und Interaktion mit dem Feld der Macht interessiert scheint. Gleicht man diese literaturwissenschaftlichen Bestimmungen mit der politischen Theorie ab, aus der sich die Begrifflichkeiten rekrutieren, lassen sich signifikante Verschiebungen in der Verwendungsweise des Begriffs des Politischen feststellen, die vor allem seine ideologische Dimension betreffen: In der Rede vom Politischen der Gegenwartsliteratur werden Semantiken des Postideologischen aufgerufen, wohingegen sich die Theorien des Politischen politisch eindeutig positionieren und zu einem links- bzw. basisdemokratischen Projekt bekennen. So entwickelt Mouffe ihre Überlegungen zum Politischen der Kunst vornehmlich an Beispielen von interventionalistischer Aktionskunst. Rancières Überlegungen zum ästhetischen Regime orientieren sich am Kanon der bürgerlichen Literatur (Schiller, Flaubert), dabei geht es ihm darum, die Geschichte der modernen Kunst einem Demokratisierungsprozess zuzurechnen, also zu zeigen, dass die moderne Kunst, ohne im eigentlichen Sinne operativ zu sein, gegen hegemoniale Verhältnisse einer Agenda der Gleichheit verpflichtet gewesen ist.

Diese Bedeutungsdimensionen des Politischen werden im interdisziplinären Begriffstransfer vernachlässigt und neutralisiert,[92] was zweifelsfrei zum Wesen der ‚Wanderung'[93] von Begriffen zwischen unterschiedlichen Wissenschaften und Wissensgebieten gehört und epistemisches Potential freisetzen kann.[94] Die

---

[92] Die Gründe für diese semantischen Anpassungen sind in der Verfasstheit des literaturwissenschaftlichen Diskurses zu suchen und seien hier (autonomer Literaturbegriff; „bürgerliche Ent-Nennung" (Barthes) usw.) nur angeschnitten. Roland Barthes. *Mythen des Alltags*. Frankfurt/M.: Suhrkamp, 1964, S. 129.

[93] Vgl. Mieke Bal. *Travelling Concepts in the Humanities. A Rough Guide*. Toronto: University of Toronto Press, 2002.

[94] Vgl. Birgit Neumann und Ansgar Nünning. „Travelling Concepts as a Model for the Study of Culture". *Travelling Concepts for the Study of Culture*. Hg. dies. Berlin, Boston: De Gruyter, 2012, S. 1–22, hier S. 14 und 16: „Whenever a concept is transferred from its original context(s), it always comes with theoretical and ideological baggage, both of which may, however, be lost in transit [...]. The incorporation of concepts adapted from other disciplines or research cultures therefore always entails acts of recontextualisation, i.e. relating the adapted concepts to established frameworks and theories in the new disciplinary and institutional context. [...] Although such

Übertragung des Begriffs des Politischen hat in den gegenwartsliterarischen Diskursen den Blick für die gesellschaftliche Einbindung der Literatur sowie die unterschiedlichen Wechselwirkungen von Literatur und Gesellschaft jenseits von Inhalten und autorseitigen politischen Positionierungen geöffnet. In dieser Arbeit möchte ich jedoch – wie in II dargelegt – einen anderen methodischen Weg einschlagen und aufzeigen, dass die Verbindungen zwischen dem Konzept des Politischen bei Mouffe, Laclau, Rancière u. a. und Jelineks politischen Texten tiefer reichen, als es die begrifflichen Aneignungen in der Theorie der Gegenwartsliteratur suggerieren. Diese diskursgeschichtliche Zugangsweise erlaubt es, Literatur einerseits kontextologisch in ihren interdiskursiven Verflechtungen wahrzunehmen, andererseits Gegenwartsliteraturwissenschaft im obigen Sinne als selbstreflexive Wissenschaft zu betreiben, die Begriffs- und Sachgeschichte zusammendenkt.

4 Elfriede Jelinek im literarischen Feld der Gegenwart

4.1 Engagierte Autorschaft

Bei Elfriede Jelinek handelt es sich um eine der prominentesten Akteurinnen des literarischen Feldes, deren Schaffen und Wirken sich in vielerlei Hinsicht an der Schnittstelle von Literatur, Politik und Gesellschaft bewegt: Jelinek produziert literarische Texte, die sich mit Fragen des politischen und sozialen Tagesgeschehens auseinandersetzen und die Rolle der Literatur in der Gesellschaft reflektieren. Zugleich tritt sie seit Jahrzehnten als politisch engagierte Intellektuelle und Aktivistin in Erscheinung, die die Konfrontation mit staatlichen, kirchlichen und ökonomischen Eliten und Autoritäten sucht. Bereits Jelineks literarische Anfänge Ende der 1960er Jahre fallen unmittelbar mit ihrem Engagement in der 1968er-Bewegung zusammen, an der sie nach eigener Auskunft aktiv mitgewirkt

---

conceptual transfers across any of the axes identified above constitute a promising way for the development of interdisciplinary and transnational approaches to the study of culture to proceed, they are inevitably fraught with challenges and risks. [...] The most obvious risks include the danger of oversimplification and of the loss of terminological precision, theoretical consistency, analytical insight, and epistemological and heuristic power. [...] On the other hand, the import of concepts from other fields can be an important heuristic move and very productive, yielding new combinations of insights and leading to the revision of established disciplinary theories or the discovery of unknown phenomena." Die Ausführungen von Neumann und Nünning orientieren sich an Bals Begriff der ‚travelling concepts'.

hat.⁹⁵ In der österreichischen Debatte um die gesellschaftliche Funktion von Kunst, die öffentlichkeitswirksam 1969 in der Zeitschrift *manuskripte* ausgetragen wurde, wandte sich Jelinek gemeinsam mit Wilhelm Zobl in einem offenen Brief an Alfred Kolleritsch als Verteidiger und Peter Handke als Vertreter einer *L'art pour l'art* und plädierte für ein revolutionäres außerliterarisches Engagement von Kunst- und Kulturschaffenden.⁹⁶ Der Forderung nach einer aktivistischen Künstlerexistenz ist Jelinek selbst in vielerlei Hinsicht nachgekommen: Früh in ihrer Karriere hat sie sich dem feministischen Engagement verschrieben und war 1977–1987 Mitarbeiterin bei der feministischen Zeitschrift *Die Schwarze Botin*, beteiligte sich seit den 1970er Jahren regelmäßig an feministischen Lesungen, Gesprächen und Symposien, unterstützte und solidarisierte sich mit Fraueninitiativen und -vereinen und problematisierte immer wieder die Rolle der Frauen im Kultur- und Kunstbetrieb. Als junge Autorin trat Jelinek 1974 der KPÖ bei und war bis zu ihrem Austritt 1991 ein aktives Mitglied, das u. a. im Vorstand tätig war, die Partei durch Wahlempfehlungen unterstützte und in der Parteizeitung *Volksstimme* publizierte.⁹⁷

Über dieses parteipolitische Engagement hinaus partizipierte die Autorin an politischen und gesellschaftlichen Debatten und bezog immer wieder Stellung zum tagespolitischen Geschehen: So wirkte Jelinek an der Protestbewegung gegen die Wahl Kurt Waldheims, eines ehemaligen Offiziers der Wehrmacht, zum österreichischen Bundespräsidenten mit und war eine der führenden Stimmen bei den Protesten gegen die FPÖ und ihre Beteiligung an der Regierung im Jahr 2000. In die 1990er und 2000er Jahre fiel auch Jelineks öffentlicher Einsatz für ethnische, religiöse und sexuelle Minderheiten, Asylsuchende und gesellschaftlich benachteiligte Gruppen, mit dem sie immer wieder in Konfrontation zu rechtskonservativen und -nationalen Kräften geriet.⁹⁸ Bis in die 2000er Jahre hinein war Jelinek in der österreichischen Öffentlichkeit als Publizistin gesellschaftspolitischer Essays und politische Aktivistin präsent.⁹⁹

---

95 Vgl. Pia Janke und Stefanie Kaplan. „Politisches und feministisches Engagement". *Jelinek Handbuch*. Hg. Pia Janke. Stuttgart, Weimar: Metzler, 2013, S. 9–20, hier S. 9.
96 Vgl. Elfriede Jelinek und Wilhelm Zobl. „Offener Brief an Alfred Kolleritsch und Peter Handke". *manuskripte* 27 (1969), S. 3f.
97 Vgl. Janke und Kaplan. „Politisches und feministisches Engagement", S. 9–13.
98 Als Höhepunkt der Konfrontation zwischen Jelinek und Österreichs rechtsnationalen Kräften ist das FPÖ-Wahlplakat aus dem Herbst 1995 zu nennen, auf dem zu lesen ist: „‚Lieben Sie Scholten, Jelinek, Häupl, Peymann, Pasterk ... oder Kunst und Kultur?' Freiheit der Kunst statt sozialistischer Staatskünstler".
99 Vgl. Janke und Kaplan. „Politisches und feministisches Engagement", S. 13: „Sie ging bei Demonstrationen mit und verlas selbst ihre Reden, nahm an Pressekonferenzen teil, übernahm den Ehrenschutz für Veranstaltungen gegen das Establishment [...], gab Unterstützungserklä-

Jelineks mediale Präsenz, Partizipation und Intervention in politische Debatten weist sie als eine engagierte Intellektuelle aus, die „in das politische Feld eingreift im Namen der Autonomie eines kulturellen Produktionsfeldes"[100], die also das symbolische Kapital, das sie sich am autonomen Pol der literarischen Produktion erworben hat, dazu nutzt, um in Opposition zum Feld der Macht zu treten. In Bourdieus Sinne stellt Jelinek auch im Hinblick auf die Frage, ob sie sich als Autorin oder als Staatsbürgerin engagiere, klar: „Ja, ich tu's natürlich mit Autorität, die ich mir durch meinen Status als bekannte Autorin erworben habe, aber ich tue es als Privatperson."[101] Erst mit der Verleihung des Nobelpreises 2004 zog sich Jelinek fast vollständig aus der Öffentlichkeit zurück, gab nur noch seltene Interviews (diese auch nur noch per E-Mail) und ließ sich kaum noch fotografieren. In dieser Verweigerung der Interaktion und Kooperation mit der massenmedialen Öffentlichkeit lässt sich eine Maßnahme der Autorin gegen ihre Vereinnahmung als Repräsentantin einer bürgerlichen Literatur und Aushängeschild des österreichischen Kulturbetriebs erkennen, zu dem die Autorin bis heute ein kritisches Verhältnis unterhält. Feldanalytisch deutet sich in Jelineks Strategie des Verschwindens der Versuch an, eine autonome Position im Avantgardekanal gegen ihre Nobilitierung zur bürgerlichen (Staats-)Dichterin zu behaupten.[102] Nichtsdestotrotz ging Jelineks Bruch mit der massenmedialen Öffentlichkeit keineswegs mit einem Rückzug aus der Sphäre gesellschaftspolitischer Kommunikation einher, vielmehr verlagerte sich das Engagement in andere mediale Formate:

> War sie in den Jahren davor auf die Straße gegangen, um sich für ihr Anliegen einzusetzen, hatte sie ihre Reden bei Demonstrationen selbst vorgetragen und ihre Texte in Zeitungen und Zeitschriften veröffentlicht, so war sie nun vor allem ‚virtuell' präsent, nutzte die Möglichkeiten der (grenzenlosen) Öffentlichkeit im Netz und ließ Reden bei Demonstrationen sowie

---

rungen für alternative Politiker ab [...], unterzeichnete Petitionen und Aufrufe. Darüber hinaus äußerte sie sich in den Medien (wie *Falter*, *profil*, *Der Standard*) in Form von Essays, Gastkommentaren und Leserbriefen, formulierte Statements und offene Briefe und schrieb Texte, die auf Flugblättern oder in Broschüren der jeweiligen Initiativen veröffentlicht wurden."

100 Bourdieu. *Die Regeln der Kunst*, S. 210.
101 Ralf B. Korte und Elfriede Jelinek. „Gespräch mit Elfriede Jelinek". *Elfriede Jelinek. Die internationale Rezeption*. Hg. Daniela Bartens. Graz: Droschl, 1997, S. 273–299, hier S. 297.
102 Vgl. Uta Degner. „Die Kinder der Quoten. Zum Verhältnis von Medienkritik und Selbstmedialisierung bei Elfriede Jelinek". *Mediale Erregungen? Autonomie und Aufmerksamkeit im Literatur- und Kulturbetrieb der Gegenwart*. Hg. Nina Birkner, Markus Joch, York-Gothart Mix und Norbert Christian Wolf. Tübingen: Niemeyer, 2009, S. 153–168; Uta Degner. *Eine ‚unmögliche' Ästhetik. Elfriede Jelinek im literarischen Feld*. Wien, Köln: Böhlau, 2022.

Lesungen von Texten bei politischen Veranstaltungen per Video oder Audio-Aufnahme einspielen [...].[103]

Vor allem die bereits 1996 eingerichtete Homepage (http://elfriedejelinek.com/) nutzt die Autorin bis heute als Veröffentlichungsplattform literarischer, kunsttheoretischer und poetologischer Texte, aber eben auch gesellschaftspolitischer Essays und Stellungnahmen zum Tagesgeschehen (unter den Rubriken „Zu Politik und Gesellschaft" und „Zu Österreich" zu finden).[104] Ein Blick auf das Themenspektrum der Essays zeigt eine zunehmend internationale Ausrichtung von Jelineks Engagement: So gelten ihre jüngsten Solidarisierungsbekundungen und kritischen Auseinandersetzungen der Verhaftungswelle von Journalist/-innen und Künstler/-innen in der Türkei, den FIFA-Korruptions- und Geldwäscheskandalen, der Todes-Fatwa gegen den iranischen Künstler Shahin Najafi oder auch der Inhaftierung der russischen feministischen Punk-Rockband Pussy Riot.

Der unermüdliche Einsatz gegen Ungerechtigkeit, Diskriminierung und Unterdrückung stellt eine Konstante in Jelineks öffentlichem Wirken dar. Umso mehr vermag es zu verwundern, dass die Autorin sich immer wieder nüchtern bis pessimistisch hinsichtlich der Reichweite und Erfolgsaussichten ihres Protests geäußert hat. Die Beharrlichkeit und Kompromisslosigkeit, mit der sie sich in gesellschaftspolitischen Angelegenheiten zu Wort meldet, ist von Enttäuschung und Skepsis durchdrungen:

> Mein Pessimismus ist wirklich grenzenlos, und ich würde leider auch sagen, meine Misanthropie.[105]

> Man hat die Veränderbarkeit der Gesellschaft immer wieder betont. Jetzt ist sie also verändert und doch immer noch das, was sie immer war. Ich bin sehr pessimistisch.[106]

> Ich selbst habe ja lange geglaubt, mich mit der Arbeiterklasse solidarisieren zu müssen, aber natürlich wollte ich sie auch ‚befreien'. An die Solidarität des ‚geistigen' Arbeiters mit dem Arbeiter, der seinen Körper als Produktionsmittel einsetzen muss, habe ich lange geglaubt.

---

103 Janke und Kaplan. „Politisches und feministisches Engagement", S. 18.
104 Zu Jelineks Internet-Auftritt vgl. auch Lang. „Elfriede privat?!"
105 Karl Unger und Elfriede Jelinek. „‚Mein Pessimismus ist wirklich grenzenlos.' Die Schriftstellerin Elfriede Jelinek und ihr Verhältnis zu Österreich". *Die Wochenzeitung* 43 (25. Oktober 1996), S. 19.
106 N. N. und Elfriede Jelinek. „‚Man will ja nicht schreiben, aber man muss.' Elfriede Jelinek glaubt nicht mehr an die Wirkung von Literatur, will jedoch ‚die Tyrannei der Mehrheit durchbrechen'". *Brandenburger Zeitung* (30. April 2004), S. 40.

Eine der vielen Sinnlosigkeiten, die ins Leere gelaufen sind. Viele aus meiner Generation sind ja mitgelaufen in diese Leere hinein. [...] und ich finde mich selbst lächerlich dabei [...].[107]

Vor allem den Zusammenbruch der europäischen Ostblockstaaten Anfang der 1990er Jahre hat Jelinek immer wieder als einschneidendes politisches Ereignis kommentiert: „Ich habe verloren. Wir haben verloren. Ich stehe nach wie vor auf der richtigen Seite, aber sie ist die Seite der Verlierer. Die Geschichte beweist, dass es so kommen musste, denn die Geschichte hat immer recht. Da es nicht bestehen konnte, war es wohl nicht wert zu bestehen."[108] Jelinek hatte sich bereits vor dem Ende des Kalten Krieges kritisch zu den sozialistischen Diktaturen geäußert und war auch während ihrer Zeit als Mitglied der KPÖ immer wieder auf Distanz zu parteipolitischen Positionen gegangen (etwa die Außenpolitik und die Aufarbeitung der jüngsten Geschichte des Kommunismus betreffend). Ihre Resignation und Trauer der 1990er Jahre galt also dem Verlust einer regulativen Idee, deren – wenn auch skandalöse – Umsetzung eine gesellschaftspolitische Alternative für westeuropäische linke Intellektuelle überhaupt denkbar gemacht hat. So sind denn auch Jelineks Kommentierungen der politischen Lage Anfang und Mitte der 1990er Jahre von einer postpolitischen Ratlosigkeit getragen, die die Möglichkeit einer Veränderung des Status quo angesichts der Hegemonie der kapitalistischen Wirtschafts- und Gesellschaftsordnung gänzlich infrage stellt: „Alles ist schon abgewickelt, die genießende Klasse hält Einzug. Es gibt keine Konflikte mehr."[109] Auch die in diesem Zeitraum entstandenen, von Jelinek als ‚postsozialistische Stücke' kategorisierten Theatertexte reflektieren laut Autorin den „Schrecken des Unpolitischen, de[n] Verlust[...] des Engagements, dass nur noch Fressen, Saufen, Vögeln, Urlaub und Sport was zählen [...]."[110] Noch 15 Jahre später anlässlich der Aufführung des RAF-Stücks *Ulrike Maria Stuart* moniert Jelinek die „Vergeblichkeit des linken Engagements, die Sinnlosigkeit und Lächerlichkeit, sich über-

---

107 Joachim Lux und Elfriede Jelinek. „‚Was fallen kann, das wird auch fallen.' Der Nachkriegsmythos Kaprun und seine unterschwellige Wahrheit. Eine E-Mail-Korrespondenz zwischen Elfriede Jelinek und Joachim Lux". *Programmheft des Wiener Akademietheaters zu Elfriede Jelineks Das Werk* 77 (2003), S. 9–21, hier S. 14.
108 Gabi Klein und Elfriede Jelinek. „Elfriede Jelinek: ‚Wir haben verloren, das steht fest.'" *Basta* 4 (1990), S. 176–180, hier S. 176.
109 Sabine Perthold und Elfriede Jelinek. „Sprache sehen. Ein BÜHNE-Gespräch mit Elfriede Jelinek, deren neuestes Stück Raststätte oder sie machens alle unter der Regie von Claus Peymann im Akademietheater uraufgeführt wird". *Bühne* 11 (1994), S. 24–26, hier S. 26.
110 Monika Mertl und Elfriede Jelinek. „‚Sexualität bleibt meine Obsession.' Elfriede Jelinek im Gespräch über ihr letztes Stück, die politischen Entwicklungen in Europa – und ihre Lebensperspektiven jenseits der literarischen Produktion". *Musik und Theater* 5–6 (1994), S. 18–23, hier S. 19.

haupt noch für etwas zu engagieren, nachdem die sozialistischen Länder mit einem whimper, nicht einmal mit einem bang, zum Glück, zusammengebrochen sind. Seither wird über die Linke nur noch gelacht."[111]

Bei Jelinek tritt neben die Trauer um den Verlust gesellschaftlicher Utopien eine Negativität, die die Aussicht auf eine Umgestaltung des Status quo in Abrede stellt und als „Jelinek-Syndrom" zum Kennzeichen der Autorin stilisiert wurde.[112] Über die Jahre äußert sie sich in Interviews immer wieder pessimistisch und enttäuscht über die europäischen und weltweiten politischen und ökonomischen Entwicklungen. Vor allem das Erstarken der rechtspopulistischen FPÖ und ihre Regierungsbeteiligung 2000–2002 hat Jelinek als „Sieg der Geistlosigkeit"[113], Niederlage der linken Intellektuellen und Zeichen der Vergeblichkeit und Ohnmacht ihres Engagements wahrgenommen:

> Die letzten Jahre wollte ich schweigen, davor war ich jahrzehntelang engagiert, um genau das zu verhindern, was jetzt eingetreten ist: das Erstarken rechtsradikaler Kräfte. Es hat nichts genützt und wird auch jetzt nichts nützen. Wenn ich mir die politische Entwicklung anschaue in einem Land, das keine Not leidet, muss ich feststellen, dass alles sinnlos ist.[114]

Folgt man Jelineks Selbstdarstellungen und Reflexionen ihrer Rolle als engagierte Intellektuelle, so hat sich das Selbstverständnis der Autorin angesichts der politischen Entwicklungen der letzten Dekade des zwanzigsten Jahrhunderts maßgeblich verändert: Jelinek rückt von der Agenda, als Kulturschaffende via Kunst und politischem Aktionismus auf die Veränderung der Gesellschaft hinzuarbeiten, ab und partizipiert zwar weiterhin entschieden an gesellschaftspolitischen Diskursen, dabei jedoch immer schon im Bewusstsein um die Unmöglichkeit und Sinnlosigkeit des eigenen Wirkens.

Doch auch wenn es so scheinen mag, dass diese Negativität in Widerspruch zu einer gesellschaftspolitisch interessierten Literatur steht, so konturiert Jelinek mit dem Eingeständnis der eigenen Ohnmacht zugleich eine Position, von der aus eine intervenierende Teilnahme an Politik und Gesellschaft überhaupt erst mög-

---

111 Sonja Anders, Benjamin von Blomberg und Elfriede Jelinek. „‚Vier Stück Frau.' Vom Fließen des Sprachstroms. Einige Antworten von Elfriede Jelinek". *Programmheft des Thalia Theaters Hamburg zu Elfriede Jelineks* Ulrike Maria Stuart 66 (2006), S. 7–22, hier S. 18.
112 Vgl. Evelyn Finger. „Ich bin absolut pessimistisch." *Zeit Online* (22. September 2006). https://www.zeit.de/online/2006/44/jelinek-premiere-hamburg/komplettansicht (01. März 2022).
113 Vgl. Elisabeth Hirschmann-Altzinger und Elfriede Jelinek. „‚Sieg der Geistlosigkeit'. Elfriede Jelinek, Österreichs wortgewaltige Dichterin und angefeindete Kulturkampfikone, meldet sich nach Jahren politischer Abstinenz wieder öffentlich zu Wort, um Haider zu bekämpfen". *Format* 44 (30. Oktober 1999), S. 140 f.
114 Ebd., S. 140.

lich wird: „Die einzige Position des Schriftstellers ist die gewollte und absolute Machtlosigkeit."[115] Die Strategie des ‚Sprechens vom verlorenen Posten' kann nicht nur als pragmatische Reaktion auf das Scheitern der Selbstansprüche der Autorin und Intellektuellen gelesen werden, sondern ist durchaus Strategie, hat also einen politischen Mehrwert und schafft auch Handlungsoptionen und Spielräume gesellschaftlichen Engagements. Ende der 1990er Jahre konfiguriert Jelinek in ihren literarischen Texten, Reden, Essays und Interviews die Figur einer *Im Abseits* (so der Titel der Nobelpreisrede) stehenden Autorin, die als gesellschaftliche Außenseiterin zugleich kritische Beobachterin des Zeitgeschehens ist und aus der Distanz Missstände klar zu sehen, zu benennen und anzuklagen vermag. Bei diesem abseitigen Ort handelt es sich um keine Position, die der Autorin die Autorität verleiht, gesamtgesellschaftliche Ansprüche geltend zu machen oder politische Utopien zu entwerfen. Dennoch bestimmt Jelinek die im Abseits stehende, machtlose Künstlerin als verantwortungsbewusste, integre Instanz, die sich als moralisches Korrektiv der Gesellschaft versteht und deren – durchaus auch auf Konfrontation ausgerichtete – Interaktion mit der Gesellschaft nach wie vor bestimmte Wirkungsabsichten verfolgt:

> Auch wenn ich wenig Optimismus aufbringe, was die Natur des Menschen und mögliche Veränderungen betrifft, so werde ich doch zumindest immer auf der Seite der Opfer stehen.[116]
>
> Im Grunde ist auch Engagement egal, fürchte ich. Es ist egal, aber man muss es trotzdem leisten. Es ist vergeblich, aber man muss, wider besseres Wissen, immer wieder versuchen, auch durch Intoleranz dessen, was gesagt wird, die Tyrannei der Mehrheit wenigstens mit einem Ton zu durchbrechen, egal wie hohl das klingt.[117]

Beruft sich Jelinek am Anfang ihrer Karriere auf das Leitbild eines aufklärerisch-didaktischen Engagements, welches die Weichen für einen Bewusstseins- und Mentalitätswandel stellt, verpflichtet sie ihren politischen Einsatz zunehmend auf eine mnestisch-kompensatorische Funktion: Die Solidarität mit unterprivilegierten, von der sozio-kulturellen Ordnung ausgeschlossenen Gruppen erklärt die Autorin immer wieder zur Triebkraft ihrer literarischen und außerliterarischen Anstrengungen. Dabei beasichtigt Jelineks Engagement die Störung sozialer

---

115 Heinz Sichrovsky, Jelinek, Elfriede und George Tabori: „Auf den Spuren des Bösen. Jelinek und Tabori im Streitgespräch über Schuld, Verzeihen, Haider und Präsident Lugner". *News* (11. September 1997), S. 149f, hier S. 149.
116 Marilen Andrist und Elfriede Jelinek. „Heimat! Mir graut's vor dir". *manager magazin* 9 (1992), S. 292f., hier S. 292.
117 N. N. und Jelinek. „Man will ja nicht schreiben, aber man muss."', S. 40.

Vereinbarungen („Tyrannei der Mehrheit") und kritisiert die hegemonialen Machtverhältnisse. Überhaupt deutet sich in Jelineks politischen Positionierungen eine zunehmende Verselbstständigung des künstlerischen Engagements an, was dessen Zweckbestimmungen und Wirkungsabsichten angeht. Kommt in ihren früheren Äußerungen noch ein rezeptions- und wirkungsästhetischer Optimismus zum Ausdruck, so wird der Akt der Störung für Jelinek immer mehr zu einer politischen Praxis, die ihren Sinn in sich trägt: „Vielleicht ist Engagement nur mehr ein Sich-Platz-Schaffen, dass man überhaupt etwas sagen darf, weil man es eben sagen muss."[118] Interventionen von Intellektuellen, Kunst- und Kulturschaffenden wohnt für Jelinek eine Notwendigkeit inne, insofern sie Beweis dafür sind, dass Intervention überhaupt noch möglich ist, dass noch nicht alles entschieden ist. Das Engagement der Autorin zielt nicht mehr auf die unmittelbare Subversion des Status quo, sondern forciert die Herstellung eines entropischen, offenen Systems, das Chancen für Veränderungen birgt.

Jelineks Diagnose der Diskreditierung linken Denkens deckt sich mit anderen zeitgenössischen Einschätzungen zur Lage linker, in der Tradition des Marxismus stehender Gesellschafts- und Kulturkritik. So beobachtet Diedrich Diedrichsen Anfang der 1990er Jahre eine „gegenwärtige Selbstauflösung der Linken"[119] und stellt besorgt fest: „Es gehört nicht mehr zum guten Ton – in der Welt, in der wir uns bewegen –, sich zur Linken zu rechnen."[120] Auch Terry Eagleton bilanziert rückblickend eine Wende des intellektuellen Klimas im ausgehenden zwanzigsten Jahrhundert: „But almost everyone now began to behave as though Marxism was not there [...]."[121] Jelineks resignativer Diskurs reflektiert also in der Tat eine Krise westlichen linken Denkens nach dem Zusammensturz des Ostblock-Kommunismus und lässt dabei, wenn von dem geschichtlichen Wendedatum 1989/90 und dem Kapitalismus als Sieger der Geschichte die Rede ist, Übereinstimmungen mit dem posthistorischen Paradigma erkennen, auf die in der Forschung vereinzelt hingewiesen wurde.[122] Zugleich zeigt sich in den politischen Selbstverortungen der Autorin eine terminologische und konzeptuelle Nähe zu den postmarxistischen Ansätzen des Politischen: Die Rede von der Abwesenheit von Konflikten, dem „Schrecken des Unpolitischen" oder Jelineks Verpflichtung der politischen Literatur auf die Störung und Durchbrechung der „Tyrannei der Mehrheit" gehen

---

118 Ebd.
119 Diedrich Diedrichsen. *Freiheit macht arm. Das Leben nach Rock'n'Roll 1990 – 93*. Köln: Kiepenheuer & Witsch, 1993., hier S. 103.
120 Ebd., S. 99.
121 Terry Eagleton. *After theory*. London: Penguin Books, 2004, S. 43.
122 Vgl. Franziska Schößler. „Diffusion des Agonalen: Zum Drama der 1990er Jahre". *Rhetorik. Ein internationales Jahrbuch* 25 (2006), S. 98 – 106, hier S. 101.

in den Begriffen des Postpolitischen, der Hegemonie und der Desartikulation auf. Auch wenn für Jelinek keine direkte Rezeption postmarxistischer Theorie (anders etwa als im Fall ihrer direkten Bezugnahme auf Roland Barthes' *Mythen des Alltags* in dem Essay *Die endlose Unschuldigkeit*) nachgewiesen ist, zeigen doch ihre Überlegungen zum Status linken Denkens und politischen Engagements Überschneidungen zu dem Diskurs des Politischen bei Laclau, Mouffe, Ranciére u. a., was von einer Kopräsenz von Literatur und Philosophie in einem gemeinsamen diskursiven Erfahrungsraum zeugt, die diese Studie eruieren möchte.

Für Jelineks literarisches und außerliterarisches Engagement soll eine diskursive Nähe zu postmarxistischen Theorien des Politischen geltend gemacht werden, die die Interferenzen mit dem Denken des Posthistoire überlagert.[123] Vor allem in Jelineks Stellungnahmen und Stücken, die im Umfeld der Wendezeit getätigt wurden bzw. entstanden sind, kommen zwar posthistorische Denkbilder und Konfigurationen des Ungeschichtlichen zum Einsatz, doch wird die Erfahrung der Wiederkehr des Gleichen stets im Zusammenhang mit Fragen des Konflikts und seines Verschwindens thematisiert und tritt damit als Produkt gesellschaftlicher, kultureller und sprachlich-diskursiver Auseinandersetzungen zutage, die die Frage nach der Rückgewinnung des Politischen aufwerfen.

In der Forschung sind Jelineks Bekundungen der Machtlosigkeit des Engagements in den 2000er Jahren verstärkt in den Fokus der Aufmerksamkeit gerückt und im Kontext ihres Autorschaftsmodells, ihrer literarischen Autorinnenfiguren und medialen Selbstinszenierung thematisiert worden: So legt Marlies Janz dar, dass im *Sportstück* (1998) unterschiedliche Autorschaftsmodelle auf den Prüfstand gestellt werden und dabei die Distanzierung vom engagierten Autorschaftskonzept erfolgt: „Die aufklärerische Arbeit am Mythos scheint gescheitert zu sein. Der ‚engagierten' Amazone hört niemand zu [...], Elfi Elektra redet wie zu ‚Schlafenden' und die ‚Autorin' selber wird verlacht."[124] Andere Forschungsbeiträge weisen in diesem Zusammenhang auf Jelineks durch die neuen Medien möglich gemachte Transformation der engagierten Autorposition hin:

> Die Erstellung der (literarischen) Website fällt genau in den Zeitraum, in dem sich Elfriede Jelinek zum ersten Mal aus der (österreichischen) Öffentlichkeit zurückgezogen hat, da die persönlichen Angriffe auf sie als ‚Nestbeschmutzerin' einen Höhepunkt erreicht haben. [...] Mit der eigenen Website kann sie sich weiterhin zu aktuellen gesellschaftspolitischen Themen äußern und dabei ihre oppositionelle Haltung betonen.[125]

---

[123] Zur Unterscheidung dieser beiden Theorien vgl. Kapitel III.3.
[124] Janz. „Mütter, Amazonen und Elfi Elektra", S. 96.
[125] Lang. „Elfriede privat?!"

> Das Zeitalter der Digitalisierung ermöglicht jedoch ein feines Gleichgewicht von Rückzug und Teilhabe, scheint wie erfunden für Elfriede Jelinek. [...] [S]ie muss sich den andern nicht physisch aussetzen, kann sich der Bedrängung leichter entziehen.[126]

Lena Lang sieht in Jelineks Verschwinden aus der Öffentlichkeit und dem Rückzug auf Publikationsformen des Internets eine „starke[...] Autorschaft" vertreten, schließlich präsentiert sich die Autorin auf der eigenen Website „als Person der Öffentlichkeit und verfolgt stark aufklärerische Ziele".[127] Auch für Uta Degner spiegelt die Bekundung der eigenen Ohnmacht nicht nur die Kapitulation einer engagierten Intellektuellen wider, vielmehr sei diese zugleich auch Ausdruck einer Selbstermächtigung und Behauptung einer autonomen Position gegenüber dem Feld der Macht. Degner analysiert Jelineks Stellung im literarischen Feld und macht in der Inszenierung des „Machtverzicht[s] [...] [eine] zentrale Ingredienz einer (bestimmten Art von) Autonomieästhetik" aus, auf die sich Jelinek aus strukturellen Zwängen zurückbesinnen musste:

> Denn solange eine mediale Abseitsposition noch tatsächlich gegeben war, musste auf sie nicht eigens hingewiesen werden; seit Jelinek selbst mehr und mehr ins Zentrum medialer Aufmerksamkeit rückt, versteht sich eine solche Abstandsbewegung zur Macht jedoch nicht mehr von selbst, sondern muss eigens inszeniert werden, wenn aus dem autonomen Künstler kein Parteigänger werden soll. Gerade Jelineks Behauptung der Ohnmacht kann insofern als Indiz für die gewachsene Bedeutung gelten, welche ihre Stimme in der Öffentlichkeit gewonnen hat.[128]

Jelineks politisches Engagement bewegt sich im Spannungsfeld von Resignation und Machtverzicht auf der einen Seite, Engagement und Partizipation an der gesellschaftlichen Öffentlichkeit auf der anderen Seite. In dieser Studie soll dargelegt werden, dass diese Dialektik von Macht und Ohnmacht nicht nur für Jelineks außerliterarisches Engagement und ihre Inszenierungen von Autorschaft gültig ist, sondern sich auch in den Theatertexten thematisch sowie auf der Ebene der literarischen Ausdrucksformen und intertextuellen Verflechtungen niederschlägt. Damit ist eine Korrespondenz zwischen Jelineks nicht-literarischen Stellungnahmen zu politischen und gesellschaftlichen Fragen und der Struktur ihrer Werke (was Gattung, Form, Stil, Themenauswahl usw. betrifft) auszumachen, die nicht als Gleichsetzung zu denken ist, sondern im Sinne von Bourdieu eine Homologie bezeichnet:

---

[126] Helga Leiprecht. „Die elektronische Schriftstellerin. Zu Besuch bei Elfriede Jelinek". *Du* 700 (1999), S. 2–5, hier S. 4.
[127] Lang. „Elfriede privat?!"
[128] Degner. „Die Kinder der Quoten", S. 166.

Das Feld der Positionen [...] und das Feld der Positionierungen, d.h. alle strukturierten, akteursspezifischen Ausdrucksformen – neben den literarischen oder künstlerischen Werken auch die politischen Aktionen und Äußerungen, Manifeste oder Streitschriften usw. – sind methodologisch untrennbar miteinander verbunden, und das ungeachtet der Alternative zwischen werkinterner Interpretation und einer Erklärung mittels der gesellschaftlichen Produktions- und Konsumtionsbedingungen.[129]

Im Folgenden soll demgemäß gezeigt werden, dass in den Theatertexten der Autorin – homolog zu ihren Reflexionen über die Macht und Ohnmacht des politischen Engagements – der Geltungsanspruch politischer Literatur verhandelt und infrage wird. Hierfür gilt es, die Begriffe und Konzepte der postmarxistischen Theorien des Politischen fruchtbar zu machen: Es ist zu erläutern, dass Jelineks Texte das Bild von hegemonialen Machtverhältnissen entwerfen und ausgehend von der Einsicht in die Unmöglichkeit der Revolution des Status quo das Konfliktpotential der Literatur im Sinne des Politischen nach Mouffe, Laclau, Rancière u.a. ausloten.

4.2 Autonomie und Engagement

Mit Uta Degner konnte festgestellt werden, dass Jelineks Machtdementis und öffentlicher Rückzug Anfang der 2000er Jahre Ausdruck einer autonomen Position sind, die die Nobelpreisträgerin gegenüber ihrer Vereinnahmung durch den bürgerlichen Kunst- und Kulturbetrieb verteidigt. Tatsächlich hat Jelinek immer wieder den autonomieästhetischen Kontext ihres politischen Engagements betont und mit Nachdruck ihr politisches Schreiben von anderen engagierten Literaturen abgegrenzt: „Ich hab ja nie das, was man vielleicht Agit Prop-Literatur nennen würde oder feministische Literatur, geschrieben. Damals hab ich's vielleicht nicht so zugegeben oder hervorgehoben, aber mir war immer die Methode *mindestens* [meine Hervorhebung, I. H.] genauso wichtig wie der Inhalt."[130] Jelinek postuliert für ihre Literatur nicht nur die Gleichrangigkeit von Form und Inhalt, sondern deutet vielmehr – mit Roman Jakobson gesprochen – das Übergewicht der poetischen gegenüber der referentiellen Funktion ihrer Texte an: „die Politik ist nur eingearbeitet, die Literatur ist viel wichtiger".[131] Man erkennt in diesem emphatischen Bekenntnis zur Autonomie das „scheinbar allseits anzutreffende kämp-

---

129 Bourdieu. „Das literarische Feld", S. 312.
130 Ernst Grohotolsky und Elfriede Jelinek. „Mehr Hass als Liebe". *Provinz, sozusagen. Österreichische Literaturgeschichten.* Hg. ders. Graz: Droschl, 1995, S. 63–76, hier S. 69.
131 N. N. und Elfriede Jelinek. „Gespräch in Wien, 16.12.1995". *Identität* (1995/96).

ferische Pathos im Kampf um die ‚reine Literatur' in Österreich"[132] wieder, welches das Produkt des lange Zeit prekären Status autonomieästhetischer Positionen im österreichischen Feld darstellt (vgl. Kapitel IV.2). Vor allem aber ist Jelineks Credo gerade in seiner Zuspitzung ernst zu nehmen, insofern hier Literatur und Engagement nicht gegeneinander ausgespielt, sondern in der autonomen Literatur die Voraussetzungen eines unabhängigen und nachhaltigen Engagements identifiziert werden. So begründet Jelinek denn auch ihre Distanz zu literarischen Programmen wie dem sozialistischen Realismus und dem Agitprop nicht mit deren außerliterarischen Ansprüchen, sondern äußert vor allem Vorbehalte gegen die Halbwertszeit politisch ambitionierter Literaturen: „Aber das hat mich eben sehr gereizt, eine ästhetische Form zu finden, in der man Politik so darstellt, dass sie über ihre leicht verderbliche Aktualität hinaus eben Literatur wird und eine gewisse längerdauernde Gültigkeit bekommt."[133] Die formästhetische Gestaltung tagespolitischer Inhalte bezeichnet für Jelinek einen Prozess der Abstraktion und Einschreibung der Zeitgeschichte in allgemeine kulturelle und gesellschaftliche Zusammenhänge, was den Mehrwert der künstlerisch differenzierten Auseinandersetzungen mit der politischen Gegenwart begründet: „Literatur wird dann schlecht, wenn sie einfach in der Tagespolitik hängenbleibt, dann wird sie zum Pamphlet."[134]

Mit der Gegenüberstellung von literarischen Texten, die eine „leicht verderbliche Aktualität" besitzen, und Texten, die eine „längerdauernde Gültigkeit" beanspruchen, referiert Jelinek auf die unterschiedlichen Zeitlogiken, die in den jeweiligen Bereichen des literarischen Feldes vorherrschen: „Einerseits gibt es den Kräftepol der kunstautonomen Wertordnung mit ihren ‚zeitenthobenen', ästhetischen Auseinandersetzungen um die Definition des Literarischen; andererseits den Kräftepol der journalistischen und symbolökonomischen Klassifikationen mit ihren in der sozialen Zeit liegenden Konkurrenzen".[135] Der autonome Pol des literarischen Feldes bezeichnet nach Bourdieu einen Bereich, in dem die Auseinandersetzung um die Doxa, also der Kampf um die legitime Definition der Kunst stattfindet. Hier hat sich im Zuge der Autonomisierung des Feldes nicht nur das Primat der Form über die Funktion durchgesetzt, die Emanzipation der Li-

---

[132] Holler. *Felder der Literatur*, S. 80.
[133] Kai Ehlers und Elfriede Jelinek. „Über den Wahnsinn der Normalität oder die Unaushaltbarkeit des Kapitalismus. Gespräch mit Böll-Preisträgerin (1986) Elfriede Jelinek". *Arbeiterkampf* (12. Januar 1987), S. 14 f., hier S. 15.
[134] Gabriele Presber und Elfriede Jelinek. „„das schlimmste ist dieses männliche Wert- und Normensystem, dem die Frau unterliegt."'*Kunst ist weiblich*. Hg. Gabriele Presber. München: Knaur, 1988, S. 106–131, hier S. 110.
[135] Tommek. *Der lange Weg in die Gegenwartsliteratur*, S. 225.

teratur vom Feld der (politischen, religiösen, ökonomischen) Macht und die damit einhergehende Rückwendung der Literatur auf sich selbst haben auch eine kumulative Zeitlogik installiert: „Was sich in dem Feld ereignet, ist mehr und mehr an die spezifische Geschichte des Feldes und nur an sie gebunden, also immer schwieriger von dem jeweiligen Zustand des gesellschaftlichen Universums ableitbar [...]."[136] Vor allem die avantgardistische Position im autonomen Subfeld ist auf die kumulative Geschichte der literarischen Produktion bezogen und vermag in der häretischen Geste des Bruchs mit der Überlieferung nicht hinter diese zurückzugehen:

> Keiner ist stärker an die eigene Tradition des Feldes gebunden wie der Avantgardist, der, will er nicht als naiv gelten, sich noch in seiner Absicht, sie über den Haufen zu werfen, unweigerlich gegenüber allen früheren Umsturzversuchen zu verorten hat, die sich in der Geschichte des Feldes und im Raum der den Neulingen auferlegten Möglichkeiten je vollzogen haben.[137]

Mit der Aufwertung der Form sowie dem Anspruch auf Transzendierung und Kontextualisierung der tagespolitischen Wirklichkeit situiert Jelinek ihre Literatur explizit im Subfeld der eingeschränkten autonomen Produktion und verpflichtet ihr Schreiben auf die Entwicklung avancierter ästhetischer Verfahren und die Arbeit am kulturellen Archiv. Jelineks Experimente mit Formen und Gattungen und ihre systematische „Auseinandersetzung mit Künstlerthematiken und künstlerischen Produktionsmythen"[138] partizipieren an den Kämpfen um die Definition der legitimen Literatur, wobei der Umgang mit literarischen Traditionen und Prätexten maßgeblich von der avantgardistischen Kritik und Abwehr eines bürgerlich-idealistischen Kunstverständnisses geprägt ist: Wo Jelinek an literarische Traditionen wie die griechische Tragödie anknüpft und diese fortschreibt, aber auch wo sie – wie im Falle der Dramen der deutschen Aufklärung und Klassik – auf die „Aufstörung und Verstörung"[139] des Vorhandenen abzielt, entstehen Texte, die sich mit den Konzepten der Identität, Einheit, Substanz, Repräsentation, Wahrheit und Originalität nicht fassen lassen und sich den ästhetischen Kategorien des Schönen und Erhabenen entziehen – kurzum Texte, die im Hinblick auf die vertikalen Wertungslogiken der autonomen Produktion profan ausfallen, weil sie Vorstellungen von Höhe und Exzellenz unterwandern.

---

136 Bourdieu. *Die Regeln der Kunst*, S. 471.
137 Ebd.
138 Juliane Vogel. „Intertextualität". *Jelinek Handbuch*. Hg. Pia Janke. Stuttgart, Weimar: Metzler, 2013, S. 47–55, hier S. 53.
139 Teresa Kovacs. *Drama als Störung. Elfriede Jelineks Konzept des Sekundärdramas*. Bielefeld: transcript, 2016, S. 226.

Im vertikalen Reproduktionsprinzip lässt sich nach Pierre Bourdieu eine strukturelle Verwandtschaft zwischen religiösem und literarischem Feld ausmachen. Bourdieu legt dar, dass sich in autonomen Feldern der kulturellen Produktion die Konkurrenz um künstlerische Legitimität analog zu religiösen Machtkämpfen im Spannungsfeld von Orthodoxie und Häresie entfaltet: Wird im religiösen Feld die Auseinandersetzung um die legitime Definition von Religion zwischen den „Inhabern eines gesellschaftlich anerkannten und institutionalisierten Kapitals an religiöser Autorität, der Priesterschaft einerseits, und den Trägern eines nicht garantierten, an ihre Personen gebundenen religiösen Kapitals, den Propheten und Zauberern"[140], ausgetragen, so stellt Bourdieu auch im Hinblick auf das literarische Feld fest:

> Was Feldgeschichte macht, ist der Kampf zwischen den Inhabern der Macht und den Anwärtern der Macht, zwischen den Titelverteidigern [...] und den *challengers*, [...], zwischen denen, die Geschichte gemacht haben (indem sie im Feld eine neue Position schufen) und um ihr Weiterleben (als ‚Klassiker') kämpfen, und denen, die ihrerseits nicht Geschichte machen können, ohne diejenigen für *passé* zu erklären, die ein Interesse an der *Verewigung* des gegenwärtigen Zustands und am Stillstand der Geschichte haben.[141]

Autonomen kulturellen Feldern wohnt nach Bourdieu ein vertikales Reproduktionsprinzip zugrunde, sind sie doch von hierarchischen Status- und Prestigekämpfen geprägt, die vor allem durch formale Innovationen entschieden werden. Ziel der feldinternen Auseinandersetzungen zwischen literarischen Priester/-innen und Prophet/-innen ist die Erlangung einer „Sanktionsmacht, die es anerkannten Künstlern gestattet, durch das Wunder der Signatur (oder des Namensbezugs) bestimmte Produkte zu *heiligen*"[142], d.h. ihnen den Klassiker-Status des Überzeitlichen und Absoluten zu verleihen. Bourdieu macht geltend, dass Produkte der autonomen Produktion eine „an Transsubstantiation gemahnende ontologische Erhöhung" erfahren und durch eine „sakrale Schranke [...], die legitime Kultur zu einer separaten Sphäre werden lässt"[143], von der sozio-ökonomischen Gegenwart und ihren zweckrationalen Bestimmungen getrennt sind. Dieser Wille zum Sakralen schlägt sich vor allem am ästhetischen Pol der auto-

---

140 Pierre Bourdieu. *Das religiöse Feld. Texte zur Ökonomie des Heilsgeschehens*. Konstanz 2000: UVK Universitätsverlag, S. 77f.
141 Pierre Bourdieu. „Für eine Wissenschaft von den kulturellen Werken". *Pierre Bourdieu. Kunst und Kultur. Kunst und künstlerisches Feld. Schriften zur Kultursoziologie 4*. Hg. Franz Schultheis und Stephan Egger. Berlin: Suhrkamp, 2015, S. 449–468, hier S. 463f.
142 Bourdieu. *Die Regeln der Kunst*, S. 363.
143 Pierre Bourdieu. *Die feinen Unterschiede. Kritik der gesellschaftlichen Urteilskraft*. 22. Aufl. Frankfurt/M.: Suhrkamp, 2012, S. 26.

nomen Produktion in Texten und poetischen Programmen nieder, die den Rückzug aus der Wirklichkeit in eine ästhetische Welt des Schönen und Wahren antreten.

Jelineks Ablehnung eines auratisch-sakralen Kunstverständnisses lässt sich besonders in ihren polemischen Positionierungen gegen die „Ästhetenfraktion"[144] nachzeichnen:

> Und Handke ist sicher einer der klügsten Schriftsteller, die es überhaupt gibt im deutschen Raum. [...] Seine Tragik ist so dieser Zwang zur Kostbarkeit und Erlesenheit. [...] Durch seine Existenz an diesem Gymnasialstift [...] hat das alles jetzt so eine gymnasiale Kostbarkeit bekommen, seine Wahrnehmung.[145]

Die Auseinandersetzung mit *L'art pour l'art*-Positionen im gegenwartsliterarischen Feld wird vor allem in der *Wolken.Heim.*-Analyse (Kapitel VI.2) dieser Studie ausführlich zu behandeln sein. An dieser Stelle sei vorweggenommen, dass Jelinek kunstreligiösen Poetiken (etwa eines Peter Handke oder Botho Strauß) kritisch gegenübersteht, welche die Aufhebung der irdischen Zeit des Alltäglichen und der sozialen und ökonomischen Wirklichkeit im Kontinuum überzeitlicher, universeller Werte der Kunst anstreben, während die Autorin um die Vermittlung von Zeit- und Feldgeschichte bemüht ist. Die Abwertung der trivialen und flüchtigen Gegenwart im Namen von Authentizität, Originalität und Individualität liegt Jelineks Schreiben fern, wie z. B. an ihrem Umgang mit trivialkulturellen Inhalten und Verfahren deutlich zu sehen ist. Jelinek schließt an Roland Barthes' Modell einer metasprachlich operierenden Mythenkritik an (vgl. Kapitel VII.1) und verfolgt eine „Doppelstrategie einer überdeutlich markierten Mimikry und einer Kritik trivialer Gesellschaftsmythen"[146]: Ihre Texte ahmen die Verfahren der Massenmedien und der Pop-Art, wie etwa Collage-Techniken und serielle Muster,[147] nach und zielen mit einer überzeichneten, zugespitzten und zur Drastik neigenden Reproduktion der Massen- und Populärkultur auf ihre Demaskierung. Hinter der Fassade der heilen Welt der bunten Fernsehbilder und Hochglanz-

---

144 Korte und Jelinek. „Gespräch mit Elfriede Jelinek", S. 292.
145 Bernd C. Sucher und Elfriede Jelinek. „‚Was bei mir zu Scheiße wird, wird bei Handke kostbar.' Ein Gespräch mit Elfriede Jelinek, geführt in Wien-Hütteldorf, neben einem schweren Flügel". *Programm des Schauspiels Bonn zur Ersten Premieren-Spielzeit 1986/87* (1986), S. 45–52, hier S. 49.
146 Tommek. *Der lange Weg in die Gegenwartsliteratur*, S. 531.
147 Zu den Verfahren in Jelineks Frühwerk vgl. ebd., S. 526–535, außerdem die Beiträge von Juliane Vogel („Intertextualität") und Konstanze Fliedl („Narrative Strategien") in Janke (Hg.). *Jelinek Handbuch*.

magazine zeigen sich in Jelineks Texten geschlechtliche, gesellschaftliche und ökonomische Gewalt- und Unrechtsverhältnisse.

Bei gleicher Ausgangslage, der Kritik an der Medialisierung, Kommerzialisierung und Trivialisierung von Kultur und Gesellschaft, stehen sich Jelineks Literaturverständnis und Poetiken des *L'art pour l'art* also konträr gegenüber. Während diese die autonome Kunst als ein Refugium authentischer Kultur imaginieren, besteht Jelineks ästhetisches Verfahren darin, „der künstlichen Welt der Mythen und Trivialmythen keine Sphäre der Natürlichkeit oder Eigentlichkeit gegenüberzustellen, sondern im Medium der entfremdeten und verdinglichten Sprache zu bleiben und sie lediglich durch Überzeichnung und abermalige Deformation zu denunzieren".[148] Wie in den Textanalysen im Hinblick auf den Begriff der Hegemonie darzulegen sein wird, kann Jelineks Adaption der Verfahren und Ästhetiken der Medien- und Konsumgesellschaft als Eingeständnis daran gelesen werden, dass die Abschirmung und der Rückzug in eine von der medialisierten und ökonomisierten Wirklichkeit unabhängige Sphäre des Ästhetischen und Authentischen unmöglich geworden sind. Jelineks Medien- und Gesellschaftskritik folgt somit „nicht den zivilisationskritischen Oppositionen wie denen zwischen ‚Oberfläche' und ‚Tiefe' oder zwischen ‚Masse' und ‚Individuum'"[149], sondern stellt Vorstellungen von Identität und Individualität infrage und verwirft das Leitbild eines sakralen, von den Niederungen des Tagespolitischen und Massenmedialen abgeschnittenen Raums des Ästhetischen als falsche Alternative zur kulturindustriellen Produktion.

Mit der Ablehnung einer Kunstutopie radikalisiert Jelinek Theodor W. Adornos kunsttheoretische Überlegungen. Während dieser die autonome Kunst zwar nicht aus dem allgemeinen gesellschaftlichen Schuldzusammenhang ausgeschlossen sehen will, diese bei allen Vorbehalten dennoch als Residuum des Widerstands, des integren Subjekts und der messianischen Hoffnung denken kann, von dem aus „die Welt im Zustand der Erlösung zu imaginieren"[150] ist, macht Jelineks Skeptizismus vor der Hochkultur nicht Halt. Radikaler und schonungsloser als Adorno stellt sie die Kunst selbst als Macht- und Herrschaftsinstrument infrage und legt ihrer Gesellschaftskritik eine fundamentale Kunstkritik zugrunde. Diese Differenz ist, wie im weiteren Verlauf der Arbeit

---

148 Marlies Janz. *Elfriede Jelinek.* Stuttgart: Metzler, 1995, S. 7.
149 Tommek. *Der lange Weg in die Gegenwartsliteratur,* S. 533.
150 Felsch. *Der lange Sommer der Theorie,* S. 160. Zu Adornos Kunstbegriff vgl. auch Stefan Krankenhagen. *Auschwitz darstellen. Ästhetische Positionen zwischen Adorno, Spielberg und Walser.* Köln: Böhlau, 2001; Sabine Sander. *Der Topos der Undarstellbarkeit. Ästhetische Positionen nach Adorno und Lyotard.* Erlangen: Filos, 2008.

eruiert werden soll, im Zusammenhang mit Jelineks Nähe zum postmarxistischen Theoriestrang des Politischen zu sehen.

Bis dato lässt sich festhalten, dass Jelinek wie kaum eine andere Gegenwartsautorin ihr Schreiben am tagespolitischen Geschehen ausrichtet und versucht, dieses in seiner Ereignishaftigkeit wiederzugeben. Dabei hat die Autorin jedoch den Anspruch, Abstand von Agitprop-Literaturen zu nehmen, die in der Didaktisierung aktueller politischer Inhalte sogleich auch der Gegenwart in ihrer Vergänglichkeit und Kurzlebigkeit verhaftet bleiben, und sieht in der formalen Gestaltung und ästhetischen Bearbeitung politischer und gesellschaftlicher Anliegen eine Möglichkeit der Überführung von Tagespolitik in kultur- und literaturgeschichtliche Zusammenhänge. Desgleichen bezieht Jelinek mit dem Programm der Historisierung und Kontextualisierung der medialen und politischen Gegenwart Gegenposition zu kunstreligiösen Ansätzen, mit deren Zeitordnung sie sich kritisch auseinandersetzt. Die Auseinandersetzung um die legitime Literatur erfolgt in Jelineks Texten unter Bezugnahme auf ‚niedere' Künste und Gegenstände, auf Ästhetiken, Zeichen- und Wisssenssysteme der spätkapitalistischen Gesellschaft. Diese Verschränkung von Kunst- und Gesellschaftskritik behauptet eine avantgardistische Position im literarischen Feld, von der aus die Artikulation gesellschaftspolitischer Anliegen unter kunstautonomen Bedingungen möglich wird und die Verhandlung von Fragen der sozialen Zeit in den Kategorien der ästhetischen Zeit – und vice versa – erfolgt.

Mit Heribert Tommek muss Jelineks Öffnung der kunstautonomen Produktion für profane Inhalte und Formen im Zeichen der Transformation der Avantgarde-Position in der Gegenwartsliteratur gelesen werden:

> Der Avantgardekanal, in dem es im Wesentlichen um die Aufrechterhaltung des universalen Anspruchs der kunstautonomen Literatur geht, hat sich seit den siebziger und achtziger Jahren seinerseits relativ ‚postmodernisiert', d.h. flexibilisiert und im Austausch mit den horizontal strukturierten, populärkulturellen Elementen transformiert. [...] Die vertikale Reproduktionslogik des Konkurrenzkampfes um die Legitimität neuer literarischer Ordnungen oder einer neuen ästhetischen Zeitrechnung ist – in jeweils unterschiedlicher Qualität – besonders seit den sechziger und mehr noch seit Mitte der neunziger Jahre von der horizontalen Expansion des flexibel ökonomisierten und medialisierten Mittelbereichs beeinflusst. Damit ist die Positionierung im vertikal ausgerichteten Avantgardekanal nicht nur abhängig vom Umgang mit den feldinternen Traditionen, sondern auch mit den horizontal formierten neuen Medienformen und Ästhetiken.[151]

Die autonome Literaturproduktion sah sich in der zweiten Hälfte des zwanzigsten Jahrhunderts mit der Ausbreitung von Massenmedien und Popkultur und der

---

151 Tommek. *Der lange Weg in die Gegenwartsliteratur*, S. 437f.

zunehmenden Vermarktung und Ökonomisierung von Kunst und Kultur konfrontiert. Während am ästhetischen Pol des autonomen Felds der Rückzug aus der medialen Profanität angetreten wurde, haben sich in der avantgardistischen Praxis am Ende des zwanzigsten Jahrhunderts intermediale Verfahrensweisen und Ästhetiken etabliert, die einer intramedialen Logik folgen und im Zeichen der „,Reinigung' und Selbstreflexion" der Literatur stehen: „Dabei geht es nicht in erster Linie um eine Konkurrenz zwischen den Künsten, sondern um eine Konkurrenz zwischen verschiedenen Interpretationen dessen, was überhaupt den Namen ‚Kunst' verdient. Intermedialität ist dabei Ausdruck eines intraliterarischen Kampfes um die Legitimität neuerer Poetiken."[152] Während Jelineks Frühwerk von Anleihen aus der Populär- und Trivialkultur (Fernsehen, Comics, Zeitschriften, Groschenromane usw.) bestimmt ist, verteidigt sie in späteren Texten ihre autonome Position in der kritischen Adaption von massenmedialen Kommunikationsformen und neuen Medientechnologien (man siehe z. B. die Texte *Neid, Bambiland, Die Schutzbefohlenen – Appendix, Wut*) sowie in der Auseinandersetzung mit alltagskulturellen Sinnangeboten (Sport, Mode, Geld, Pornographie), deren Zeichen- und Symbolordnungen in den Theatertexten der Autorin nachgeahmt und verfremdet werden. Im Rekurs auf mediale, ökonomische und alltagskulturelle Realitäten geht es der Autorin sowohl um eine Kritik der *Infantilgesellschaft*[153] als auch um die Durchsetzung einer Literatur, die den Herausforderungen der spätkapitalistischen Produktionsverhältnisse gewachsen ist.

Jelineks Schaffen zeichnet sich also durch eine Doppelbödigkeit aus, die sich feldtheoretisch als Verschränkung von horizontalem und vertikalem Reproduktionsprinzip übersetzen lässt. Ihr Schreiben bewegt sich thematisch und formästhetisch in der profanen Zeit der sozialen und medialen Gegenwart, partizipiert aber dennoch über den Anschluss an Form- und Gattungsdiskurse an den zeitenthobenen Auseinandersetzungen um die Doxa des literarischen Feldes: Jelinek „stellt einen kritisch-autonomen Anspruch und unterstellt sich der vertikalen, ästhetischen Zeitordnung. Zugleich steht sie in einem horizontalen Austauschprozess mit der sozialen Verkehrszeit der Zivilisation".[154] Die Texte sind Palimp-

---

[152] Uta Degner. „,Eine neue Vorstellung von Kunst.' Intermediale Usurpationen bei Bertolt Brecht und Elfriede Jelinek". *Der Neue Wettstreit der Künste. Legitimation und Dominanz im Zeichen der Intermedialität*. Hg. Uta Degner und Norbert Christian Wolf. Bielefeld: transcript, 2010, S. 57–75, hier S. 59 f.
[153] So der Titel von Jelineks Romans *Michael. Ein Jugendbuch für die Infantilgesellschaft* (1972), in dem sich die Autorin mit den paternalistischen Strukturen der Massenmedien (Infantilisierung) und der Gewalt von Medienrealitäten auseinandersetzt.
[154] Tommek. *Der lange Weg in die Gegenwartsliteratur*, S. 558.

seste, in denen sich mehrere Text- und Zeitschichten überlagern und eine Gleichzeitigkeit des Ungleichzeitigen erzeugen. Die soziale Gegenwart wird mit der literarischen Vergangenheit überschrieben, die Literaturgeschichte wird zur Folie der profanen Gegenwart. Dabei verfolgt Jelineks Vermischung der unterschiedlichen kulturellen Sphären nicht ein postmodernes Programm der „Überbrückung der Kluft zwischen Elite- und Massenkultur"[155], sondern steht – wie in den Textanalysen darzulegen sein wird – im Zeichen der Politisierung der Literatur: Die Gegenwart braucht auf der einen Seite die Literatur- und Theatergeschichte, weil für die Autorin erst am autonomen Pol und seiner kumulativen Zeitordnung der Ort eines gesellschaftskritischen Theaters sein kann – daher auch die emphatischen Stellungnahmen für eine autonome Literatur und ihre Bestimmung als Voraussetzung literarischen Engagements. Auf der anderen Seite ist aber auch die klassische, kanonische Hochliteratur auf die Niederungen der Gegenwart angewiesen, vermögen doch erst in der Konfrontation von literarischem Soll- und gesellschaftlichem Ist-Zustand die Verfehlungen und Unzulänglichkeiten der hochkulturellen Produktion korrigiert und sozio-kulturelle Machtverhältnisse offengelegt zu werden.

4.3 Theater des Politischen – Theater des Agons

Die Frage nach dem Politischen in Jelineks dem Leitbild autonomer Literatur verpflichteten Texten muss berücksichtigen, dass es sich größtenteils um Texte für das Theater handelt. Jelinek zählt zu den bekanntesten Vertreter/-innen des postdramatischen Gegenwartstheaters und hat die deutschsprachige Theaterlandschaft entscheidend mitgeprägt. In einem Theaterfeld, das an der Kategorie der Gegenwärtigkeit orientiert ist, sind Jelineks am Tagesgeschehen ausgerichtete Theaterarbeiten auf große Resonanz gestoßen und haben nicht zuletzt auch aufgrund ihrer Aktualität eine vielseitige Anerkennung erfahren. Wie kaum eine andere Kunstschaffende richtet Jelinek ihr theatrales Schaffen auf Zeitnähe und Gegenwartsbezug aus und bringt die Vision einer „schnelle[n] Theater-Eingreiftruppe" vor, die auf Ereignisse in Politik, Wirtschaft und Gesellschaft „immer rasch eingehen kann".[156] Tatsächlich eröffnet ein Blick auf Jelineks Theaterpro-

---

155 Leslie A Fiedler. „Überquert die Grenze, schließt den Graben! Über die Postmoderne". *Roman oder Leben. Postmoderne in der deutschen Literatur*. Hg. Uwe Wittstock. Stuttgart: Reclam, 1994, S. 14–39, hier S. 21.
156 Joachim Lux und Elfriede Jelinek. „,Geld oder Leben! Das Schreckliche ist immer des Komischen Anfang.' Elfriede Jelinek im Email-Verkehr mit Joachim Lux". *Programmheft des Schauspiels Köln zu Elfriede Jelineks* Die Kontrakte des Kaufmanns (2009).

duktionen der letzten Jahrzehnte ein Panorama der Zeitgeschichte: Tagespolitische Ereignisse wie der Irakkrieg, die Wirtschaftskrise, der islamistische und rechtsextremistische Terrorismus, die Migrations- und Fluchtkrise, Fukushima usw. sind immer wieder zum Anlass für die theatralen Interventionen der Autorin geworden.

Jelineks Verpflichtung des Theaters auf eine gesellschaftskritische Funktion findet ihre Vorbilder in Schillers Ausweisung der *Schaubühne als moralische Anstalt*, den Traditionen des Komischen und Burlesken im Wiener Volkstheater, in Brechts anti-illusionistischem Epischem Theater sowie in Heiner Müllers postdramatischen Experimenten.[157] Im Hinblick auf das Thema dieser Studie soll allerdings eine weitere Traditionslinie von Jelineks Theaterschaffen herausgestellt werden: das antike Drama, vor allem die antike Tragödie. Jelineks Rekurs auf das Theater der griechischen Polis folgt der Distinktions- und Innovationslogik des autonomen Feldes. Die griechische Tragödie gilt als Wiege des europäischen Dramas und wird als „Arché des abendländischen Theaters imaginiert [...], wodurch ihren künstlerischen Transformationen eine entscheidende Rolle für die Erkundung der Ursprünge, ja des Wesens der Theaterkunst insgesamt zugesprochen wird".[158] Das Diktat der Innovation, das autonome literarische Felder definiert, zwingt vor allem am Pol der Avantgarde immer wieder zur Neubestimmung von Gattungen und Formen und regt so zur Auseinandersetzung mit der Gattungsgeschichte an.[159] Auseinandersetzungen mit der antiken Tragödie wohnt deshalb immer schon ein selbstreflexiver Impuls zugrunde, der auf eine Kritik und Erneuerung, wenn nicht gar Überwindung der Doxa des bürgerlich-dramatischen Theaters abzielt: „Einen Sinn, den die antike Tragödie für das Gegenwartstheater haben kann, liegt somit darin, die theatralen Konventionen der Gegenwart durch die Vergangenheit herauszufordern und die Mittel des Theaters neu zu befragen."[160] Es verwundert daher nicht, dass im Zuge des Paradigmenwechsels vom

---

157 Vgl. Monika Meister. „Bezüge zur Theatertradition". *Jelinek Handbuch*. Hg. Pia Janke. Stuttgart, Weimar 2013, S. 69–73.
158 Johannes Stobbe. *Die Politisierung des Archaischen. Studien zu Transformationen der griechischen Tragödie im deutsch- und englischsprachigen Drama und Theater seit den 1960er Jahren*. Bielefeld: Aisthesis, 2017, S. 46 f.
159 Vgl. Bourdieu. „Für eine Wissenschaft von den kulturellen Werken", S. 464: „In den Kämpfen innerhalb jeder Gattung, in denen sich die etablierte Avantgarde und die neue Avantgarde gegenüberstehen, fühlt diese sich dazu getrieben, die Grundlagen der Gattung selbst in Frage zu stellen, indem sie sich auf die Rückkehr zu den Ursprüngen beruft, zur Reinheit des Ursprungs [...]."
160 Erika Fischer-Lichte und Matthias Dreyer. „Antike Tragödie heute. Eine Einführung". *Antike Tragödie heute. Vorträge und Materialien zum Antiken-Projekt des Deutschen Theaters*. Hg. dies. Berlin: Henschel, 2007, S. 8–13, hier S. 9.

dramatischen Repräsentationstheater zu performativen, postdramatischen Theaterformen, der sich in der zweiten Hälfte des zwanzigsten Jahrhunderts vollzogen hat, die antike Tragödie als Quelle alternativer Theaterkonzepte (wieder-)entdeckt wurde.

Jelineks Bezüge zum antiken Theater sind vor allem im Kontext ihrer intertextuellen Auseinandersetzungen mit einzelnen Stücken von Aischylos, Sophokles und Euripides sowie der Rezeption der chorischen Rede untersucht worden, während ihr Anschluss an die agonale Dimension des antiken Theaters bis dato kaum in den Blick der Forschung geraten ist. Diesbezügliche Ausnahmen stellen die Beiträge von Karen Jürs-Munby[161] und Franziska Schößler dar, auf deren These von der „Diffusion des Agonalen"[162] im Folgenden noch zurückzukommen sein wird.

Der Agon, also die „Kunst und die Fähigkeit zur kämpferischen Auseinandersetzung" sowie die dazugehörige Redeweise, nahm einen zentralen Stellenwert im gesamten kulturellen Leben des antiken Griechenlands ein: Der Wettstreit „prägt die Aufführungspraxis von Tragödien und Komödien, bestimmt die Gerichtsrhetorik und bringt als eigene literarische Gattung den *Agon* hervor, der als darstellendes Mittel in andere Gattungen wie Geschichtsschreibung und Drama eingeht".[163] So finden sich in den dramatischen und historiographischen Texten mannigfaltige Darstellungen von „disagreement, variance and/or opposition"[164], von denen die bekannteste wohl der tragische oder komische Redeagon (zwischen Figuren, zwischen zwei Chören oder zwischen Chor und Figur) ist. Die Wortgefechte dienen dabei dem Ausdruck dramatischer Gegensätze[165] und politischer, sozialer oder ideologischer Konfliktlagen. Zugleich hat die klassische Philologie hervorgehoben, dass sich der Agon in den antiken Dramen nicht nur auf Formen des Redeagons beschränkt, sondern als Dissens in unterschiedlichen Manifestationen zum Tragen kommt – „ranging from non-participation (the *Iliad*'s Achilles), silence (Sophocles' Ajax) or mediation (Sophocles' Odysseus), to frank speaking (Sophocles' Teucer, Euripides' Polymestor), potential insurrection

---

161 Karen Jürs-Münby hat für *Das Sportstück* und dessen Inszenierung durch Einar Schleef eine Auseinandersetzung mit dem Konzept des Agons und des Konflikts zwischen Masse bzw. Chor und Individuum geltend gemacht. Karen Jürs-Munby. „Agon, Conflict and Dissent: Elfriede Jelinek's *Ein Sportstück* and its Stagings by Einar Schleef and Just a Must Theatre". *Austrian Studies* 22 (2014), S. 9–25.
162 Vgl. Schößler. „Diffusion des Agonalen", S. 106.
163 Vgl. Uwe Neumann. „Agonistik". *Historisches Wörterbuch der Rhetorik*. Bd. 1. Hg. Gerd Ueding. Tübingen: Niemeyer, 1992. Sp. 261–284, hier Sp. 261.
164 Elton T. E. Barker. *Entering the Agon. Dissent and Authority in Homer, Historiography and Tragedy*. Oxford: Oxford University Press, 2002, S. 12.
165 Vgl. Neumann. „Agonistik", Sp. 265 f.

(the *Odyssey*'s suitors) and even violent reprisal (Euripides' Hecuba)".[166] Diese Vielfalt zeigt nach Elton Barker auf, dass künstlerische Praktiken der griechischen Antike das Ideal der Vielstimmigkeit („possibility of different responses"[167]) perpetuieren. Die kulturelle Präsenz und Wertschätzung des Dissenses lassen sich indessen auf das Selbstverständnis der antiken Polis zurückführen: „politics was not so much about achieving unanimity as about regulating or even asserting the right to dissent from authority"[168] – eine Definition des Politischen, wie man sie auch bei Hannah Arendt, Chantal Mouffe oder Jacques Rancière antreffen kann. Kunst kommt nach Barker in der antiken Polis damit die Aufgabe zu, ein Medium der „exercise of citizenship"[169], also der Einübung bürgerlicher Öffentlichkeit zu sein, das die Pluralität der Meinungen institutionalisiert.

Von besonderem Interesse für den Gegenstand dieser Arbeit ist der Chor im antiken Drama, der ebenfalls als Figur des Dissenses angelegt ist. Die Bedeutung und Rolle des antiken Chors erschließen sich zum einen aus dem rituellen Ursprung und zum anderen aus der sozialen Dimension der griechischen Tragödie. Bei allen heuristischen Problemen, die der Versuch der Rekonstruktion eines Ursprungs mit sich bringt, ist sich die Forschung weitestgehend darin einig, dass die griechische Tragödie aus dem Dithyrambos entstanden ist, einem hymnischen Gesang zu Ehren des Gottes Dionysos, der von einem Chor aus als Satyrn verkleideten Männern im Rahmen von kultischen Festhandlungen zunächst improvisiert wurde. Entscheidende Schritte auf dem Weg zur Herausbildung der tragischen Gattung waren die Literarisierung des Dithyrambos durch die Einführung mythischer Stoffe am Ende des 7. Jh. v.Chr. und schließlich die politische Institutionalisierung des Dionysos-Kultes durch den Tyrannen Peisistratos, der 534 v.Chr. die Städtischen Dionysien-Festspiele eingeführt hatte. Deren Höhepunkt stellten die drei Tage währenden Tragödienaufführungen dar.[170] Der kultisch-performative Ursprung der Tragödie lässt sich in dem Erhalt einer „Vielzahl chorischer Ritualformen wie Gebet, Klage, Supplikation"[171] nachvollziehen. Zugleich sind die rituellen Darbietungen des Chors auch als Teil eines inneren Kommunikationssystems in eine dramatische Handlung eingebunden, deren Bezugspunkt die Polis bezeichnet, „[d]enn die Tragödien des Aischylos, Sopho-

---

166 Barker. *Entering the Agon*, S. 13.
167 Ebd., S. 14.
168 Ebd., S. 10.
169 Ebd., S. 28.
170 Vgl. Sabine Föllinger. *Aischylos. Meister der griechischen Tragödie*. München: Beck, 2009, S. 13.
171 Markus A. Gruber. *Der Chor in den Tragödien des Aischylos. Affekt und Reaktion*. Tübingen: Narr, 2009, S. 12.

kles und Euripides stellen ein hochentwickeltes, ausgereiftes Produkt des Stadtstaates Athen und der für ihn charakteristischen Kultur dar."¹⁷² Es ist kein Zufall, dass bei der Wiedereinführung der Demokratie 508 v. Chr. im Zuge der Beseitigung der Spuren der tyrannischen Herrschaft und Reformation des politischen Systems an den Städtischen Dionysien festgehalten wurde. Die Festspiele, vor allem der Tragödien-Agon, dienten nicht nur der außenpolitischen Repräsentation des Stadtstaates, vielmehr waren die Theateraufführungen „one of the rituals that deliberately aimed at maintaining social identiy and reinforcing the cohesion of the group".¹⁷³

Diese integrative, Gemeinsinn stiftende Kraft der Tragödie wird im Wesentlichen von dem Chor getragen, der jenseits seiner unterschiedlichen fiktiven Rollenidentitäten als „representative[...] of the collective citizen body" fungiert, also eine Art „staged metaphor for the community involved in the dramatic performance"¹⁷⁴ darstellt:

> Für ein adäquates Verständnis des Chores [...] ist der Umstand zentral, dass der Chor trotz seiner spezifischen Identität als soziales Segment der Polisgemeinschaft niemals nur diesen Ausschnitt allein abbildet, sondern hinter ihm oder in einem Zusammenhang mit ihm immer auch die ganze Polis, das Land und das Volk erkennbar ist.¹⁷⁵

Der Chor ist in einem Zwischenraum angesiedelt (was sich übrigens auch in seiner Lage in der *Orchestra* zwischen der Schauspielerbühne (*Logeion*) und dem Zuschauerraum (*Theatron*) widerspiegelt): Als *dramatis persona* ist er Teil des inneren Kommunikationssystems, der zugleich im äußeren Kommunikationssystem agiert und zwischen Handlung und Publikum, (heroischem) Individuum und Kollektiv vermittelt. Während sich im bürgerlichen Illusionstheater das identifikatorische Moment auf der inter-subjektiven Achse Protagonist/-in – Zuschauer/-in vollzieht, zielt das antike Theater auf die Perpetuierung einer politischen Erfahrung der Verbundenheit und Zusammengehörigkeit, wobei der Chor als Identifikationsmedium in Erscheinung tritt und die emotionale Involvierung des Publikums organisiert: „Die große Gemeinschaft im Theater, nicht zuletzt die

---

172 Erika Fischer-Lichte. *Geschichte des Dramas. Epochen der Identität auf dem Theater von der Antike bis zur Gegenwart. Bd. 1: Von der Antike bis zur deutschen Klassik.* Tübingen: Francke, 1990, S. 18.
173 Oddone Longo. „The Theater of the Polis". *Nothing to Do with Dionysos? Athenian Drama in Its Social Context.* Hg. John J. Winkler und Froma I. Zeitlin. Princeton: Princeton University Press, 1990, S. 12–19, hier S. 16.
174 Ebd., S. 17.
175 Gruber. *Der Chor in den Tragödien des Aischylos*, S. 53.

Landbevölkerung [...], kann sich so mit der großen, unsichtbaren Gemeinschaft im Stück, ‚the large off-stage group', identifizieren."[176]

Mit der *large off-stage group* weist Gruber auf eine Funktion des Chors im inneren Kommunikationssystem der Tragödie hin, die seine Verankerung in der sozialen Praxis überhaupt erst möglich macht. Der Chor vermag in der Doppelrolle als *dramatis persona* und Vermittlungsinstanz aufzugehen, weil er im Drama selbst als Personifikation einer „großen, unsichtbaren Gemeinschaft" angelegt ist. Um diese ästhetische Konfiguration nachvollziehen zu können, gilt es zunächst, das Verhältnis von Einzelnem und Gemeinschaft in der antiken Tragödie näher zu betrachten:[177] Der dramatische Konflikt entfaltet sich im Spannungsfeld von Rede und Gegenrede, Individuum und Kollektiv. Dabei wirkt der Chor als „original matrix for tragedy (and for comedy)"[178] nicht nur als handlungskommentierende, sondern auch als handlungsgenerierende und -ermöglichende Instanz. Vor allem in Aischylos' Tragödien nimmt der Chor schon aus rein quantitativer Sicht eine zentrale Rolle ein (so beträgt der Redeanteil des Chors in den *Schutzflehenden* 61 Prozent, in den *Persern* 49 Prozent), die er mit der Einführung weiterer Schauspieler[179] bei Sophokles und Euripides zunehmend einbüßt. Durchgehend für die antiken Tragödien ist jedoch ein Bedingungsverhältnis zwischen dem Chor und den Protagonist/-innen festzustellen. Der Chor ist nicht Hintergrund denn vielmehr Grund der Handlung und der Figuren und fungiert so als „einräumendes, raumgebendes Prinzip. Er räumt den Protagonisten einen Ort ein, den sie ohne ihn nicht hätten und den sie offensichtlich auch nicht aus sich allein hervorbringen können. [...] Der Chor ist schon da, wenn die Tragödie anhebt."[180] Die dramatische Konstellation der antiken Tragödie bettet das Individuum also in ein übergeordnetes mythologisches oder soziales Kontinuum ein, das den Sinnhorizont der Handlung darstellt und durch den Chor repräsentiert wird. Die Interaktion von Protagonist/-in und Chor bildet die Interaktion von Individuum und Gemeinschaft ab: In der „Funktion des *socius*" nimmt der Chor

---

[176] Ebd., S. 54.
[177] Vgl. dazu auch Maria Kuberg. *Chor und Theorie. Zeitgenössische Theatertexte von Heiner Müller bis René Pollesch*. Konstanz: Konstanz University Press, 2021, S. 24–32.
[178] Longo. „The Theater of the Polis", S. 16.
[179] Die Erfindung der Tragödie durch die Dialogisierung des monologischen Dionysos-Lobgesangs (Gegenüberstellung von Chor und Schauspieler) wird dem Dichter Thepsis zugeschrieben. Aischylos setzt die Einführung des zweiten Schauspielers durch, wohingegen Sophokles den dritten Schauspieler auf die Bühne bringt. Vgl. Föllinger. *Aischylos*, S. 13f.
[180] Ulrike Haß. „Chor_Figur und Grund". *Chor-Figuren. Transdisziplinäre Beiträge*. Hg. Julia Bodenburg, Katharina Grabbe und Nicole Haitzinger. Freiburg u. a.: Rombach, 2016, S. 115–130, hier S. 118.

„alles wahr, er hört und sieht alles"[181]; in seinen Gemütsregungen und Reaktionen auf die im Drama dargestellten sozialen Krisen, die „von feierlichem Jubel bis zu tiefster Verzagtheit und Angst reichen"[182], werden die affektiven Zustände der Gemeinschaft antizipiert.

Diese repräsentative Funktion geht auf, weil der Chor selbst kein homogenes Kollektiv bezeichnet und keine geschlossene Gruppenidentität besitzt. In der Forschung ist auf die Verfasstheit der chorischen Stimme als „configuration of plural voices" hingewiesen worden, „which range from ‚collective wisdom' to a partial view, and from misguided voice to a truly authoritative voice".[183] Der Chor bezeichnet eine polyphone Figur, die sich nicht zu einer monolithischen Einheit synchronisieren lässt, sondern Dissens und Pluralität abbildet: „Er spricht nicht mit einer Stimme."[184] Die fehlende Einheitlichkeit des Chors spiegelt sich nach Michael Silk auf der rhetorischen Ebene seiner Rede wider, in der hoher und niedriger Stil vermengt wird:

> Quite simply: the different varieties of choral lyric style that a given chorus presents, even perhaps within a single ode, themselves constitute different voices, *de facto*. These ‚different' voices *are* the chorus. They are not the voices of different individuals or sub-groups within the chorus, and they are not identifiable voices in any ordinary sense: within a given play one does not feel called upon to say, conversely, that *these* words in *this* passage represent ‚the same voice' as *those* words in *that* one. But ‚the different voices' within the choral utterances of a given play are voices of varying caliber and, as such, are and impinge as different voices *tout court*.[185]

Zu Recht ist in der Forschung das antike Konzept der chorischen Gemeinschaft, aber auch die an diese Traditionen anschließenden Inszenierungen des Kollektiven in neueren Theaterarbeiten in die Nähe philosophischer Ansätze gerückt worden, die Gemeinschaft jenseits von totalitären Ideologien auf der Grundlage

---

181 Ebd.
182 Ebd., S. 119.
183 Michael Silk. „Style, Voice and Authority in the Choruses of Greek Drama". *Der Chor im antiken und modernen Drama*. Hg. Peter Riemer und Bernhard Zimmermann. Stuttgart: Metzler, 1998, S. 1–26, hier S. 16. Vgl. auch Simon Goldhill. „Collectivity and otherness: the authority of the tragic chorus". *Tragedy and the Tragic: Greek Theatre and Beyond*. Hg. Michael Silk. Oxford: Clarendon Press, 1996, S. 244–256.
184 Ulrike Haß. „Woher kommt der Chor". *Maske und Kothurn. Internationale Beiträge zur Theater-, Film- und Medienwissenschaft* 58.1 (2012), S. 13–30, hier 19.
185 Silk. „Style, Voice and Authority in the Choruses of Greek Drama", S. 24.

von Differenz zwischen singulären Einheiten zu denken versuchen.[186] Vor allem die Figur des ‚singulär-pluralen Seins' und das Konzept der ‚entwerkten Gemeinschaft' des französischen Philosophen Jean-Luc Nancy haben der Theater- und Literaturwissenschaft in dieser Hinsicht entscheidende Impulse geliefert. Gemeinschaftsformen, die auf dem Postulat der Substanz, der Identität und Einheit beruhen und dem Ideal der Homogenität nur durch Ein- und Ausgrenzungsprozesse und die Verwerfung von Alterität gerecht werden, setzt Nancy das Modell einer Gemeinschaft der Singularitäten entgegen, die sich durch eine fundamentale Offenheit auszeichnet und sich der „Fiktion der verschmelzenden Einswerdung oder Vereinigung"[187] verwehrt: „Wir: jedes Mal ein anderer, jedes Mal mit anderen."[188] Als ‚singulär-plurales Sein' bezeichnet Nancy die nichtidentitäre, offene Gemeinschaft, die „eine innere Differenz, eine *nicht einholbare Besonderheit ihrer Mitglieder*"[189] voraussetzt.

Im Chor der antiken Tragödie findet Jelinek eine Figur des singulär Pluralen, die sie für ihr politisches Anliegen, die Verhandlung gesellschaftspolitischer Konflikte, fruchtbar machen kann. In der Forschung besteht Einigkeit über die vielstimmige Verfasstheit des chorischen Sprechens in den Stücken der Autorin; so hat Heribert Tommek herausgestellt, dass in „Jelineks Theatertexten der späten achtziger Jahre und in ihrer Entwicklung eines chorischen Theaters in den neunziger Jahren [...] immer seltener repräsentative Einzelne oder ein ‚Wir' als repräsentative Gruppe oder anonyme Masse auf[treten], sondern zunehmend [...] ein kollektiver Zustand von Einzelnen, von Zivilisten dargestellt"[190] wird. In dieser Studie sind ausgehend von der Forschungslage die politischen Implikationen von Jelineks chorischen Konfigurationen des singulär Pluralen bzw. der *„Einzelnen als Viele"*[191] herauszuarbeiten, indem diese auf ihr Konfliktpotential, also auf ihren agonalen Impetus, befragt werden. In Kapitel VII.3 soll zudem Rancières Bild des Volkes als ungezählte Menge, deren Erscheinen im öffentlichen Raum die vereinbarte Aufteilung des Sinnlichen stört und Dissens stiftet, für eine politische Lektüre der Texte veranschlagt werden.

---

[186] Vgl. z. B. die Beiträge von Matthias Dreyer, Nikolaus Müller-Scholl u. a. in Julia Bodenburg, Katharina Grabbe und Nicole Haitzinger (Hg.). *Chor-Figuren. Transdisziplinäre Beiträge.* Freiburg u. a.: Rombach, 2016; Kuberg. *Chor und Theorie.*
[187] Hartmut Rosa und Lars Gertenbach. *Theorien der Gemeinschaft zur Einführung.* Hamburg: Junius, 2010, S. 165.
[188] Jean-Luc Nancy. *singulär plural sein.* Zürich: Diaphanes, 2004, S. 65.
[189] Dietmar J. Wetzel. *Diskurse des Politischen. Zwischen Re- und Dekonstruktion.* München: Fink, 2003, S. 252.
[190] Tommek. *Der lange Weg in die Gegenwartsliteratur,* S. 544.
[191] Ebd.

Bezeichnenderweise wird das Theater in Jelineks theatertheoretischen Schriften zunehmend[192] als ein Medium bestimmt, dessen gesellschaftliche Funktion mit einer spezifischen Form des Sprechens zusammenfällt, das sich durch Vielstimmigkeit und Mehrsinnigkeit auszeichnet. Der Essay *In Mediengewittern* (2003) setzt sich mit der Macht der Massenmedien, genauer gesagt des Fernsehens, auseinander, dessen „Erdherrschaft" nach Jelinek durch einen apodiktischen, den Konsens der Alternativlosigkeit suggerierenden Diskurs begründet wird, der den Zweck verfolgt, „daß wir uns mit dieser Macht abfinden, indem man sie uns unaufhörlich, aber nur scheinbar erklärt. [...], denn der Fernseher erklärt sie uns als etwas Unabweisliches und Unabwendbares."[193] Der medialen Hegemonie wird das Theater als Medium der Störung gegenübergestellt, in dem die Monologizität der massenmedialen Kommunikation unterlaufen und ihre Deutungshoheit in Zweifel gezogen wird:

> Aber das Theater. Genau weiß ich es ja auch nicht, aber dort versuche ich, den Ausblick auf diese Macht, die uns beherrscht, wie soll ich sagen: herauszulösen. [...] Ich kann ja auch nichts an der Macht ändern, aber ich kann die Wesen wie Blitze auf die Bühne schleudern, aus der Enge eines Apparats heraus, aber auch aus Zeitungsartikeln, Büchern, aus mir selbst. Jedenfalls soll eine Art Denken, also ein Fragen, das nicht auf seine Beantwortung besteht, daraus entstehen, aus dem, was ich da auf die Bretter werfe, in einer Art Entrümpelungsaktion meines Gehirns. Der Fernseher antwortet nur. Ich frage nur. Ich frage ja nur. [...] Man versteht, im Gegensatz zum braven Fernsehsprecher, kein Wort, aber aus dieser Vielstimmigkeit, die scheinbar alles erklärt, bevor noch gefragt wurde, werden plötzlich nichts als Fragen, noch viel mehr Fragen, obwohl eben scheinbar nur Antworten gegeben werden.[194]

Die intertextuell hergestellte Polyphonie der theatralen Rede bezeichnet für Jelinek eine kontrahegemoniale, desartikulatorische Praxis, die gesellschaftliche Vereinbarungen herausfordert, die dadurch entstandene Verunsicherung jedoch nicht durch die Vermittlung von politischen Botschaften aufhebt („Ich frage ja nur."), sondern zum Ausgangspunkt eines kritischen Verhältnisses zur Gegenwart macht. „Subversiv" ist das Theater für die Autorin aber auch, insofern die raumzeitliche Begrenzung der Aufführungssituation die massenmediale Macht zwingt, „anzufangen und aufzuhören", was deren Wesen grundsätzlich widerspricht: „keine Macht kann je erreichen, daß sie anfängt und wieder aufhört, sie

---

192 Zu Jelineks theaterpoetologischen Texten und ihrer Entwicklung vgl. Karen Jürs-Munby. „Der fremde, faszinierende, paradoxe, Ort Theater. Gedanken zu Elfriede Jelineks neueren theatertheoretischen Essays". *JELINEK[JAHR]BUCH* (2011), S. 85–102.
193 Elfriede Jelinek. *In Mediengewittern* (28. April 2003). http://www.elfriedejelinek.com/ (01. März 2022).
194 Ebd.

ist immer da, wie der Ewige".[195] Die Zeitlogik des Theaters durchkreuzt die medialen zeitlichen Entgrenzungen und gebietet der Macht des Fernsehens (die sozialen Medien hatten Anfang des Millenniums noch keine große Reichweite) so *temporär* Einhalt.

Bei diesem Plädoyer für die Vielstimmigkeit darf nicht übersehen werden, dass Jelineks Theatertexte durchaus ebenso mit totalitären Traditionen chorischer Erscheinungsformen als Masse[196] experimentieren und immer wieder das Verschwinden von Einzelstimmen und distinkten Positionen in einem hegemonialen Sprachfluss in Szene setzen. So legt Franziska Schößler dar, dass Jelineks Stücke die posthistorische Abwesenheit des dramatische Agons zur Darstellung bringen und den Konflikt dabei „in die dissoziierten Medien Stimme und Körper"[197] verschieben; in späteren Beiträgen verfolgt Schößler diese These im Hinblick auf das Thema Ökonomie und Kapitalismus weiter – worauf noch ausführlich einzugehen sein wird. Meine Studie teilt diese Beobachtung und möchte sie in Kapitel V mit dem Begriff des Postpolitischen elaborieren; darüber hinaus gilt es aber auch, Jelineks Bemühungen um die Rückkehr des Politischen, d. h. um die Rückkehr von Agon und Dissens in den Blick nehmen. Zum Ort des Erscheinens des Politischen kann das Theater für Jelinek als demokratisches Medium der Vielstimmigkeit in der Tradition des antiken Theaters werden.

---

[195] Ebd.
[196] Zum Begriff der Masse siehe Kuberg. *Chor und Theorie*, S. 46–53.
[197] Schößler. „Diffusion des Agonalen", S. 106.

V Ordnungen des Postpolitischen

1 Geschichte und Widerstand (*Wolken.Heim.*, *Ulrike Maria Stuart*)

1.1 Heimsuchungen – Geistesgeschichte als Geistergeschichte

Die bisherigen Darstellungen haben gezeigt, dass die Frage nach dem Politischen des Theaters die Frage nach dem Ort des Agons im Theater aufwirft. Dabei wird in Elfriede Jelineks Stücken ein prekärer Status des Agonistischen gegenwartsdiagnostisch in Szene gesetzt. Wie in diesem Kapitel gezeigt werden soll, werden in den Theatertexten der Autorin Ordnungen des Postpolitischen entworfen, in denen Konflikte und Gegendiskurse immer wieder zum Verschwinden gebracht werden, was allerdings – so gilt es in Kapitel VII zu argumentieren – die Frage nach den Möglichkeiten des Politischen nicht obsolet, sondern im Gegenteil noch dringender macht. Den Ausgangspunkt meiner Überlegungen zu Jelineks Verhandlungen des (Post-)Politischen soll das Stück *Wolken.Heim.* (1988) darstellen, erprobt Jelinek hier doch erstmalig ein chorisches Sprechen, das zwischen Konfigurationen des Konsenses und Dissenses oszilliert und so zum Fluchtpunkt ihrer weiteren theatralen Auseinandersetzungen mit dem Verschwinden des Politischen und seiner Rückkehr wird.

Der Theatertext *Wolken.Heim.* wurde als Auftragsarbeit anlässlich des 110. Geburtstags von Heinrich von Kleist im Rahmen des Zyklus „Wir Deutschen" am Schauspiel Bonn verfasst und am 21. September 1988 unter dem Titel *Kleist – eine Invention. Ein Raumprojekt von Hans Hoffer mit einem Text von Elfriede Jelinek* uraufgeführt. War Jelineks Theaterkarriere bis dahin „eher wechselvoll verlaufen", so schaffte sie mit *Wolken.Heim.* ihren „Durchbruch als Dramatikerin, bemerkenswerterweise mit einem Text, der für Laien als Bühnenwerk kaum zu erkennen ist"[1]: Die Montage von mal mehr, mal weniger bearbeiteten Zitaten von Fichte, Hegel, Hölderlin, Kleist, Heidegger und aus den Gefängnisbriefen von RAF-Mitgliedern, die, amalgamiert zu einem anonymen Wir-Subjekt, ein monomanisches nationales Raunen anstimmen, kommt im Druckbild ohne Regieanweisungen, Szeneneinteilungen oder Repliken aus und erweckt auch durch den hymnischen Ton den Eindruck, es handele sich hier weniger um einen zur theatralen Auf-

---

1 Verena Mayer und Roland Koberg. *Elfriede Jelinek. Ein Porträt*. Reinbek bei Hamburg: Rowohlt, 2006, S. 183.

führung bestimmten Text denn um eine Art „lyrischer Prosa".² War das Stück in der Bonner Premierensaison nach negativen Reaktionen von Zuschauer/-innen und Rezensent/-innen vorzeitig abgesetzt worden, sollte *Wolken.Heim.* bald eine Erfolgsgeschichte auf deutschen und internationalen Bühnen verzeichnen: Mitte der 1990er Jahre war der Theatertext – eingerechnet der Premiere in Bonn – bereits zehn Mal aufgeführt worden (sechs Mal davon auf deutschen Bühnen, drei Mal in Österreich und 1990 in Lyon), 2015 sind es bereits – für eine Gegenwartsautorin beträchtliche – 18 Inszenierungen. 1994 wurde Jossi Wielers Inszenierung von *Wolken.Heim.* am Deutschen Schauspielhaus Hamburg von *Theater heute* zur „Aufführung des Jahres" gekürt.

Der Erfolg eines avantgardistisch-experimentellen Textes wie *Wolken.Heim.* kann mit der spezifischen Verfassung des Theaterfeldes in der Bundesrepublik erklärt werden, in dem sich seit den 1970er Jahren Ästhetiken und Inszenierungspraktiken des postdramatischen Theaters zunächst am Avantgardepol durchgesetzt hatten und bis in die 1990er Jahre im gesamten Theaterfeld populär wurden. Die Überzeugungskraft des Theatertextes ist aber auch seiner ihm nachträglich zugekommenen Aktualität zu verdanken. Im Kontext der Wende und der deutschen Wiedervereinigung konnte *Wolken.Heim.* als „Gelegenheitsschrift […], genau adressiert an die gegenwärtige Lage der Nation", gelesen werden:

> Rechtzeitig zu den ersten freien Wahlen in der Deutschen Demokratischen Republik hat uns Elfriede Jelinek mit *Wolken.Heim.* einen Text zu lesen gegeben, der vielleicht als erste adäquate Reaktion auf die neue Lage begriffen werden sollte. […] Es geht um Deutschland, das heißt um die gegenwärtig laufenden Reden zum Thema. ‚Dies ist ein guter Tag für die Deutschen.' Man sollte sich nicht scheuen, das Erscheinungsdatum von Jelineks Text mit diesem in jüngster Zeit so viele Tage beschwingenden Wort zu begrüßen.³

So naheliegend und plausibel es auch scheint, *Wolken.Heim.* als Kommentar zur Lage der Nation zu lesen und auf die tagespolitischen Ereignisse zu beziehen, so muss sich vom Standpunkt des Textes diese Kontextualisierung dennoch zumindest als fraglich erweisen, zeichnet sich *Wolken.Heim.* doch gerade durch das Fehlen von zeitgeschichtlichen Markierungen, ja von raumzeitlichen Angaben überhaupt aus. Die Engführung von heterogenen Texten, Stimmen und Diskursen geht mit ihrer Isolierung von historischen Kontexten und einer raumzeitlichen Entgrenzung einher. In Jelineks Echo-Installation wird ein geschichtlich unbe-

---

2 Evelyne Polt-Heinzl. „Elfriede Jelineks verstörende Arbeit im Steinbruch der Sprache. ‚Wolken.Heim.' als Analyse historischer Gedächtnislücken". *Studia Austriaca* 9 (2001), S. 42–61, hier S. 43.
3 Georg Stanitzek. „Kuckuck". *Dirk Baecker, Rembert Hüser und Georg Stanitzek. Gelegenheit. Diebe. 3x Deutsche Motive.* Bielefeld: Haux 1991, S. 11–80, hier S. 11.

stimmter und überdeterminierter Raum evoziert, in dem deutsche Dichter mit deutschen Denkern und deutschen Terrorist/-innen in Dialog treten und mit der pathetisch vorgetragenen Rede über Heimat, Volk, Nation, Blut und Boden, Krieg, Opfertod, kurzum über den Mythos ‚Deutschland', ein ahistorisches, entpersonalisiertes Raunen erzeugen, von dem sich die zeitgenössischen Rezipient/-innen gemeint fühlten.

Das Fehlen einer zeitgeschichtlichen Markierung des Theatertextes und die gleichzeitige Suggestion eines tagespolitischen Entstehungskontexts, der in Beziehung zur deutschen Geistesgeschichte gesetzt wird, verweist auf ein Missverhältnis zwischen Gegenwart und Vergangenheit, das grundlegend für das in *Wolken.Heim.* exponierte Zeit- und Geschichtsbild ist und im Folgenden näher betrachtet werden soll. Während Jelinek zum Schluss anmerkt, dass „die verwendeten Texte [...] unter anderem von: Hölderlin, Hegel, Heidegger, Fichte, Kleist und aus den Briefen der RAF von 1973–1977" (WH, 158) sind, stellt sie dem Theatertext eine Danksagung an Leonhard Schmeiser und Daniel Eckert voran und verweist namentlich auf Schmeisers Essay *Das Gedächtnis des Bodens*.[4] Vor allem Schmeisers kulturgeschichtliche Darstellungen sind in der Forschung immer wieder als „Metatheorie"[5], „Argumentationsgerüst"[6], „intertextueller Materiallieferant und Metatext"[7] des Stückes bestimmt worden und sollen auch hier als geschichtsphilosophischer Horizont von *Wolken.Heim.* diskutiert werden.

Das Gedächtnis des Bodens ist seinerzeit in *Tumult, der Zeitschrift für Verkehrswissenschaft*, erschienen, die sich in der Ausgabe von 1987 dem Thema „Deutschland" widmet. Mit Beiträgen zur Nibelungensage, zur „Herkunft der Urahnen" und zur Identität und Differenz in Fichtes *Reden an die deutsche Nation* dominieren ideengeschichtliche und kulturanthropologische Problematisierungen der Frage nach der deutschen Identität, wobei das historische Panorama durch das – wenn auch noch zum damaligen Zeitpunkt ungewisse, doch durchaus schon denkbare – Szenario der Wiedervereinigung suggestiv (aber auch explizit in Claus-E. Bärschs Beitrag *Volk ohne Geist. Assoziationen zur Wiedervereinigung*) flankiert wird.[8] In diesem Sinne lässt sich auch Schmeisers Essay als eine dem

---

4 Vgl. Leonhard Schmeiser. „Das Gedächtnis des Bodens". *Tumult. Zeitschrift für Verkehrswissenschaft* (1987), S. 38–56.
5 Vgl. Tommek. *Der lange Weg in die Gegenwartsliteratur*, S. 536.
6 Gerda Poschmann. *Der nicht mehr dramatische Theatertext. Aktuelle Bühnenstücke und ihre dramaturgische Analyse*. Tübingen: Niemeyer, 1997, S. 282.
7 Maja Sibylle Pflüger. *Vom Dialog zur Dialogizität. Die Theaterästhetik von Elfriede Jelinek*. Tübingen: Francke, 1996, S. 203.
8 Vgl. die Artikel von Claus-E.Bärsch. „Volk ohne Geist. Assoziationen zur Wiedervereinigung", S. 201–210; Frank Böckelmann. „Die Herkunft der Urahnen", S. 5–37; Wolfgang Ernst. „Identität

aktuellen Anlass geschuldete Auseinandersetzung mit der deutschen Ideengeschichte verstehen. Schmeiser reflektiert mit dem Boden ein zentrales Motiv deutscher Nationalmythen und legt dar, dass die deutsche Ideengeschichte und politisch-nationale Mythologie bevölkert ist von „Erd-Entrückten [...], die auf ihre Wiedergeburt warten, jene[n], die auf der Erde nicht zur Ruhe kommen, als Begrabene gegenwärtig bleiben: Barbarossa, Karl der Große oder auch Fünfte, Wotan, Siegfried, Frau Venus, Frau Holda, Wedekind und andere".[9] Schmeiser zeichnet die Konstitution dieser geodynamischen Ikonographie als nationalkulturelles Imaginäres in literarischen, philosophischen, politischen und naturwissenschaftlichen Diskursen um 1800 nach – zu einer Zeit also, als die Idee einer deutschen Nation zahlreiche Befürworter in politischen und intellektuellen Kreisen fand und als Elitenprojekt forciert wurde. Durch die Rekonstruktion dieser diskursiven Urszene vermag Schmeiser zu zeigen, dass es sich bei dem nationalen Begehren um ein bereits in seinen Anfängen fragiles Unternehmen handelt, das seine eigene „geschichtliche[...] Uneigentlichkeit"[10] und Unmöglichkeit in sich trägt. Die Vorstellung eines deutschen Bodens, der Heimat untoter, ihre Wiederkehr erwartender Gestalten ist, trägt eine Differenz in die nationale zeitliche und räumliche Ordnung ein:

> Die deutsche Nation ist geteilt in Oberfläche und Tiefe, und was sich auf der Erde tummelt, ist seinem Wesen nach Repräsentant, nicht nur Abkömmling, eines Volkes, das vor Zeiten mit dem Kaiser in den Kyffhäuser zog. Der deutsche Boden bezeichnet Wesen und zugleich Differenz der Nation zu sich selbst. Einerseits bewahrt er deutsche Geschichte, besser Vorgeschichte, somit Möglichkeit zur Identität, nämlich das, was aus einer gedächtnislosen Masse ein Volk, eine Nation macht; [...] der Boden als Garant gegen mutwilliges Vergessen der Menschen. Andererseits ist gerade die Nation, in der Entrückung, in ihrer Entfremdung zur Tiefe, sich selbst entfremdet [...].[11]

In der Vorstellung einer untoten Geschichte erschließt sich der Sinn der Gegenwart nur tiefenhermeneutisch durch die Beziehung zur mythischen Vergangenheit, als deren Abbild und Wiederholung die Gegenwart erscheint. Die Imagination einer Vorgeschichte impliziert die Vorstellung von Zukunft als Nachgeschichte, die die ungetilgten Ansprüche der Vergangenheit einlöst. Nach Schmeiser zeichnet sich die deutsche Geistes- und Wissenschaftsgeschichte, aber

---

und Differenz. Johann Gottlieb Fichtes ‚Reden an die deutsche Nation'", S. 141–161; Hanswilhelm Haefs. „Von den ‚Nifl-Jungen' zum ‚Lied der Nibelungen' zum ‚Ring der nie gelungen'", S. 85–125; alle erschienen in *Tumult. Zeitschrift für Verkehrswissenschaft* (1987).
9 Schmeiser. „Das Gedächtnis des Bodens", S. 38.
10 Ebd., S. 39.
11 Ebd.

auch Kultur- und Geopolitik des neunzehnten Jahrhunderts geradewegs durch „Bemühungen um den Boden" aus, also durch „therapeutische[...] Versuche eines Zu-sich-Bringens der selbstvergessenen deutschen Geschichte in einem wehmütigen Verhältnis zu ihrer eigenen Tiefe".[12] Das romantische Symbol der blauen Blume und die mythische Figur der Alraune ebenso wie die Denkmalpolitik des Kaiserreichs ließen sich in diesem Sinne als Versuche lesen, die Aporie des nationalen Diskurses einzuholen und Oberfläche und Tiefe, Gegenwart und Vergangenheit miteinander zu versöhnen.

Wolken.Heim. knüpft in vielerlei Hinsicht – so etwa in der Auswahl seiner Intertexte – an Schmeisers Ausführungen an. Vor allem wird deutlich, dass das raumzeitliche Arrangement des Theatertextes einen Geschichtsraum im Sinne von Schmeisers Rekonstruktion der nationalkulturellen Topographie entwirft. Das chorische Sprechen, das eine „*Echostruktur* in Form von Wiederholungen, Tautologien und unterschwelligen Verschiebungen und Umformungen"[13] ausbildet, vollzieht sich in einem abstrakten Zeit-Raum-Kontinuum, das durch die Koordinaten Boden/Wolken, Tiefe/Höhe, Innen/Außen, Eigenes/Fremdes, Leben/Tod, Ewigkeit/Vergänglichkeit definiert ist. Das Wir, dessen monomanische Rede aus diesem abstrakten Raum erklingt, ist durch eine Ort- und Haltlosigkeit definiert, die immer wieder zur Artikulation kommt:

> Wie leergetrunkene Flaschen träufeln auf unsren Boden, der uns aufnimmt und, Untote, wieder ausspuckt. (WH, 141)

> Und gehen wir noch so sehr in die Tiefe, wir können uns nicht fassen und unsre Gebärden nicht. Schon längst ist und der Boden entzündet, der uns aufnimmt und wieder hergibt. Uns ist gegeben, an keiner Stätte zu ruhn. Der Boden hält uns nicht, er gibt uns wieder her. (WH, 143)

> Wir sind erdentrückt. Auf der Erde kommen wir nicht nur Ruh, noch als Begrabene bleiben wir gegenwärtig, und wir kommen wieder, wir kommen wieder! Der Boden ist unser Übergang, hinüber ans Ende der Zeiten. Das Ende der Geschichte ist uns misslungen. Sie kommt immer wieder auf uns zu, rasend auf ihren Schienen. (WH, 144)

Das Wir in *Wolken.Heim.* ist topologisch einer Tiefe („Wir kennen die Tiefe und was in ihr wächst. Wir sind es." (WH, 146)) zugeordnet, aus der es den Lebenden in einem hymnischen Ton seine Wiederkehr verkündet. Die Motive der Reinkarnation, Auferstehung und Wiederkehr verweisen darauf, dass das raunende Sprecherkollektiv in der ontologischen Sphäre des Untoten verortet ist, dabei jedoch mit dem Anspruch auftritt, seine ontologische Ambivalenz gegen einen festen

---

12 Ebd.
13 Tommek. *Der lange Weg in die Gegenwartsliteratur*, S. 536.

Platz in der Gemeinschaft der Lebenden einzulösen, vom Stadium der Latenz in den Zustand der Manifestation zu gelangen. Das semantische Feld des Reisens und des Aufbruchs, das im ersten Abschnitt von *Wolken.Heim.* lanciert wird und sich als Motiv des Wanderns („Wir Wanderer.") durch den ganzen Text zieht, bringt eine expansive Bewegung zum Ausdruck, mit der das Wir aus der Tiefe an die Oberfläche, aus der Vergangenheit in die Gegenwart drängt: „Ein schönes Gefühl, in der Nacht über unsre Autobahnbrücken zu fahren, und unten strahlt es aus den Lokalen: noch mehr Menschen wie wir! Ein heller Schein. Die Figuren, Fremde wie wir, Reisende, strömen in die Busbahnhöfe, um sich zu verteilen". (WH, 137) Vor dem Hintergrund von Schmeisers Überlegungen lässt sich dieser Chor der Untoten bestimmen als die Personifikation des national-mythischen Diskurses, der die deutsche Kultur- und Ideengeschichte durchkreuzt. Was Jelinek in ihrem Theatertext also zum Sprechen bringt, ist das Gedächtnis des Bodens selbst, die deutsche Geschichte, die eine „Geschichte der Toten [ist], die nie eigentlich gestorben seien und nie sterben könnten".[14] Diese geschichtliche Ordnung bezeichnet eine von der sozialen Zeit unabhängige Vor- und Nachgeschichte, aus der sich nationale Mythen und Identitätserzählungen speisen, die der „Herausbildung eines ‚Wir'" dienen und „Alterität [bebildern], um Identität zu festigen".[15] Indem Jelinek den Boden zum Sprechen bringt, die deutsche Geistesgeschichte als Geistergeschichte in Form eines raunenden Kollektivsubjekts auftreten lässt, verleiht sie dieser eine unheimliche Eigensinnigkeit und setzt die mythische Vorgeschichte so in eine beunruhigende Spannung zur Gegenwart. Die Oberfläche ist stets der Bedrohung ausgesetzt, durch das Eigenleben, die tektonische Aktivität des Bodens erschüttert zu werden: „Die Sicherheit und Gegründetheit der Gegenwart wird zur glücklichen und seltenen Oberfläche, in die bedrohlich immer wieder das Älteste einbricht."[16]

Die Heimsuchung der Gegenwart durch die Vergangenheit wird in *Wolken.Heim.* durch das Stilmittel der Wiederholung makro- und mikrostrukturell entfaltet: Der ganze Text ist durchzogen von Alliterationen,[17] Anaphern,[18] Epiphern,[19] Chiasmen,[20] Aufzählungen,[21] Geminationen[22] und Epizeuxes.[23] Weiterhin

---

14 Schmeiser. „Das Gedächtnis des Bodens", S. 38.
15 Herfried Münkler. *Die Deutschen und ihre Mythen*. Reinbek bei Hamburg: Rowohlt, 2010, S. 21.
16 Schmeiser. „Das Gedächtnis des Bodens", S. 41.
17 Vgl. „Wir Wanderer." (WH, 140); „Du Land der Liebe!" (WH, 148 f.); „Volk und Vaterland" (WH, 149); „Himmel der Heimat" (WH, 151).
18 Vgl. „Wir brauchen Raum. Wir brauchen Ruhm!" (WH, 140)
19 Vgl. „Aus Nichts, ins Nichts." (WH, 147)
20 Vgl. „Des Kindes Ruh ist hin, und hin ist Jugend und Lieb und Lust." (WH, 157)
21 Vgl. „Tugend, Ehre, Weib und Kind und Leben" (WH, 144).

konstituiert sich der Text über Oppositionspaare (Wort/Tat, Boden/Wolken, Eigenes/Fremdes usw.), die in ihrer Variation und Kombination das thematische Grundgerüst des Stückes darstellen. Die Wiederholungs- und Vervielfachungsstrukturen initiieren eine textuelle Bewegung, die nicht über sich hinaus verweist, sondern ein „Auf-der-Stelle-Treten"[24] bezeichnet: „Wir sind wir!" (WH, 141) In Endlosschleife wird das Gleiche variiert, kehren die gleichen diskursiven Muster, Topoi und Argumente wieder – und das sind vor allem Muster chauvinistischer Rede: Jelinek zeichnet die „Sprache der Tiefe" (WH, 149) als einen protofaschistischen Diskurs, wenn sie die deutschen Untoten mit nationalistischen Parolen, fremdenfeindlichen Äußerungen und Aufrufen zum Opfertod für das Vaterland auftreten lässt. Vor allem die Hegel-, Fichte- und Heidegger-Zitate, die weitestgehend unverändert in den Text eingegangen sind, exponieren einen chauvinistisch-rassistischen Diskurs, in dem die Identität und Überlegenheit des deutschen Wir gegenüber „Orientalen" (WH, 139), „Neger[n]" (WH, 141) und der „slawische[n] Nation" (WH, 143), ja „Fremden" überhaupt (WH, 147), behauptet wird. Diese chauvinistische Rede steigert sich dann in der zweiten Hälfte des Textes zu einem kriegsagitatorischen und -verherrlichenden Sprechgesang: „Zerstört muss werden, wenn neu geschaffen werden soll" (WH, 148), heißt es, und auch: „Wasch die Erde, dein deutsches Vaterland, mit deinem Blute rein!" (WH, 150) Der Destruktionstrieb, der dem chauvinistischen Habitus eignet, richtet sich dabei nicht nur gegen die ‚Fremden' („Und wie Furien zerstören wir Nachbarschaft, wo andre gewachsen sind. Die müssen fort!", WH, 142), sondern manifestiert sich auch in dem Diskurs des heroischen, patriotischen Selbstopfers. Eine Rhetorik der Schicksalsbejahung und Todeserotik, mit der das Wir mentale Mobilmachung betreibt, kommt vor allem in den RAF-Stimmen zum Tragen, an denen das Thema des Märtyrertods entwickelt wird.

Die in dem Theatertext verwendeten literarischen und philosophischen Intertexte sind Dokumente eines nationalen Diskurses. Die deutsche nationale Identitätsstiftung bezeichnete ein Elitenprojekt, das von Intellektuellen wie Fichte nach der Niederlage Preußens gegen Napoleon 1806 forciert wurde. Bei ihrem Versuch, eine nationale Identität zu entwickeln, griffen diese auf den romantischen Volksbegriff zurück und konnten sich in ihrem Bestreben, „vom ethnischen Ensemble des Volkes zum Ideen setzenden Stadium der Nation fortzuschreiten"[25],

---

22 Vgl. „Wie wir. Wie wir." (WH, 138)
23 Vgl. „Bis wir bei uns sind, aber dann, aber dann, aber dann, wir sind unser Ziel!" (WH, 142); „Wir wir wir! [...] Deutsche Deutsche Deutsche!" (WH, 145)
24 Janz. *Elfriede Jelinek*, S. 127.
25 Karl Heinz Bohrer. „Gibt es eine deutsche Nation?" *Politik ohne Projekt? Nachdenken über Deutschland*. Hg. Siegried Unseld. Frankfurt/M.: Suhrkamp, 1993, S. 225–235, hier S. 227.

auf Hölderlins, Schillers oder Schlegels sprachtheoretische und ästhetische Überlegungen stützen. Am Grunde des deutschen Nationalprojekts liegt also die Überblendung politischer Desiderate mit der Sphäre des Geistigen und Überzeitlichen. Die Ideen von Heimat, Volk und Nation wurden durch Begriffe wie Geist, Höhe, Tiefe, Wahrheit, Substanz, Freiheit, Ursprung oder Schicksal metaphysisch-mythologisch aufgeladen und in einem heilsgeschichtlichen Horizont, also quasi ‚in den Wolken', verhandelt. Wie in Aristophanes' Komödie *Die Vögel*, auf die der Titel von Jelineks Stück anspielt[26] und in der die Bürger Athens aus Ungenügen an der politischen Wirklichkeit in ein phantastisches Zwischenreich flüchten, war die metaphysische Stoßrichtung der deutschen Nationalidee das Ergebnis einer Kompensationsleistung: Aufgrund mangelnder realpolitischer Perspektiven versuchten die kulturellen Eliten das Deutsche metaphysisch abzuleiten und bemühten ein Narrativ von der geistigen, sprachlichen und kulturellen Gleichursprünglichkeit, Einheit und Zusammengehörigkeit der unterschiedlichen Territorien. Jelinek zeigt dieses Begehren nach nationaler Identität als eine phantastische Utopie, die sich als ein chauvinistisches Alptraumszenario erweisen sollte: Das Heim in den Wolken sollte zu einem ‚Grab in den Lüften' werden, wie in Bezug auf Paul Celans *Todesfuge* metonymisch anklingt.

Dabei wird in *Wolken.Heim.* nicht nur die nationale Idee als ein Trugbild markiert, sondern auch die idealistische Philosophie und Literatur, die die intertextuelle Grundlage des nationalen Raunens bilden, in der Tradition von Arthur Schopenhauer[27] und Friedrich Nietzsche[28] als unheilvolle Flucht ins Wol-

---

26 Bei dem Begriff ‚Wolkenkuckucksheim' handelt es sich um eine Wortneuschöpfung aus der Komödie.
27 Arthur Schopenhauer, der die Übersetzung des griechischen *Nephelokokkygia* zu „Wolkenkuckucksheim" geprägt hat, benutzt den Begriff zur Diffamierung und Abgrenzung seines Denkens von der spekulativen Philosophie: „Meine Philosophie redet nie von Wolkenkuckucksheim, sondern von dieser Welt, d. h. sie ist immanent, nicht transzendent. Sie liest die vorliegende Welt ab wie eine Hieroglyphentafel (deren Schlüssel ich gefunden habe, im Willen) und zeigt ihren Zusammenhang durchweg." Arthur Schopenhauer. „Brief an Julius Frauenstädt vom 21. August 1852". *Arthur Schopenhauer. Gesammelte Briefe*. Hg. Arthur Hübscher. Bonn: Bouvier Verlag Herbert Grundmann, 1978, S. 290 ff., hier S. 291. Vgl. auch „Weil nun also die wirkliche, erkennbare Welt es auch unsern ethischen Betrachtungen, so wenig als den vorhergegangenen, nie an Stoff und Realität fehlen lassen wird; so werden wir nichts weniger nöthig haben, als zu inhaltsleeren, negativen Begriffen unsere Zuflucht zu nehmen, und dann etwan gar uns selbst glauben zu machen, wir sagten etwas, wenn wir, mit hohen Augenbrauen, vom ‚Absoluten', vom ‚Unendlichen', vom ‚Uebersinnlichen', und was dergleichen bloße Negationen mehr sind, statt deren man kürzer Wolkenkukuksheim sagen könnte, redeten: zugedeckte, leere Schüsseln dieser Art werden wir nicht aufzutischen brauchen. – Endlich werden wir auch hier so wenig, wie im Bisherigen, Geschichten erzählen und solche für Philosophie ausgeben." Arthur Schopenhauer. „Die Welt als

kenkuckucksheim diffamiert. Als Philosophiekritik weist der Text zugleich eine Nähe zu Aristophanes' *Die Wolken* auf. *Die Wolken* ist eine Gelehrten- und Intellektuellenkomödie, in der Aristophanes gegen die zeitgenössische Sophistik, die im Stück durch die Figur des Sokrates repräsentiert wird, polemisiert und die negativen Folgen ihres Einflusses auf die Gemeinschaft auslotet. Gezeigt werden die sophistischen Intellektuellen als elitär, opportunistisch und abgehoben – sinnfällig bringt Aristophanes den sophistischen Habitus in der chorischen Figur der Wolken zum Ausdruck: „Wie die Themen der Philosophen sind auch sie windig, ungreifbar, über der Erde schwebend, abgehoben. Zugleich ändern sie ständig ihre Form, sie können einen Augenblick lang Helligkeit, also Verständlichkeit, im nächsten Dunkelheit und Undurchdringlichkeit vortäuschen."[29] Mit dem Verweis auf die antike Komödie werden die idealistischen Intertexte in *Wolken.Heim.* als Produktionsstätte von (nationalen) Mythen ausgewiesen, die sich gerade in ihrer zum Abstrakten, Spekulativen und Dunklen neigenden Diktion als anfällig für politische Instrumentalisierungen erweisen.

Wolken.Heim. führt das nationale Identitätsnarrativ als chauvinistische Phantasie vor und lässt diese als eschatologisches Projekt zugleich scheitern: „Das Ende der Geschichte ist uns misslungen." (WH, 144) Der aus der Tiefe tönende nationale Identitätsdiskurs wird flächenartig ausgebreitet, d. h. räumlich und zeitlich entgrenzt und einem apersonalen Sprecherkollektiv von Untoten in den Mund gelegt, das sich „permanent aufs Neue über ein abwesendes und identitätsloses, rein sprachlich hergestelltes ‚Wir'"[30] behauptet und so als substanzlos erweist. Der Wille zur Identität und Einheit von Tiefe und Oberfläche, Vergangenheit und Gegenwart erschöpft sich in einer selbstsuggestiven Wiederholung von Identitätsformeln („Wir sind bei uns.", „Wir sind wir." usw., heißt es immer wieder), deren gebetsmühlenartige Variation einen Leerlauf erzeugt: „Wir aber wir aber wir aber." (WH, 139) Als sprachliche Bewegung, die um eine Leere kreist und immer wieder auf sich selbst verweist, erscheint das nationale Identitätsprojekt als ein selbstbezüglicher, referenzloser Diskurs, der zur schlechten Unendlichkeit verurteilt ist. Der chauvinistische Duktus der Rede kann dabei als

---

Wille und Vorstellung. Erster Bd. Zweiter Teilband". *Arthur Schopenhauer. Werke in 10 Bd. Zürcher Ausgabe*. Zürich: Diogenes, 1977, §53, S. 345.
28 Nietzsche sollte den Begriff „Wolkenkukuksheim" in einer ähnlichen anti-idealistischen Verwendungsweise von Schopenhauer übernehmen. Vgl. Friedrich Nietzsche. „Ueber Wahrheit und Lüge im außermoralischen Sinne". *Friedrich Nietzsche. Sämtliche Werke. Kritische Studienausgabe in 15 Bänden*. Bd. 1. Hg. Giorgio Colli und Mazzino Montinari. Berlin, New York: De Gruyter, 1980, S. 873–890, hier S. 879.
29 Bernhard Zimmermann. *Die griechische Komödie*. Frankfurt/M.: Verlag Antike, 2006, S. 110.
30 Tommek. *Der lange Weg in die Gegenwartsliteratur*, S. 538.

Ursache und Wirkung der gescheiterten Identitätsstiftung gelesen werden: Das Wir konstituiert sich erst durch die Ausschließung und Stigmatisierung des Anderen und Fremden; weil jedoch die Selbstrepräsentation ohne Fremdbezug uneingelöst bleibt, das Wir eben keine Einheit, sondern Differenz in sich findet, potenziert sich der elitäre Herrenmenschen-Diskurs zu einem aggressiven Sprechgesang, wie Georg Stanitzek festhält:

> Der Geist der Einheit versucht, jede nur mögliche Unterscheidung zu ergreifen und zur Behauptung, Bestätigung und Vertiefung eben dieser Einheit zu verhalten; und die fortgesetzte Markierung derselben wächst zu einem bedrohlichen Szenario der Einkreisung zusammen und geht deshalb in die Aufforderung zu deren Sprengung über.[31]

Stanitzek bringt die Wiederholungs- und Echo-Struktur von *Wolken.Heim.* mit dem Tagesgeschehen in Verbindung: Jelinek gehe es eben darum, „Deutschland als ein Ereignis" kenntlich zu machen, „das so einmalig nicht ist, das sich vielmehr wiederholt in immer wieder ‚neuen' Versuchen, mit der Wiederholung Schluss zu machen".[32] Der Theatertext von 1988 konnte demnach die Wiedervereinigung *avant la lettre* zum Thema machen, weil das nationale Identitätsprojekt per se prozessual angelegt ist, also eine Arbeit am Mythos ‚Identität' bezeichnet. Die Kompositionsstruktur des Textes trägt nach Stanitzek genau dieser repetitiven Logik Rechnung und bringt zugleich die Aggressivität gegenüber dem Anderen zum Ausdruck, die sich durch das wiederholte Scheitern der Selbstrepräsentation einstellt. Das Stück nimmt in der Konfiguration eines expansiven, nach Ganzheit strebenden, national bestimmten Wir die Wiedervereinigung nicht etwa hellseherisch vorweg, sondern legt die sprachlich-diskursiven Möglichkeitsbedingungen des nationalen Projekts offen und problematisiert zugleich die Rolle der Kunst und Kultur als mythopoetische Instrumente.

So sehr das nationale Identitätsprojekt auch zum Scheitern verurteilt ist, so schonungslos inszeniert der Theatertext die Gewaltgeschichte, die diesem zugrunde liegt, als unabschließbar und unentrinnbar. Die Logik der Wiederkehr des Gleichen lässt keinen Raum für Veränderungen und erweckt den Eindruck des Unabwendbaren. Die Wiederholungstexturen produzieren ein Kontinuum aus Gewalt und Vernichtung, das auf die Tilgung von Alterität und Differenz abzielt. Auf intertextueller Ebene wird die destruktive Sogwirkung des chauvinistischen Diskurses anschaulich vorgeführt: Texte unterschiedlicher Provenienz werden von dem monomanischen Raunen erfasst und fügen sich in den aggressiven

---

31 Stanitzek. „Kuckuck", S. 42.
32 Ebd., S. 13.

Sprechgesang, sacken gewissermaßen zu einer „Text-Masse"[33] zusammen. Vor allem anhand von Jelineks Umgang mit den (mindestens 47) Gedichten Friedrich Hölderlins, die in *Wolken.Heim.* eingearbeitet sind und so das rhythmische Grundgerüst des Textes bilden, lässt sich die Macht des nationalen Diskurses nachvollziehen. Jelinek nimmt an den Hölderlin-Zitaten minimale Eingriffe, wie Auslassungen, syntaktisch-semantische Inversionen und Subjektwechsel (vom lyrischen Ich zum Wir),[34] vor und modelliert diese so zu einem totalitären Diskurs, der zum Rhythmusgeber der aggressiv-erhabenen Rede wird. Nur in einer geringen Zahl der Fälle findet sich in *Wolken.Heim.* „eine unverfälschte Wiedergabe des Zitats, in der Regel bedarf es entstellender Abtrennung des Kontextes oder direkter Eingriffe in den Wortlaut. Soweit die Originalzitate sich der vom Wir des Monologs repräsentierten Ausgrenzungsideologie widersetzen, werden sie entstellt, umgeschrieben, in ihr Gegenteil verkehrt".[35] Indem Jelinek eine „chorische Sprachwalze" über die Prätexte fahren lässt, die „sämtliche historischen, politischen und ideologischen Unterschiede"[36] auslöscht und – im faschistischen Sinne – eine Politik der Gleichschaltung betreibt, lässt sie das Gedächtnis des Bodens als eine untote Geschichte zutage treten, der sich nicht einmal die Dichtung zu entziehen vermag. Dabei findet die sprachliche Gleichschaltung ihre historischen Vorläufer in der Rezeptionsgeschichte des zitierten Materials: Hölderlin avancierte in Nazi-Deutschland zum „Legitimationspoeten faschistischer Ideologie"[37]; „Kleist galt der nationalsozialistischen Propaganda als ‚Trommler' für deutsche Einheit und Hegemonie" – ein Deutungsmuster, das sich „spätestens 1870/71 herausgebildet und zwischen dem hundertsten Todesjahr (1911) und dem Ersten Weltkrieg noch intensiviert"[38] hatte. Und auch Fichtes Reden wurden „in den dreißiger und vierziger Jahren affirmativ kommentiert".[39]

---

33 Kuberg. *Chor und Theorie*, S. 103.
34 Zur detaillierten Analyse von Jelineks Umgang mit den Hölderlin-Texten siehe Stefanie Kaplan. *„Fern noch tönt unser Donner." Zur literarischen Transformation der Lyrik Friedrich Hölderlins in Elfriede Jelineks* Wolken.Heim. Diplomarbeit Universität Wien, 2006. https://jelinetz2.files.word press.com/2013/02/xfern-tc3b6nt-noch-unser-donner.pdf (01. März 2022). Vgl. auch Evelyn Annuß. *Elfriede Jelinek. Theater des Nachlebens*. 2. Aufl. Paderborn: Fink, 2007, S. 175–193.
35 Polt-Heinzl. „Elfriede Jelineks verstörende Arbeit im Steinbruch der Sprache", S. 49.
36 Andreas Blödorn. „Paradoxie und Performanz in Elfriede Jelineks postdramatischen Theatertexten". *Text & Kontext* 27 (2005), S. 209–234, hier S. 218.
37 Henning Bothe. *„Ein Zeichen sind wir deutungslos". Die Rezeption Hölderlins von ihren Anfängen bis zu Stefan George*. Stuttgart: Metzler, 1992, S. 218. Vgl. auch Kaplan: *„Fern noch tönt unser Donner"*, S. 85–88.
38 Martin Maurach. „Nationalsozialismus". *Kleist Handbuch. Leben – Werk – Wirkung*. Hg. Ingo Breuer. Stuttgart, Weimar: Metzler, 2009, S. 425–427, hier S. 425.

Mit der kreisartig angelegten Kompositionsstruktur und einem intertextuellen Verfahren, das Differenz und Alterität zugunsten der Herstellung von Einheit und Identität gewaltsam tilgt, wird in *Wolken.Heim.* ein Geschichtsbild entworfen, das Züge des Posthistoire trägt: Geschichte erscheint bei Jelinek als eine unendliche Fortsetzung von nationalen Chauvinismen, Gewaltausübungen und aggressiven Ausschlüssen, die die Gegenwart unentwegt heimsuchen. Das Gedächtnis des Bodens drängt auf die Wiederholung der Vergangenheit und entwickelt in der tautologischen Selbstbeschwörung eine Sogkraft, die alles in ihren Bann zieht. Dieses Geschichtsbild der Wiederkehr des Gleichen kann als Kommentar zu zeitgenössischen politischen Entwicklungen gelesen werden: dem Aufkeimen nationalistischer und fremdenfeindlicher Diskurse am Vorabend der Wiedervereinigung, das auf die Österreicherin Jelinek, die gerade Zeugin der Waldheim-Affäre (1986–1992) geworden war, wie eine weitere Wiederauflage einer vermeintlich bewältigten Vergangenheit wirken musste.

Zugleich jedoch weicht Jelineks Stück in entscheidender Hinsicht von posthistorischen Geschichtsmodellen ab. Andreas Blödorn argumentiert, dass Jelineks Stück den Faschismus nicht nur als ein sprachliches Phänomen zeigt, das sich prinzipiell in jede Aussage einzunisten vermag, sondern die Sprache selbst als faschistisch ausweist, „denn Faschismus heißt nicht am Sagen hindern, er heißt zum Sagen zwingen".[40] Die Sprache erscheint in *Wolken.Heim.* demnach als eine überindividuelle Macht, die Individualität torpediert und „auf die Wiederholung von etwas bereits Gesagtem reduziert".[41] Tatsächlich setzt der Text eine Unentrinnbarkeit und Schicksalhaftigkeit ins Werk, die Gleichschaltung der Intertexte stellt jedoch nicht ein von diesen unabhängiges Geschehen dar. In *Wolken.Heim.* wird die intertextuelle Vereinnahmung als ein Prozess der Äquivalenzbildung und Differenztilgung im Sinne von Laclaus/Mouffes Hegemoniebegriff ausgestellt, wobei das Stück den Blick auf die Äquivalenzwerte der Intertexte lenkt, die ihre Komplexitätsreduktion überhaupt erst ermöglichen bzw. in der Rezeptionsgeschichte möglich gemacht haben. Die sprachliche Schicksalsmacht wütet nicht wahllos, sondern trifft die „Sprache der Tiefe" (WH,

---

39 Bohrer: „Gibt es eine deutsche Nation?", S. 230: „Es ist auch zu sehen, dass sich in Heideggers Sprachphilosophie, wie er sie vor allem in seiner Deutung der späten Hymnik Hölderlins in den vierziger Jahren, auf dem Höhepunkt des Zweiten Weltkrieges, formulierte, die Fichtesche Begrifflichkeit vom Urvolk und seiner Sprache wiederfindet."
40 Roland Barthes. *Leçon/Lektion. Antrittsvorlesung am Collège de France*. Frankfurt/M.: Suhrkamp, 1980, S. 19. Vgl. bei Blödorn: „Paradoxie und Performanz in Elfriede Jelineks postdramatischen Theatertexten", S. 214.
41 Blödorn: „Paradoxie und Performanz in Elfriede Jelineks postdramatischen Theatertexten", S. 221.

149), die ihrer faschistischen Aneignung nichts entgegenzusetzen vermag (vgl. Kapitel V.1.2, VI.1 und VII.2); die Wiederkehr des Gleichen ist kein Naturgesetz, sondern ein historischer Machteffekt.

Die Differenz zum posthistorischen Denken zeigt sich auch in Jelineks Bezugnahme auf den Linksterrorismus der RAF. Der Abschied vom marxistischen Fortschrittsdenken ging im Posthistoire mit einem Interesse für Phänomene des Extremen und des Ausnahmezustandes einher (vgl. Kapitel III.3). Während allerdings z. B. Baudrillard im terroristischen Akt die „letzte[...] Hoffnung auf Subversion"[42] sah, entwickelt Jelinek in *Wolken.Heim.* an den RAF-Zitaten einen Gegendiskurs, dessen Integrationsfähigkeit zur Disposition gestellt wird. Jelineks Interesse für die RAF und deren Verhältnis zur deutschen Geschichte steht damit – wie im folgenden Abschnitt zu zeigen ist – im Zeichen des (Post-)Politischen.

1.2 Vereinnahmungen und Verausgabungen – RAF und die linke Revolution

Der Einsatz der RAF-Stimmen in der theatralen Echo-Kammer der deutschen Geistesgeschichte zeichnet sich durch Ambivalenzen aus: Weder vermögen diese in dem chorischen Sprechen ganz aufzugehen noch unterminieren die RAF-Repliken den chauvinistisch-völkischen Redefluss. Fest steht, dass die „Briefe [...] anders als die übrigen verwendeten Texte"[43] klingen. Sie setzen sich grammatikalisch durch den Wechsel in die erste und zweite Person Singular, rhetorisch durch ein umgangssprachliches Register und terminologisch, wenn von Isolationshaft, Imperialismus, Produktivkräften, Intensivstationen, Revolution, Propaganda usw. gesprochen wird, von dem Sprecherkollektiv ab. Vereinzelt und isoliert sind die RAF-Stimmen jedoch nicht nur im Hinblick auf ihre grammatikalische, rhetorische und terminologische Andersheit. Isolation bzw. Isolationshaft und Vereinsamung stellen auch den zentralen Gegenstand der Rede dar:

> Oder diese unerträglichen Entzückungen, dieser ganze Betrug, in den ein Mensch sich in der bisherigen Gesellschaft flüchten musste – Himmel, Beichte, Sekte, eben weil er eine Seele hat, im Unterschied zum Affen denkt, und wo er sich genau nur verlieren, sich selbst betrügen, entfremden, zum Schwein, zum Ekel werden konnte. In der Isolation der Folter ganz nackt: Mensch und Imperialismus, was sich ausschließt. (WH, 150)

> Der Wille ist eben kein Besitz, er ist der Motor. Er wird stark, was er werden muss, dadurch dass man kämpft. Du musst es dir jeden Tag der Maschine abringen. Es ist unerträglich und

---

42 Blask. *Jean Baudrillard zur Einführung*, S. 51.
43 Evelyn Annuß. „Zwangsleben und Schweigen in Elfriede Jelineks *Wolken.Heim.*". Sprache im technischen Zeitalter 153 (2000), S. 32–49, hier S. 37.

> es ist schwieriger, wenigstens die ersten Tage auszuhalten als wirklich jede vorstellbare Aktion – weil sie eben alles haben und du nichts. (WH, 154 f.)

Die Repliken der RAF-Terrorist/-innen zeichnen sich durch eine antithetische Struktur und dialektische Logik aus, die das Organisationsprinzip des Theatertextes widerspiegelt, das in der Gegenüberstellung von ‚sie' und ‚du', Gesellschaft und Mensch, Imperialismus und Mensch, Allgemeinem und Besonderem eine Variation und zugleich Zuspitzung erfährt. Lässt sich jedoch bis dato das Bestreben, einen homogenisierenden, Vergangenheit und Gegenwart, Tiefe und Oberfläche versöhnenden Identitätsdiskurs zu stiften, als Movens der Textbewegung ausmachen, wird nun anhand der Stimmen der RAF kontrapunktisch eine Position entwickelt, von der aus Möglichkeiten und Bedingungen des Gegendiskurses: der „Gegengewalt" (WH, 150) und „Gegenpropaganda" (WH, 153) verhandelt werden. Dabei wird mit der Auswahl von RAF-Zitaten, die vor allem die Isolationshaft, den Hungerstreik und die Zwangsernährung der Gefangenen zum Gegenstand haben, das isolierte, auf seine Körperlichkeit bzw. sein körperliches Leiden reduzierte und seiner Sprache verlustig gewordene Individuum als Medium des Widerstandes geltend macht: „Und dieses vernichtende Schweigen – der Körper schreit natürlich, der Schlauch wird ihm in den Rachen gestoßen – dieses Schweigen, das den Folterer vernichtet!" (WH, 152)

Es ist kein Zufall, dass Jelinek im letzten Drittel des Textes den Körper als Residuum des Widerstandes gegen ein entkörperlichtes, selbstbezügliches Sprechen ins Feld führt und „zu seinem Recht kommen"[44] lässt, bezeichnet dieser doch das Verdrängte und den „Abfall"[45] idealistischer Weltanschauungen und Denktraditionen, die in *Wolken.Heim.* zitiert und kritisch ausgestellt werden. Mit Hegel, Fichte, Heidegger und Hölderlin rekurriert Jelinek auf eine Denktradition, die den Ursprung der Wirklichkeit im Geistigen und Ideellen (Denken, Bewusstsein, Ideen usw.) verortet und zum Ausschluss des Materiellen und Empirischen tendiert. Das Skandalon des Körpers besteht für das idealistisch-spekulative Denken darin, dass dieser in seiner Sterblichkeit und Gebrechlichkeit mit dem Konzept der reinen Vernunft und transzendentalen Freiheit, also Unabhängigkeit des Geistes von der empirischen Realität inkompatibel ist und als heteronomes Prinzip das Postulat der Autonomie durchkreuzt. In Jelineks Theatertext wird der Körper als Widerstand gegen den chauvinistischen Diskurs, aber eben auch als

---

[44] Ebd., S. 39.
[45] Ebd.

Objekt der Gewalt,[46] die von diesem ausgeht, dargestellt. Der nackte, schreiende, gemarterte und penetrierte Körper erscheint als Kippfigur, in der sich Bilder des RAF-Hungerstreiks und der NS-Konzentrationslager einfinden, wenn die Zwangsernährung der RAF-Gefangenen durch Schläuche mit den Giftgas-Schläuchen der KZ-Gaskammern assoziiert wird:[47] „Auf die Intensivstationen – also in diesen dreckigen Kreislauf, in dem die Phasen sicher immer kürzer werden, von Infusionen, von Maschinerie. Dann wieder durch den Schlauch den Schlauch den Schlauch in die jahrelange Isolation, in den Verrat?" (WH, 152) Auch hier findet eine Überblendung unterschiedlicher Zeitebenen statt, die vergangene Gräueltaten in Bezug zur Gegenwart setzt und so ein Gewaltkontinuum herstellt. Dabei rekurriert die literarische Analogiebildung auf die Selbstwahrnehmungen und -darstellungen der RAF-Gefangenen und ihre Identifikation mit den Opfern des NS-Regimes:

> der politische begriff für toten trakt, köln, sage ich ganz klar ist das gas. meine auschwitz-phantasien dadrin waren, kann ich nur sagen, realistisch.[48]
>
> Unterschied toter Trakt und Isolation: Auschwitz zu Buchenwald. Der Unterschied ist einfach: Buchenwald haben mehr überlebt als Auschwitz. [...] Wie wir drin ja, um das mal klar zu sagen, uns nur wundern können, dass wir nicht abgespritzt werden.[49]

In der Auswahl, Verwendung und Anordnung der RAF-Zitate zeigt der Theatertext die größte intertextuelle Werktreue, wird doch der kommunikative Gehalt der Zitate relativ authentisch wiedergegeben. *Wolken.Heim.* bildet das Selbstverständnis der terroristischen Gruppierung als linke Avantgarde und letzte Instanz des politischen Widerstands des Einzelnen in seiner versehrten Körperlichkeit gegen die Masse ab.

Jelineks Stück erschöpft sich jedoch nicht darin, den linken Terrorismus als Gegendiskurs zu etablieren und in seiner Programmatik zu rekonstruieren, sondern verortet die Widerrede in dem deutschnationalen Geschichtsraum und eröffnet durch die Rekontextualisierung eine andere Perspektive auf dieses Kapitel der deutschen Nachkriegsgeschichte. Die Aufstellung der RAF-Stimmen im letzten

---

46 Evelyn Annuß liest Jelineks Bezugnahmen auf die staatliche Zwangsernährung der RAF-Terrorist/-innen mit Giorgio Agambens Figur des *homo sacer*. Vgl. Annuß. *Theater des Nachlebens*, S. 232–237.
47 Vgl. dazu auch ebd., S. 244 f.
48 Pieter Bakker Stut (Hg.). *das info. Briefe von Gefangenen aus der RAF 1973–1977.* Hamburg: Neuer Malik Verlag, 1987, S. 21. Bei diesem Zitat handelt es sich um einen Kassiber von Ulrike Meinhof.
49 Gudrun Ensslin zitiert nach Stefan Aust. *Der Baader-Meinhof-Komplex.* Hamburg: Hoffmann und Campe, 1997, S. 293.

Drittel des Theatertextes weist diese als Schluss- und Höhepunkt einer historischen Entwicklung aus, setzt sie zugleich jedoch auch in ein agonales Verhältnis zur Tradition. Der Konflikt zwischen Vergangenheit und Gegenwart wird dabei auf der Gegenstandsebene als Generationenkonflikt konkretisiert: Von „Junge[n]" (WH, 151), „Jünglinge[n]" (WH, 152), Söhnen und „Göttersöhne[n]" (WH, 153) ist die Rede, die von der untoten Vergangenheit bedrängt werden und aufgefordert sind, sich zu den Vätern (vgl. WH, 152) und dem „sehr alte[n] Gesetz" (WH, 152) zu verhalten. Vor allem anhand der RAF-Texte wird das Szenario der „äußerste[n] Defensive, totale[n] Einkreisung" (WH, 152f.) und Heimsuchung der jüngsten Vergangenheit und Zeitgeschichte durch das deutschnationale Raunen der Tiefe gestaltet:

> Es kehrt das Verhältnis von Leben am Licht und unterirdischem Tod sich um. Unsere Leichname rücken an die Oberfläche und erinnern an die Verwesung einstiger Herrlichkeit. *Und viele Junge müssen dafür in die Tiefe*, zu uns, die Geschichte stieß ihre Knochen von sich, jetzt liegen sie still, noch vor ihrer Zeit. Und sie werden mehr, wir sind ein haufenweises Volk. Sobald einer wie ein Hund liquidiert werden kann, bleibt ihm nur noch übrig, mit allen Mitteln sein Gewicht als Mensch wiederherzustellen. *Komm, ins Offene, Freund, komm in die Erde! Sei bei uns! Lass dich festschnallen und Nahrung durch den Schlauch fließen! Nur herunter zu uns, und eng schließet der Himmel uns ein.* Trüb ist es heut, es schlummern die Gäng und die Gassen, und fast will mir scheinen, es sei, als in der bleiernen Zeit. (WH, 151) [meine Hervorhebungen, I. H.]

Zum Ende des Textes bildet sich stellenweise eine rudimentäre Dialogizität zwischen Jung und Alt, „Neue[m], und vorher nie Dagewesene[m]" (WH, 149) und Überliefertem, zwischen Lebenden und Toten, Oberfläche und Tiefe, Vergangenheit und Gegenwart aus. Der Chor der deutschen Untoten redet auf die ‚Jungen' ein und versucht, sich dieser zu bemächtigen: „Sei bei uns! Lass dich festschnallen und Nahrung durch den Schlauch fließen! Nur herunter zu uns". Es wird also deutlich, dass Jelinek hier anhand einer konkreten historischen Protestbewegung, der studentischen Revolten und ihrer Radikalisierung im linken Terror, die Möglichkeit einer Überwindung der verheerenden Wiederholung verhandelt. Jedoch wird die verbindliche, eindeutige Individuation und Elaboration einer konsequenten Gegenposition verhindert, weil sich in der Echo-Installation von *Wolken.Heim.* der Ursprung, die Zuständigkeiten und Referenzen der Rede verlieren und die Projektion der Intertexte auf ein gemeinsames Plateau mit ihrer Homogenisierung und Neutralisierung einhergeht. Die ansatzweise vorhandene dialogische Struktur löst sich immer wieder zugunsten der monologischen Rede auf; die in den Text eingearbeiteten RAF-Zitate gehen zunehmend in das Sprecherkollektiv über; die Revolte verliert sich im Geschichtsraum:

1 Geschichte und Widerstand (*Wolken.Heim.*, *Ulrike Maria Stuart*) — 109

> Die Schmerzen, weiß nicht so genau, bei Widerstand kommen sie dann hin. Und lässt dich und die Prozedur begutachten, was wollt ihr schon wieder beweisen? Den dünnen Schlauch wegen den hohen Tieren, die da waren, durchgesetzt, das werden die sein, die den Wasserentzug anordnen. Das tut weh! Es tut weh! Uns wollen sie nicht! Die Bäume verlassen ihre Plätze. Doch wir bleiben hier, wir gehören hierher. Des Kindes Ruh ist hin, und hin ist Jugend und Lieb und Lust. Doch du, mein Vaterland! Bist heilig Duldendes, siehe, du bist geblieben. Still sind wir vor dem Schicksal. Und bleiben. Zu lieben gemacht, zu leiden. Hier! (WH, 157)

Bei diesem letzten in *Wolken.Heim.* vorkommenden RAF-Zitat werden die Rede vom Widerstand und die Schmerzbekundungen fast nahtlos in Hölderlins Gedicht *Rückkehr in die Heimat* überführt, wodurch die Vereinnahmung des Gegendiskurses durch das nationale Raunen, das von den Hölderlin-Zitaten rhythmisch getragen wird, zum Abschluss kommt. In der Textmontage wird jedoch nicht nur das Scheitern eines Gegendiskurses durchgespielt, sondern es werden auch die Möglichkeitsbedingungen der Verschmelzung von Rede und Gegenrede offengelegt. Im Zuge der bedrohlichen Einkreisung der RAF-Stimmen, die die Isolationshaft der Terrorist/-innen widerspiegelt, wird die Sprache des körperlichen Leidens immer wieder mit einem heroisch-„triumphalen Voluntarismus" überschrieben, der mitunter Züge einer „,Triumph des Willens'-Ideologie"[50] annimmt und gleichfalls zum festen Bestandteil des nationalen Mythenrepertoires gehört („Zu lieben gemacht, zu leiden.") – was die Synchronisation der RAF-Stimmen mit den idealistischen, protonationalistischen Texten letztlich auch so einfach macht:

> Fragst du mich im allgemeinen, wie der Kampf enden wird? Ich antworte: mit dem Sieg. Fragst du mich aber im besonderen, dann antworte ich: mit dem Tod. (WH, 150)

> Und kein Kämpfer hört auf. Und auch, wenn du die Knarre nicht mehr halten kannst, entlässt dich der Kampf um revolutionäre Politik nie. (WH, 151)

> Der Wille ist eben kein Besitz, er ist der Motor. Er wird stark, was er werden muss, dadurch dass man kämpft. (WH, 154)

Die durch den Theatertext angezeigte sprachliche Verbindung des linken Terrors zur deutschen Geschichte ist in der Forschung umfassend diskutiert worden:

> Als wäre der Geist ihrer Elterngeneration, dem sie hatten entkommen wollen, gebündelt in sie zurückgeschlüpft in einer umgedrehten Exorziation, als wären ihre Körper, vom Hunger und Durst ihres Streiks ausgezehrt, über alle Maßen geschwächt, nicht mehr in der Lage

---

50 Dorothea Hauser. „,Das Stück, das Tanten Typen voraus haben'. Zur Beziehung von Ulrike Meinhof und Gudrun Ensslin". *Ulrike Maria Stuart von Elfriede Jelinek. Uraufführung am Thalia Theater Hamburg in der Inszenierung von Nicolas Stemann.* Hg. Ortrud Gutjahr. Würzburg: Königshausen & Neumann, 2007, S. 39–52, hier S. 48 und 50.

gewesen, dem deutschen Horror, der am Grund ihres Wesens abgespeichert lag, länger einen Widerstand entgegenzusetzen, als wäre er über sie gekommen, aufgejagt von Injektionen der Bundesstaatsanwalt und des BKA, und sie zu Puppen konvertiert, die, wie in einem Syberberg-Film, ungewollt die Grundlagen der eigenen Geschichte ausspucken.[51]

Wenn sie ‚*Hitlers Children*‘ waren, dann gerade in diesem (nur allzu deutschen) Sinne. Indem sie einer Welt von Feinden den totalen Krieg erklärten, wollten sie etwas ‚wiedergutmachen‘ – und unterlagen tatsächlich einem blinden Wiederholungszwang, bis hin zu ihrem kollektiven Selbstmord im Bunker, der (furchtbar, es auszusprechen) Züge von *Mimikry* trug. Der ‚deutsche Herbst‘ 1977 war offenkundig eine ferne Replik auf die nebligen Untergänge des April 1945. Diese psychischen Dispositionen sind sicherlich nur aus einem mit mörderischen Phantasien geladenen Konflikt *zweier* Generationen heraus zu verstehen. Keine Frage, dass die zur überdimensionalen Bedrohung des Staates aufgeblasene ‚Baader-Meinhof-Bande‘, die sich wie zum Hohne auch noch ROTE ARMEE FRAKTION nannte, an trübste Tiefenschichten in der Kriegsgeneration rührte und dass sich an den steckbrieflich Gesuchten Vernichtungswünsche konkretisierten, die der radikalen Jugendbewegung insgesamt galten.[52]

Das dialektische Verhältnis der RAF zur deutschen Geschichte als zugleich Opfer der unbewältigten Vergangenheit und Wiedergänger der Tradition bringt *Wolken.Heim.* vor allem auf der sprachlichen Ebene zum Ausdruck: Die manichäische Logik, die zum radikalen Pathos neigende Sprache und selbstbezügliche, tautologische Argumentation („Der Inhalt ist Kampf ist Kampf.", WH, 153) der Isolationshaft replizieren den Duktus des idealistisch-nationalistischen Identitätsdiskurses. Jelineks Markierung der RAF-Zitate als ideologisierte Rede und ihre Einschreibung in die deutsche Geistesgeschichte orientieren sich dabei an der Tonlage der verwendeten Quellen und bringen so den totalitären und „‚nationale[n]‘ Subtext der Revolte"[53] zur Sprache, denn „[t]atsächlich findet man in den Briefen [der RAF] Heimsuchungen durch das Erbe des deutschen Idealismus, durch das Ver-Schweigen und die untote Lingua Tertii der Elterngeneration".[54] So weist Gerd Koenen auf das Vorhandensein totalitärer Denkfiguren,[55] die „vollkommen geschlossene[...], selbstreferentielle[...] Argumentation" und den „Ob-

---

[51] Klaus Theweleit. „Bemerkungen zum RAF-Gespenst. ‚Abstrakter Radikalismus‘ und Kunst". *Ghosts. Drei leicht inkorrekte Vorträge*. Frankfurt/M., Basel: Stroemfeld/Roter Stern, 1998, S. 13–99, hier S. 57 f.
[52] Gerd Koenen. *Das rote Jahrzehnt. Unsere kleine deutsche Kulturrevolution 1967–1977*. 5. Aufl. Frankfurt/M.: Fischer, 2011, S. 390 f.
[53] Ebd., S. 389.
[54] Annuß. „Zwangsleben und Schweigen in Elfriede Jelineks *Wolken.Heim*", S. 42.
[55] Gerd Koenen. „Camera Silens. Das Phantasma der ‚Vernichtungshaft'". *Die RAF und der linke Terrorismus*. Bd. 2. Hg. Wolfgang Kraushaar. Hamburg: Hamburger Edition, 2006, S. 994–1010, hier S. 1007.

skurantismus"⁵⁶ der Rede in den RAF-Kassibern hin. Klaus Theweleit diagnostiziert eine „Sprachverengung, Denkverengung", die in einem „‚abstrakten Radikalismus'"⁵⁷ mündet. Sakine Weikert führt aus, dass die „anfängliche Sprachvirtuosität sowie die Verbindung von Gesellschaftstheorien und politischen Idealen [...] einer immer radikaleren, vulgären und autoritären Sprache: der Sprache der Gewalt"⁵⁸ wichen. Auch Dorothea Hauser stellt fest, dass im „Stammheimer Gefängnis die pathetische Selbstreferentialität des Kollektivs RAF sich gänzlich in bizarrer Mystik verlor", nicht zuletzt weil „in der Entscheidung zum bewaffneten Kampf in der Bundesrepublik von Beginn an eine quasi-religiöse Selbstbezüglichkeit enthalten"⁵⁹ war.

Die RAF-Stimmen sind als Gegendiskurs konzipiert, den der Text jedoch sprachlich implodieren lässt. Ausgehend von den literarischen und philosophischen Prätexten konstruiert Jelinek ein apodiktisches, um sich selbst kreisendes Sprechen, das sich durch ein binäres Denken und manichäisches Weltbild auszeichnet. Die Tragik der Widerrede besteht darin, dass sie ihr Abgewehrtes, die chauvinistische Tradition, nicht hinter sich zu lassen vermag. Der Bruch mit der Geschichte gelingt nicht, weil der Bruch mit der Sprache und den Ideen, die diese transponiert, nicht vollzogen wird.

Ungefähr 20 Jahre nach *Wolken.Heim.* sollte sich Jelinek mit *Ulrike Maria Stuart* noch einmal der RAF und ihrer (populär-)kulturellen Rezeption annehmen – wenn auch mit einer auffälligen Neugewichtung: Jelinek lässt in Anlehnung an Friedrich Schillers Trauerspiel *Maria Stuart* (1800), das neben Büchners Revolutionsdrama *Dantons Tod* (1835) und William Shakespeares Königsdramen den zentralen intertextuellen Bezugspunkt des Stücks bildet, die Stimmen von Gudrun Ensslin und Ulrike Meinhof aufeinandertreffen⁶⁰ und ergründet die Machdynamiken sowie das Revolutionsverständnis der RAF aus einer gendertheoretischen Perspektive. Während in Ulrikes Stimme, die sich „im Motiv des ständigen

---

56 Koenen. *Das rote Jahrzehnt*, S. 400.
57 Theweleit. „Bemerkungen zum RAF-Gespenst", S. 35.
58 Sakine Weikert. *„entweder Schwein oder Mensch". Sprache und Gewalt in den Texten der RAF.* Bremen: Institut für Kulturwissenschaftliche Deutschlandstudien, 2012, S. 9.
59 Hauser. „‚Das Stück, das Tanten Typen voraus haben'", S. 40.
60 Selbstredend kann bei Jelinek auch in diesem Stück keinesfalls von Figuren gesprochen werden, vielmehr von Figurenevokationen oder „Assoziationsfiguren" Ulrike Meinhof und Maria Stuart, Gudrun Ensslin und Königin Elisabeth I. sowie von „gemorphte[n]" Figuren Ulrike/Maria und Gudrun/Elisabeth. Vgl. Ortrud Gutjahr. „Königinnenstreit. Eine Annäherung an Elfriede Jelineks *Ulrike Maria Stuart* und ein Blick auf Friedrich Schillers *Maria Stuart*". *Ulrike Maria Stuart von Elfriede Jelinek. Uraufführung am Thalia Theater Hamburg in der Inszenierung von Nicolas Stemann.* Hg. dies. Würzburg: Königshausen & Neumann, 2007, S. 19–35, hier S. 23.

Schreibens [an die] Figur der Autorin"[61] annähert, die „tiefe Verzweiflung über die Spannung zwischen Geist und Tat"[62] zum Ausdruck kommt, werden an Gudruns Repliken die aus *Wolken.Heim.* bekannte autoritäre Diktion sowie der Diskurs der heroischen Selbststilisierung entfaltet. In ihrer Ansprache an Ulrike kehren die leeren „Wir"-Formeln des national-chauvinistischen Raunens mitsamt der Ausgrenzung und Degradierung der Anderen wieder: „denn wir sind die Gruppe, wir wir wir! Und du bist gar nichts, du bist ohne die Gruppe eine Null, ein Nichts, das weißt du auch." (UMS, 124) Der Theatertext lässt keinen Zweifel daran aufkommen, dass dieses aggressive, „Automat"-hafte Sprechen, „nur immer Fotze Fotze Fotze sagen" und „brüll brüll brüll" (UMS, 35), tötet, Ulrike in den Selbstmord treibt: „Sie töten mich. Der Staat muss gar nichts tun. Sie töten mich schon selbst, die Genossen, debattieren klassisch, und dann töten sie." (UMS, 39)

Der Theatertext zeigt die RAF um Gudrun Ensslin nicht nur als sprachliche Erben einer deutschen Geschichte, die die Kontrolle über ihr Handeln verloren haben (im intertextuellen Anschluss an Büchners *Dantons Tod* heißt es immer wieder, die Revolution fresse ihre Kinder, vgl. UMS, 41 und 47), sondern verhandelt auch die Hinterlassenschaft der terroristischen Revolte. Ulrike und Gudrun treten nicht nur als biologische Mütter, die ihre Kinder zurückgelassen haben, in Erscheinung, sondern auch als geistige Mütter der linken Revolution ohne legitime Nachkommen. Im ersten Teilstück entspinnt sich eine rudimentäre Dialogizität zwischen Ulrike, den Prinzen im Tower, die Ulrike als Mutter der linken Protestbewegung adressieren und als „Assoziationsgruppe ‚junge Generation'"[63] angelegt sind, und dem Chor der Greise, der das (männliche) Urteil der Geschichte über die RAF spricht. Der Chor der Greise erklärt die Revolte zu einer „Totgeburt" (UMS, 18), der kein legitimer Ort in der linken Geschichtsschreibung zugesprochen werden kann:

> eure Mutter, ihre Theorien sind nur auf Sand gebaut, wahrscheinlich hat sie keine und behauptet alles, ohne vorher auch nur einmal nachzudenken, [...], die spinnt wohl, so ist das mit den Fanatikern [...]. (UMS, 12f.)

> doch wir können jetzt schon sagen, daß der Terror eurer Leute und die radikalste Spielart, euer Terrorismus, nicht als sozialistisch angesehen werden kann, nein, das ist keine linke Politik, im Gegenteil, Gefährdung linker Politik, Gefährdung ihrer eignen Existenz- und Handlungsmöglichkeiten, was wollten wir gleich sagen außer dieser Binsenweisheit? (UMS, 26)

---

61 Inge Arteel. „Ulrike Maria Stuart". *Jelinek Handbuch.* Hg. Pia Janke. Stuttgart, Weimar: Metzler, 2013, S. 179–181, hier S. 180.
62 Hauser. „‚Das Stück, das Tanten Typen voraus haben'", S. 40f.
63 Gutjahr. „Königinnenstreit", S. 24.

Dieses Urteil geht mit einem Anspruch auf politische Vereinnahmung der nachfolgenden Generationen einher: „Wir alte Leute haben das vorhergesehen und holen euch heim" (UMS, 21), spricht der Chor der Greise, einen Heimatdiskurs anstimmend, der mit einer biografischen Konstellation überblendet wird. Ulrike Meinhofs Ex-Ehemann Klaus Peter Röhl hatte die gemeinsamen Kinder gegen den Willen der Mutter, der das Sorgerecht zugesprochen war, im Herbst 1970 zu sich geholt. Röhl, Herausgeber des Magazins *Konkret*, war wie Meinhof als Meinungsführer der außerparlamentarischen Opposition in Erscheinung getreten, hat sich in den 1980er Jahren jedoch zunehmend nationalliberalen Positionen angenähert und später in Sammelschriften wie *Die selbstbewusste Nation* (1994) und Medien wie der *Preußischen Allgemeinen Zeitung* publiziert. In *Ulrike Maria Stuart* spielen die Lobpreisungen Deutschlands und der Wiedervereinigung in dem Chor der Greise auf diese politische Umkehr an: „wir Alten glauben nur an Deutschland so wie früher, an sonst nichts." (UMS, 22) Dabei wird herausgestellt, dass sich die Nachfolgegenerationen (politisch-ideologisch) auf die Seite der Väter geschlagen haben: „Jetzt haben euch die Väter, […]" (UMS, 29) – die sprachlich-diskursiven Grundlagen für diese Vereinnahmungen wurden allerdings durch die RAF selbst gelegt.

Die Verausgabung des linken Revolutionsdiskurses wird in *Ulrike Maria Stuart* auch als ideologische Implosion thematisiert, die auf einen Zustand des Postpolitischen verweist. Die Stimme der Nachkommen moniert, dass es „dreißig Jahre später" keine „repressiven ideologischen Apparate" mehr gibt und „Illegalität ganz ausgestorben" ist, weil der Kapitalismus ideologisch hegemonial geworden ist, politische sowie private Rückzugsräume durchdrungen hat und „dessen Gegner [somit], die auf ewig, ohne je befreiendes Gebiet erreicht zu haben, heimatlos geworden sind" (UMS, 42). Dabei wird die Frage aufgeworfen, inwiefern die Entwicklung des linken Denkens in den 1960er und 1970er Jahren dem Siegeszug des Kapitalismus nicht zugearbeitet hat. Die entsprechenden Transformationen werden vor allem durch die Stimme von Gudrun Ensslin reflektiert, die die Abkehr von der Theorie des Klassenkampfes zum antiimperialistischen Befreiungskampf proklamiert:

> Sie ist tot, die, wie sag ichs schonend: die, ach ja, so nennt man sie: Arbeiterklasse. (UMS, 69)
>
> Der brave Arbeitsvater, Arbeitgeber, der ihm all die Arbeit gibt, der hat als erster auf ihn drauf, die Gesellschaft haut sich dann als Ganzes drüber, das Proletariat bei uns verbürgerlicht, um zu entkommen, und zwar auf Kosten ausschließlich der Dritten Welt, ein Preis, den eben wir nicht zahlen wollen, nein, wir zahlen nichts, wir lassen andre zahlen, welche Auschwitz nicht verhindert haben, was? (UMS, 103)

Dorothea Hauser hat für die RAF ein Nebeneinander von Denkweisen der Alten und Neuen Linken ausgemacht, das paradigmatisch für die Zeit ist und auch im literarischen Feld zu Spannungen und Umstrukturierungen – so etwa in der Konkurrenz der Autorpositionen von Hans Magnus Enzensberger und Peter Weiss[64] – geführt hat. In der terroristischen Gruppe wird die historische Schwellensituation im Machtkampf zwischen Ulrike Meinhof und Gudrun Ensslin greifbar: Meinhofs „Herkunft aus der illegalen KPD, der sie zeitlebens treu blieb, ihr traditioneller Antifaschismus ließ sich nur teilweise mit Gudruns Ensslins voluntaristischer Vorstellungswelt in Einklang bringen, die das Proletariat längst abgeschrieben hatte."[65] Meinhof habe als öffentliches Sprachrohr der RAF zwar versucht, „über die dezidiert nationale Seite ihres traditionellen DDR-Antifaschismus eine Brücke zum existentialistischen Antiimperialismus der RAF zu finden", doch gibt Hauser zu bedenken, dass dieser „Anverwandlung" Grenzen gesetzt waren: „[...] Meinhofs marxistischer Determinismus stand quer zum triumphalen Voluntarismus der RAF, die nicht Klassenkampf, sondern Befreiungskampf, vor allem aber Selbstbefreiung wollte."[66]

Vor diesem Hintergrund lässt sich differenzieren, dass *Wolken.Heim.* die sprachlich-ideellen Verbindungen der RAF zur deutschen Geschichte eruiert, genauer gesagt den heroischen Voluntarismus der Isolationshaft in den Kontext der national-chauvinistischen Herrenideologie stellt. In *Ulrike Maria Stuart* wird das Thema der sprachlichen Gewaltgeschichte weiterverfolgt, darüber hinaus der „subjektivistische[...] Turn"[67] der Revolte in seiner antikapitalistischen Tragweite befragt. Der Theatertext perspektiviert die kapitalistische Konsummentalität und die mediale Selbstdarstellung der RAF als Realisationsformen von Gudruns Individualitäts- und Freiheitsbehauptungen: „endlich erkannt man uns, erkannt sind wir von allen, nur nicht von den Massen, denn die sind blind. Wir müssen irgendwann mal wieder rauskommen aus diesen schicken Läden, aber aus den Massen müssen wir herausragen wie unsere Lederjacken oder Babys schnelle Autos." (UMS, 79) Dieses Aufgehen des revolutionär-existentialistischen Habitus in der kapitalistischen Konsum- und Medienkultur erinnert an Boltanskis und Chiapellos These vom Geist des Kapitalismus, dem es im zwanzigsten Jahrhundert immer wieder gelungen ist, Kritik zu verinnerlichen und dadurch zu neutralisieren (vgl. Kapitel III.2). Die RAF-Stimmen sind deutlich als Einspruch gegen die kapitalistische Hegemonie angelegt, der jedoch im Fall von Gudrun nicht mehr von den angeprangerten Gewaltverhältnissen abgegrenzt werden kann und die

---

64 Vgl. Tommek. *Der lange Weg in die Gegenwartsliteratur*, S. 102–122.
65 Hauser. „Das Stück, das Tanten Typen voraus haben"', S. 44 f.
66 Ebd., S. 48.
67 Ebd., S. 49.

kapitalistischen Konsum- und Ausdrucksformen internalisiert hat, im Fall von Ulrike einen resignativen Ton einschlägt: „er führt zu nichts, der Aufwand führt zu nichts, es ist vergeblich, [...], ich gebe auf." (UMS, 48) Damit wird in *Wolken.Heim.* und *Ulrike Maria Stuart* in der Verflüchtigung eines Gegendiskurses ein Szenario des Postpolitischen entworfen, das in anderen Texten der Autorin an den Herausforderungen linker Kapitalismuskritik im einundzwanzigsten Jahrhundert entfaltet wird.

2 Kapitalismus und Kritik (*Die Kontrakte des Kaufmanns*, *Rein Gold*)

2.1 Ökonomie im Gegenwartstheater – Tendenzen und blinde Flecken

Seit Beginn ihrer Karriere hat sich Elfriede Jelinek als eine politische Autorin positioniert, die sich mit Fragen ökonomischer Ungerechtigkeit, mit sozialen Missständen sowie Phänomenen des ideologischen gesellschaftlichen Überbaus (der „gesellschaftlichen Väter oder Über-Ichs"[68]) beschäftigt. In ihren früheren literarischen Arbeiten reflektiert die Autorin ökonomische Macht- und Ausbeutungsverhältnisse, die sie in *Die Liebhaberinnen* (1975), *Was geschah, nachdem Nora ihren Mann verlassen hatte* (1979) oder auch in *Lust* (1989) als geschlechtliche Gewaltverhältnisse markiert, und lenkt zugleich in Romanen wie *Michael. Ein Jugendbuch für die Infantilgesellschaft* (1972) oder *Die Ausgesperrten* (1980) den Blick auf Überbauphänomene wie Werbung, Fernsehen und Kunst, die die Herrschaftsstrukturen der bürgerlichen Klassengesellschaft verwalten und legitimieren. Auch in neueren Theatertexten bringt die Autorin Fragen des Chauvinismus und Rassismus, der Geschlechterbeziehungen und der sozialen Gewalt stets mit Fragen der Ökonomie in Verbindung. Darüber hinaus produziert Jelinek aber auch Stücke wie *Die Kontrakte des Kaufmanns* (2009) und *Rein Gold* (2012), die das kapitalistische Wirtschafts- und Gesellschaftssystem als solches in den Blick nehmen und die Möglichkeiten seiner Subversion verhandeln.

Die Kontrakte des Kaufmanns haben eine enorme Rezeption erfahren und wurden allein bis 2013 (einschließlich der Uraufführung am Schauspielhaus Köln 2009) an 22 Theatern europaweit aufgeführt. Ausgangspunkt des Theatertextes sind die Finanzskandale um die österreichische Gewerkschaftsbank BAWAG und

---

[68] Helmut Schneider und Elfriede Jelinek. „Hoffentlich kein Anlass für bloße Greuelberichterstattung. SN-Gespräch mit der Autorin Elfriede Jelinek über Theater Österreich, die EU und das Fremde". *Salzburger Nachrichten* (21. April 1994).

die Meinl-Bank, die sich am Vorabend der Weltfinanzkrise 2007 ff. ereigneten: Im Zuge der Pleite des US-amerikanischen Derivatehändlers Refco wurde 2006 bekannt, dass die BAWAG, die sich mit 10 % ihres Kapitals an Refco beteiligt hatte, in fragwürdige Spekulationsgeschäfte verwickelt war, deren Milliarden-Verluste durch die Gründung von Briefkastenfirmen und Stiftungen jahrelang vertuscht worden waren. Im Prolog des Theatertextes wird das Gerichtsverfahren um die Gewerkschaftsbank aufgegriffen und der Prozessverlauf sowie die Verteidigungsstrategien der Verantwortlichen verspottet: „Ist es nicht ein wenig lächerlich, dass bei einem Manager, der schon im Diesseits jenseitig verdient hat, dessen Abfindung höher ist als das Lebenseinkommen der meisten seiner Untergebenen, der ordentliche Lebenswandel als mildernd angesehen wird? Als strafmildernd?" (KK, 113) Im Prolog wird mit dem Verweis auf den BAWAG-Prozess die Wirtschaftskriminalität als Gegenstand des Theatertextes bestimmt.

Im weiteren Verlauf des Textes – ausgewiesen als „Das Eigentliche" (KK, 217) – finden sich dann vor allem Anspielungen auf die Causa Meinl, die Österreich 2007 erschütterte. Die Meinl-Bank geriet in den Fokus der öffentlichen Aufmerksamkeit, als die Kurse der auf osteuropäische Handelsimmobilien spezialisierten Immobiliengesellschaft Meinl European Land (MEL) einen Werteverfall erlitten. Auch wenn die Namensgleichheit eine Zusammengehörigkeit der Meinl-Bank mit MEL suggeriert, war diese nur bedingt gegeben. Die Meinl-Bank hatte MEL[69] – ebenso wie den Gesellschaften Meinl Airports International (MAI) und Meinl International Power (MIP) – den prestigeträchtigen Namen des Traditionsunternehmens, das als Kolonialwarenhandel begann und vor allem durch seine Kaffeespezialitäten Berühmtheit über die Grenzen Österreichs hinaus erlangt hat, gegen Lizenzgebühren zur Verfügung gestellt und im Gegenzug Provisionen für Börsengeschäfte und Managementgebühren kassiert. Hier wurden also Tochter- und Derivateunternehmen unter gleichem Namen gegründet, „deren Hauptzweck offenbar die Aufbringung möglichst hoher Gebühren für die Meinl-Bank und damit für die Familie [Meinl] war".[70] Nicht zuletzt aufgrund der österreichischen Gesetzeslage, die die Bürger/-innen seit 2003 dazu verpflichtet, einen Teil ihrer privaten Altersvorsorge in Risikokapital anzulegen, hatten zahlreiche Kleinanleger/-innen im Vertrauen auf den „solide[n] Familienname[n] und das Versprechen, die angelegten Gelder wären so sicher wie auf einem altmodischen Spar-

---

[69] MEL wurde nach der Übernahme durch den internationalen Einkaufszentrumbetreiber Gazit-Globe 2008 in Atrium European Real Estate unbenannt.
[70] Michaela Seiser. „Die Schmach der ehrwürdigen Händlerfamilie. Finanzskandale (13): Julius Meinl." *FAZ* (18. April 2009). http://www.faz.net/aktuell/finanzen/finanzskandale/finanzskandale-13-julius-meinl-die-schmach-der-ehrwuerdigen-haendlerfamilie-1760114-p2.html?printPagedArticle=true#pageIndex_1 (01. März 2022).

buch"[71], die als mündelsicher beworbenen MEL-Zertifikate erworben. Die Anleger/-innen waren allerdings nicht über die Vereinbarungen zwischen der Meinl-Bank und MEL informiert worden: Als zusätzliche Gegenleistung für die Gewinnbeteiligungen hatte die Bank MEL zugesichert, im Krisenfall eine Art Ausfallhaftung zu übernehmen. Als dann im Zuge der beginnenden US-Immobilienkrise auch der Wert der MEL-Aktie im Sinkflug begriffen war, kaufte die Meinl-Bank im Frühjahr und Sommer 2007 mit Investorengeldern in Höhe von 1,8 Milliarden Euro Zertifikate der MEL-Gruppe zu überhöhten Preisen auf, um den Kurs hochzuhalten, konnte den Aktienverfall jedoch nicht mehr stoppen. Schließlich verloren die MEL-Aktien knapp 70 % an Wert, wodurch sich die Anleger/-innen schließlich mit dem Verlust ihres investierten Kapitals konfrontiert sahen.

Die Popularität eines Stückes, das zwei österreichische, vermeintlich lokale Betrugsfälle behandelt, verdankt sich seiner Exemplarität und der Aktualität, die diesem nachträglich zukommen sollte. Wie bereits bei *Wolken.Heim.* wurde Jelinek auch mit *Die Kontrakte des Kaufmanns* eine Hellsichtigkeit bescheinigt, mit der die Autorin ausgehend von zwei österreichischen Bankskandalen die Weltfinanzkrise ab 2007 vorwegnahm: „Mit ihrer Wirtschaftskomödie ‚Die Kontrakte des Kaufmanns' ist ihr die Intervention in die Zukunft geglückt."[72] Konnte bereits für *Wolken.Heim.* festgestellt werden, dass das prophetische Moment des Stücks der sprachlich in Szene gesetzten repetitiven Logik des behandelten Gegenstandes, des nationalen Diskurses, zuzurechnen ist, so weist Jelinek auch in *Die Kontrakte des Kaufmanns* immer wieder auf die System- und Regelhaftigkeit der dargestellten Betrugsfälle hin: „nichts ist ungewöhnlich an uns, nichts ist ungewöhnlich daran, nicht die Gebühren, nicht die Gewinne, nicht die Verluste und auch nicht der Firmensitz auf Guernsey und nicht der Firmensitz in Europa". (KK, 278) Auch der Umstand, dass es sich bei *Die Kontrakte des Kaufmanns* – wie z. B auch bei *Die Schutzbefohlenen* – um ein Work in Progress-Projekt handelt, das neben dem Ursprungstext den Epilog *Schlechte Nachrede* und die Fortsetzungen bzw. Zusatztexte *Aber sicher!*, *Im Wettbewerb* und *Warnung an Griechenland vor der Freiheit* umfasst, macht die Aktualität, Unabschließbarkeit und Systemhaftigkeit der vermeintlichen Einzelfälle deutlich.

Im Nachbeben der Finanzkrise nimmt sich Jelinek in dem „Bühnenessay" *Rein Gold* (2013) noch einmal den Themen Finanzökonomie und Kapitalismus an.

---

[71] Joachim Riedl. „Skandal in Österreich. Ein Snob stürzt ab". *Die Zeit* (03. April 2009). http://www.zeit.de/online/2009/15/meinl-wien/komplettansicht (01. März 2022).
[72] Ulrike Gondorf. „Gegen das System helfen keine Verträge". *nachtkritik.de* (16. April 2009). https://www.nachtkritik.de/index.php?option=com_content&view=article&id=2688:die-kontrakte-des-kaufmanns-nicolas-stemann-bringt-das-neue-stueck-von-elfriede-jelinek-zur-ua&catid=84:schauspiel-koeln&Itemid=100190 (01. März 2022).

Der Titel spielt auf Richard Wagners Oper *Das Rheingold* (UA 1869) an, das erste Teilstück seiner *Der Ring des Nibelungen*-Tetralogie, die Jelinek nicht nur als intertextueller Motivlieferant (Diebstahl des Rheingoldes zur Schuldentilgung, Wotans Betrug an den Riesen) dient, sondern auch einer ideologiekritischen Lektüre unterzogen wird. Jelinek gestaltet den Dialog zwischen Wotan und Brünnhilde aus *Die Walküre* (3. Akt, 3. Auftritt) zu einem theatralen Redefluss über Staatsschulden, die Banken- und Eurokrise, den Kreditskandal um den damaligen Präsidenten Christian Wulff, den Wagnerianischen Heldenmythos und dessen Verbindungen zum NSU-Terror. Hier werden Themenbereiche und Reflexionsfiguren, die in *Kontrakte des Kaufmanns* exponiert worden sind, weiterentwickelt und neu perspektiviert, weshalb im Folgenden immer wieder auch auf den späteren Text zu sprechen kommen wird.

Ein Grund für die überwiegend positive Rezeption der beiden Stücke ist in dem theatralen Feld selbst zu suchen: „Das Theater hat das Thema Wirtschaft und hier insbesondere Prekarität nach der Wende neu entdeckt, nicht zuletzt aufgrund der eigenen sich verschlechternden Lage nach 1989."[73] So ist seit den 1990er Jahren eine vermehrte Produktion von Wirtschaftsdramen und Theaterarbeiten zu beobachten, die die Ökonomisierung aller Lebensbereiche reflektieren, dabei die „dezentral verinnerlichte Maximierungs-, Controlling- und Konsumlogik"[74] des Management-Kapitalismus in den Blick nehmen und so vor allem den Fokus auf den „Dienstleistungssektor, Praktikanten, die New Economy, den Arbeitskraftunternehmer, den arbeitslosen Manager und Akademiker"[75] legen. Die Durchsetzung der Ökonomie als „Nomos"[76] und Leitdiskurs des theatralen Feldes ging mit der Orientierung des Theaters an den Kategorien der Wirklichkeit und der Referenz einher und hat schließlich auch zur Wiederbelebung des Dramas und des Repräsentationstheaters auf deutschen Bühnen beigetragen: „Die neue

---

[73] Franziska Schößler. „Die Arbeiten des Herkules als ‚Schöpfung aus dem Nichts': Jelineks Stück *Die Kontrakte des Kaufmanns* und das Popkonzert von Nicolas Stemann". *JELINEK[JAHR] BUCH* (2011), S. 327–340, hier S. 327.

[74] Bernd Blaschke. „‚McKinseys Killerkommandos. Subventioniertes Abgruseln': Kleine Morphologie (Tool Box) zur Darstellung aktueller Wirtschaftsweisen im Theater". *Ökonomie im Theater der Gegenwart. Ästhetik, Produktion, Institution*. Hg. Franziska Schößler und Christine Bähr. Bielefeld: transcript, 2009, S. 209–224, hier S. 215.

[75] Schößler. „Die Arbeiten des Herkules als ‚Schöpfung aus dem Nichts'", S. 328.

[76] Vgl. Schößler Schößler. „Ökonomie als Nomos des literarischen Feldes. Arbeit, Geschlecht und Fremdheit in Theatertexten und Prosa seit 1995". *Transformationen des literarischen Feldes in der Gegenwart. Sozialstruktur – Medien-Ökonomien – Autorpositionen*. Hg. Heribert Tommek und Klaus-Michael Bogdal. Heidelberg: Synchron, 2012, S. 229–244.

Sehnsucht nach dem Empirischen zeigte sich in der Annäherung neuer Dramatik an ökonomische Realitäten [...]."[77]

Just in dieser dramatischen Ausrichtung des Wirtschaftstheaters lassen sich aber „Lücken und blinde Flecken der theatralen Wirtschaftsbeobachtungen"[78] ausmachen. So bedauert Bernd Blaschke, dass „die Finanzmärkte selbst, die doch die Schaltzentralen des modernen Kapitalismus sein dürften, [...] im Gegenwartstheater [...] bisher kaum zum Gegenstand"[79] wurden: „Die meisten Wirtschaftstheatertexte, von Rinke über Schimmelpfennig bis Richter, bleiben an Personen als individualisierten, psychologisierten Figuren und Handlungsträgern orientiert"[80] und thematisieren die spätkapitalistischen Produktions-, Konsumptions- und Arbeitsverhältnisse überwiegend anhand der Figuren des Managers oder des Arbeitslosen, also des leistungs- und wettbewerbsfähigen, marktkonformen Subjekts oder des prekären, aus dem ökonomischen Kreislauf herausgefallenen Individuums. Blaschke führt das Fehlen der Kredit- und Finanzwirtschaft in der theatralen Wirtschaftsbetrachtung auf ein allgemeines Problem der Darstellung des von den Kategorien des Subjekts und der Arbeit losgelösten, elektronischen Kapitalverkehrs zurück, welches im Medium des Theaters eine besondere Virulenz entfaltet:

> Dieser blinde Fleck in der theatralen Wirtschaftsbeobachtung, das Fehlen der Finanzmärkte, der Börsensäle, der Investmentbanker, Hedge Fonds und Zentralbanker mag zu tun haben mit der Immaterialität der meisten Finanzprozesse, die nahezu ohne menschliches Agieren abgewickelt werden in elektronischen Handelssystemen. Diese erweisen sich in ihrer Unsichtbarkeit als sperrig oder gar resistent gegenüber der Körper- und Sichtbarkeitslogik des Theaters [...].[81]

Wenn Blaschke auf die Immaterialität und Unsichtbarkeit finanzwirtschaftlicher Prozesse hinweist, hat er vor allem die Digitalisierung der Finanzmärkte im Blick, die „mit der Gründung elektronischer Börsen, mit der Verbreitung des Computerhandels seit den 1980er Jahren, mit dem Ausbau der Netze, der Einführung von ISDN und der Umstellung des Frequenzspektrums auf dreihundert Megahertz"[82] einherging. In der binärcodebasierten Galaxis vollzieht sich die Kapitalbewegung als reine Informationsbewegung, das digitale Geld wird zu einer „reine[n] Infor-

---

77 Englhart. *Das Theater der Gegenwart*, S. 94. Siehe dazu auch Kapitel IV.1.
78 Blaschke. „„McKinseys Killerkommandos. Subventioniertes Abgruseln'", S. 211.
79 Ebd., S. 220.
80 Ebd., S. 221.
81 Ebd., S. 220.
82 Joseph Vogl. *Das Gespenst des Kapitals*. 3. Aufl. Zürich: Diaphanes 2010/2011, S. 14.

mation, ohne jeden Inhalt, der sein Verwandlungsvermögen schmälern könnte"[83]: „Geld ist ja nichts andres mehr als pure Information" (RG, 36), heißt es dazu in *Rein Gold*. Die Ermittlung von Werten im monetären Sektor findet heutzutage jenseits einer körperlich erfahrbaren Realität statt und ist das Ergebnis von Datenströmen, Informationsabgleichen und Differentialgleichungen. In dieser strukturellen Immaterialität fordern finanzwirtschaftliche Prozesse die darstellerischen Möglichkeiten des dramatischen Repräsentationstheaters heraus: „Die (post-)dramatische Gretchen-Frage nach Beibehaltung oder Auflösung von Personen-Identitäten und strukturierten teleologischen Handlungsbögen auf dem Theater betrifft das Thema Wirtschaft auch in der Sache."[84]

Der Fokus auf Figuren und Figurenpsychologien erweist sich zudem dort als unzureichend, wo (macht-)strukturelle Fragen der ökonomischen Ordnung aus dem Blick geraten und die Inbezugsetzung von individuellem Mikro- und gesellschafspolitischem Makrokosmos nicht zustande kommt. Auch Franziska Schößler bewertet bestimmte Entwicklungen der gegenwärtigen Wirtschaftsdramatik problematisch, da in Ansätzen reaktionär: So weist sie darauf hin, dass einem Gros der kritisch angelegten Texte „ex negativo ein anachronistisches Arbeitsideal" zugrunde liegt, „das durchaus physiokratische Züge trägt und zugleich das Fundament einer starken (deutschen) Männlichkeit zu sein scheint".[85] So vollzieht sich nach Schößler die Kritik der neoliberalen Arbeitswelten in Stücken von John von Düffel, Albert Ostermaier u. a. durch die (Psycho-)Pathologisierung, Kriminalisierung und Effeminierung der Wirtschaftsakteure und lässt das „Phantasma ‚wahrer' Arbeit (zu der weder das Geldgeschäft noch die künstlerische Produktion gehören)"[86] durchscheinen. Dieses Ideal körperlicher, ‚authentischer' Arbeit geht zurück auf antikapitalistische Diskurse des neunzehnten Jahrhunderts, die – so ist Schößler beizupflichten – jedoch aufgrund ihrer antisemitischen und sexistischen Invektiven und anderer diskriminierender Grenzziehungen in der Gegenwart fraglich erscheinen.

Zuletzt machen Franziska Schößler und Evelyn Annuß darauf aufmerksam, dass sich die theatrale Auseinandersetzung mit sozialrealistischen Gegenständen immer wieder im hochkulturellen Modus vollzieht, der „die bildungsbürgerlichen Vorbehalte gegenüber der Masse sowie populärkulturellen Geschmäckern fort-

---

[83] Bernhard Vief. „Digitales Geld". *Digitaler Schein. Ästhetik der elektronischen Medien.* Hg. Florian Rötzer. Frankfurt/M.: Suhrkamp, 1991, S. 117–146, hier S. 140.
[84] Blaschke. „,McKinseys Killerkommandos. Subventioniertes Abgruseln'", S. 219.
[85] Schößler. „Ökonomie als Nomos des literarischen Feldes", S. 230.
[86] Ebd., S. 239.

schreib[t]".[87] Exemplarisch weist Schößler an Falk Richters Stück *Unter Eis* (UA 2007) nach, dass hier die „Vision einer hochkulturellen Kunst [entsteht], die sich nicht vom Publikumsgeschmack und der Leistungsdoktrin vereinnahmen lässt, die elitär ist und sich gegen den ökonomischen Raum verschließt".[88] Die diffamatorische Distanzierung von Ökonomie und Massenkultur läuft indessen nicht nur Gefahr, chauvinistische Implikationen der hochkulturellen Produktion weiterzuführen (vgl. Kapitel VI), sondern tendiert auch dazu, die längst ökonomisierte, neoliberalisierte Wirklichkeit und die prekären Arbeitsverhältnisse an deutschen und europäischen Bühnen[89] aus dem Blick zu verlieren und die Involviertheit des Theaters in die allgemeinen ökonomischen Zwänge zu leugnen.

Die Kontakte des Kaufmanns und *Rein Gold* schreiben sich also in ein kulturelles Subfeld ein, in dem die Reflexion und Kritik des Ökonomischen und Sozialen einen festen Platz haben, das gleichermaßen aber auch blinde Flecken und problematische Tendenzen aufweist, die da wären: Ausblendung der Finanzsphäre; Individualisierung und Psychologisierung bei gleichzeitiger Vernachlässigung struktureller Fragen; Reproduktion nationalistischer, sexistischer und antisemitischer Antikapitalismusdiskurse; Elitekonzept hoher Kunst bei gleichzeitiger Ablehnung der Massen- und Populärkultur und Ausblendung des Ökonomischen der hochkulturellen Produktion. Im Folgenden soll deshalb diskutiert werden, wie Jelineks Theatertexte der Finanzwirtschaft und ihrem „schwer fassbaren Realitätsstatus"[90] begegnen und ihren Beitrag zur Kapitalismuskritik reflektieren.

2.2 Kapitalismus als Religion

2.2.1 Jenseits von Tätern und Opfern

In intertextueller Anlehnung an Euripides' *Herakles* weisen *Die Kontrakte des Kaufmanns* rudimentäre Formen der Zwiesprache auf: Dem Prolog folgt der als „Das Eigentliche" betitelte Hauptteil, in dem der Chor der Kleinanleger einen

---

87 Franziska Schößler. *Drama und Theater nach 1989. Prekär, interkulturell, intermedial.* Erlangen: Wehrhahn, 2013, S. 20. Vgl. dazu auch Evelyn Annuß. „Tatort Theater. Über Prekariat und Bühne". *Ökonomie im Theater der Gegenwart. Ästhetik, Produktion, Institution.* Hg. Franziska Schößler und Christine Bähr. Bielefeld: transcript, 2009, S. 23–38.
88 Schößler. „Ökonomie als Nomos des literarischen Feldes", S. 233.
89 Vgl. dazu Schößler. *Drama und Theater nach 1989*, S. 69–84.
90 Nina Peter. „,Like a real thing'? Reale Operationen im Reich virtueller Werte". *Ökonomie – Narration – Kontingenz. Kulturelle Dimensionen des Marktes.* Hg. Wilhelm Amann, Natalie Bloch und Georg Mein. Paderborn: Fink, 2014, S. 209–229, hier S. 212.

„Klagegesang" (KK, 226) über den Verlust seiner Pensionen und Ersparnisse anstimmt, dem der Chor der Greise die Position der Bänker und Spekulanten entgegenhält. Schließlich treten unterschiedliche Engel der Gerechtigkeit auf, die unter Anspielung auf Walter Benjamins Figur des Angelus Novus revolutionär-utopische Diskurse anstimmen und einen Ausgleich der Interessen in Aussicht stellen. Den größten Umfang des Theatertextes nehmen die Ausführungen des Greisenchors[91] ein, die Jelinek auf der Grundlage des Geschäftsberichts der Meinl-Bank entwickelt. Dieser bezeichnet eine macht- und gewinnlüsterne Position und erhebt sich als „Götter" (KK, 250) mit Häme und Zynismus über staatliche Institutionen:

> der Staat ist unser Diener, wir sind die Verdiener, [...] wir sind das Lamm Gottes, [...] nichts wurde gefunden von den Nichtswürdigen des Staates, die selber nicht wert sind, der Boden unter unserem Fußgetrampel zu sein, unter unseren Fußtritten zu verrecken, diese Nichtswürdigen, die es nicht wert sind, uns die Schuhbänder zu lösen, [...]. (KK, 285f.)

Die Position der Bänker und Spekulanten wird in dem Theatertext als ein narzisstischer Herrendiskurs gezeichnet, der eine offene Feindseligkeit und Verachtung gegenüber den Kleinanlegern artikuliert:

> Sie sind nichts, Sie sind ein Niemand, aber vertreten wollen Sie sich lassen! [...] Sie Habenichts Sie, [...]. (KK, 259)

> Sie müssen nicht leben, Sie sind ja viel zu klein, um zu leben, [...]. (KK, 251)

Die chorische Gestaltung der theatralen Rede präsentiert die Parteien der Kleinanleger und Bänker alias Greise als Kollektive, verweigert jedoch die Illusion von Mimesis und Repräsentation. In der flächenartig ausgebreiteten Rede werden Dispositionen, Mentalitäten und Voraussetzungsstrukturen des Finanzkapitalismus verhandelt, zu denen der Text neben Größenwahn auch die Gier und Maßlosigkeit der Wirtschaftsakteur/-innen zählt. Bereits 2000 hatte Jelinek der Todsünde den Roman *Gier* gewidmet, in dem sie einen Gendarmen aus Gier nach Geld und Immobilien Sexualmorde begehen lässt. In *Die Kontrakte des Kaufmanns* wird Gier nun als Triebkraft von wirtschaftskriminellen Handlungen identifiziert: „Für 15% sollten Sie uns schon alles geben". (KK, 233)

Mit den Topoi der Gier und Maßlosigkeit bedient der Theatertext einen Allgemeinplatz kapitalismuskritischer Diskurse. Vor allem im US-amerikanischen Film findet seit Charlie Chaplins *The Gold Rush* (1925) über Oliver Stones *Wall*

---

[91] Zur Figur des Greisenchors in der antiken Tragödie vgl. U. S. Dhuga. *Choral Identity and the Chorus of Elders in Greek Tragedy*. Plymouth: Lexington Books, 2011.

Street (1987) zu Paul Thomas Andersons *There will be blood* (2007) – um hier nur einige prominente Beispiele zu nennen – die Auseinandersetzung mit dem Kapitalismus unter dem Gesichtspunkt der Gier statt. Vermehrt seit der Finanzkrise 2007 ff. wird auch in deutschsprachigen populären Medien[92], journalistischen Debatten und politischen Beiträgen[93] die Systemfrage auch immer wieder als Mentalitäts- und Habitusfrage gestellt. Dabei gehört der Topos der Gier nicht nur zum festen Repertoire der Kapitalismuskritik, sondern musste auch gerade aufgrund der Legitimationsprobleme eines Wirtschaftsmodells, das dem Individuum und seinen eigennützigen Interessen unumschränkte wirtschaftliche Freiheit zugesteht, zum Gegenstand liberaler Wirtschaftsdiskurse werden. Bereits Adam Smith, Urvater des Wirtschaftsliberalismus, war sich der moralischen Problematik des Wirtschaftsindividualismus durchaus bewusst, konnte diese aber in einer moraltheologischen Begründung aufheben: Im eigennützigen Handeln, das von Gier getrieben wird, sah Smith keinesfalls einen Widersacher, sondern das Fundament eines freien Marktes und den Garanten einer gerechten und harmonischen sozialen Ordnung, schließlich würden die egoistischen Interessen der Einzelnen durch einen heilsgeschichtlichen Mechanismus, der auf dem freien, deregulierten Markt wirkt und den Smith als „unsichtbare Hand" bezeichnet, ausgeglichen und zur Quelle von gesamtgesellschaftlichem Wohlstand.[94]

---

[92] Vgl. z. B. Dieter Wedels Fernsehfilm *Gier* (2010) oder das ARD-Dokudrama *Gier frisst Herz* (2018).

[93] Man denke an Sahra Wagenknechts *Reichtum ohne Gier. Wie wir uns vor dem Kapitalismus retten* (2016).

[94] Vgl. Adam Smith. *Der Wohlstand der Nationen. Eine Untersuchung seiner Natur und seiner Ursachen*. 9. Aufl. München: Deutscher Taschenbuch-Verlag, 2001, S. 370 f.: „Wenn daher jeder einzelne soviel wie nur möglich danach trachtet, sein Kapital zur Unterstützung der einheimischen Erwerbstätigkeit einzusetzen und dadurch diese so lenkt, dass ihr Ertrag den höchsten Wertzuwachs erwarten lässt, dann bemüht sich auch jeder einzelne ganz zwangsläufig, dass das Volkseinkommen im Jahr so groß wie möglich werden wird. Tatsächlich fördert er in der Regel nicht bewusst das Allgemeinwohl, noch weiß er, wie hoch der eigene Beitrag ist. Wenn er es vorzieht, die eigene nationale Wirtschaft anstatt die ausländische zu unterstützen, denkt er nur an die eigene Sicherheit, und wenn er dadurch die Erwerbstätigkeit so fördert, dass ihr Ertrag den höchsten Wert erzielen kann, strebt er lediglich nach eigenem Gewinn. Er wird in diesem wie auch in vielen anderen Fällen von einer *unsichtbaren Hand* [meine Hervorhebung, I. H.] geleitet, um einen Zweck zu fördern, der keineswegs in seiner Absicht lag. Auch für das Land selbst ist es keineswegs immer das schlechteste, dass der einzelne ein solches Ziel nicht bewusst anstrebt, ja, gerade dadurch, dass er das eigene Interesse verfolgt, fördert er häufig das der Gesellschaft nachhaltiger, als wenn er es beabsichtigt, es zu tun." Den Begriff der unsichtbaren Hand hatte Smith zuvor in seiner moralphilosophischen Schrift *Theorie der ethischen Gefühle* (1759) eingeführt.

Der liberale Topos eines Ausgleichs wird in *Die Kontrakte des Kaufmanns* bereits durch den Titel aufgerufen, handelt es sich bei einem Kontrakt doch um eine auf Vertrauensbasis getroffene, gegenseitige Verpflichtungen einfordernde, verbindliche Vereinbarung, die eine nutzenstiftende Funktion für alle Vertragsparteien erfüllt:

> Menschliche Interaktionen sind häufig durch Dilemmastrukturen gekennzeichnet, d. h. dass die rationale Verfolgung eigener Interessen nicht zu einem gesamtgesellschaftlich wünschenswerten Ergebnis führt. Damit Kooperationen aber für alle Beteiligten vorteilhaft sind, müssen Regeln (im Sinne von Anreizen) so gesetzt werden, dass das Zusammenspiel einzelner Verhaltensweisen für die Allgemeinheit positive Resultate erbringt.[95]

Bei Jelinek wird eine Asymmetrie zwischen den Vertragspartnern installiert, die vampiristisch-parasitäre Züge trägt: „Sie sind eine Frühgeburt, wir sind Ihr Brutkasten, doch sie mästen uns, wir mästen uns an Ihnen". (KK, 251) Der Chor der Greise nimmt nicht nur den größten textuellen Raum ein, sondern wird im Bild des Brutkastens auch als maßlose, dystopische[96] Übermacht konfiguriert, die dem Vertragspartner Leben aussaugt. Die Funktion einer Vertragsabschließung würde nun darin bestehen, zum Wohle beider Parteien einen Interessenausgleich zu organisieren, allerdings wird in dem Stück bereits in der paratextuellen Anspielung auf William Shakespeares Drama *Der Kaufmann von Venedig* (1600/UA 1598) und Peter Greenaways Film *Die Kontrakte des Zeichners* (1982) vorweggenommen, dass der Vertrag zwischen Bank und Kleinanlegern nicht auf eine Vermittlung hinausläuft – in beiden Texten kommt einem dubiosen, tödlichen Vertrag eine essentielle Rolle zu.

Auch in *Rein Gold* wird ein Vertragsbruch zum Thema gemacht: In Wagners *Das Rheingold* verspricht der Göttervater Wotan den Riesen Fasolt und Fafner als Gegenleistung für den Bau der Burg Walhall die Ehe mit der Göttin Freia, der Göttin der Liebe, allerdings hat er nicht im Sinn, sich an die Vereinbarung zu halten. Bei Jelinek wird Wotans Wortbruch im Anschluss an Bernard Shaws Lesart des Wagner-Dramas als Verrat der bürgerlichen Klasse am Proletariat[97] gedeutet, so klagt Brünnhilde an: „Der Arbeiter ist unverkäuflich, seine Ware aber kann

---

[95] Julian Dörr, Nils Goldschmidt und Matthias Störring. „Verträge. Ihre Bedeutung für Wirtschaft und Gesellschaft". In: *Unterricht Wirtschaft + Politik* 4 (2016), S. 2–7, hier S. 4.
[96] Tatsächlich ruft das Bild des Brutkastens Assoziationen zu Endzeitenfilmen wie *Matrix* (1999) der Wachowski-Geschwister und George Millers *Mad Max: Fury Road* (2015) auf.
[97] Vgl. Wolfgang Schmitt und Franziska Schößler. „Was ist aus der Revolution geworden? Kapitalismuskritik und das intellektuelle Handwerk der Kunst in Elfriede Jelineks Bühnenessay *Rein Gold*". JELINEK[JAHR]BUCH (2013), S. 90–106, hier S. 92 f.

jeder haben. Wieso dann die Verträge? Ich antworte für dich: Weil du sie nicht einhalten musst." (RG, 14)

Wenn in den Stücken ein Vertrag verhandelt wird, der auf Täuschung und Betrug, Gier und Selbstgefälligkeit beruht, so wird nicht nur entgegen Smiths Hypothese ausgeführt, dass sich in wirtschaftsliberalen Ordnungen die allseitige Maßlosigkeit nicht ‚von selbst' neutralisiert, es wird auch kritisch auseinandergesetzt, dass Verträge und Vereinbarungen Gier und Eigennutz nicht zu zügeln vermögen. Weil das Vertragswesen „ein Mindestmaß an einer Kontroll- und Durchsetzungsinstanz"[98] zur Voraussetzung hat, in *Die Kontrakte des Kaufmanns* jedoch eine enge neoliberale Verbindung von Politik und Finanzwirtschaft ausgemacht wird, die sich in einem „Unternehmen Staat" (KK, 317) komplettieren, bleibt die unlautere Vertragspraxis in dem Stück folgenlos. In *Rein Gold* wird mit der unverbindlichen Rechtspraxis der globalen Finanzgeschäfte ein weiteres Problem der schwierigen, wenn nicht gar unmöglichen juristischen Belangbarkeit von internationalen wirtschaftskriminellen Handlungen identifiziert: „Das Geld bleibt. Es arbeitet nicht mehr, es wird nur einfach mehr, das habe ich schon oft gesagt, und dennoch ist es wahr, es geht darum, geht in der Welt herum, Verträge gelten ihm nichts, die liest es nicht mal, das sorglose Geld, ihm kann ja nichts passieren!" (RG, 35)

Wie oben ausgeführt, neigen zeitgenössische künstlerische und mediale Auseinandersetzungen mit der Ökonomie immer wieder dazu, das Wirtschaftssystem anhand von Individuen in der Rolle von Stellvertreter/-innen (Opfern oder Tätern) zu analysieren. So wurden auch im Umfeld der Finanzkrise Verantwortliche wie Bernard Madoff, der zu einem „symbol of greed"[99] avancierte und einen Platz in der *History of Greed*[100] zugewiesen bekam, schnell ausgemacht, deren z.T. spektakuläre Verurteilungen[101] eine Debatte über das System, in dem Gier und Größenwahn überhaupt erst gedeihen können, im Keim erstickten. Dabei werden gerade im Topos der Gier Systemfunktionen personalisiert, sodass der Frage nach der Legitimation des Finanzsektors aus dem Weg gegangen werden kann. Mit Blick auf *Die Kontrakte des Kaufmanns* lässt sich demgegenüber feststellen, dass der Theatertext eine Psychopathologisierung der Wirtschaftsakteur/-innen und Subjektivierung der Schuld vermeidet. Denn zum einen bezeichnen Jelineks

---

98 Dörr, Goldschmidt und Störring. „Verträge", S. 3.
99 Vgl. Grant McCool. „Vilified symbol of greed Madoff to hear prison term". *Reuters* (28. Juni 2008). https://www.reuters.com/article/us-madoff/vilified-symbol-of-greed-madoff-to-hear-prison-term-idUSTRE55P6O520090628 (01. März 2022).
100 Vgl. David E. Y. Sarna. *History of Greed: Financial Fraud from Tulip Mania to Bernie Madoff*. Chichester: Wiley Blackwell, 2010.
101 So wurde Madoff am 29. Juni 2009 zu einer Haftstrafe von 150 Jahren verurteilt.

chorale Kompositionen ein kollektives Sprechen, das in der Entkopplung von Figur und Körper eine strukturelle Dimension in Rechnung stellt: „nichts ist ungewöhnlich an uns". (KK, 278) Nicht die Akteur/-innen der Meinl-Bank-Affäre teilen sich und ihr Selbstverständnis hier mit, vielmehr setzen Jelineks Sprachflächen ein überindividuelles ökonomisches Sprechen ins Werk, das die Möglichkeitsbedingungen der Wirtschaftskriminalität reflektiert. Damit wird die Verantwortung von Einzelnen nicht negiert, sondern der Fokus auf übergeordnete Zusammenhänge gelenkt: das Allgemeine im Besonderen, das Objektive im Subjektiven sichtbar gemacht.

Zum anderen wird Gier in *Die Kontrakte des Kaufmanns* als eine Disposition kenntlich gemacht, die auch dem Handeln der Kleinanleger zugrunde liegt: In ihrem Klagen kommt keine Kritik an den finanzkapitalistischen Verhältnissen zum Tragen; im Gegenteil wird hier die Rhetorik der Finanzökonomie („das Geld wächst [...], es gedeiht und blüht") und sogar auch die Degradierung durch die Wirtschaftselite reproduziert: als „Trottel" (KK, 223), „eingeborene[...] Verlierer" (KK, 224) und alte Menschen, die „ohnedies nichts wert" (KK, 227) sind, apostrophieren sich die Kleinanleger. Auch das unhinterfragte Festhalten an den Versprechen des Kapitalismus ebenso wie Gier, Hochmut und Egoismus treten in ihrer Rede zutage:

> die Krise breitet sich also aus und erfasst alle Segmente des Finanzmarkts, für dessen Gewinner wir uns hielten, für dessen einzige Gewinner wir uns hielten, wir Glücklichen, die Armen können arm bleiben, wir Armen aber werden jetzt reich, jawohl!, wir Armen sind die einzigen Armen, die jetzt reich werden, [...], und wir werden zu den Gewinnern gehören, [...], und jetzt müssen wir einfach gewinnen, wir wären allzu schlechte Verlierer, [...]. (KK, 224f.)
>
> ach, wären es wir es bloß nicht gewesen!, wären es bloß andere als wir gewesen! (KK, 226)

Gleichfalls erscheinen die Riesen in *Rein Gold* nicht nur als geprellte Opfer Wotans, sondern reproduzieren in ihrem Anspruch auf Freia bzw. auf eine entsprechende Kompensation (den Nibelungenschatz) die kapitalistischen Verdinglichungs- und Ausbeutungsverhältnisse: „entweder die Frau oder die Frau als Warenform oder die Frau in Warenform". (RG, 7) Wie die Kleinleger in *Die Kontrakte des Kaufmanns* sind auch die Riesen der Gier nach Gold und Geld erlegen: Fafners Mord an seinem Bruder Fasolt beim Teilen des Schatzes ist bei Jelinek als „Geschichte der Entsolidarisierung"[102] der Arbeiter und als Folge der Internalisierung kapitalistischer Produktionslogiken ausgewiesen. Die Theatertexte verweigern sich so einer eindeutigen Opfer-Täter-Dichotomie und verweisen auf „die Hegemonie eines universal verinnerlichten Wirtschaftsprinzips [...], das Gewinner

---

102 Schmitt und Schößler. „Was ist aus der Revolution geworden?", S. 93.

wie Verlierer in der westlichen Welt gleichermaßen durchdringt".[103] Die Kleinanleger und Arbeiter bewegt „das gleiche Begehren [...], die gleiche Maßlosigkeit"[104] wie die Großanleger und Banker, nur dass diese in der überlegenen Position sind, die Logik des Systems zu ihren Gunsten auszunutzen und bis zum Äußersten zu treiben.

Mit der Verweigerung einer eindeutigen Opfer-Täter-Zuweisung führen die Theatertexte das Paradox ins Feld, dass sich der Finanzkapitalismus auch in seinen tiefsten Krisen überlebt und eine Immunität entwickelt hat, an der selbst Verlierer/-innen des Systems nicht rühren. Die Geldwirtschaft wird als eine Sphäre gezeichnet, die nach sozialdarwinistischen Prinzipien funktioniert und Asymmetrien und Hierarchien hervorbringt, die zu Lasten der Mehrheit fallen. Der Text reproduziert „in rauschhaft-exzessiven Wortkaskaden"[105] die kapitalistische Logik der maßlosen Akkumulation, an der Gewinner/-innen und Verlierer/-innen gleichermaßen partizipieren. Im Folgenden soll deshalb näher beleuchtet werden, wie in den Theatertexten die Überzeugungskraft einer eigentlich ungerechten, auf Eigennutz zugeschnittenen Wirtschaftsordnung thematisiert und die Schwierigkeiten der Kapitalismuskritik dargelegt werden.

2.2.2 Ein „System des Glaubens und der Ideen"

In *Die Kontrakte des Kaufmanns* wird der Finanzkapitalismus als ein System gezeichnet, das trotz seiner Dysfunktionalität und Krisenanfälligkeit gegenüber Kritik immun scheint. Nicht einmal die irregeführten und um ihre Rente geprellten Kleinanleger stellen die wirtschaftliche Ordnung infrage, sondern reproduzieren in ihrer Rede die Doxa des finanzökonomischen Feldes. Der Theatertext setzt die Alternativlosigkeit des ökonomischen Status quo jedoch nicht nur in Szene, sondern lotet auch ihre Gründe, also die Wirkungs- und Überzeugungskraft des Kapitalismus aus. Dabei ist es nicht allein die Gier, die die Verlierer/-innen für die Ungerechtigkeit des Systems verblendet; attraktiv ist der Kapitalismus vor allem auch, weil er Verheißungen birgt, die gerade nicht nur materieller Natur sind:

das [Häuschen] haben wir verkauft und den *Erlös, um später erlöst zu werden*, in forderungsbesicherten Wertpapieren angelegt, *denn wir haben Forderungen an das Leben, die*

---

103 Natalie Bloch. „'wir können ganze Märkte deregulieren wie Flüsse'. Die Rhetorik des Finanzmarktes in Elfriede Jelineks Die Kontrakte des Kaufmanns". *Elfriede Jelinek. Begegnungen im Grenzgebiet*. Hg. Natalie Bloch und Dieter Heimböckel. Trier: Wissenschaftlicher Verlag Trier 2014, S. 55–72, hier S. 59. Vgl. dazu auch Schößler. „Die Arbeiten des Herkules als ‚Schöpfung aus dem Nichts'", S. 331.
104 Bloch. „'wir können ganze Märkte deregulieren wie Flüsse'", S. 59.
105 Ebd.

> *nicht eingelöst worden sind*, bis jetzt jedenfalls nicht, aber da es ja Forderungen sind, wird ein Vielfaches von ihnen vom Leben *eingelöst* werden, bis der *Erlöser uns von allem erlöst*, und wenn wir den *Erlös* erst einstreifen können, wenn wir endlich *erlöst* sind, wenn wir das Haus endlich los sind und in etwas Besseres als das Haus investiert haben, etwas viel Besseres!, da geht das *Erlösen* schneller. (KK, 236) [meine Hervorhebungen, I. H.]

Mit dem Wortstamm *erlös-* wird ein Wortfeld abgesteckt, in dem sich profane und religiöse Bedeutungen überlagern: Die Partizipation an der Finanzsphäre stellt auf der einen Seite *Erlöse* in Aussicht, mit denen sich irdische Güter erwerben lassen; auf der anderen Seite verspricht der Finanzkapitalismus aber auch *Erlösung*, transponiert also Heilsvorstellungen einer jenseitigen Sphäre, die das endliche, defizitäre Hier und Jetzt hinter sich gelassen hat, in der der Mensch von allem Irdischen *erlöst* und in einen paradiesischen Zustand des wunschlosen Glücks versetzt worden ist, in welchem zuletzt auch die „Forderungen an das Leben" endlich „eingelöst" worden sind. Die Koaleszenz ökonomischer und religiöser Semantiken durchzieht das ganze Stück und weist auf eine Verbindung zwischen Ökonomie und Religion hin, die der Text systematisch entfaltet:

> im Anfang war das Wort, und das Wort war bei Gott, und Sie werden bald auch, befreit von allem Irdischen, [...]. (KK, 239)

> Ihr Kapital lebt weiter, es lebt ewig, es lebt über Ihren Tod hinaus, [...]. (KK, 251)

> wir aber nehmen Ihnen Ihr letztes Hemd noch, Ihr Totenhemd, für das Sie zusätzlich einen Kredit aufnehmen mussten, um dafür das ewige Leben zu erhalten, mit Hilfe unserer Zertifikate, [...]. (KK, 288)

Der Finanzkapitalismus bedient also nicht nur die Gier nach materiellen Gütern, sondern erfüllt auch spirituelle und metaphysische Bedürfnisse, die sonst in den Zuständigkeitsbereich der Religion fallen – die da wären: Befreiung vom bzw. Transzendenz des Irdischen, ewiges Leben und Partizipation an etwas ‚Größerem', der Sphäre des Heiligen und Numinosen. Jelineks religiöse Profilierung der Geldwirtschaft reiht sich in eine lange Tradition der Kapitalismuskritik bei Karl Marx, Paul Lafargue, Max Weber, Walter Benjamin, Giorgio Agamben u. a. ein. Zuletzt sind die Äquivalenzen zwischen Religion und der kapitalistischen Wirtschaftsform im Umfeld der Finanzkrisen des einundzwanzigsten Jahrhunderts wieder verstärkt mit Monographien wie Joseph Vogls *Das Gespenst des Kapitals* (2010) oder Jochen Hörischs *Man muss dran glauben. Die Theologie der Märkte* (2013) und zahlreichen Sammelbänden[106] in den Fokus der wissenschaftlichen

---

[106] Vgl. z. B. Dirk Baecker (Hg.). *Kapitalismus als Religion*. Berlin: Kadmos, 2003; Georg Pfleiderer und Peter Seele (Hg.). *Eine Religion in der Krise I – Grundprobleme von Risiko, Vertrauen,*

Aufmerksamkeit gerückt. In der Jelinek-Forschung ist auf die Nähe der theatral konfigurierten Verwandtschaftsbeziehung von Religion und Ökonomie zu den genannten philosophischen und kulturwissenschaftlichen Ansätzen (etwa Benjamins Fragment *Kapitalismus als Religion*) aufmerksam gemacht worden;[107] diesbezügliche Darstellungen sollen im Folgenden zusammengetragen und im Rahmen der Fragestellung dieser Arbeit weiterverfolgt werden.

Erlösung und Transzendenz
„Nirgendwo sonst ist die Verwandtschaft von Ökonomie und Religion so eng wie im Schuld/en-Syndrom".[108] In religiösen Weltanschauungen ist der Mensch entweder – wie nach der christlichen Vorstellung der Erbsünde – immer schon schuldig oder lädt durch Verfehlungen und unmoralisches Handeln Schuld gegenüber der göttlichen Schöpfung auf sich. Desgleichen weisen neuere Theorien des Geldes darauf hin, dass am Anfang der Geldgeschichte ein Schuldverhältnis steht, das die Erfindung eines Zahlungsmittels erst notwendig gemacht hat:

> Wenn nämlich Geld zunächst ein Zahlungsmittel ist, wenn es als Zahlungsmittel entsteht, dann geht nicht das Geld dem Kredit voraus, sondern dann ist es ein Kredit oder allgemeiner ein Schuldverhältnis, aus oder in dem das Geld entsteht. Zahlungsmittel dienen dazu, Schulden zu tilgen, ein vorab bestehendes Schuldverhältnis aufzuheben. Logisch geht das Schuldverhältnis damit dem Schuldentilgungsmittel voraus.[109]

Im Zentrum religiöser und ökonomischer Systeme steht also ein Schuldverhältnis, das nach Tilgung verlangt: Die Einführung des Geldes diente der Begleichung von bestehenden Schulden. Genauso kennen Religionen einen umfassenden Katalog von Ritualen und Praktiken (Beten, Askese, Wallfahrten, Erwerb von Ablässen usw.), mit denen Sünder/-innen Buße begehen und sich von ihrer Schuld reinigen können. Nun liegt allerdings dem Kapitalismus, wie Walter Benjamin herausgestellt hat, eine Tilgungslogik zugrunde, die ihn von den meisten Religionen und nicht-kapitalistischen Wirtschaftsformen unterscheidet. Die kapitalistische Pro-

---

Schuld. Zürich: Pano-Verlag, 2013; Harald Matern, Georg Pfleiderer und Peter Seele (Hg.). *Eine Religion in der Krise II: Aspekte von Risiko, Vertrauen, Schuld.* Zürich: Theologischer Verlag Zürich, 2015; Thorben Päthe und Clemens Pornschlegel (Hg.). *Zur religiösen Signatur des Kapitalismus.* Paderborn: Fink, 2016.
107 Vgl. z. B. die zitierten Beiträge von Schößler, Bloch sowie Evelyne Polt-Heinzl und Joseph Vogl. „Wirtschafts- und Finanzkrise in Elfriede Jelineks *Die Kontrakte des Kaufmanns*. Evelyne Polt-Heinzl und Joseph Vogl im Gespräch". *JELINEK[JAHR]BUCH* (2011), S. 316–326.
108 Jochen Hörisch. *Man muss dran glauben. Die Theologie der Märkte.* München: Fink, 2013, S. 73.
109 Axel T. Paul. *Theorie des Geldes zur Einführung.* Hamburg: Junius, 2017, S. 61.

duktionsweise beruht auf dem Prinzip der „*Kapitalakkumulation durch den Einsatz formell friedlicher Mittel*", deren Ziel die Profitmaximierung und „Mehrung des sodann erneut investierten Kapitals" ist:

> Die Kapitalakkumulation besteht nicht in einer Anhäufung von Reichtümern, d.h. von aufgrund ihres Gebrauchswertes, ihres Status- bzw. Machtgehalts begehrten Objekten. Die konkreten Erscheinungsformen des Reichtums (Immobilien, Industriegüter, Waren, Geld etc.) sind an sich nicht von Interesse. Aufgrund ihrer mangelnden Liquidität stellen sie manchmal sogar ein Hindernis auf dem Weg zu dem einzigen, wirklich wichtigen Ziel: der ständigen Umwandlung des Kapitals, der Industriegüter und anderer Einkaufsposten (Rohstoffe, Fertigteile, Dienstleistungen etc.) in Produktion, der Produktion in Geld und des Geldes in neue Investitionen.[110]

Die Kapitalakkumulation kann nur durch fortwährende Investitionen, d.h. durch die Anhäufung – und nicht durch den Abbau – von Krediten und Schulden erreicht werden, denn: „Liquide ist man nur auf Kosten Dritter."[111] Benjamin beschreibt den Kapitalismus deshalb auch als einen „nicht entsühnenden, sondern verschuldenden Kultus"[112]: Die Akkumulation von Schulden konstruiert ein universales, „ungeheures Schuldbewusstsein, das sich nicht zu entsühnen weiß".[113] Der Mensch im Kapitalismus ist nicht schuldig betreffend vergangene Vergehen, sondern muss systembedingt Schulden machen und lädt so zukünftige Schuld auf sich, die nicht nur niemals beglichen werden kann, sondern auch nicht darauf ausgelegt ist, beglichen werden zu können – sinngemäß heißt es dazu in *Rein Gold*: „Papier, [...] das seine Einlösung aufschiebt, immer in die Zukunft hinein, immer später, immer erfolgt die Einlösung und die Erlösung später, das ist ein Versprechen, aber verlangen sie nicht, das es auch eingelöst wird!" (RG, 114)

Gerade im Hinblick auf die spätmoderne Finanz- und Kreditökonomie lässt sich feststellen, dass das von Benjamin dargestellte Problem der Schuldenakkumulation heute in zugespitzter Form zutage tritt. Die Gewährleistung von Liquidität wird auf den Finanzmärkten durch die Vervielfältigung von Zahlungsmitteln und Schaffung von immer neuen Finanzprodukten zweiter und dritter Ordnung realisiert, die es erlauben, „das Kreditvolumen auf gegebener Geldbasis auszuweiten".[114] Diese finanziellen Innovationen entstehen gemeinhin durch die Um-

---

[110] Boltanski und Chiapello. *Der neue Geist des Kapitalismus*, S. 39.
[111] Paul. *Theorie des Geldes*, S. 115.
[112] Walter Benjamin. „Kapitalismus als Religion [Fragment]". *Walter Benjamin. Gesammelte Schriften*. Bd. VI. Hg. Rolf Tiedemann und Hermann Schweppenhäuser. Frankfurt/M.: Suhrkamp, 1991, S. 100–102, hier S. 100.
[113] Ebd.
[114] Paul. *Theorie des Geldes zur Einführung*, S. 126.

verpackung, Verbriefung und Weiterverteilung von Schulden: „Im Vorfeld der letzten Finanzkrise waren es insbesondere die Verbriefung von US-Hypothekenkrediten und deren Verwandlung in anonymisierte und marktgängige Schuldverschreibungen, welche den Kreditüberhang befeuert"[115] und das Investitionsvolumen, also den Umlauf von Schulden, dergestalt vergrößert haben, dass ein Platzen der Finanzblase unabwendbar war. Wie bereits zuvor Walter Benjamin stellt auch Joseph Vogl fest, dass der finanzökonomischen Praxis, Schulden „mit Zeugungskraft [zu] versehen und mittels der Verkäuflichkeit von Schulden den Umlauf von Kapital [zu] mobilisieren"[116], eine bestimmte zeitliche Logik eingeschrieben ist: „Die Zirkulation verläuft nicht über fortschreitende Kompensationen, sondern über die endlose Proliferation einer uneinholbaren Schuld [...]."[117] Die Schulden- und Kapitalakkumulation ist auf eine Unabschließbarkeit und „Vermehrung des Geldes, des Goldes ins Unendliche" (RG, 90) ausgelegt, der in der Struktur des Aufschubs eine religiöse Signatur zukommt. Die Projektion des Fälligkeitsdatums in eine ungewisse Zukunft entspricht nach Jochen Hörisch dem „elastischen und belastbaren, also kreditfähigen Umgang mit Zeit" in der christlichen Religion, die „zwar nichts Geringeres als ewiges Leben verspricht, sich aber im Hinblick auf den präzisen Zeitpunkt des Eintritts bzw. Übergangs ins ewige Leben nicht festlegen mag".[118]

Desgleichen lassen sich auch für *Die Kontrakte des Kaufmanns* akkumulative Vertextungsstrategien nachweisen. Eine stilistische Analyse des Theatertextes ergibt, dass hier Verfahren und Figuren der Häufung, Verdopplung und Wiederholung dominieren. Syntaktisch zeichnet sich der Text mit Sätzen, die sich zum Teil über mehrere Seiten erstrecken, durch eine Langatmigkeit und Beliebigkeit aus. Die überlangen Sätze entstehen durch die Kombination von parataktischen und hypotaktischen Verknüpfungsregeln, wobei die additive Aneinanderreihung von Satzgliedern den Eindruck einer unendlichen Fortsetzbarkeit der Rede erweckt. Akkumulative Formationen finden sich dabei nicht nur auf der Ebene der Syntax wieder, sondern betreffen auch die klangliche und lexikalische Dimension des Textes. Diesem steht ein relativ übersichtlicher Thesaurus zur Verfügung, auf Grundlage dessen durch die Wiederholung und Variation von Klangstrukturen, Silben, Wortstämmen, Begriffen und sprachlichen Wendungen (wie z.B. „nicht wahr, wahr?") immer neue Wortkaskaden produziert werden:

---

115 Ebd.
116 Vogl. *Das Gespenst des Kapitals*, S. 80.
117 Ebd., S. 81.
118 Hörisch. *Man muss dran glauben*, S. 66f.

> Das haben wir Ihnen nicht versprochen, wir haben Ihnen keine Selbstsicherheit versprochen, sondern *Mündelsicherheit*, aber es ist egal, denn Sie bekommen, weder für das *Mündel*, das *Vormund* werden möchte, aber nicht einmal einen richtigen *Mund* hat, es muss schließlich mit unserem *Mund* fressen, mit unserem un*ergründ*lichen *Mund*, vom *Mund* in den *Schlund*, den keiner e*rgründ*en will, er ist ja ebenfalls un*ergründ*lich; und das *Mündel*, das Sie ohnedies nicht haben, braucht also auch nichts, weder für Sie, das *Vormündel*, noch für sich selbst. (KK, 234) [meine Hervorhebungen, I. H.]

Der Begriff der ‚Mündelsicherheit' wird hier ausgehend vom Morphem ‚Mündel' klangassoziativ vervielfacht zu ‚Mund', ‚Vormund' und ‚Vormündel' und weitergereimt zu ‚Schlund', ‚ergründen' und ‚unergründlich'. Bedeutung wird additiv hergestellt und wieder zurückgenommen über ein Sprechen, das sich im wiederholten Selbstbezug vervielfältigt und Ambivalenzen und Widersinnigkeiten streut, statt eindeutige Verhältnisse zu schaffen. Die Ästhetik der Selbstreferenzialität eröffnet unerschöpfliche Bedeutungsspielräume und produziert Mehrdeutigkeiten, worin Nina Peter das von Derrida beschriebene „Prinzip der *dissémination* – einer nicht eingrenzbaren Bedeutungsstreuung und -bewegung, die die Möglichkeit einer eindeutigen und kontrollierbaren Referenzialität der Sprache grundsätzlich negiert", wirken sieht: „Eindeutige Bedeutung wird im Stück systematisch verspielt zugunsten einer Sprache, die sich jenseits der Kalkulierbarkeit bewegt."[119]

Auf jeden Fall wird durch die Akkumulation von Bedeutungen die Möglichkeit einer eindeutigen Bedeutungsstiftung im Hier und Jetzt ausgeschlagen und die zeitliche Kategorie der Unendlichkeit und des Aufschubs eingeführt, die bei Jelinek unmissverständlich religiös profiliert ist: „Ihr Kapital lebt weiter, es lebt weiter, es lebt über Ihren Tod hinaus, [...], es lebt auf einer schönen Insel, ja freut Sie das denn nicht, dass es lebt?, leben wird, während Sie sterben, lebt Ihr Kapital". (KK, 251) Das Prinzip der unendlichen Proliferation von monetären Werten wird dem religiösen Versprechen auf Unsterblichkeit gleichgesetzt, wobei der Theatertext die Unterschiede zwischen Ökonomie und Religion hervorkehrt: Während in religiösen Vorstellungen die endliche Sphäre des Menschen und die göttliche Unendlichkeit stets aufeinander bezogen sind und das ewige Leben eine dem Menschen prinzipiell zugängliche Heilsoption darstellt, steht im Kapitalismus der Endlichkeit des Menschen die endlose Geldschöpfung gegenüber. Im kapitalistischen System ist das ewige Leben ausschließlich dem Kapital vorbehalten: „Wir werden alle enden, wir werden tot sein, das Geld aber wird leben."

---

[119] Nina Peter. „Kollabierende Sprachsysteme. Zwei Strategien sprachlicher Verarbeitung der Geldwirtschaft". *Finanzen und Fiktionen. Grenzgänge zwischen Literatur und Wirtschaft*. Hg. Christine Künzel und Dirk Hempel. Frankfurt/M., New York: Campus, 2011, S. 137–154, hier S. 147.

(RG, 126) Die Theatertexte bringen diese unmenschlichen Aspekte der Ökonomie zum Ausdruck, indem sie in einem subjektlosen Sprechen eine subjektlose Unendlichkeit in Szene setzen und so eine ökonomische Ewigkeit zeichnen, die den Menschen ausschließt. Nach Vogl wird dieser „Gegensatz zwischen der Endlosigkeit der Kapitalwirtschaft einerseits und dem zerbrechlichen, endlichen, irdischen Leben andererseits"[120] in *Die Kontrakte des Kaufmanns* durch den Chor der Greise verkörpert. Diese lesen sich als „versteinerte Monumente, die alterslos gewissermaßen ins Ewige dahinaltern"[121], als Degenerationen der kapitalistischen Ewigkeitsformel, die das Scheitern der religiösen Verheißungen in Bezug auf den Menschen vorführen.

Es ist aber nicht nur die Transzendenz der Zeit, die in *Die Kontrakte des Kaufmanns* von den Vertretern der Finanzwirtschaft in Aussicht gestellt wird, auch scheint die Lossagung von der materiellen Welt, die „Befreiung vom Irdischen" (KK, 239), in einer Finanzwelt möglich, die mittels der Informationstechnologie „das Reich der Körper- und Besitzzustände"[122] endgültig hinter sich gelassen hat. Der Theatertext bringt die Immaterialität der Finanzökonomie vor allem in Bildern des Luftigen und Flüchtigen zum Ausdruck, die Vorstellungen des Ätherischen und Meta-Physischen aufrufen: „Namen sind Schall und Rauch" (KK, 247); „wir spielen Federball mit Ihrem Geld, weil es so leicht ist und wie von selber wegfliegt". (KK, 272) „[I]mmer wieder weht Wind durch das Stück"[123], der die Zeichen durcheinanderwirbelt und Unordnung, Polysemien und Ambivalenzen stiftet.

Allerdings lässt der Theatertext den Wunsch nach der Befreiung vom Irdischen in eine „Orgie des Nichts"[124] umschlagen. In *Die Kontrakte des Kaufmanns* wird ein Sprechen in Szene gesetzt, das immer wieder um das Nichts kreist und so den nihilistischen, destruktiven Charakter der ökonomischen Ordnung hervorkehrt: „Hart zwischen Nichts und Nichts, und das Nichts mag kommen, von uns aus gesehen mag es kommen, aber es kommt zu nichts, zu uns kommt davon nichts, vielleicht kommt das Nichts zu Ihnen, aber zu uns kommt es nicht". (KK, 280) Bezeichnenderweise schließt der Text auch mit dem Verweis auf das reine Nichts, mit dem die Kleinanleger konfrontiert sind: „dann gehört Ihnen auch die Erde unter unsrem Boden nicht mehr, dann gehört Ihnen nicht das Schwarze

---

[120] Polt-Heinzl und Vogl. „Wirtschafts- und Finanzkrise in Elfriede Jelineks *Die Kontrakte des Kaufmanns*", hier S. 321.
[121] Ebd.
[122] Vogl. *Das Gespenst des Kapitals*, S. 11.
[123] Polt-Heinzl und Vogl: „Wirtschafts- und Finanzkrise in Elfriede Jelineks *Die Kontrakte des Kaufmanns*", S. 320.
[124] Schößler: „Die Arbeiten des Herkules als ‚Schöpfung aus dem Nichts'", S. 330.

unter dem Nagel mehr, dann gehört Ihnen nichts, nichts mehr, nichts mehr. Gar nichts mehr. Nichts." (KK, 348) Das Versprechen auf Befreiung vom Irdischen und Materiellen erweist sich als ein zynischer Euphemismus, hinter dem sich der Verlust von Besitz- und Eigentum verbirgt.

In Jelineks Auseinandersetzung mit dem Kapitalismus werden strukturelle Affinitäten zwischen Religion und Ökonomie in Szene gesetzt: Finanzkapitalismus und Religion operieren in einer Sphäre des Immateriell-Metaphysischen, die sich von den Beschränkungen von Zeit und Raum gelöst hat und auf eine Unendlichkeit ausgerichtet ist. Dabei bedient das Versprechen auf Transzendenz von Zeit und Materie spirituelle Bedürfnisse der Kleinanleger, die religiöser Natur sind bzw. sonst in den Zuständigkeitsbereich der Religion fallen. Insofern sich also die Kompetenzen von Ökonomie und Religion überschneiden, werden in *Die Kontrakte des Kaufmanns* neben strukturellen auch funktionelle Gemeinsamkeiten zwischen den beiden Sphären herausgestellt. Bereits Benjamin definiert den Kapitalismus als eine „essentiell religiöse[...] Erscheinung", die „essentiell der Befriedigung derselben Sorgen, Qualen, Unruhen [dient], auf die ehemals die so genannten Religionen Antwort gaben".[125] Der Kapitalismus stellt nach Benjamin ein säkulares Substitut des religiösen Weltbezugs dar und erfüllt dessen therapeutische und kompensatorische Funktionen. In *Die Kontrakte des Kaufmanns* und *Rein Gold* wird das utopisch-therapeutische Potential der ökonomischen Aktivität zum Thema gemacht, wenn vom Erlös und von Erlösung, die sich alle Parteien von ihrer Investitions- und Spekulationstätigkeit auf dem Finanzmarkt erhoffen, die Rede ist. Der Finanzkapitalismus birgt die Aussicht auf die Überschreitung einer als defizitär wahrgenommenen Gegenwart, denn: „Alles kann anders sein, als es ist, wenn man Geld hat."[126] Diese Heilsversprechen – so wird in den Theatertexten deutlich – begründen die Überzeugungskraft eines de facto asymmetrischen und ungerechten Systems; die zeitliche Dimension des Aufschubs stellt ein Einfallstor für Transzendenzversprechen soteriologischer Art dar und sichert die Macht der ökonomischen Ordnung.

Kapitalismus als Wertegemeinschaft

Insofern eine Funktion von Religionen darin besteht, Transzendenzbedürfnisse des Menschen zu befriedigen, kann im Sinne der Theatertexte vom Kapitalismus als einer Ersatzreligion im zwanzigsten und einundzwanzigsten Jahrhundert gesprochen werden. Religionen vermögen aber noch mehr: „Religionen sind Orientierungssysteme für das Denken und Handeln der Menschen. Sie helfen ihnen

---

125 Benjamin. „Kapitalismus als Religion", S. 100.
126 Hörisch. *Man muss dran glauben*, S. 25.

2 Kapitalismus und Kritik (*Die Kontrakte des Kaufmanns, Rein Gold*) — 135

mittels eines sinngebenden Rahmens, sich in ihrem konkreten Leben und in der Welt zurechtzufinden bzw. sich ‚orientieren' zu können."[127] Religionen vermitteln also Weltanschauungen, die eine „einheitliche Gesamtinterpretation von Wesen, Ursprung und Sinn der Welt und des menschlichen Lebens"[128] liefern und daraus ein Wertesystem ableiten. Desgleichen wird in *Die Kontrakte des Kaufmanns* eine Analogiebeziehung zwischen Religion und Kapitalismus geltend gemacht, wenn das Stück den Chor der Greise ein Bekenntnis zum „System des Glaubens und der Ideen, das wir westliche Zivilisation nennen" (KK, 241), ablegen lässt: „Freiheit, Gerechtigkeit, Ehre, Pflicht, Vergebung, Hoffnung, das sagt das Vorwort zu unserem nagelneuen Geschäftsbericht". (KK, 238) Immer wieder bezieht sich die Rede der Bänker und Spekulanten auf „Europa als spirituelles Konzept" (KK, 241) und tritt mit Sendungsbewusstsein für die liberal-demokratische Ordnung ein:

> Na, ist das nicht eine gute Idee? Europa als spirituelles Konzept? Das kostet uns gar nichts, das kostet Sie alles! [...] Wir sollten mit Entschlossenheit proklamieren, dass dieses spirituelle Konzept Europas nicht stirbt, wie dies manche vorhersagen. Wir erklären im Gegenteil, dass es leben und leuchten soll und Licht dorthin in die Welt bringen soll, wo Unruhe und Terror herrschen. (KK, 241)

Der Rekurs auf Europa spielt auf den Umstand an, dass MEL Gewerbeimmobilien in Mittel- und Osteuropa mit den Geldern der Meinl-Bank erworben hat. Der Text zeichnet hier eine Werbestrategie nach, mit der das europaweite Immobiliengeschäft als Beitrag zum „größte[n] Friedensprojekt unserer Zeit, Europa!" (KK, 279) lukrativ gemacht werden sollte, und führt zugleich die ethische Einkleidung ökonomischen Gewinnstrebens als ein Marktverhalten vor, das auf eine paradigmatische Durchdringung von Kapitalismus, Moral und Engagement verweist. Diese Vermischung der ökonomischen, moralischen und gesellschaftlichen Sphäre haben Luc Boltanski und Ève Chiapello in ihrem Buch *Der neue Geist des Kapitalismus* beschrieben und als Immunisierungsstrategie (vgl. Kapitel III.2) identifiziert: Der Kapitalismus entzieht kritischen Positionen den argumentativen Boden, indem er „*einen Teil der Werte, derentwegen er kritisiert wurde* [Hervorhebungen i. O.]"[129], verinnerlicht.

Mit Blick auf *Die Kontrakte des Kaufmanns* lässt sich festhalten, dass Jelineks Theatertext diesen ‚neuen Geist des Kapitalismus' verhandelt und eine weitere Etappe der Immunisierung des kapitalistischen Wirtschaftssystems vorführt: Im Stück wird ein Selbstbild der finanzkapitalistischen Elite präsentiert, das die

---

127 Dagmar Fenner. *Religionsethik. Ein Grundriss*. Stuttgart: Kohlhammer, 2016. S. 12.
128 Ebd.
129 Boltanski und Chiapello. *Der neue Geist des Kapitalismus*, S. 70.

Vereinbarkeit von Ökonomie und Moral, von Ökonomie und freiheitlich-demokratischen Grundwerten, für welche die Europäische Union einsteht, bewirbt. So wird die Gleichsetzung von ökonomischem und politisch-gesellschaftlichem Liberalismus in der Rede der Bänker forciert: „Wir möchten eine völlig freie Wirtschaft, nicht nur weil sie Freiheiten garantiert, sondern weil es auch der beste Weg ist, Wohlstand und Prosperität für das ganze Land, für das europäische Land, für das Land, das so heißt wie wir und es auch ist, zu erzeugen". (KK, 327) Der Text bildet wirtschaftsliberale Diskurse nach, die freie, deregulierte Märkte zur Bedingung einer liberalen Gesellschaftsordnung erklären und vice versa den Verlust wirtschaftlicher Freiheit als Verlust politischer Freiheiten anmahnen: „ohne uns würden Sie Ihre Freiheit an den Staat verlieren". (KK, 331) In *Die Kontrakte des Kaufmanns* wird vorgeführt, wie nahtlos der Kapitalismus an das demokratisch-liberale Wertesystem anzuknüpfen vermag. Die Kongruenz der ökonomischen und gesellschaftspolitischen Sphäre wird besonders in der Polysemie des Wert-Begriffes zum Ausdruck gebracht:

> Wir bieten Ihnen sogar ein Fairnesspaket an, weil unsere Gesellschaften weit über den wahren *Wert* unserer Gesellschaften gefallen sind, die *Werte* sind gefallen, [...] nein, *Werte* haben wir selber keine. Deswegen brauchen wir ja Ihre! So. Wir haben Ihre *Werte* übernommen, aber das sind gar keine! *Werte* nennen Sie das? Das kann nicht Ihr Ernst sein! Bitte, von uns aus gesehen sind es *Werte*, können es *Werte* sein. Für diese *Werte* sind wir jedenfalls nur Vertreter, ja, wir vertreten *Werte*; während Sie sich nur die Beine vertreten, vertreten wir *Werte*, große *Werte*, schon die Gebühren für unsere Bank machen mindestens zwei Drittel unserer laufenden Erträge aus, eher mehr, das sind doch *Werte!* (KK, 277) [meine Hervorhebungen, I. H.]

In der zitierten Passage ist es im Einzelfall nicht immer möglich zu unterscheiden, welche Bedeutung des Wortes aufgerufen wird: die ökonomische oder die moralisch-ideelle. Diese Verwischung von semantischen Unterschieden etabliert eine semantische Indifferenz, die eine Verträglichkeit sozialer und ökonomischer Inhalte suggeriert. Die „transökonomische Semantik"[130] des Wert-Begriffs bringt das transökonomische Profil des westlichen Kapitalismus im einundzwanzigsten Jahrhundert zum Ausdruck, der ein moralisches Selbstverständnis pflegt und ökonomische Handlungen (Investieren, Spekulieren, Konsumieren usw.) mit einer ethischen Dimension versieht.

Diese moralische Wende des Kapitalismus wird auch von Franco Moretti und Dominique Pestre beobachtet, welche in ihrer Studie zum *Bankspeak* (ein in Anlehnung an George Orwells Begriff des *Newspeak* entworfener Neologismus) eine sprachlich-stilistische Analyse der Weltbank-Berichte 1946 – 2012 vorneh-

---

130 Hörisch. *Man muss dran glauben*, S. 28.

men. Danach ist in den Berichten seit den 1980er Jahren ein Anstieg von Terminologien moralisch-ethischer Färbung zu verzeichnen: „ethical claims emerge in the mid-1980s, and become second nature in the early 1990s, when *responsible, responsibility, effort, commitment, involvement, sharing, care* are suddenly everywhere".[131] Die Rhetorik der moralischen Verantwortung hat vor allem die Funktion, den Eindruck zu vermitteln, dass „[e]thics is at the heart of the business world, and of its contractual relationships".[132] Was Boltanski/Chiapello sowie Moretti/Pestre beschreiben und Jelineks Stück vorführt, ist die Schaffung der kapitalistischen Hegemonie durch Äquivalenzbildung (Laclau/Mouffe), also durch die paradigmatische Verknüpfung von eigentlich disparaten ökonomischen, politischen und moralischen Begriffen, im Zuge derer vor allem der Begriff der Freiheit zu einem leeren Signifikanten zu verkommen droht.

Dabei werden in dem Stück die Täuschungs- und Betrugsabsichten der Finanzakteur/-innen offen kommuniziert und der moralischen Selbsterhöhung so die Realität der Wirtschaftskriminalität entgegengehalten; darüber hinaus wird der Ankauf von Land und Immobilien in Mittel- und Osteuropa, also das globale Vordringen des Kapitalismus, weniger als Friedensprojekt denn als eine Fortsetzung der europäischen Kolonial- und Ausbeutungsgeschichte kommentiert:

> Sie gehören jetzt schon zu unserer Anlegerfamilie, an deren Hafen gern man anlegt, an den man Hand anlegt, und wenn Sie ein Stück von uns besitzen, werden Sie bald Europa besitzen. Die Türkei ist es nicht, die liefert nur den Kaffee, und oft nicht einmal den richtigen, Afrika liefert den Mohren, aber Sie sind es selbst! Nein, nicht der Mohr, der Mohr sind wir, und wir können jetzt gehen. (KK, 278)

Der „Osten" (KK, 265) dient der Bank als Investitionsobjekt; es geht darum, „Europa [zu] besitzen" und Profit daraus zu machen. Im Verweis auf den Meinl-Mohr, seit 1924 Markenzeichen des Meinl-Unternehmens, und den Kolonialhandel mit Kaffee, der den Erfolg von Meinl einst begründete, ebenso wie in der Anspielung auf das Logo der Meinl-Bank, bei welchem es sich um ein Schiff (von „Hafen" ist im Text die Rede) handelt, wird eine Kontinuität zwischen Kolonialismus und Kapitalismus gestiftet. Der Rekurs auf moralische Werte und spirituelle Konzepte wird als Mittel der Verschleierung der mit Ausbeutung verbundenen Expansion des Kapitalismus entlarvt: „und auch Sie können Europa kaufen!, das Auto ist zurückgelegt, aber Sie können sich jetzt ruhig zurücklehnen, denn ein Stück Europa gehört jetzt Ihnen, wie dieser Anteilschein bezeugt." (KK, 241)

---

131 Franco Moretti und Dominique Pestre. „Bankspeak. The Language of the World Bank Reports". *New Left Review* 92 (2015), S. 75–99, hier S. 82.
132 Ebd., S. 85.

Des Weiteren wird in *Die Kontrakte des Kaufmanns* zur Disposition gestellt, inwiefern der Kapitalismus als Anwalt der liberalen Demokratie überhaupt ernst zu nehmen ist, inwiefern also die westliche Allianz von ökonomischem und politischem Liberalismus eine historische Notwendigkeit bezeichnet oder nicht vielmehr eine zeitweilige und vor allem fragile Verbindung darstellt. Die Inszenierung der Finanzökonomie als autarke Sphäre, die sich von materiellen Zwängen und sozio-politischen Kontexten gelöst hat, in der – so heißt es in *Rein Gold* – „Geld nicht Mittel, sondern letztlich Endzweck ist" (RG, 89), stellt heraus, dass dem kapitalistischen System eine inhärente Moralität oder Verpflichtung auf demokratisch-liberale Werte abgeht: „der Staat ist unser Diener, wir sind die Verdiener, [...] wir haben mehr Kompetenz als Sie, wir haben mehr Kompetenz als der Staat, der uns nichts anhaben, [...] wir erhalten Sie, denn der Staat hat die Kompetenz, wir aber lenken, der Staat denkt, wir aber lenken". (KK, 285–289) Mit Blick auf die globalen Entwicklungen des Kapitalismus muss tatsächlich festgestellt werden, dass mit seiner Durchsetzung nicht die Durchsetzung liberaler Demokratien einherging, sondern dass sich die kapitalistische Wirtschaftsform ebenso umstandslos in autoritäre Systeme zu integrieren vermochte. Slavoj Žižek verweist in diesem Zusammenhang beispielhaft auf den „asiatischen Kapitalismus" – „der selbstverständlich nichts mit dem asiatischen Volk, dafür alles mit der gegenwärtigen klaren Tendenz des Kapitalismus zu tun hat, die Demokratie außer Kraft zu setzen".[133] Die Behauptung eines inhärenten Zusammenhangs von Kapitalismus und Demokratie stellt demnach einen Fehlschluss dar, der zum einen die globale Perspektive unterschlägt und zum anderen die Adaptionslogik des Kapitalismus außer Acht lässt. Wenn der Theatertext die Unterwanderung staatlicher Strukturen („der Staat ist unser Diener") und die Übermacht der Ökonomie („wir aber lenken") zum Thema macht, wird genau diese moralische Skrupellosigkeit und Anpassungsfähigkeit des Kapitalismus zum Ausdruck gebracht.

Jelinek verleiht dem mit dem europäischen Wertekanon kompatiblen Kapitalismus religiöse Züge, wenn von Europa als „spirituelle[m] Konzept" und der westlichen Zivilisation als „System des Glaubens und der Ideen" (KK, 241) die Rede ist. Im Rahmen dieser religiösen Semantik wird der Kapitalismus als ein Überbauphänomen adressiert. Der Text gibt die Selbstbeschreibung des Kapitalismus als Wertegemeinschaft wieder, mit der moralische Bedenken hinsichtlich seines globalen Vordringens aus dem Weg geräumt werden. Mit Boltanski und Chiapello kann in der textuell nachgezeichneten Praxis der Verknüpfung von

---

[133] Slavoj Žižek. *Ärger im Paradies. Vom Ende der Geschichte zum Ende des Kapitalismus.* Frankfurt/M.: Fischer, 2015, S. 33.

moralisch-ideellen und ökonomischen Argumenten eine Immunisierungsstrategie ausgemacht werden, die die enorme Wirk- und Überzeugungskraft des Kapitalismus begründet. Alternativlos kommt dieser daher, weil er mehr als eine ökonomische Ordnung bezeichnet und nach dem Ende der Metanarrationen vermeintlich konkurrenzlos sowohl individuelle Transzendenzbedürfnisse bedient als auch gesellschaftlich sinnstiftend wirkt, vor allem aber die Partizipation an der westlichen Wertegemeinschaft in Aussicht stellt.

Ökonomische Mythologie
In *Die Kontrakte des Kaufmanns* geht es zentral um die Frage nach der Legitimation der kapitalistischen Wirtschafts- und Gesellschaftsordnung. Die Ökonomie wird dabei als ein säkulares Glaubenssystem ausgewiesen, das einen Wertekatalog bereitstellt und das Verlangen nach Transzendenz und Erlösung bündelt. Indessen bezeichnet die Überblendung theologischer und ökonomischer Diskurse auch eine gängige Praxis der ökonomischen Wissensproduktion, wie ein Blick nicht nur auf zeitgenössische Wirtschaftsrhetoriken und Corporate Identity Strategien, sondern auch auf die Geschichte der Ökonomie zeigt. So greift Adam Smith in der Begründung autonomer, staatlich unbehelligter Märkte auf theologische Topoi der Vorsehung und prästabilierten Harmonie zurück. Vor allem die Smithsche Figur einer *unsichtbaren Hand*, die die Märkte automatisch lenkt und einen Ausgleich der Kräfte und eigennützigen Interessen vermittelt, korrespondiert mit religiösen Providenzvorstellungen, nach denen der gute Verlauf der Welt- und Menschheitsgeschichte von einem allmächtigen und allwissenden Gott garantiert wird, dessen Wirken und Heilsplan nicht mit der menschlichen Vernunft beizukommen ist. Das Konzept eines unergründlichen Marktautomatismus, dem eine höhere Ratio zugrunde liegt, erlaubt es, in Krisen ein Durchgangsstadium des wirtschaftlichen Fortschritts zu sehen, weshalb Smiths politische Ökonomie auch als säkularisierte Theodizee, „Ökonomodizee"[134] oder „*Oikodizee*"[135] eingeordnet worden ist. Das Inbild eines Marktes, in dem eine unsichtbare Hand ohne Zutun des Menschen und für diesen nicht immer einsichtig, jedoch stets wohlwollend waltet, transponiert die Vorstellung einer Unfehlbarkeit des Marktgeschehens, die nicht nur von marktradikalen Theoretiker/-innen vertreten wird, sondern in der popularisierten Version einer allgemeinen Gleichgewichtstheorie die Doxa des

---

[134] Daniel Fulda. *Schau-Spiele des Geldes. Die Komödie und die Entstehung der Marktgesellschaft von Shakespeare bis Lessing*. Tübingen: Niemeyer, 2005, S. 457.
[135] Vogl. *Das Gespenst des Kapitals*, S. 29.

ökonomischen Feldes bezeichnet[136] und tief in der ökonomischen Praxis verwurzelt ist: „Der Markt ist in unserer Zivilisation eine heilige Kuh; ihm kann keine innere schädliche Tendenz oder ein Fehler zugeschrieben werden."[137]

Der diskursiven Verquickung von Ökonomie und Theologie kommt nach Daniel Fulda historisch gesehen eine zentrale Funktion bei der „*Ermöglichung* der Marktgesellschaft"[138] zu, verlieh doch „erst das ‚Standbein' eines säkularisierten Vorsehungsglaubens [...] dem ‚Spielbein' des Wirtschaftsindividualismus seine epochal gesteigerte Bewegungsfreiheit".[139] Die optimistische Grundannahme einer prästabilierten Harmonie, die ihren Ursprung im Theodizee-Gedanken findet, stellte danach erst den Rahmen, in welchem das Vertrauen in die Märkte und ihre endogene Rationalität begründet werden konnte. Diese diskursgeschichtliche Gemengelage hat Jelinek im Blick, wenn in dem Stück auf den Topos der Unergründlichkeit Bezug genommen und dieser als Schnittpunkt zwischen theologischen und ökonomischen Diskursen ausgestellt wird: „die Wege des Herrn sind unergründlich, die Wege unseres Geldes auch, nie werden wir sie zurückverfolgen können". (KK, 303) Vor allem aber wird hier über theologische Figuren der Dunkelheit ein Rechtfertigungsdiskurs installiert, der der Verschleierung und Legitimation des unredlichen Verhaltens der Bank dienlich ist. Die Verhandlung von ökonomischen Sachverhalten in einem religiösen Bedeutungshorizont ist als Immunisierungsstrategie gekennzeichnet, mit der ökonomisches Handeln mystifiziert und auf einen undurchschaubaren Mechanismus zurückgeführt wird.

Jelineks ideologiekritische Perspektive auf die religiöse Ausrichtung ökonomischer Diskurse deckt sich mit Giorgio Agambens Definition der Religion als Praxis der Abschottung:

> Als Religion lässt sich definieren, was die Dinge, Orte, Tiere oder Menschen dem allgemeinen Gebrauch entzieht und in eine abgesonderte Sphäre versetzt. [...] Wesentlich ist die Zäsur, welche die beiden Sphären voneinander trennt, [...]. *Religio* ist nicht das, was Menschen und Götter verbindet, sondern das, was darüber wacht, dass sie voneinander unterschieden bleiben.[140]

---

[136] So nimmt Hanno Pahl eine Bestandsaufnahme ökonomischer Lehrbuchliteratur an US-amerikanischen Universitäten vor und bewertet diese als „Verbreitungsmedien der Oikodizee". Hanno Pahl. „Disziplinierung und Popularisierung ökonomischen Wissens als wechselseitiger Verstärkungsprozess: Konstituentien der Oikodizee". *Wirtschaftswissenschaft als Oikodizee? Diskussionen im Anschluss an Joseph Vogls Das Gespenst des Kapitals*. Hg. Hanno Pahl und Jan Sparsam. Wiesbaden: Springer VS, 2013, S. 53–76, hier vor allem S. 64–68.
[137] John Kenneth Galbraith. *Eine kurze Geschichte der Spekulation*. Frankfurt/M.: Eichborn, 2010, S. 39.
[138] Fulda. *Schau-Spiele des Geldes*, S. 459.
[139] Ebd., S. 458.
[140] Giorgio Agamben. *Profanierungen*. Frankfurt/M.: Suhrkamp, 2005, S. 71 f.

Der religiöse Weltentwurf sieht nach Agamben die Unterscheidung einer profanen und einer heiligen Sphäre vor. Das Heilige zeichnet sich dabei durch ein Moment der Unverfügbarkeit und des Entzugs aus, ist es doch außerhalb der Reichweite und des Geltungsbereichs des Menschen angesiedelt. Die Grenze zwischen dem Heiligen und Profanen ist prinzipiell permeabel, insofern Dinge, Orte, Tiere und Menschen unter bestimmten Voraussetzungen heiliggesprochen werden können. Agamben macht jedoch geltend, dass Religion immer schon eine Praxis der Absonderung und der Aufrechterhaltung dieser Absonderung bezeichnet. Religionen regeln den Grenzverkehr und stellen sicher, dass dieser vorschriftsgemäß vor sich geht, können jedoch nicht daran interessiert sein, Gott und Menschen dauerhaft miteinander in Beziehung zu setzen, weil ihre Vereinigung die Existenz religiöser Institutionen obsolet machen würde.[141]

Das Problem der Unverfügbarkeit wird in dem Theatertext vor allem auf der Ebene der ökonomischen Wissensproduktion verhandelt. Die Vorstellung eines rätselhaften, von undurchschaubaren Kräften organisierten Marktes kehrt in *Die Kontrakte des Kaufmanns*, wie Franziska Schößler[142] herausgestellt hat, in dem Bild der sich selbst bewegenden, im Death Valley wandernden Steine wieder:

> eine merkwürdige Dynamik, aber man sieht sie nicht, es bewegt sich nichts in meinem Kopf, aber doch wandern die Steine, [...], diese Steine, sie wandern auf trockenem wie auf feuchtem Untergrund, jede Theorie versagt an ihnen, nur die Geldtheorie nicht, nein, die versagt an einem Stein immer, die ist auch nicht für Steine gemacht, die ist für das, was Sie erarbeitet haben, gemacht, eine eigene Theorie, eine steinerweichende. Warum Sie jetzt Ihr Geld nicht mehr haben? Weil es gewandert ist, es ist gewandert wie ein Stein, [...]. (KK, 301–303)

Das Bild der wandernden Steine mobilisiert pantheistische Topoi der beseelten, schöpferischen Natur, die – gleich einer unsichtbaren Hand – Gestein in Bewegung versetzt und ‚verlebendigt'. In der Engführung von ökonomischer und organischer Bildlichkeit werden ökonomische Prozesse naturalisiert bzw. zum Naturphänomen auratisiert und so einem analytischen Zugriff, der nicht

---

[141] Eine religiöse Ausnahmeerscheinung stellt für Agamben das Christentum dar, das durch die Menschwerdung und Opferung Gottes „die Unterscheidung zwischen Heiligem und Profanem in Verlegenheit" bringt und eine „Zone der Ununterscheidbarkeit" einrichtet, „wo die göttliche Sphäre immer dabei ist, in die menschliche zu kollabieren und der Mensch schon immer ins Göttliche hinübertritt". Ebd., S. 77.
[142] Vgl. Franziska Schößler. „Das Ende der Revolution und der Klang der Finanzinstrumente. Elfriede Jelineks Wirtschaftskomödie „Die Kontrakte des Kaufmanns" und Nicolas Stemanns Inszenierung". *Elfriede Jelinek. Begegnungen im Grenzgebiet*. Hg. Natalie Bloch und Dieter Heimböckel. Trier: Wissenschaftlicher Verlag Trier, 2014, S. 73–84.

ökonomischer Provenienz ist, entzogen: „jede Theorie versagt an ihnen, nur die Geldtheorie nicht". Der Theatertext markiert das Argument der Unergründlichkeit wirtschaftlicher Prozesse als Produkt einer (neo-)liberalen Ökonomie, deren Episteme theologischer Art sind und die via Mythenbildung die Legitimation des zeitgenössischen Finanzkapitalismus betreibt.[143]

Das Inbild des unergründlichen, die menschliche Auffassungskapazität übersteigenden Marktes wird seitens des Theatertextes auch auf der Ebene der Sprache und Textgestaltung eingeholt und kritisch reflektiert. In *Die Kontrakte des Kaufmanns* herrscht das additive Gestaltungsprinzip vor, was sich vor allem in Jelineks Zeichensetzung manifestiert: Die Sätze weisen eine überdurchschnittliche Länge auf; die Teilsätze werden durch Kommata aneinandergereiht, wobei syntaktische Hierarchien verwischen und kein übergeordneter Matrixsatz mehr ausgemacht werden kann.[144] Bereits Franco Moretti und Dominique Pestre haben in ihrer Untersuchung zum *Bankspeak* die Enumeratio als ein zentrales Stilmittel (neo-)liberaler Diskurse geltend gemacht: „a ‚chaotic enumeration' of disparate realities [...] that suggests an endlessly expanding universe, and encourages a feeling of admiration and wonder more than critical understanding".[145] In den Jahresberichten der Weltbank hat sich demnach ein paratakischer Stil durchgesetzt, der durch die Suggestion von unbegrenzter Fortsetzbarkeit und unendli-

---

[143] Vgl. ebd., S. 77.
[144] Vgl. z.B. „Doch ich schweife ab, ich schweife bis Bratislava ab, wo wir auch ein Büro haben, ja, auch in Győr und sogar in Prag und in Budapest, was wollte ich sagen, was Sie eigentlich gar nicht hätten erfahren sollen, aber es kam raus, es kommt immer raus, zum Glück zu spät für Sie und ohne Folgen für uns, Fortsetzung folgt, irgendwas muss uns ja folgen, und es folgt die Fortsetzung, und die kann ruhig kommen, derzeit sind noch bei Folge eins, beim Pilotprojekt, nicht wahr, wir führen das alles an, allerdings als die Piloten, Sie sind unsre lieben Gäste, unsere lieben Fahrgäste, bei uns können Sie sich ausruhen, Ihr Geld ruht sich ja auch aus, nicht wahr, und Siegesjubel feuert uns an, es ist unser eigener Siegesjubel, er knallt wie Sektkorken aus unsren Kehlen!, wir sind die Götter, von uns selber angefeuert, und Sie werden verfeuert, Sie werden dafür verfeuert, Ihr Kapital haben wir verfeuert, es war sehr klein, es hat nicht lang gebrannt, es hat uns trotzdem sehr gefreut, das Kapital, das arme kleine Kapital, das Sie einst besaßen, es ist bei uns verfeuert worden, und wir haben für die Nennung unseres teuren Namens, der mit uns identisch ist, aber nicht mit dieser Firma, die nur so heißt, die den Namen nur gekauft hat, idiotisch identisch, das müssen wir ändern, aber solang unser Name unser Kapital ist, nehmen wir auch Ihr Kapital noch dazu, wir heißen wie diese unbeschränkte, unbeschrankte, ja, schrankenlose Gesellschaft, die aber nicht wir ist, bitte nicht verwechseln!, Namen sind Schall und Rauch, und der Rauch gehört uns auch, Lizenzgebühren von EUR 23 Millionen hat unsere Bank, deren Name schon ein Kapital ist, vielleicht unser größtes, kassiert, darunter fallen Sie gar nicht weiter auf, darin fällt ihr kleines freundliches Kapital gar nicht auf, es verschwindet schon in den Lizenzgebühren, die wir kassierten, Sie glauben, das sei überholt?" (KK, 250 f.)
[145] Moretti und Pestre. „Bankspeak", S. 95.

chem Wachstum eine erhaben-paralysierende Wirkung entfaltet. Die Aneinanderreihung von Disparatem und Fernliegendem soll den Eindruck eines unermesslichen Wirkungs- und Geltungsbereichs des Kapitals erwecken und so eher kognitiv überwältigen denn in der Sache überzeugen.

In Entsprechung dazu werden in Jelineks Theatertext durch die Verwendung von Kommata, wo Punkte hätten stehen können, und die Kombination von Ausrufezeichen (in anderen Fällen auch Fragezeichen) mit Kommata (zu „!," oder „?,") additive syntaktische Strukturen produziert, die den Eindruck einer beliebigen Fortsetzbarkeit erwecken. Dabei geht der Verzicht auf das Setzen von Punkten mit dem Verzicht auf eine Gliederung einher; durch die Aneinanderreihung von (Teil-)Sätzen tritt der Text auf der Stelle und zerfasert so ins Horizontale, bläht sich ins Endlose auf, ohne dramaturgisch oder argumentativ voranzuschreiten, was zuletzt auch eine kritische Intervention so schwierig macht. Die auf Fortsetzung und Extension angelegte Rede schafft keine Pausen und Zwischenräume, die zu Einfallstoren von Kritik funktionalisiert werden könnten. Die Streuungslogik des Textes lässt vielmehr ein diffuses, inkohärentes Sprechen entstehen, das sich einer systematischen Durchdringung immer wieder entzieht. Derweil wird durch den Einschub von ‚bedeutungsschwangeren' Begriffen wie „Freiheit, Gerechtigkeit, Ehre, Pflicht, Vergebung, Hoffnung" (KK, 238) suggeriert, dass dem nebulösen ökonomischen Treiben letztlich doch ein übergeordneter Plan und mit ihm ein erhabenes Telos zugrunde liegt. Weil jedoch diese moralischen Kategorien abstrakt bleiben, über das Begriffsdropping nicht hinausgehen und auch ausgespart wird, wie der hehre Anspruch, Freiheit, Gerechtigkeit usw. Vorschub zu leisten, umzusetzen ist, ruft der Text die Vorstellung auf, dass die Geld- und Kapitalströme von einer moralisch integren unsichtbaren Hand reguliert werden, die nicht im Verfügungsbereich des Menschen liegt und auch ohne das Eingreifen staatlicher Regulative funktioniert.

In *Die Kontrakte des Kaufmanns* und *Rein Gold* wird auf unterschiedlichen Ebenen eine Analogiebeziehung zwischen Religion und Ökonomie konstatiert. Zum einen machen die Theatertexte in der Finanzökonomie ein säkulares Substitut religiöser Heilsversprechen aus, das nicht nur auf individuelle Sinnbedürfnisse zugeschnitten ist, sondern auch auf kollektiv-gesellschaftlicher Ebene sinnstiftend wirkt. Zum anderen richten die Stücke den Blick auf die Doxa des ökonomischen Feldes und nehmen das Bild der Geldwirtschaft als selbstregulatives System, dem endogene ordnungsstiftende Kräfte zugrunde liegen, ideologiekritisch auseinander. Die Texte betreiben Kapitalismuskritik als (Neo-)Liberalismuskritik, wenn sie der theologisch abgeleiteten Idee der unergründlichen Rationalität des Marktgeschehens eine immunisierende Funktion attestieren und in der Abschottung ökonomischer Diskurse eine religiöse Komponente ausmachen. Dabei wird in *Die Kontrakte des Kaufmanns* und *Rein Gold* die ideologische

Hegemonie des Kapitalismus nicht nur in ihren diskursiven Verästelungen thematisiert, sondern auch anschaulich im Scheitern von kritischen Positionen vorgeführt, wie im Folgenden darzulegen ist.

2.3 Kapitalismuskritik und Religion

2.3.1 Die Ohnmacht der Kritik

In *Die Kontrakte des Kaufmanns* wird der Finanzkapitalismus als ein dysfunktionales, strukturell Betrug begünstigendes System vorgeführt, dem jedoch nachhaltig kein Widerstand entgegengesetzt werden kann: Nicht nur wird das System von den geprellten Kleinanlegern zu keinem Zeitpunkt hinterfragt, auch führt der Theatertext – wie ich im Anschluss an Franziska Schößler darlegen möchte – das Scheitern traditioneller Kapitalismuskritik und die „Geltungslosigkeit der Marx'schen Utopie"[146] vor. Nach dem Auftritt des Chors der Kleinanleger und des Chors der Greise geht im letzten Drittel des Textes die Rede auf unterschiedliche Engelfiguren über, von denen einige als „Engel der Gerechtigkeit" ausgewiesen sind. Nomen est omen: Von diesen werden Versatzstücke von Gerechtigkeitstheorien vorgebracht, die als Kontrapunkt zu der neoliberal-sozialdarwinistischen Rede der Greise angelegt sind. Der Gerechtigkeitsdiskurs wird dabei vornehmlich an marxistischen Positionen entwickelt; der Text rekurriert zunächst auf Marx' Gegensatz zwischen Arbeit und Nicht-Arbeit, ein Kernstück der marxistischen Kapitalismuskritik: „Die Arbeit ist die Quelle alles Reichtums und aller Kultur, und da nutzbringende Arbeit nur in der Gesellschaft und durch die Gesellschaft möglich ist, gehört der Ertrag der Arbeit unverkürzt, nach gleichem Rechte, allen Gesellschaftsmitgliedern." (KK, 300)

Der Theatertext zitiert hier Passagen aus dem Gothaer Programm der deutschen Arbeiterbewegung, die in Marx' *Kritik des Gothaer Programm* referiert und weitergeführt werden. Marx argumentiert, dass moderne Gesellschaften mit der kapitalistischen Produktionsweise eine Form der Geldschöpfung entwickelt haben, die von der Arbeit unabhängig ist.[147] Marx forciert hier die Unterscheidung von Arbeit und Nicht-Arbeit, wobei er den Kapitalismus in der Verteilung der Güter

---

[146] Schößler. „Das Ende der Revolution und der Klang der Finanzinstrumente", S. 77.
[147] Vgl. Karl Marx. „Kritik des Gothaer Programms". *Karl Marx. Friedrich Engels. Werke.* Bd. 19. Hg. Institut für Marxismus-Leninismus beim Zentralkomitee der Sozialistischen Einheitspartei Deutschlands. Berlin: Dietz, 1962, S. 11–32, hier S. 16: „„Da die Arbeit die Quelle alles Reichtums ist, kann auch in der Gesellschaft sich niemand Reichtum aneignen, außer als Produkt der Arbeit. Wenn er also nicht selber arbeitet, lebt er von fremder Arbeit und eignet sich auch seine Kultur auf Kosten fremder Arbeit an.'"

und Profite zuungunsten der Lohnarbeiter/-innen als ungerecht einstuft.[148] Wie Franziska Schößler ausführt,[149] wird in *Die Kontrakte des Kaufmanns* Marx' Opposition von (körperlicher) Arbeit und Nicht-Arbeit aufgegriffen, jedoch in der Gleichsetzung der Geldgeschäfte mit dem antiken Mythos von den zwölf Arbeiten des Herkules unterlaufen: „wir sind Herakles, wir sind jetzt Herakles und können alles bewirken, wir können alle Arbeiten verrichten, auch die kleinen, die großen sowieso, mit Hilfe Ihres Geldes". (KK, 284)

Jelineks Bezug auf den antiken Heldenstoff vollzieht sich als intertextuelle Auseinandersetzung mit Euripides' Tragödie *Herkules* (416 v.Chr.), in welcher die Arbeiten des Herkules selbst zwar nicht im Zentrum des Geschehens stehen, diese werden jedoch in den Chorliedern und anderen Versen besungen und gewürdigt. Die tragische Handlung setzt ein, als Herkules gerade dabei ist, die letzte der zwölf Aufgaben zu vollenden, bei seiner Rückkehr nach Theben jedoch feststellen muss, dass seine Familie von dem Usurpator Lykos bedroht wird. Herkules rettet seine Familie vor Lykos und tötet diesen, wird jedoch beim Entsühnungsritual von seiner Erzfeindin, der Göttin und Zeus-Gattin Hera, mit Wahnsinn belegt, woraufhin der Held seine Ehefrau und drei Söhne brutal ermordet. Jelineks Text bringt die antike Tragödie in Verbindung mit dem Fall eines österreichischen Familienvaters, der seine Angehörigen nach Verlusten in Börsengeschäften umbrachte, und markiert diesen „Mehrfachmord" und „Overkill" als „eine Arbeit, eines Herkules würdig". (KK, 342) Indem der Theatertext dieses Verbrechen in eine Reihe mit den Herkuleischen Arbeiten stellt, entwirft er eine „Genealogie männlicher gewaltvoller Tätigkeiten [...], die sich als heroische Arbeiten adeln"[150], und problematisiert nach Schößler die Verklärung von physischer, viril kodierter Arbeit, die im Umfeld antikapitalistischer Börsen- und Spekulationsdiskurse des neunzehnten Jahrhunderts in nationalistisch-antisemitische Fahrwasser geraten sollte.[151]

Der Gegensatz von Arbeit und Nicht-Arbeit kehrt auf der bildlichen Ebene des Theatertextes in dem Oppositionspaar Boden/Luft wieder, welches seine Ursprünge ebenfalls in antikapitalistischen Diskursen um 1900 hat: „Dem Grund,

---

[148] Zu Marx' Gerechtigkeitsbegriff vgl. auch Hans-Christoph Schmidt am Busch. „Grundfragen der Marx-Interpretation". *Marx Handbuch. Leben – Werk – Wirkung.* Hg. Michael Quante und David P. Schweikard. Stuttgart: Metzler, 2016, S. 295–305.
[149] Vgl. Schößler. „Die Arbeiten des Herkules als ‚Schöpfung aus dem Nichts'", S. 332.
[150] Ebd.
[151] Die geschlechtsspezifische Perspektive auf das ökonomische Feld wird von der feministischen Wirtschaftswissenschaft gestützt, auf die Jelinek im Nachwort mit dem Dank an Helene Schuberth, Wirtschaftsforscherin und Senior Advisor der Österreichischen Nationalbank, Bezug nimmt. Vgl. dazu Schößler. *Drama und Theater nach 1989*, S. 30f.

dem Boden (auch als Fundament von nationaler Identität und Männlichkeit sowie als Bedingung (neo-)physiokratisch gedachter Produktivität), wird die Luft als Ort der Spekulation, der internationalen Operationen und einer ‚windigen' Intellektualität entgegengesetzt."[152] Der Topos der ‚luftigen' Finanzwirtschaft wird textuell als ein instabiler Verweisungszusammenhang in Szene gesetzt, in dem sich Bedeutungen überlagern und verflüchtigen, Zeichen und Bezeichnetes auseinanderdriften, so etwa im Falle des Meinl-Namens: Eigennamen gelten in der Logik als Konkreta, die sich auf einen singulären Gegenstand beziehen; und auch für den alltäglichen Sprachgebrauch lässt sich feststellen, dass Eigennamen in der Regel eine Aura der Individualität und Einzigartigkeit zukommt, aus der auch die Meinl-Bank Profit schlagen konnte, als sie den Namen des österreichischen Traditionsunternehmens gegen Lizenzgebühren an die Gesellschaften MEL, MAI und MIP verkaufte und so eine Identität von renommiertem Kaffee- und Delikatessenhandel, Bank und Kapitalgesellschaften suggerierte, wo sie de facto zu keinem Zeitpunkt existierte:

> Wir heißen nur so, ob es die Firma gibt oder nicht, egal, es gab sie, und ihr Name strahlt weit, er hat eine *Ausstrahlung, dieser Name*, der noch teuer für Sie werden wird und uns teuer schon ist. Sie heißen nichts, deshalb brauchen Sie neue Papiere, Sie brauchen *Papiere, die aber auf unseren Namen ausgestellt sind, doch wir sind es nicht*. Wir stehen zwar auf diesen Papieren mit unserem Namen, […], und wir sind es nicht, wir sind es nicht. Aufpassen: Wir sind es nicht, was Sie natürlich nicht wissen können, denn wir heißen ja so, *aber wir sind mit unserem Namen nicht zu verwechseln*. (KK, 246) [meine Hervorhebungen, I. H.]

Der Meinl-Name wird durch seine kommerzielle, wahllose Vergabe zu einem arbiträren Zeichen entauratisiert und seiner Bedeutung beraubt; durch den wiederholten Verweis auf die Differenz zwischen der Meinl-Bank und den von ihr ausgestellten Zertifikaten tritt die Finanzwirtschaft als eine Sphäre zutage, in welcher der Verlust von denotativen (und moralischen) Verbindlichkeiten die freie Zirkulation von Signifikanten in Gang setzt, welche keinen Halt in der außerökonomischen Wirklichkeit finden, sondern unentwegt um ein Nichts kreisen:

> das ist aber ein todsicheres *Nichts*, in das wir da investiert haben, in dieses *Nichts*, das wir sein werden, dieses *Nichts* hart zwischen *Nichts* und *Nichts*, wir sagten es schon, investiert in forderungsbesicherte Wertpapiere, in *nicht* durch *nichts*, sondern durch ein negatives *Nichts*, ein Weniger als *nichts* besicherte Papierfetzen, in eine Forderung an andre, die wir nicht kennen, die Bank aber kennt sie natürlich, […], und sie kennt ihr *Nichts* sehr wohl, wir kennen aber das *Nichts nicht*, das uns *nichten* wird, wir haben ins *Nichts* investiert, aber für uns hat es sich *nicht* ausgezahlt, ins *Nichts* ist es verschleudert, das durch mehr als nichts,

---

[152] Schößler. „Die Arbeiten des Herkules als ‚Schöpfung aus dem Nichts'", S. 332.

nein, weniger als *nichts* verunsichert wurde, ich meine das negative *Nichts*, das aus *nichts* als lieblos überschminkten Forderungen besteht, [...]. Wir müssen alle gehen, denn wir sind alle nur durch Forderungen des *Nichts* ans *Nichts* besichert, höchstens keine Forderungen des *Nichts* an den Verlust des *Nichts*, was soll denn das heißen? Nein, das heißt *nichts*. (KK, 227) [meine Hervorhebungen, I. H.]

Diese theatrale „Orgie des Nichts"[153] greift auf im achtzehnten und neunzehnten Jahrhundert aufkommende Vorstellungen des Kreditgeldes als „Schöpfung aus nichts" zurück, bei der „unproduktives Geld mit Zeugungskraft versehen und mittels der Verkäuflichkeit von Schulden [der] Umlauf von Kapital"[154] initiiert wird. In Jelineks Theaterstück tritt das Nichts als Grundlage des Finanzgeschehens zutage und das auf dem Nichts gründende System wird in seiner Instabilität vorgeführt – ohne dass freilich ein nostalgischer Gegendiskurs des bodenständigen, durch körperliche, ‚harte' Arbeit erwirtschafteten Geldes entworfen wird. Die Vorstellung eines unbeweglichen Bodens, der ein Gegengewicht zum Flüssigen und Luftigen der Finanzbranche bilden könnte, wird der kreditären Logik des Aufschubs überantwortet: „und eine Immobilie ist unbeweglich, eine Immobilie ist eine Immobilie ist eine Immobilie, nicht wahr?" (KK, 264) In der tautologischen Rede wird das Fehlen einer Referenzgröße des ökonomischen Diskurses offensichtlich. Das Ideal einer ‚bodenständigen' Wirtschaft wird durch den Umstand konterkariert, dass der Boden, in dem das Spiel der Signifikanten ein Fundament finden würde, längst in den Kreislauf der Spekulation eingeschleust worden und zum Investitionsobjekt, „Land im Osten" (KK, 235), geworden ist, das erworben werden kann: „die Dimensionen Europas, da können Sie in den Ferien so oft Sie wollen nach Ungarn an den Plattensee, nach Tschechien auf Radtour mit einem oder mehreren Platten oder in ein andres Land, das Sie schon kennen, [...], wir greifen nach Ihrem Kapital und stecken damit die Dimensionen Europas ab". (KK, 275)

Die Dekonstruktion der marxistischen Opposition von Arbeit und Nicht-Arbeit lässt Zweifel an der Tauglichkeit traditioneller antikapitalistischer Diskurse aufkommen, der in *Rein Gold* weiter vertieft wird, wenn Jelinek das „Verschwinden der Arbeit"[155] zum Thema macht: „Es gibt den Arbeiter nicht mehr, und es gibt keine Produktionsbedingungen mehr." (RG, 207) Schmitt und Schößler führen aus, dass Jelineks Text an neuere wirtschaftssoziologische Untersuchungen zum Verschwinden der Arbeit durch Rationalisierung, Digitalisierung und Globalisierung anknüpft, das einerseits die Verarmung breiter Bevölkerungsschichten

---

153 Ebd., S. 330.
154 Vogl. *Das Gespenst des Kapitals*, S. 80.
155 Schößler und Schmitt. „Was ist aus der Revolution geworden?", S. 93.

durch Langzeitarbeitslosigkeit, andererseits die erhebliche Einschränkung der Einflussmöglichkeiten von Arbeiterorganisationen und Gewerkschaften zur Folge hat.[156] Im Zentrum der marxistischen Gesellschaftsanalyse stehen die Kritik an der Ausbeutung von Arbeitskraft und die Theorie von deren Überwindung durch die proletarische Revolution. Mit der Problematisierung des Verschwindens der Arbeit und damit auch der Arbeiterklasse rüttelt der Theatertext an einem Grundpfeiler traditioneller Kapitalismuskritik und stellt die zeitgenössischen Möglichkeiten revolutionärer Politik infrage.

Tatsächlich hatte Marx sich mit der Möglichkeit des Überflüssig-Werdens von Arbeit durch Technik und Wissenschaft beschäftigt – allerdings stets punktuell, weil er das Eintreffen dieses Zustandes in absehbarer Zeit bezweifelte.[157] Marx sah einer solchen Verwandlung des Produktionsprozesses mit Optimismus entgegen, würde doch das „Reduzieren der notwendigen Arbeit zu einem Minimum" den Weg für „die künstlerische, wissenschaftliche etc. Ausbildung der Individuen durch die für sie alle freigewordne Zeit und geschaffnen Mittel"[158] ebnen. In Jelineks *Rein Gold* verweist das Verschwinden von Arbeit nun keineswegs auf das Ende der Ausbeutungsverhältnisse, sondern wird mit dem Entstehen eines Niedriglohnsektors („all diese Wesen werden durch ungelernte Hilfskräfte an Maschinen ersetzt", RG, 12) und von Formen moderner Sklaverei in Verbindung gebracht: „Dort, wo Sklaven bereits verboten sind, derzeit fast überall, wird die riesige Menge an arbeitsamen Armen sie ersetzen und den eigentlichen Reichtum darstellen." (RG, 75) Der klassische Marxismus kann Menschen in diesen neuen ausbeuterischen Arbeitsverhältnissen nur bedingt ein Identitätsangebot machen – Marx hatte das „Lumpenproletariat" als „Auswurf, Abfall, Abhub aller Klassen"[159] sowie als konterrevolutionäre Kraft betrachtet.

Während in *Rein Gold* ein postpolitischer Zustand konfiguriert wird, in dem das Sprechen ausschließlich dem Kapital vorbehalten ist, finden sich in *Die Kontrakte des Kaufmanns* Ansätze kritischer Gegenrede, deren Verstummen formensprachlich als eine Amalgamation von kapitalistischem und antikapitalistischem Diskurs gestaltet ist, die an die Auflösung der RAF-Stimmen im deutsch-

---

156 Vgl. ebd.
157 Vgl. Herfried Münkler. *Marx – Wagner – Nietzsche. Welt im Umbruch*. Berlin: Rowohlt, 2021, S. 264–266.
158 Karl Marx. „Grundrisse der Kritik der politischen Ökonomie". *Karl Marx. Friedrich Engels. Werke*. Bd. 42. Hg. Institut für Marxismus-Leninismus beim Zentralkomitee der Sozialistischen Einheitspartei Deutschlands. Berlin: Dietz, 1983, S. 47–768, hier S. 601.
159 Karl Marx. „Der 18. Brumaire des Louis Bonaparte". *Karl Marx. Friedrich Engels. Werke*. Bd. 8. Hg. Institut für Marxismus-Leninismus beim Zentralkomitee der Sozialistischen Einheitspartei Deutschlands. Berlin: Dietz, 1960. S. 111–207, hier S. 160 f.

nationalen Raunen in *Wolken.Heim.* erinnert. Der Text setzt die Unterminierung und Aushöhlung gerechtigkeitstheoretischer Ansätze in Szene, indem er diese unbemerkt auslaufen und nahtlos in finanzökonomische Diskurse übergehen lässt: „Die Natur ist ebensosehr [sic!] die Quelle des Reichtums als die Arbeit, die selbst nur die Äußerung bzw. die Entäußerung einer Naturkraft ist, und obwohl die Natur stärker ist als Sie, immer stärker als Sie, sogar Steine noch wandern lassen kann". (KK, 308) Das Marx-Zitat aus der *Kritik zum Gothaer Programm* wird unvermittelt in das Bild der sich von selbst bewegenden Steine überführt, das physiokratische Argument in den neoliberalen Mythos der rätselhaften Selbstregulation der Märkte gewendet, wobei die Entgrenzung der Positionen durch den beiden zugrundeliegenden Naturdiskurs möglich wird. Die allmähliche Verdrängung des Engels durch den Stein wird in den Regieanweisungen kommentiert:

> *Während der Engel spricht, kommt ein wandernder Stein auf die Bühne und trippelt, wie aus einem schlechten Kindertheaterstück herausgerollt, im Kreis herum, der Engel lässt sich nicht irritieren. Nach einiger Zeit drängt der Stein, immer aggressiver werdend, den Engel beiseite und spricht für ihn weiter. Von ihm können ab und zu Prärieläufer nett über die Bühne rollen. [...] Ungefähr ab hier könnte der Stein selber sprechen, dem der Engel immer wieder ins Wort fällt und umgekehrt.* (KK, 301f.)

Die im Paratext dargelegte Wechselrede wird typographisch nicht umgesetzt. In dem prosaartig gestalteten Sprachfluss werden die Sprecherpositionen verunklart und gehen ineinander über, sodass eine Unterscheidung zwischen der Rede des Steins und des Engels, des kapitalistischen und interventionistischen Diskurses gar nicht vorgenommen werden kann. Überhaupt wird der Anspruch auf Gerechtigkeit im Laufe der Auftritte der Engel zunehmend Relativierungen und Revisionen ausgesetzt. So wird mit dem Rekurs auf steuerrechtliche Fragen eine weitere Option der Herbeiführung einer gerechten Ordnung verhandelt, immerhin stellt das Prinzip der Gerechtigkeit und Gleichheit einen wesentlichen Grundsatz des modernen Steuerrechts dar:

> Gerecht ist ein sozialer Zustand, der als Ergebnis von Regeln rekonstruiert werden kann, bei deren Anwendung jedes Individuum gleich behandelt wird. Die Unterschiede fangen bei der Konstruktion dieser Regeln an, so kann zum Beispiel eine Kopfsteuer – und mit Kopf meine ich, dass jeder dasselbe zahlt, unabhängig von seinem Einkommen – ebenso als gerecht gerechtfertigt werden wie eine progressive Steuer, wo jeder entsprechend seiner Leistungsfähigkeit beiträgt. Äh ... (*Er verdrückt sich unauffällig.*) (KK, 314)

Der Engel der Gerechtigkeit setzt zu einem Diskurs über die gerechte Organisation der Steuererhebung an, bricht seine Rede jedoch vorzeitig mit einem „Äh" ab. Die Interjektion kann als Ausdruck einer Verlegenheit verstanden werden, werden in dem Theatertext doch finanzrechtliche Spielräume verhandelt, die MEL durch die Verlegung des Unternehmenssitzes auf die Karibik-Insel Jersey zur Einsparung von Steuern und Umgehung des strengen österreichischen Wertpapierrechts ausnutzen konnte (vgl. dazu KK, z. B. S. 272f.). Gerade weil das Steuerrecht zahlreiche Möglichkeiten der Steuervermeidung bietet, deren Grenzen zum Steuerbetrug fließend sein können, muss der Versuch der Begründung einer steuerlichen Gerechtigkeit scheitern. Vor allem aber schleicht sich ein Desinteresse in die Rede des Engels ein: Dieser gelangt zu der relativistischen Ansicht, dass sowohl die Kopfsteuer als auch die progressive Steuer je nach Auslegung als „gerechtfertigt gerecht" angesehen werden können. Ein Gerechtigkeitsdiskurs kommt nicht zustande, weil nicht differenziert und argumentativ aufgewogen wird; die Anstrengungen zur Korrektur des ungerechten Systems fallen halbherzig aus und werden mit Teilnahmslosigkeit und Beliebigkeit vorgetragen.

Die Zerstörung der utopischen Hoffnungen auf (Verteilungs-)Gerechtigkeit wird schließlich durch den Auftritt „[m]ehrere[r] Engel der Ungerechtigkeit" (KK, 315ff.) komplettiert. Diese stellen kapitalismuskritische Positionen nur noch als überholte Klischees und Allgemeinplätze aus: „[E]r privatisiert Ihre Gewinne und sozialisiert, nein, demokratisiert Ihre Verluste. Sowas Banales habe ich ja noch nie gesagt". (KK 316f.) Die Auflösung widerstreitender Positionen in einem „Kosmos gleichgültig-widersprüchlichen Sprechens"[160] bringt die postpolitische Trägheit des Kapitalismus zum Ausdruck, wobei die Vereinnahmung des marxistischen Diskurses das Versagen traditioneller linker Kapitalismuskritik vorführt, dessen Gründe im Text implizit mitverhandelt werden – zum einen durch die Auswahl der Intertexte: So wird mit Marx ein Gerechtigkeitsdiskurs aufgerufen, der im neunzehnten Jahrhundert zu verorten ist. Die Frage, die sich bei dieser intertextuellen Auswahl stellt, ist freilich, ob ein Finanzkapitalismus, der über nationale Grenzen hinweg agiert, die Dimension der Materialität und der Gebrauchswerte ebenso wie die hierarchische Unterscheidung von kapitalistischem Täter und proletarischem Opfer hinter sich gelassen hat, mit traditionellen Begriffen der ökonomischen Ethik und linken Kapitalismuskritik überhaupt noch zu fassen ist. Ferner wird im Theatertext deutlich, dass die Maximen der marxistischen Kapitalismuskritik eine historisch mitunter problematische Signatur tragen.

Zum anderen wird die Schwäche der Kapitalismuskritik in *Die Kontrakte des Kaufmanns* ihrem mangelnden Distinktionsvermögen zugerechnet: Der neoliberale Diskurs strotzt vor moralischen Begrifflichkeiten wie Gerechtigkeit und Freiheit, von denen sich der antikapitalistische Gerechtigkeitsdiskurs nicht ab-

---

[160] Schößler. „Die Arbeiten des Herkules als ‚Schöpfung aus dem Nichts'", S. 331.

zugrenzen vermag. Der Text findet zu keiner stichhaltigen Position, die den neoliberalen Diskurs erschüttert, und setzt die Verflüchtigung kritisch angelegter Positionen in einem grenzenlosen, nivellierenden Sprechen in Szene. Gerechtigkeitskonzepte werden bruchstückhaft vorgetragen, ohne weiter elaboriert und argumentativ entfaltet zu werden, was immer wieder zu einem Abbruch und Verstummen der kritischen Exkurse durch Lachkrämpfe und Zusammenbrüche der Engel führt. Der Text erteilt so eine Absage an antikapitalistische Diskurse, die im Versuch, den Kapitalismus durch die Appelle an Gerechtigkeit, Freiheit usw. zur Räson zu bringen, belanglos scheinen und von diesem absorbiert werden. Hatte Jelinek in *Wolken.Heim.* die Vereinnahmung des Gegendiskurses auf die rhetorische Nähe von RAF und deutschnationalem Raunen zurückgeführt, wird in *Die Kontrakte des Kaufmanns* das Scheitern der Kapitalismuskritik als Nachlässigkeit und Indifferenz ins Werk gesetzt – was sich auch in fahrigen Regieanweisungen widerspiegelt, die eine Austauschbarkeit und Beliebigkeit der Argumente suggerieren: „Engel der Gerechtigkeit, ich weiß nicht mehr, welcher" (KK, 317); „Noch mehr Engel, die bislang nicht aufgetreten sind, oder es tritt jemand ganz anderer auf, mir doch egal". (KK, 327)

Insgesamt kommen im gleichgültigen Sprechen die Vergeblichkeit und Schwäche der Kapitalismuskritik zum Ausdruck. Diese erscheint unzeitgemäß, überholt sowie nicht entschieden genug und arbeitet eher an der (neo-)liberalen Mythologie mit, anstatt dieser etwas entgegenzusetzen: Die Ein- und „Widersprüche in Jelineks Text – die Engel artikulieren wenig später auch das Gegenteil der Marxschen Überzeugungen – sind entsprechend keine dialektischen, sondern dienen der Verschleierung ökonomischer Vorgänge durch den Anschein von Irrationalität und Konfusion".[161] Diese Konfliktlosigkeit ist letztlich einer mangelnden Durchdringung und Distanzierung vom Kapitalismus und seiner Ideologie zuzurechnen. Dabei hat Marx selbst das Problem der Undurchschaubarkeit der fortgeschrittenen Produktionsverhältnisse auf die religiöse Signatur des Kapitalismus zurückgeführt:

> Der religiöse Widerschein der wirklichen Welt kann überhaupt nur verschwinden, sobald die Verhältnisse des praktischen Werkeltagslebens den Menschen tagtäglich durchsichtig vernünftige Beziehungen zueinander und zur Natur darstellen. Die Gestalt des gesellschaftlichen Lebensprozesses, d. h. des materiellen Produktionsprozesses, streift nur ihren mystischen Nebelschleier ab, sobald sie als Produkt frei vergesellschafteter Menschen unter deren bewußter planmäßiger Kontrolle steht.[162]

---

[161] Schößler. „Das Ende der Revolution und der Klang der Finanzinstrumente", S. 77.
[162] Karl Marx. „Das Kapital. Kritik der politischen Ökonomie. Erster Band. Buch I: Der Produktionsprozeß des Kapitals". *Karl Marx. Friedrich Engels. Werke.* Bd. 23. Hg. Institut für Mar-

Herfried Münkler weist darauf hin, dass dieses Theoriedilemma, wonach die kapitalistische Verzauberung und Fetischisierung der Welt erst durchdrungen werden kann, wenn der Kapitalismus überwunden ist, ein „Dilemma der politischen Praxis [nach sich zieht], denn die Kritik, nach Marx das aufklärende Instrument der politischen Intervention ins Geschehen, ist hier weitgehend machtlos".[163] Münkler legt dar, dass Marx diesem ideologiekritischen Dilemma paradoxerweise mit einer „Aufladung der Theorie mit religionsaffinen Elementen" antwortet, wenn er gegen den ‚religiösen Widerschein' der Verhältnisse den „feste[n] Glaube[n] an einen vorherbestimmten Gang der Geschichte"[164] setzt. In *Die Kontrakte des Kaufmanns* wird dieses Dilemma der marxistischen Theorie zum Thema gemacht: Der kapitalistischen Strategie der Abschottung, die mit Agamben als ein wesentliches Merkmal der Religion bestimmt werden konnte, wird seitens der kritischen Diskurse nichts entgegengesetzt, im Gegenteil reproduzieren diese die religiöse Weltsicht. Immerhin sind es Engel, also selbst Figuren eines religiösen Weltentwurfs, die zur Korrektur des ökonomischen Systems im Namen der Gerechtigkeit ansetzen und ebenso vage und unsystematisch eine Aussicht auf Verteilungsgerechtigkeit stellen. In diesem Sinne ist auch die als Gegenposition angelegte Rede als ein religiöser Diskurs gezeichnet, der einem Heilsnarrativ folgt, das eher suggestiv wirkt denn konkrete Lösungsvorschläge bereitstellt. Der Text problematisiert in den Figuren der Engel, dass Kapitalismuskritik auf ein unbestimmtes Jenseits ausgerichtet ist und dabei mit Phantomen paktiert, die man entlassen glaubte.

Dieser Argumentation folgend lässt sich feststellen, dass in *Die Kontrakte des Kaufmanns* eine postpolitische Ordnung aufgerufen wird, in der Kritik an der kulturellen Hegemonie des Kapitalismus versagt und sich gezwungen sieht, die religiöse Logik des Systems zu reproduzieren. Der Text diskutiert die Unzulänglichkeiten einer nicht-säkularen Ökonomiekritik, die heilsgeschichtliche Sinnangebote macht und dabei selbst zum Trivialmythos, zur Form ohne Inhalt, regrediert.

2.3.2 Revolution und Postapokalypse

Rein Gold lässt sich als eine Weiterführung der in *Die Kontrakte des Kaufmanns* angestoßenen Überlegungen zur postpolitischen Immunität des Kapitalismus lesen. Hier wird nun die Frage aufgeworfen, ob eine ökonomische Kultur der

---

xismus-Leninismus beim Zentralkomitee der Sozialistischen Einheitspartei Deutschlands. Berlin: Dietz, 1962, S. 94.
163 Münkler. *Marx – Wagner – Nietzsche*, S. 245.
164 Ebd., S. 245 f.

2 Kapitalismus und Kritik (*Die Kontrakte des Kaufmanns, Rein Gold*) — 153

Enthaltsamkeit und Mäßigung – sei es in Form einer Finanzpolitik der niedrigen Staatsverschuldung oder einer revolutionären Politik des Aufhörens – den letzten Ausweg aus dem Kreislauf von Schulden und Spekulation, Investition und Konsum bezeichnen könnte. Die Sehnsucht nach einem „Zustand[...] des Aufhörens" (RG, 94) ist in dem Stück allgegenwärtig: „Ich möchte, daß das aufhört, weiß aber nicht, was! Ich möchte, daß die nutzlosen Tätigkeiten aufhören, die keine sind oder nur welche sind, um noch mehr Gold zu schaffen." (RG, 93) Ausgehend von Intertexten, die sich aus dem Umfeld der (gescheiterten) Revolution von 1848 rekrutieren (Karl Marx' *Das Kapital*, Marx' und Engels *Das Kommunistische Manifest*, Herrmann Jellineks *Kritische Geschichte der Wiener Revolution, vom 13. März bis zum konstituierenden Reichstag* sowie Richard Wagners *Der Ring des Nibelungen*), entwirft der Theatertext eine „Archäologie revolutionärer Positionen"[165], die ihre Ausläufer in antikapitalistischen Bewegungen der Gegenwart findet:

> Die antikapitalistische Demo, die Millionste, wird angemeldet und ausgeführt sein. Die Besetzung durch Sitzen wird durchgeführt werden. Aber sie wird genausowenig bringen wie alle anderen, weil man auf die Bewegung der Sitzenden, der Besetzer, der nichts Besitzenden nicht setzen wird. Die tun ja nichts. Bewegen sich nicht. Aber egal. Nur die Bewegung des Geldes zählt. (RG, 72)

Evoziert werden hier Vorstellungen der Revolution als Stillstand oder Notbremse,[166] die der „rastlose[n] Bewegung des Gewinnens", der „Rastlosigkeit [des Geldes], [...] mehr zu werden" (RG, 109), Einhalt gebieten soll. Gleichwohl wird im Theatertext antizipiert, dass der Versuch, das kapitalistische System durch eine Kultur des Aufhörens zu verändern, zum Scheitern verurteilt ist, weil sich der Geld- und Kapitalstrom schon längst verselbstständigt und dem Erfahrungs- und Wirkungsraum des Menschen entzogen hat. So entwirft das Stück ein postapokalyptisches Szenario, in dem der Mensch zwar aufgehört hat zu sein, aber das Geld weiterhin zirkuliert: „Das Geld wird keine Ware mehr brauchen, das wird alles von selbst und selbständig machen können, wozu es jetzt noch Menschen braucht. Das Geld wird frei werden, auch frei von Menschen. Es wird als einziges bleiben, ich sagte es schon." (RG, 126) Jelineks Theatertext liefert eine nüchterne

---

165 Schmitt und Schößler. „Was ist aus der Revolution geworden?", S. 91.
166 Vgl. Walter Benjamins bekanntes Diktum: „Marx sagt, die Revolutionen sind die Lokomotiven der Weltgeschichte. Aber vielleicht ist dem gänzlich anders. Vielleicht sind die Revolutionen der Griff des in diesem Zug reisenden Menschengeschlechts nach der Notbremse." Walter Benjamin. „Über den Begriff der Geschichte. Anmerkungen". *Walter Benjamin. Gesammelte Schriften*. Bd. I,2. Hg. Rolf Tiedemann und Hermann Schweppenhäuser. Frankfurt/M.: Suhrkamp, 1991, S. 1232.

Perspektive auf die Vorstellung, der Kapitalismus ließe sich durch Appelle zur Mäßigung oder eine Kultur des Aufhörens aushebeln, und stellt in Aussicht, dass dieser das Ende überdauern würde, weil ihm das Prinzip der unendlichen Akkumulation eingeschrieben ist und weil der Finanzsektor selbstbezüglich, von der Realwirtschaft beinah unabhängig funktioniert.

Eine historisch intrikate Spielart einer Revolutionsromantik des Aufhörens, deren Erfolgsaussichten gleichermaßen relativiert und problematisiert werden, ergründet der Theatertext in der Auseinandersetzung mit Richard Wagners *Ring*-Tetralogie. Bekanntlich gipfelt Wagners Opernzyklus in dem von Brünnhilde initiierten Brand von Walhall und der Zerstörung der bestehenden Ordnung, der *Götterdämmerung*. Der politische Impetus dieses Szenarios und seine Bezüge zu Wagners revolutionärer Praxis (dieser hat aktiv an den Straßenkämpfen in Dresden 1849 teilgenommen) sind von der Forschung zur Diskussion gestellt worden. So sehen Wolfgang Schild, dessen Monographie *Staatsdämmerung. Zu Richard Wagners „Der Ring des Nibelungen"* in dem Verzeichnis der Intertexte aufgeführt ist, und Herfried Münkler in der künstlerischen Vision einer umfassenden Zerstörung, die Platz schaffen soll für die Entstehung von etwas Neuem, Revolutionsvorstellungen nachwirken, die Bakunins (dessen Name in *Rein Gold* wiederholt fällt) anarchistischer Idee nahekommen, „wonach die Lust an der Zerstörung ein schöpferischer Akt sei".[167] Nach dieser Lesart sind Siegfried und Brünnhilde in Wagners „Hohelied des Anarchismus"[168] als revolutionäre Heldenfiguren angelegt, die – weil sie an die „Vertragswelt nicht gebunden sind"[169] – diese in ihren verdienten Untergang führen.

Münkler stellt die These auf, dass im *Ring*-Zyklus die politische Idee der Befreiung durch den Schopenhauerisch-religiösen Erlösungsgedanken sukzessiv verdrängt wird. Das Ende der *Götterdämmerung* erzähle nicht von der Umgestaltung der gesellschaftlichen Ordnung, sondern von der Erlösung von der „bisherigen Geschichte mitsamt ihren Ergebnissen"[170] und stelle die Möglichkeit eines „Neuanfang[s] nach der Katastrophe"[171] in Aussicht, den Wagner an anderer Stelle als ethisch-ökologische Regeneration von Mensch und Natur imaginiert.[172] Die Postapokalypse als Chance? Karl Marx stand Bakunins Bekenntnis zur schöpferischen Gewalt und dessen Ideal einer sich selbst regulierenden natürli-

---

[167] Münkler. *Marx – Wagner – Nietzsche*, S. 497.
[168] Wolfgang Schild. *Richard Wagner – recht betrachtet*. Berlin, Boston: De Gruyter, 2020, S. 313.
[169] Münkler. *Marx – Wagner – Nietzsche*, S. 257.
[170] Ebd., S. 257.
[171] Ebd., S. 237. Münkler orientiert sich dabei an der Deutung von Hans Mayer. *Richard Wagner*. 2. Aufl. Frankfurt/M.: Suhrkamp, 1998.
[172] Vgl. Münkler. *Marx – Wagner – Nietzsche*, S. 251 f. und S. 462–471.

2 Kapitalismus und Kritik (*Die Kontrakte des Kaufmanns*, *Rein Gold*) — 155

chen Ordnung mit Ablehnung gegenüber, was schließlich zur Spaltung der Internationalen Arbeiterorganisation in ein marxistisches und anarchistisches Lager und zum Ausschluss Bakunins aus der Ersten Internationale führte.[173] Münkler stellt die Vermutung an, dass Marx ebenso gegen „Wagners Utopie eines Neuanfangs, aus dem eine alternative Gesellschaft erwachsen kann, [...] wohl eingewandt [hätte], dass dann alles noch einmal von vorn anfange, um erneut bei einem ähnlichen Ergebnis zu enden".[174] Ebendieser Gedankengang findet sich in *Rein Gold* wieder, wenn am Ende des Textes ein Wiederholungsszenario in Rechnung gestellt und die „mythologische Kreislaufstruktur Wagners zur Affirmation der ungleichen Besitzverteilung"[175] erklärt wird: „Die Revolution erkläre ich für beendet, [...], ich könnte sie genausogut für eröffnet erklären; der Besitz ist wie neu verteilt, er wurde aber nur frisch gewaschen, das heißt, diejenigen, die ihn hatten, haben ihn eben jetzt wieder, genau, nach der jahrtausendsten Wiederholung haben Sie es endlich verstanden." (RG, 219) In Jelineks postapokalyptischem Szenario überlebt die Logik des Kapitals den Weltenbrand, nach der „immer alles von neuem beginnt, immer wieder, aber es hat immer nur dieselben Sachen dafür zur Verfügung, über die jedoch verfügen nicht alle" (RG, 132) – was nicht zuletzt darauf zurückzuführen ist, dass der Gedanke der schöpferischen Zerstörung der Ideologie des Kapitalismus (so bei Joseph Schumpeter) gar nicht so fremd ist. Der Begriff der Revolution findet in *Rein Gold* zu seiner ursprünglich astronomischen Bedeutung – *revolutio* meint in diesem Kontext ‚das Zurückwälzen' der Planeten zu ihrem Ausgangspunkt: „Alles wird bleiben, wie es ist. Das nennt man hier Revolution." (RG, 203)

Wagners Untergangs- und Todeserotik wird in *Rein Gold* jedoch nicht nur als ideologisch affirmativ eingeordnet, sondern auch als Grundlage des deutschen Nationalsozialismus vergangener und gegenwärtiger Prägung ausgewiesen, wenn der Text eine Überblendung von Brünnhilde/Siegfried mit den Mitgliedern der Terrorgruppe NSU vornimmt, in deren Stimmen die Wagnerianischen Motive der Entsagung, des heroischen Selbstopfers und Willens zum Untergang aktualisiert werden:

> Zehn Menschen erschossen, aber am größten sind wird, wenn wir uns opfern wie Wotan, wie ich, das Selbstopfer ist also beschlossen, größer im Entsagen, ja, wir sagten es schon und entsagen uns jetzt, daß wir noch leben wollen. Wir entsagen dem, was wir begehrten, und das ist immer das Leben, doch wir haben den Tod gebracht, und jetzt ist das unser Ende, es darf unser Ende sein, wir opfern uns wie Wotan, wie ich, wir haben kein Kind, für das wir uns

---

173 Vgl. ebd., S. 237.
174 Ebd., S. 238.
175 Schmitt und Schößler. „Was ist aus der Revolution geworden?", S. 92.

opfern, na, opfern wir uns halt einfach so, denn wir fühlen uns jetzt allmächtig und fähig, uns zu opfern. Der Wille wird zur Tat, die wir bereits zehnmal ausgeführt haben, jetzt gegen uns, warum sollte das schwieriger sein, nun ja, es ist schwieriger, sich selbst zu opfern als andere zu opfern. (RG, 103)

Rein Gold lässt sich – hierin *Wolken.Heim.* nicht unähnlich – als eine Auseinandersetzung mit dem neunzehnten Jahrhundert als Vorgeschichte des zwanzigsten Jahrhunderts verstehen, wobei der Bühnenessay die gescheiterte Revolution von 1848 zum Vorzeichen des deutschen Nationalismus und Nationalsozialismus erklärt.[176] Getreu Slavoj Žižeks (an Walter Benjamin angelehntem) Bonmot, dass „every rise of Fascism bears witness to a failed revolution"[177], wird Wagners Schaffen bei Jelinek im Kontext seines gescheiterten revolutionären Engagements gelesen, welches Zerstörungsphantasien freisetzt, die nicht mehr der bestehenden Ordnung gelten, sondern Ordnung *per se* negieren und in reaktionäre Kanäle abgeleitet werden.

Hatte Jelinek in *Die Kontrakte des Kaufmanns* ein Szenario des Postpolitischen entworfen, in dem antikapitalistische Gegenrede – weil sie sich nicht gegen die kapitalistische Hegemonie abzugrenzen weiß – diskursiv absorbiert wird, wird in *Rein Gold* ein postpolitischer Zustand konfiguriert, in dem der Versuch, das kapitalistische System zu Fall zu bringen, den hegemonialen sozio-ökonomischen Verhältnissen ideologisch zuarbeitet: Der revolutionäre stimmt mit dem kapitalistischen Erlösungsgedanken überein, das anarchistische mit dem neoliberalen Credo der schöpferischen Zerstörung. Die revolutionäre Vision eines Endes erscheint dabei nicht nur politisch naiv, da unterkomplex, sondern ebnet vor allem dort, wo dieses mit Gewalt und Zerstörung herbeigeführt werden soll, den Weg für reaktionäre Ideologie.

3 Populismus – Illusion der Alternative (*Am Königsweg*, *Das Lebewohl*)

Zu einem Merkmal und Symptom postpolitischer Ordnungen zählt Chantal Mouffe das Erstarken rechtspopulistischer Bewegungen: „Die Rechtsparteien hatten immer dann Zulauf, wenn zwischen den traditionellen demokratischen Parteien keine deutlichen Unterschiede mehr erkennbar waren."[178] Sobald die

---

[176] Vgl. ebd., S. 103.
[177] Slavoj Žižek. *Demanding the Impossible*. Cambridge, Malden: Indigo Book Company, 2013, S. 25.
[178] Mouffe. *Über das Politische*, S. 87.

politische und mediale Kultur an agonistischer Qualität einbüßt, gewinnen nach Mouffe populistische Positionen an Attraktivität, die neue Oppositions- und Konfliktmuster in Rechnung stellen (das ‚Volk' gegen ‚die da Oben') und vermeintliche Alternativen zur bestehenden Ordnung anbieten: „[E]s [kann] durchaus als blamabel empfunden werden, dass das Motto der linken Gesellschaftskritik – ‚Eine andere Welt ist möglich' – heute scheinbar eher von rechts als von links beim Wort genommen wird."[179] Es ist von daher kein Zufall, dass auch Elfriede Jelineks Texte in der Auseinandersetzung mit dem Verschwinden des Politischen auf tagesaktuelle Konjunkturen und Akteure des Rechtspopulismus zu sprechen kommen – so z. B. im Haider-Stück *Das Lebewohl*, in *Am Königsweg* anlässlich der Wahl von Donald Trump zum US-Präsidenten oder in *Schwarzwasser*, dem Kommentar der Autorin zur Ibiza-Affäre des FPÖ-Politikers Heinz-Christian Strache. Dabei zielen – wie in diesem Kapitel zu zeigen ist – die Theatertexte immer wieder darauf, das Narrativ der Alternativbewegung zu dekonstruieren und den Rechtspopulismus als Affirmation der hegemonialen (ökonomischen) Ordnung zu profilieren.

Im Zentrum des Stücks *Am Königsweg* steht das Paradox, dass ein König, der auch immer wieder als „Vorkämpfer" (AM, 19, 21) und Führer „völkische[r] Prägung" (AM, 12) adressiert wird, demokratisch gewählt wurde: „Brauchen Sie denn Führung? Ja, Sie brauchen sie, das haben Sie gewählt, und Sie haben einen Führer erhalten, der es kann." (AM, 70) Der Theatertext macht die demokratische Legitimation des rechtspopulistischen Politikers zum Thema, wirft die Frage nach den Gründen für seine Wahl auf und eruiert damit einhergehend das Wesen populistischer Politik: Was macht den gewählten Politiker zu einem Führer-König?

In den Theorien des Politischen bei Lefort, Gauchet u. a. sind Repräsentationsformen politischer Systeme und ihre konstitutiven Differenzen in den Blick geraten.[180] Dabei ist herausgestellt worden, dass in absolutistischen Staatsmodellen der Monarch den „imaginären Fluchtpunkt der Macht"[181] bildet und „als ein, wenn auch herausgehobener, *Teil* der Gesellschaft in seiner Person die *Einheit*

---

[179] Simon Schleusener. „Trump als Symptom: Populistische Schockpolitik und die Krise der Demokratie". *The Great Disruptor. Über Trump, die Medien und die Politik der Herabsetzung*. Hg. Lars Koch, Tobias Nanz und Christina Rogers. Stuttgart: Metzler, 2020, S. 47–69, hier S. 61.

[180] Vgl. die Ausführungen zu Lefort und Gauchet in Kapitel III.1. Vgl. auch Irene Husser. „Machteffekte. Räumliche und körperliche Darstellungs- und Funktionsweisen des Politischen in Georg Büchners *Leonce und Lena* und *Danton's Tod*". *Georg-Büchner-Jahrbuch* 14 (2016–2019), S. 61–88. An diesem Beitrag orientieren sich die folgenden Darstellungen zu Macht und Repräsentation.

[181] Michael Dormal. *Nation und Repräsentation. Theorie, Geschichte und Gegenwart eines umstrittenen Verhältnisses*. Baden-Baden: Nomos, 2017, S. 79.

derselben Gesellschaft"[182] verkörpert. Bereits Ernst Kantorowicz hat ausgeführt, dass das monarchische System auf dem Vorstellungskomplex der *zwei Körper des Königs*[183] beruht, wonach der König neben seinem fleischlichen Körper über einen symbolischen Staatskörper verfügt, der partikulare Herrschaftsansprüche und Interessen integriert und Gesellschaft als organische, unteilbare Einheit von Herrscher und Volk zur Erscheinung bringt. Als Bruch mit dieser Imago der Machtverkörperung in einem Individuum gilt die Französische Revolution, die mit der Enthauptung Ludwigs XVI. den „blutige[n] Gründungsakt"[184] der Republik vollzieht. Der demokratisch-parlamentarische Staat konstituiere sich seitdem als „körperlose Gesellschaft"[185] – als ein politisches System, in dem der Platz des uneingeschränkten Souveräns leer bleiben muss: „Die Macht ist nicht verschwunden, sie strukturiert nach wie vor die Gesellschaft. Aber es hat niemand mehr die Macht in dem Sinne, dass er unwidersprochen für das Ganze stehen könnte."[186] Demokratische Systeme sind für Lefort und Gauchet damit vor die Herausforderung gestellt, die „Zerrissenheit" und „Zersplitterung"[187] des Sozialen anzuerkennen und institutionell zu verankern.

Gerade das leere Zentrum der Macht stellt nach Lefort und Gauchet allerdings eine Bedrohung für die demokratische Gesellschaft dar, insofern es zum Triebfeld eines totalitaristischen Begehrens werden kann. Anstelle des monarchischen Souveräns setzt der Totalitarismus „die Vorstellung einer homogenen und für sich selbst durchsichtigen Gesellschaft, des *einen* Volkes"[188], das sich „in dem sichtbaren Körper des höchsten Führers widerspiegelt".[189] Weil das Volk als identitäre Größe nicht einfach gegeben ist, sondern das Ziel des totalitaristischen Projekts bezeich-

---

182 Albrecht Koschorke. „Paradoxien der Souveränität". Thomas Frank, Albrecht Koschorke, Susanne Lüdemann und Ethel Matala de Mazza. *Der fiktive Staat. Konstruktionen des politischen Körpers in der Geschichte Europas.* Frankfurt/M.: Fischer, 2007, S. 113–119, hier S. 114.
183 Vgl. Ernst Kantorowicz. *The King's Two Bodies. A Study in Mediaeval Political Theology.* Princeton: Princeton University Press, 1957.
184 Dormal. *Nation und Repräsentation*, S. 79.
185 Lefort. „Die Frage der Demokratie", S. 285.
186 Dormal. *Nation und Repräsentation*, S. 82. Ob sich demokratische Ordnungen auf der Suche nach einer neuen politischen Ästhetik von den Imaginationen politischer Souveränität des *Ancien Régime* tatsächlich befreien konnten, wird u. a. von Philip Manow infrage gestellt, der in den symbolischen Formen der parlamentarischen Repräsentation Imitationen monarchischer Repräsentationspraktiken ausmacht und deshalb von einem „Nachleben des politischen Körpers in der Demokratie" spricht. Philip Manow. *Im Schatten des Königs. Die politische Anatomie demokratischer Repräsentation.* Frankfurt/M.: Suhrkamp, 2008, S. 15.
187 Gauchet. „Die totalitäre Erfahrung und das Denken des Politischen", S. 235 f.
188 Lefort. „Die Frage der Demokratie", S. 287.
189 Claude Lefort. „Die Weigerung, den Totalitarismus zu denken". *Debatte zu Politik und Moderne* 4 (2003), S. 21–36, hier S. 33.

net, analysieren Lefort und Gauchet, dass der totalitäre Staat auf die Herstellung eines ‚inneren Feindes' angewiesen ist, der der Konstitution des „Volk[es]-als-Eines"[190] entgegensteht und deshalb vernichtet werden muss.

In Jelineks Theatertext wird genau dieses Versprechen auf Einheit und Identität – und damit auch „Ordnung" (AM, 23; 128) – als Grund für die Wahl eines Führer-Königs ausgewiesen: „Und es wird friedenbringende Einmütigkeit herrschen, in Gestalt des mutigen einzigen alleinigen Herrschers." (AM, 32) Dem Führer-König wird eine „vereinende Kraft" (AM, 129) zugesprochen, durch die er das ‚gespaltene Land' (vgl. AM, 54) zu sich bringen soll. Angesichts dieses Identitätsbegehrens erscheint auch das von ihm deklarierte Wahrheitsmonopol für die Anhänger/-innen weniger als Bedrohung denn als ein Zeichen der ersehnten Einmütigkeit: „Nur ich sage die Wahrheit, ich allein, ich bin legitimiert worden, hier ist mein Königsausweis, der schon die längste Zeit gefälscht wird, jetzt aber nicht mehr, jetzt ist er echt, jetzt ist er wahr geworden, gewählt ist gewählt." (AM, 41)

Philip Manow hat die These aufgestellt, dass die gegenwärtigen populistischen Bewegungen weniger als eine Krise der Demokratie zu verstehen sind, sondern eine Krise der demokratischen Repräsentation darstellen:

> Demokratische Repräsentation war [...] ursprünglich die Lösung eines Problems, das ‚Pöbel' oder ‚Menge' heißt. [...] Als Antwort auf Vorbehalte gegen die ‚Volksherrschaft', die Urteile über die Unzuverlässigkeit der Menge waren schließlich nicht über Nacht verschwunden, nahm die Demokratie zugleich eine Zweiteilung des Volkes vor, und zwar in einen repräsentierbaren und in einen nichtrepräsentierbaren Teil, so dass das Recht, sich Gehör zu verschaffen, mit einer schützenden Schwelle normativer Bestimmungen versehen werden konnte.[191]

In der Gegenwart führt nun die – z. B. durch die sozialen Medien ermöglichte – „massive[...] Ausweitung von Chancen zur politischen Partizipation und Kommunikation" ebenso wie der „Verlust der etablierten Kontrollfunktionen repräsentativer Institutionen"[192] dazu, dass bis dato von der Repräsentation ausgeschlossene Bevölkerungsgruppen ein Mitspracherecht einfordern, auf das sich populistische Politiker/-innen wiederum im Modus der Repräsentation beziehen. Der Theatertext hat

---

190 Hebekus und Völker. *Neue Philosophien des Politischen zur Einführung*, S. 87.
191 Philip Manow. *(Ent-)Demokratisierung der Demokratie. Ein Essay*. Berlin: Suhrkamp, 2020, S. 36 f.
192 Ebd., S. 58. In diesem Sinne sieht Manow den Populismus sowohl als eine Folge von Demokratisierungsprozessen, also der Ausweitung der Möglichkeiten der demokratischen Partizipation, als auch eine Reaktion auf Entwicklungen der Entdemokratisierung, z. B. auf die Delegation politischer Entscheidungsfragen an überstaatliche Instanzen.

diese Gemengelage im Blick, wenn von der „vergessene[n] Arbeiterklasse", den „Abgehängten" (AM, 121) und „Enttäuschten" (AM, 128) die Rede ist, die sich durch den Führer-König eine Teilhabe an der Gesellschaft erhoffen: „jetzt wird er das Land beherrschen und den Stimmlosen ein Stimmlos verkaufen, jedem sein eigenes Los, nein, er wird die Abgehängten finden und sie wieder anhängen an die Masse, und er wird der Masse wieder eine Stimme geben, leider nur eine, eine einzige Stimme für die abgehängten Massen." (AM, 121) Auch in *Das Lebewohl* stellt die an Jörg Haider angelehnte Sprecherfigur seiner Anhängerschaft eine Zugehörigkeit in Aussicht: „Nie wieder Einsamkeit. Nie wieder fremd sein. Nie wieder eigentümlich sein. Sich nie wieder absondern." (L, 15) Die Ausgeschlossenen begehren die Partizipation an einer Gemeinschaft, die – wie der Begriff der Masse in *Am Königsweg* deutlich macht – im Sinne Leforts als Volkseinheit imaginiert wird: „Wir sind alle." (L, 15) Dabei stellen beide Texte aus, dass die Konstitution des Volkes als Einheit nur über Gewalt und sowohl innere als auch äußere Grenzziehungen bewerkstelligt werden kann: „Alles, was der Nachbar tut, bestätigt uns nur, daß der Nachbar aggressive Tendenzen hat. Wir schieben ihn ab. Oder wir sind genauso aggressiv zu ihm oder mehr oder öfter." (AM, 15)

Bei dem Begriff des Führer-Königs, wie er in den bisherigen Ausführungen zu *Am Königsweg* zum Einsatz gekommen ist, handelt es sich im Grunde genommen um einen Widerspruch, bezeichnen nach Lefort und Gauchet doch die Monarchie und der Totalitarismus zwei in gewissen Punkten ähnliche, aber dennoch grundlegend verschiedene Staatsmodelle. Während in der Monarchie der Körper des Königs eine Projektionsfläche für die Gesellschaft als Einheit darstellt, König und Volk jedoch nicht in eins fallen,[193] folgt der Totalitarismus „der Logik der Identifikation".[194] Das Volk ist der Führer und vice versa; „Staat und Zivilgesellschaft werden als verschmolzen angesehen."[195] In *Am Königsweg* ist sowohl von einem König als auch von einem Führer die Rede – und das hat auch einen Grund: In dem Stück werden sowohl die Perspektive des Herrschers als auch die der Beherrschten artikuliert. Wo das Wählervolk eine Einmütigkeit und Identität mit dem Herrscher begehrt, verweist der Text auf die Verachtung des Politikers für seine Anhängerschaft, denn dieser besteht auf der Nicht-Identität von Herrscher und Volk und versteht sich als monarchischer Souverän im klassischen Sinne: „Es ist ein bittres, daß er auch fürdar unter Menschen leben muß, sogar als ihr Anführer, nicht sehr schmeichelhaft, solche Leute anführen zu müssen, er hätte gerne andere." (AM, 57)

---

193 Man denke an das ikonische Frontispiz von Thomas Hobbes' *Leviathan*, in welchem der König durch das Haupt und das Volk durch den Rumpf und die Glieder symbolisiert werden.
194 Lefort. „Die Frage der Demokratie", S. 287.
195 Ebd.

In dieser Hinsicht ist der Sprecher in *Das Lebewohl* anders profiliert, was Jelineks Gespür für die unterschiedlichen Spielarten des Rechtspopulismus unter Beweis stellt: „Ich sind: alle. [...] Die Freiheit vertreib: ich, [...]. Die Toten sein will auch: ich. Mutiger Helfer sein will auch: ich. Das Tuch vor Augen, um die Gemordeten nicht zu sehen, brauche nicht: ich. Alle niedermachen will auch: ich. Alle sein will auch: ich. [...] Die Freiheit sein will auch: ich." (L, 34 f.) Eine gewisse Nähe zwischen dem Ich aus *Das Lebewohl* und dem Führer-König in *Am Königsweg* zeigt sich in dem widersinnigen (so will das Ich z. B. die Freiheit vertreiben und diese sogleich sein) und dadurch apodiktischen Duktus der Rede, der in dem späteren Text kommentiert wird: „Da wird etwas gesagt, sofort dann sein Gegenteil, welches nahtlos daran anschließt, alles ist wahr, was gesagt wird, das heißt, alles ist wahr, und alles ist falsch, [...]." (AM, 38) Zugleich wird aber auch ein Unterschied zwischen den beiden rechtspopulistischen Modellen deutlich: In der ich-zentrierten Rede ist die populistische Herrscherfigur in *Das Lebewohl* stärker als totalitaristisch-faschistischer „*Egokrat*"[196] angelegt, der die Identität von allem mit sich selbst behauptet, während der Führer-König aus *Am Königsweg* die Differenz zwischen der Masse und sich als Individuum, das als Inhaber und Bewohner von „Wolkenkuckuckskratern" (AM, 23) hoch über dieser Masse steht, geltend macht.

Diesem König, der „eher König sein [möchte], als Königliches tun" (AM, 119), dient der Bezug auf die ‚Abhängten' als Machtstrategie und -legitimation, ein Interesse an der sozio-ökonomischen Lage der Wähler/-innen liegt ihm fern: „Ich weiß aber noch nicht, was wir ihnen geben werden, denn wir haben nichts für sie übrig, wenn wir erst die höchsten Ehren empfangen haben und über den Staat gebieten werden." (AM, 97) Im Theatertext wird immer wieder der Gegensatz zwischen den Wähler/-innen, die im Zuge der Finanzkrise seit 2007 ihre Häuser verloren haben, und dem König, der in Anspielung auf Donald Trump als Immobilienmogul eine Vielzahl von Hochhäusern, Hotels und Kasinos besitzt, hervorgehoben. Dabei zeigt sich nicht nur, dass für den König und sein Volk unterschiedliche Spielregeln im Kapitalismus gelten, denn jener ist im Gegensatz zu seiner Wählerschaft „mit den Schulden sehr gut gefahren" (AM, 10), auch bringt der Theatertext zum Ausdruck, dass der Reichtum des Königs auf der Ausbeutung derjenigen gründet, für die er sich zu sprechen anmaßt.[197] Damit stellt das Stück

---

196 Ebd.
197 So werden im folgenden Textauszug die Arbeitsbedingungen auf den Baustellen des Königs thematisiert: „Das Netz ist nur zur Orientierung gespannt, damit keiner über den Rand der Klippe stürzt. Wenn man die Hälfte davon abdreht, kann es zu einer Katastrophe kommen, falls sich darin noch Menschen aufgehalten haben sollten, zum Beispiel ein paar hundert polnische Bauarbeiter ohne Helme, mit wären sie zu teuer gewesen, Vorschlaghämmer hatten sie, diesen Vorschlag konnten sie nicht ablehnen, es mit ohne zu machen, dann ist es billiger, Blödsinn,

nicht nur die Nicht-Identität von König und Volk fest, sondern lässt eine sozioökonomische Ungleichheit hervortreten, die der König sich gar nicht zu beseitigen anschickt, weil sie überhaupt erst seinen Wahlerfolg begründet.

Liest man *Am Königsweg* als einen Kommentar zur Wahl Donald Trumps zum 45. Präsidenten der Vereinigten Staaten von Amerika, so kommt der Theatertext zu ähnlichen Schlussfolgerungen wie politische Forschungsbeiträge: Im Stück wird die Wahl Trumps durch einkommensschwache, vorwiegend (aber nicht nur[198]) weiße Schichten als eine Kompensation „nicht materieller, sondern rein affektiv-symbolischer Natur"[199] profiliert. Über diesen Einzelfall hinaus[200] ergründet Jelineks Text aber auch die Ursachen für das Vordringen rechtspopulistischer Strömungen, die als Phänomene des Postpolitischen markiert und damit in ihrem Selbstverständnis als Bastion der demokratischen Streit- und Protestkultur dekonstruiert werden. In dem Stück begehrt die Stimme der populistischen Anhängerschaft nicht den Agon, sondern die Idee einer Einheit, die die eigene sozioökonomische Prekarität aufwiegen soll; der populistische Führer gebiert sich als Monarch und „Gott" (AM, 15), der sich an seiner Machtfülle berauscht und das Weiterbestehen der neoliberalen Hegemonie garantiert: „Wenn man die Abgehängten schon abhängt, dann muß man ihnen eine Stimme geben, [...]." (AM, 121) Der Theatertext dekonstruiert das rechtspopulistische Narrativ der Systemopposition und verweist dabei auf seinen retrotopischen Charakter:

> Das historisch Überlieferte ist inzwischen verkleidet worden als das, was war und gleichzeitig kommen wird, gewählt ist gewählt, und so maßt sich das Überkommene, das über uns gekommen ist wie die Pest, die heilsam ist, nein heilbar, warum ist es überhaupt dazu gekommen? [...], es ist das Alte, das wir schon kennen und das jetzt wieder als neu begrüßt werden darf, [...]. Vor dem Neuen haben wir Angst, das wird uns nie gehören, jetzt gehört uns alles andere doch auch schon nicht mehr!, wie viele Leasingraten noch?, wie viele von uns dürfen als Arbeiters verbraucht werden, ohne Verbraucherschutz, den uns der König nicht gewährt, wozu? (AM, 60 f.)
>
> Wir wollen Wandel, wir wollen im Wandel wandeln, endlich was Neues, so geht das nicht weiter, aber was wir in Wirklichkeit wollen, ist, daß das alte Gute jetzt das Neue ist, damit wir es erkennen. (AM, 68)

---

umgekehrt, teurer, aber das ist doch schon alles umgekehrt worden, nichts ist rausgefallen!" (AM, 38)
198 Vgl. Schleusener. „Trump als Symptom", S. 52–56.
199 Ebd., S. 60.
200 Auch Schleusener (ebd.) mahnt dazu an, in Trump ein Symptom der aktuellen Krise der demokratischen Repräsentation zu sehen.

Weil der Blick in die Zukunft postpolitisch getrübt ist und eine Verlängerung der Gegenwart in Aussicht stellt, wird die Vergangenheit zur Projektionsfläche rechtspopulistischer Sehnsüchte und Affekte. Dass dieser unkritische Vergangenheitsbezug („Daß er neu ist, zeigt, daß er nicht gefährlich ist, denn die gefährlichen Führer waren schon dran, [...].", AM, 20) die Weichen für die Wiederholung faschistischer Gewalttaten stellt, wird in dem Theatertext durch Anspielungen auf den Nationalsozialismus und die Schoah angemahnt: „die Urnen haben ihn bestimmt, als man sie auskippte, war keine Asche drin, seltsam". (AM, 20)

Simon Schleusener hat einleuchtend dargelegt, dass die Wahl Donald Trumps zwar zu einer ideologischen Polarisierung der Gesellschaft und medialen Öffentlichkeit geführt hat, diese allerdings „weniger die Proliferation neuer politischer Debatten und Diskurse als das Gefühl einer post-politischen Stasis"[201] mit sich brachte. Dieser „Eindruck des Statischen" stellt sich ein, weil „die beiden Lager nicht nur aufeinander angewiesen sind, sondern sich auch vollständig zu neutralisieren scheinen"[202]: Auf Rede folgt Widerrede, die mit einer neuen Widerrede erwidert wird usw.; die Auseinandersetzungen produzieren eine schlechte Unendlichkeit, da sie nicht auf das „bessere Argument gemünzt [sind], sondern eher darauf, den politischen Gegner der Illegitimität oder des Verrats zu überführen".[203] Diese postpolitische Dynamik eines ehe schon postpolitischen Phänomens wird auch in Jelineks Theatertext eingeholt, wenn es in Anspielung auf Sophokles' *König Ödipus* und René Girard Theorie des Opfers heißt:

> Aller Groll, aller Haß, alles, was sich eigentlich schön auf Sie alle verteilen sollte, damit jeder was davon hat, all das richtet sich, sagt dieser Mann hier, [...], all diese negativen Gefühle richten auf ein einziges Individuum, auf den König, der jeder sein könnte, aber nicht ist, das haben Sie noch nicht gewußt? Der König ist er, der König ist nun mal er, und jetzt müßte er eigentlich der sein, in den alles mündet, die Hoffnungen als erstes, die werden schon bald abgehakt sein, aber die Haßgefühle, der Groll, wie wärs mit denen? Richten sich auf ihn, auf den König, auf den Einzigen, auf das versöhnende Opfer. (AM, 145)

Im Zentrum des Werks des französischen Kulturanthropologen und Religionsphilosophen Girard stehen die Erfahrung der Gewalt, die ihm als eine anthropologische Konstante menschlicher Gemeinschaften gilt, und die Frage, welche Antworten vergangene und heutige Kulturen auf das Problem der Gewalt und ihrer Ansteckungsdynamik gefunden haben. Girard führt aus, dass archaische

---

201 Ebd., S. 62.
202 Ebd.
203 Ebd., S. 62f.

Gesellschaften mit dem Prinzip der Stellvertretung eine bis heute noch greifende Lösung für die Irreduzibilität der Gewalt hervorgebracht haben: Das Menschen- und später Tieropfer sollte sich nicht nur als ein besonders ergiebiges Mittel der Schlichtung von Konflikten, sondern überhaupt als ein „Instrument der Prävention im Kampf gegen Gewalt"[204] erweisen. Zum Opfer werden vor allem Individuen, die keine vollwertige Zugehörigkeit zur Gemeinschaft aufweisen, weil sie entweder durch z. B. Alter, sozialen Stand oder Geschlecht gesellschaftliche Außenseiter/-innen sind oder aber – wie etwa der König – eine „zentrale und überragende Stellung" in der Gemeinschaft einnehmen, die sie „von den anderen Menschen isoliert" und zu „Kastenlosen"[205] macht. Weil zwischen der Gesellschaft und den rituellen Opfern „genau jener Typus von sozialen Beziehungen [fehlt], der bewirkt, dass Gewaltanwendung gegen ein Individuum Vergeltung [...] nach sich zieht"[206], kann ihre Tötung den „Appetit der Gewalt"[207] stillen, ohne dass daraus neue soziale Konflikte entstehen.

Girard legt dar, dass die Entstehung des Gerichtswesens die Institution des rituellen Opfers zwar abgelöst hat, dass aber auch moderne Gesellschaften Opferdynamiken, so etwa in Form des Sündenbock-Mechanismus, kennen. Nach Girard erfahren entsprechende Dynamiken vor allem in Krisenzeiten eine Virulenz, in denen es zu einem „Zusammenbruch der Institutionen"[208] und allgemein zu einem Geltungsverlust kultureller Differenzierungen und Grenzziehungen kommt – man könnte im Hinblick auf das Thema dieser Arbeit auch von einer postpolitischen Konfliktlosigkeit sprechen: „Indem sie sich selbst entdifferenziert, verschwindet Kultur gewissermaßen. [...] Angesichts einer verschwindenden Kultur fühlen sich Menschen ohnmächtig; [...]."[209] Der „Schrecken"[210] der Entdifferenzierung führt dazu, dass Individuen oder Gruppen zu kollektiven Sündenböcken erklärt und ausgeschlossen (ggf. eliminiert) werden, indem ihnen die Schuld für die gesellschaftliche Krise zu Last gelegt wird.

Jelineks Bezugnahme auf Girards Theorie des Sündenbocks problematisiert den gesellschaftlichen, (links-)liberalen Umgang mit dem Rechtspopulismus und stellt zur Diskussion, inwiefern die affektive Absetzung vom Gegenüber nicht letztlich eine temporäre ‚Versöhnung' und Neutralisierung des Diskurses bewirkt, die die Ursachen des Phänomens unterschlagen und seine Wiederkehr ermögli-

---

[204] René Girard. *Das Heilige und die Gewalt*. Frankfurt/M.: Fischer, 1992, S. 32.
[205] Ebd., S. 25.
[206] Ebd., S. 26.
[207] Ebd., S. 23.
[208] René Girard. *Der Sündenbock*. Zürich, Düsseldorf: Benziger, 1988, S. 25.
[209] Ebd., S. 26.
[210] Ebd., S. 28.

chen. Während bei Girard der Ausschluss des Sündenbocks die Gemeinschaft stabilisiert, lenkt der Theatertext den Blick auf die bestehenden sozialen Verwerfungen und Schieflagen, die durch das königliche Opfer eben nicht ‚versöhnt', sondern vielmehr verdeckt werden. Bereits in *Das Lebewohl* hat die Autorin den Rückzug Haiders in die österreichische Landespolitik als einen Sieg der linken Öffentlichkeit deklariert, der allerdings Anlass zur Sorge gibt, weil er eine Wiederkehr in Aussicht stellt: „Die Strategie der Linken ist durchkreuzt: Ich bin weg und hier zugleich, der Mensch, der schlimme, die Lebensgier, alle fort! Ich herein, indem ich ging, ganz besonders herein, gottgeehrt kehr ich nach Hause zurück, [...]." (L, 25) In *Am Königsweg* wird der Rechtspopulismus als ein strukturelles Problem zum Thema gemacht, wenn es heißt, dass der König „jeder sein könnte", weshalb auch der Ausschluss des königlichen Sündenbocks aus der liberalen Gemeinschaft als eine symbolische Geste markiert wird, die die liberale Gemeinschaft zwar versöhnlich stimmt, das Problem aber nicht beseitigt.

Die poetologische Dimension dieser Diagnose soll im Epilog der vorliegenden Studie eingehender betrachtet werden. An dieser Stelle gilt es festzuhalten, dass sich Elfriede Jelineks Theatertexte zum Rechtspopulismus argumentativ in ihre literarischen Auseinandersetzungen mit der deutschen Geschichte und dem Kapitalismus, der linken Protestbewegung und der (marxistischen) Kapitalismuskritik fügen. Der Rechtspopulismus wird als ein postpolitisches Phänomen kenntlich gemacht, an dem kritische Diskurse und Positionen scheitern, wenn sie nicht nach den Gründen des Erscheinens populistischer Bewegungen fragen, denn: „Die Populisten sind nicht das Problem der repräsentativen Demokratie. Sie zeigen nur an, dass sie eins hat. [...] Man wird die (repräsentative) Demokratie gegen ihre Herausforderer schlecht verteidigen können, wenn man ihre gegenwärtigen Schwächen nicht thematisiert, weil man sich darin eingerichtet hat, Ursache und Folge zu verwechseln."[211] Kritik droht so zu einem Stellvertreter- und Sündenbock-Ritual zu erstarren. Das Kapitel V hat gezeigt, dass Jelineks Theaterstücke gegenwartsdiagnostisch Ordnungen des Postpolitischen entwerfen, die sich als immun gegenüber unterschiedlichen Formen der Kritik erweisen. Daran anschließend stellt sich die im Folgenden diskutierte Frage, wie Literatur zu diesem Sachverhalt Stellung beziehen kann. Dabei soll zunächst in Kapitel VI gezeigt werden, dass Jelineks Texte einen selbstreflexiven Diskurs über die Fallstricke und Irrwege der Literatur führen, ausgehend von dem – darum soll es in Kapitel VII gehen – eine politische Literatur der Antizipation entworfen wird.

---

[211] Manow. *(Ent-)Demokratisierung der Demokratie*, S. 22f.

VI Fallstricke der (politischen) Literatur

Elfriede Jelineks Theatertexte konfigurieren Ordnungen des Postpolitischen – Ordnungen, in denen Einspruch, Kritik und Widerstand vom hegemonialen Diskurs absorbiert und neutralisiert werden. Dabei wirft das Verschwinden von Dissens und Konflikt die Frage auf, wie eine politische Literatur in der Gegenwart des Postpolitischen aussehen kann. Traditionelle Modelle engagierter Literatur fußen auf der Vorstellung von Literatur als Gegendiskurs, die angesichts der bestehenden Machtverhältnisse obsolet scheint. Wie ich im Folgenden zeigen möchte, ist in Jelineks Theatertexten dieser poetologische Komplex eingelagert; die Stücke entwerfen und verwerfen Modelle politischer Literatur und reflektieren das Verhältnis von Literatur, Gesellschaft und Politk, um ausgehend davon die Möglichkeiten einer zeitgemäßen Agonistik zu ergründen.

1 Literarische und politische Avantgarde (*Wolken.Heim.*, *Ulrike Maria Stuart*, *Am Königsweg*)

Mit Fichte, Hegel, Hölderlin und Kleist lässt Jelinek in *Wolken.Heim.* zentrale Protagonisten des nationalen Diskurses um 1800 zu Wort kommen, der „noch weitgehend von einigen wenigen Dichtern und Gelehrten bestimmt wird, die allerdings versuchen, mit ihren Beiträgen eine größere Leserschaft zu erreichen. Die Autoren arbeiten mit an der Etablierung der Nationaldebatte als gesamtgesellschaftlichen Diskurs."[1] Die Nationaldebatte am Anfang des neunzehnten Jahrhunderts stellt ein Elitenprojekt dar, das sich durch Heterogenität und Vielstimmigkeit auszeichnet: Während Schiller, Goethe, Hölderlin und die Frühromantiker ihre Hoffnung auf eine deutsche Kulturnation setzen, die der englischen, vor allem aber der französischen in nichts nachsteht, wird die „politische und militärische Auflehnung gegen die napoleonische Okkupation [...] von einem heftigen, bisweilen säbelrasselnden Nationalismus" und „antifranzösische[m] Chauvinismus"[2] begleitet, die auch in der Literatur, Philosophie und Publizistik bei Autoren wie Kleist, Eichendorff, Arnim, Körner, Fichte, Arndt, Görres u. a. Spuren hinterlassen haben.[3] Bei allen gravierenden Unterschieden lässt sich doch ein Berüh-

---

1 Hannes Höfer. *Deutscher Universalismus. Zur mythologisierenden Konstruktion des Nationalen in der Literatur um 1800*. Heidelberg: Winter, 2015, S. 19.
2 Detlef Kremer. *Romantik. Lehrbuch Germanistik*. 3. Aufl. Stuttgart, Weimar: Metzler, 2007, S. 18.
3 Vgl. dazu auch Christoph Jürgensen. *Federkrieger. Autorschaft im Zeichen der Befreiungskriege*. Stuttgart: Metzler, 2018.

rungspunkt bzw. eine Kontinuität zwischen dem Universalismus der post-revolutionären und prä-Napoleonischen Ära und dem Nationalismus der Befreiungskriege, „der auf einer ideologischen Ausgrenzung des Fremden und einer Überstilisierung des Eigenen basiert"[4], ausmachen: Beiden Programmatiken liegt ein Verständnis der Kunst als wegweisende, missionarische Kraft zugrunde, der bei der Gestaltung der deutschen (Kultur-)Nation eine zentrale Rolle zukommt. Hier und dort werden der Wert und die Funktion der Literatur außerliterarisch bemessen: Literatur bewährt sich als Medium der nationalen Identitätsstiftung, humanistischen Bildung, Erziehung zur politischen Freiheit oder militärischen Mobilmachung.

Detlef Kremer weist auf die Aporie hin, dass die kulturpolitische Orientierung der Literatur und Philosophie eigentlich „ganz gegen das klassische und romantische Autonomiepostulat"[5] gerichtet ist. In der Tat definiert sich „[g]legen Ende des 18. Jahrhunderts, in Romantik und Weimarer Klassik, [...] avancierte Literatur über die Behauptung und Begründung ästhetischer Autonomie im Unterschied zur Zweckbestimmung der Wissenschaften und zur moralischen Funktion der Literatur der Aufklärung".[6] Das romantische und klassische Autonomiepostulat stellt den Gipfelpunkt autonomieästhetischer Bestrebungen des ausgehenden achtzehnten Jahrhunderts bei Moritz, Kant u. a. dar, welche vor dem Hintergrund der politischen und gesellschaftlichen Krise um 1800 einen enormen Aufschwung erfahren. Mehr denn je nimmt die Literatur der Kunstperiode für sich in Anspruch, der moralischen Bevormundung durch Staat und Kirche und der Verpflichtung auf äußere Zwecke zu entsagen, um jedoch desto vehementer dem Status quo in der Utopie eines auf Sittlichkeit, Freiheit und Tugendhaftigkeit fußenden ‚ästhetischen Staates'[7] (Schiller), ‚poetischen Staates'[8] (Novalis) oder ‚ästhetischen Gottesstaates'[9] (Hölderlin) einen kritischen Spiegel vorzuhalten. Die

---

4 Kremer. *Romantik*, S. 19.
5 Ebd., S. 21.
6 Ebd., S. 89.
7 Zu Schillers Konzept des idealen Staates siehe Friedrich Schiller. „Über die ästhetische Erziehung des Menschen in einer Reihe von Briefen". *Friedrich Schiller. Werke und Briefe in 12 Bänden. Bd. 8. Theoretische Schriften*. Hg. Rolf-Peter Janz. Frankfurt/M.: Deutscher Klassiker Verlag 1992, S. 556–676, hier S. 673. [27. Brief.]
8 Vgl. Novalis. „Blütenstaub". *Novalis. Schriften. Bd. 2. Das philosophische Werk I*. Hg. Richard Samuel. Darmstadt: Wissenschaftliche Buchgesellschaft, 1981, S. 413–470, hier S. 468. [Nr. 122.]: „Der poetische Staat – ist der wahrhafte vollkommene Staat."
9 Hölderlin spricht von der „heilige[n] Theokratie des Schönen", die in „einem Freistaat" wohnen muss, „und der will Platz auf Erden haben und diesen Platz erobern wir". Friedrich Hölderlin. „Hyperion". *Friedrich Hölderlin. Sämtliche Werke. Frankfurter Ausgabe. Bd. 10. Hyperion I*. Hg. Michael Knaupp und D. E. Sattler. Frankfurt/M.: Roter Stern, 1982, S. 341.

Autonomisierung der Literatur geht also mit ihrer Politisierung und Konstitution als distinkter Diskurs einher, der Fragen des politischen, gesellschaftlichen und kulturellen Miteinanders selbstbestimmt verhandelt und dadurch immer wieder auch in Opposition zum Feld der Macht gerät.

Insofern wäre mit Bourdieu entgegen der „gewöhnlich vorausgesetzten Antinomie zwischen dem Streben nach Autonomie (das die sogenannte ‚reine' Kunst, Wissenschaft oder Literatur kennzeichnet) und dem nach politischer Wirksamkeit"[10] festzuhalten, dass eine sich als autonom setzende Literatur historisch gesehen erst die Möglichkeitsbedingung einer politisch engagierten Kunst darstellte. Bourdieu nennt in diesem Zusammenhang Émile Zola, der unter Berufung auf die Autonomie der Literatur „anlässlich der Dreyfus-Affäre in das politische Feld selbst [eingriff] [...], mit Waffen freilich, die keine politischen sind".[11] Selbstredend lässt sich Bourdieus Befund nicht umstandslos auf die politische und literarische Situation in Deutschland um 1800 übertragen: Stellt Zolas Engagement die Vollendung einer Entwicklung des französischen Feldes zur Autonomie dar, so haben wir es in Deutschland am Anfang des neunzehnten Jahrhunderts mit einem Feld zu tun, dessen autonome Vorstöße einer argwöhnischen Prüfung, d. h. in einzelnen Fällen auch Sanktionierung und Zensur, durch staatliche Behörden unterstehen. Nicht nur aufgrund dieser Bestimmungen, sondern auch angesichts der Erfahrungen mit den Folgen politischer Umstürze in der Französischen Revolution wird in der deutschen Literatur in den wenigsten Fällen die direkte Konfrontation mit dem politischen System gesucht, stattdessen ein reformatorisches Programm vorgelegt, das Kunst und Politik gleichermaßen betrifft. Jedenfalls zeichnet sich bereits um 1800 ab, was für das literarische Feld der Moderne im Hinblick auf das Verhältnis von Kunst und Politik bestimmend werden sollte: Literarische Autonomisierung vollzieht sich nicht als Negation des Sozialen und Politischen, sondern bezeichnet die selbstautorisierte Freistellung der Kunst von äußeren Zwecken und Verpflichtungen, die die Partizipation an der gesellschaftlichen Öffentlichkeit ermöglicht.

Eine wichtige Stimme im ästhetischen Diskurs um 1800 ist Friedrich Hölderlin, dessen poetologische Dichtungen im Folgenden paradigmatisch für die Modernisierungstendenzen des literarischen Felds der Kunstperiode beleuchtet und in ihrer Bedeutung für *Wolken.Heim.* dargelegt werden sollen. In der Forschung ist die Modernität von Hölderlins Schaffen herausgestellt und in diesem Zusammenhang auf den selbstreflexiven Modus seiner Texte hingewiesen worden: Hölderlins Gedichte und Briefe kreisen „unablässig um diesen modernen

---

10 Bourdieu. *Die Regeln der Kunst*, S. 525.
11 Ebd., S. 213.

Versuch, dem dichterischen Tun eine vollkommene Legitimation und Autorität zu verleihen".[12] Die Spannung zwischen Ideal und Wirklichkeit sowie die Frage nach der gesellschaftlichen Funktion der Kunst werden bei Hölderlin zum Maßstab der Legitimation des Dichters in der Moderne.[13] Henning Bothe legt dar, dass das Verhältnis von Literatur und politischer Tat zentral für Hölderlins dichterisches Selbstverständnis ist.[14] Dahin gehend zeugen Hölderlins Gedichte und Briefe von einer „Bewunderung [...] [für] den männlichen Helden der Tat, namentlich den Vollstreckern insurgenter Gewalt"[15], was sich in einer fortwährenden, von tiefer Skepsis und „Ungenügen des Schriftstellers an seiner Tätigkeit"[16] begleiteten Auseinandersetzung mit den Möglichkeiten der Dichtung niederschlägt: „Thatenarm und gedankenvoll" (*An die Deutschen*[17]) sind für Hölderlin nicht nur die Deutschen, sondern vor allem die Dichter gegenüber den Weltgeschichte machenden Akteuren des politischen Geschehens; vice versa bleiben diese „unberührt" von den Anstrengungen der *Hommes de lettres*, wie es exemplarisch in der Ode an Napoleon heißt:

Buonaparte

Heilige Gefäße sind die Dichter,
Worinn des Lebens Wein, der Geist
Der Helden, sich aufbewahrt,

Aber der Geist dieses Jünglings,
Der schnelle, müßt er es nicht zersprengen,
Wo es ihn fassen wollte, das Gefäß
Der Dichter laß ihn unberührt wie den Geist der Natur,
An solchem Stoffe
wird zum Knaben
der Meister
Er kann im Gedichte

---

12 Jochen Schmidt. *Die Geschichte des Genie-Gedankens 1750–1945. Bd. 1. Von der Aufklärung zum Idealismus*. Darmstadt: Wissenschaftliche Buchgesellschaft, 1985, S. 404.
13 Vgl. Ulrich Gaier. „Hölderlin, die Moderne und die Gegenwart". *Hölderlin und die Moderne. Eine Bestandsaufnahme*. Hg. Gerhard Kurz, Ulrich Gaier, Valérie Lawitschka und Jürgen Wertheimer. Tübingen: Attempto-Verlag, 1995, S. 9–40, hier S. 25.
14 Vgl. Henning Bothe. „Vom Versuch, ein deutscher Tyrtäus zu sein. Notizen zum Verhältnis von Dichtung, politischer Tat und Nationalbewusstsein bei Hölderlin". *Friedrich Hölderlin. Text+Kritik. Zeitschrift für Literatur*. Sonderband (1996), S. 118–131.
15 Ebd., S. 119.
16 Ebd., S. 121.
17 Friedrich Hölderlin. „An die Deutschen". *Friedrich Hölderlin. Sämtliche Werke. Frankfurter Ausgabe. Bd. 5. Oden II*. Hg. D. E. Sattler und Michael Knaupp. Frankfurt/M.: Roter Stern, 1984, S. 525–536, hier S. 526.

> nicht leben und bleiben,
> Er lebt und bleibt
> in der Welt.[18]

Ausgehend von einem Ungleichgewicht zwischen dichterischem und heroischem Dasein, zwischen Wort und Tat zielt Hölderlins literarisches Schaffen auf die Rehabilitierung und Aufwertung der Dichtung als welt- und sinnstiftende Kraft ab. Bothe macht den „Ehrgeiz [...], Dichtung und geschichtliche Tat als gleichwertig zu erweisen"[19], als zentrale Triebkraft von Hölderlins Schaffen aus und liest in diesem Sinne auch die Ode *An Eduard* entgegen landläufigen Tendenzen der Forschung, das Gedicht als Dokument der Distanzierung des Dichters von der politischen Tat und der Ablehnung politischer revolutionärer Praxis auszulegen, als ein Bekenntnis zur „engagierten Literatur [...], deren Metapher das Opfer ist. Kunst hat sich der Tat zu weihen, so fordert das Gedicht. [...] Verlangt wird die innige Verbindung von Poesie und Tat. Legitim ist nur eine Kunst, die die Tat herbeiruft, leitet und zum Sieg spornt."[20]

Literatur operiert für Hölderlin jedoch nicht im Modus der Nachträglichkeit und ist nicht darauf beschränkt, politisches Handeln im Nachhinein zu legitimieren, sondern ist als chronopolitisches Projekt ausgewiesen, das eine neue Zeitrechnung begründet, indem sie Maßstäbe für das gesellschaftliche Miteinander setzt. Der historische Vorrang der Kunst gegenüber einem überstürzten politischen Aktionismus, den es für Hölderlin nach der Erfahrung des Großen Terrors in Frankreich unbedingt zu vermeiden gilt, ergibt sich aus ihrem kontemplativen, entschleunigenden Moment. Ort dieses Be- und Gedenkens ist allgemein die Dichtung, vor allem aber die Dichtung, die auf deutschem Grund entsteht: „Ich glaube an eine künftige Revolution der Gesinnungen und Vorstellungsarten, die alles bisherige schaamroth machen wird. Und dazu kann Deutschland vielleicht sehr viel beitragen."[21] Gerade weil Deutschland „still, bescheiden"[22], also verschont von revolutionären Unruhen und Gewaltexzessen

---

18 Friedrich Hölderlin. „Buonaparte". *Friedrich Hölderlin. Sämtliche Werke. Frankfurter Ausgabe. Bd. 5. Oden II.* Hg. D. E. Sattler und Michael Knaupp. Frankfurt/M.: Roter Stern, 1984, S. 417 f.
19 Bothe. „Vom Versuch, ein deutscher Tyrtäus zu sein", S. 121.
20 Ebd., S. 124.
21 Friedrich Hölderlin. „Brief an Johann Gottfried Ebel vom 10. Januar 1797". *Friedrich Hölderlin. Sämtliche Werke. Frankfurter Ausgabe. Bd. 19. Stammbuchblätter, Widmungen und Briefe II.* Hg. D. E. Sattler und Anja Roos. Frankfurt/M., Basel: Stroemfeld, 2007, S. 270 f., hier S. 271.
22 Ebd.

geblieben ist, vermag es zur Geburtsstätte einer „höhere[n] Aufklärung"²³ zu avancieren und das Modell eines gesellschaftlichen Miteinanders in die Tat umzusetzen, das auf der „Idee schöner Menschlichkeit"²⁴ fußt. Hölderlin weist der deutschen Literatur eine Vorrangstellung im Projekt der universellen Aufklärung zu. „Der Beitrag Deutschlands zur Weltgeschichte ist die Poesie, als deren elementarer Bestandteil die Reflexion gesehen wird."²⁵ Die Reflexion dient der Ausbildung eines „neuen Heroismus"²⁶, der durch seine Fundierung in der Kunst ein rationales, humanes Antlitz tragen soll.

Hölderlins Formulierung poetologischer und ästhetischer Prinzipien unter Bezug auf Heroenvorstellungen der griechischen Antike kann als paradigmatisch für kunstautonome und genieästhetische Ansätze betrachtet werden, wie Elisa Primavera-Lévy in ihrer Untersuchung der Verbindung von Vorstellungen des kämpfenden Heldentums und der sich im achtzehnten Jahrhundert ausbildenden Autonomieästhetik zeigt: „Die kulturelle Matrix hat beide [d. i. den kriegerischen Helden der antiken Mythen und Sagen und das kunstschaffende Genie] in ihrem außergewöhnlichen, das normale menschliche Maß übersteigenden Sein als Vergleichsfiguren ausgeformt."²⁷ Primavera-Lévy zeichnet anhand von Moritz' genieästhetischen Darlegungen, Nietzsches intellektuellem „Heroismus der Wahrhaftigkeit"²⁸ und Jüngers Konzeption eines autonomen Genies des Grabenkampfes nach, dass die Künstlertypologie des Heldengenies einen zentralen Topos moderner Autonomieästhetiken bezeichnet. Die Ablösung des künstlerischen Produktionsprozesses von ökonomischen Nützlichkeitserwägungen und Verwertungslogiken ging demnach bereits bei Moritz mit einer Verabsolutierung der literarischen Schöpfungstat einher, deren Vorbild²⁹ im antiken Heldenethos aus-

---

23 Friedrich Hölderlin. „Fragment philosophischer Briefe". *Friedrich Hölderlin. Sämtliche Werke. Frankfurter Ausgabe. Bd. 14. Entwürfe zur Poetik.* Hg. Wolfram Groddeck und D. E. Sattler. Frankfurt/M.: Roter Stern, 1979, S. 11–49, hier S. 48.
24 Friedrich Strack. „Hölderlins ästhetische Absolutheit". *Revolution und Autonomie. Deutsche Autonomieästhetik im Zeitalter der Französischen Revolution. Ein Symposium.* Hg. Wolfgang Wittkowski. Tübingen: Niemeyer, 1990, S. 175–189, hier S. 176.
25 Bothe. „Vom Versuch, ein deutscher Tyrtäus zu sein", S. 126.
26 Ebd., S. 131.
27 Elisa Primavera-Lévy. „Helden der Autonomie. Genieästhetik und der Heroismus der Tat". *Ästhetischer Heroismus. Konzeptionelle und figurative Paradigmen des Helden.* Hg. Nikolas Immer und Mareen van Marwyck. Bielefeld: transcript, 2013, S. 63–81, hier S. 63.
28 Ebd., S. 72.
29 Primavera-Lévy stellt klar, dass die antiken Heldenfiguren „ganz und gar nicht frei von heteronomen, außer ihrem kriegerischen Werke liegenden Intentionen und Bestrebungen" waren. „Die griechischen Helden kämpften ferner nicht, wie in späterer Historiographie oft angenommen, aus naiver Freude oder im freien Spiel der Betätigung der eigenen Kraft, sondern in der

gemacht wurde. Primavera-Lévy weist zugleich jedoch auch auf den fragilen, aporetischen Charakter moderner Autonomieästhetiken hin: Die Vorstellungen des Selbstzwecks und der Selbstgenügsamkeit des Kunstwerks vermögen den Wunsch nach Wirkung und Zeugenschaft nicht zu neutralisieren, weshalb das Geistergespräch und der postume Ruhm durch nachgeborene Rezipient/-innen, „die das Unzeitgemäße der Tat endlich adäquat aufzunehmen und zu schätzen wissen", als „[g]ängige Trostfigur[en] im Diskurs der autonomen Künste"[30] zum Einsatz kommen.

Hölderlins poetologische Reflexionen bewegen sich in genau diesem Spannungsfeld zwischen Autonomie und Heteronomie, Selbstgenügsamkeit und Sendungsbewusstsein, Innerlichkeit und Äußerlichkeit, Reflexion und Aktion, künstlerischem Heroismus und der Angst vor der Belanglosigkeit und Minderwertigkeit des Dichters. Und es sind just diese poetologischen und kunsttheoretischen Diskurse des Heroismus und Aktionismus, vor deren Hintergrund das deutschnationale Raunen in *Wolken.Heim.* entfaltet wird:

> Aber wir Guten, auch wir sind tatenarm und gedankenvoll! Wir! Aber kommt, wie der Strahl aus dem Gewölke kommt, aus Gedanken vielleicht, geistig und reif die Tat? (WH, 139) [Der Text nimmt in diesem Auszug Bezug auf Hölderlins Ode *An die Deutschen.*]

> Wir leben vorzugsweise in der Innerlichkeit des Gemüts und des Denkens. In dieser einsiedlerischen Einsamkeit des Geistes beschäftigen wir uns damit, bevor wir handeln, erst die Grundsätze, nach denen wir zu handeln gedenken, sorgfältigst zu bestimmen. Daher kommt es, dass wir etwas langsam zur Tat schreiten vor den Heiligtümern, den Waffen des Worts, die scheidend ihr uns, den Ungeschickteren zurücklassend. (WH, 152) [Der Text nimmt in diesem Abschnitt Bezug auf Hölderlins Ode *Am Quell der Donau.*]

Der intellektuelle und ästhetische Heroismus wird im Theatertext in der Rede des Wir zu einer nationalen Befindlichkeit erhoben und im Kontext des nationalen Geschichtsraums in seiner Destruktivität vorgeführt. Schließlich ist die Aktivierung des Wir in *Wolken.Heim.* als chauvinistischer Rundumschlag gestaltet: „Und wie Furien zerstören wir die Nachbarschaft, wo andre gewachsen sind." (WH, 142) „Der Übergang vom Geist zur Tat geht Hand in Hand mit der Verdrängung und Vernichtung der ‚Minderwertigen' und der Einnahme ihres Raums".[31] Jelineks Fortführung des ästhetischen Diskurses mit nationalistischen Mitteln kann man als spöttische Kommentierung der Kluft zwischen deutschem Anspruch und deutschem Sein verstehen; die Dekonstruktion des Narrativs der Deutschen als

---

heroischen Gesellschaft herrschte stattdessen ein stetiger Kampf um soziale Hierarchie und Status, und diese hingen wesentlich von der Kriegsleistung des Einzelnen ab." Ebd., S. 69.
30 Ebd., S. 75.
31 Tommek. *Der lange Weg in die Gegenwartsliteratur*, S. 539.

Volk der Dichter und Denker stellt ein wiederkehrendes Thema in Jelineks Œuvre dar.[32] Vor allem aber liest sich Jelineks Übersetzung poetologischer Figuren in nationalistische Diskurse als kunstkritische Positionierung und Problematisierung der Allianz von Wort und Tat, Kunst und Politik in der Moderne. Mit Hölderlin rekurriert Jelinek auf eine ästhetische und philosophische Tradition, die den Führungsanspruch der Deutschen in der deutschen Sprache, Kunst und Kultur begründet und so eine enge Verbindung zwischen Literatur/Philosophie und Politik stiftet.

Jelineks Vorbehalte gegen die Engführung von Kunst und Politik werden in dem Theatertext performativ umgesetzt. Hölderlins heroische, vaterländische Gesänge bilden eine Steilvorlage für den nationalistischen und chauvinistischen Diskurs in *Wolken.Heim*. Zweifelsohne handelt es sich bei dieser Deutung der Gedichte um eine widerrechtliche Aneignung, die über den genuin humanistischen Gehalt von Hölderlins Poetik hinwegsieht. Zugleich darf jedoch nicht außer Acht gelassen werden, dass die Übersetzung ästhetischer Reflexionen in politische Kontexte *pro forma* immerhin die Einlösung von Hölderlins dichterischem Anspruch und heroischem Selbstverständnis bezeichnet. Indem Jelinek Hölderlins poetologisches Programm unter historischen Bedingungen weiterdenkt, weist sie auf die Problematik einer die Verbindung von Leben und Kunst suchenden Literatur hin, die sich als „Vorspiel und Vorkampf"[33] zur Revolution der politischen und gesellschaftlichen Verhältnisse versteht. Damit positioniert sich Jelinek feldstrategisch gegen das historische Leitbild einer vertikal ausgerichteten Avantgarde-Position und damit gegen eine Literatur, die sich nicht nur als Wegbereiterin einer neuen Kunst begreift, sondern auch eine gesellschaftspolitische Vorreiterrolle in Anspruch nimmt, die „nicht nur eine radikale Neuerung künstlerischer Formen und der einzelnen Künste [...] bewirken, sondern zugleich eine gänzlich neue Auffassung von Kunst und eine neuartige Positionierung der Kunst in der Gesellschaft"[34] durchsetzen möchte. Dieses avantgardistische Leitbild erweist sich als intertextuelles Selektionsprinzip von *Wolken.Heim.*: Hölderlins Konzeption der Dichtung als politische Ersatzhandlung, Fichtes Erklärung der Deutschen zur führenden Kulturnation, Hegels Darlegung der welthistorischen

---

32 So heißt es in *Rechnitz (Der Würgeengel)* betreffend die Dialektik von deutscher Kultur und Barbarei: „Alle Deutschen sind ein Ziel und haben ein Ziel. Ihre Stimme, ihre Vordenkerstimme stimmt, sie erschallt immer, bevor der Deutsche, der seine Macht mit Gewalt gleichsetzt und dann noch etwas Moral hineinrührt, bevor er Millionen in die Öfen schiebt, überhaupt denkt." (Re, 78)
33 Gaier. „Hölderlin, die Moderne und die Gegenwart", S. 29.
34 Hubert van den Berg und Walter Fähnders. „Die künstlerische Avantgarde im 20. Jahrhundert – Einleitung". *Metzler Lexikon Avantgarde*. Hg. dies. Stuttgart, Weimar: Metzler, 2009, S. 1–19, hier S. 1.

Überlegenheit Europas und das Selbstverständnis der RAF als linke Avantgarde stellen historische Spielarten einer Führungsmentalität dar, die auf der Überzeugung einer geistigen, intellektuellen oder sprachlichen Vorrangstellung gründet und einen chauvinistischen Habitus produziert.

Ergründet Jelinek mit der Transformation der idealistischen Intertexte die Bedingungen für eine unheilvolle Verbindung der politischen und kulturellen Sphäre, so lässt sie mit Heidegger einen Intellektuellen zu Wort kommen, der den Anschluss der Philosophie an die politische Praxis tatsächlich gesucht und zeitweise auch verwirklicht hat. Die Kontroverse um Heideggers Verhältnis zum Nationalsozialismus hält bis heute an und wird durch die Publikation bisher der Öffentlichkeit nicht zugänglicher Dokumente (wie zuletzt 2014 der *Schwarzen Hefte*) immer wieder angeheizt. Fest steht, dass Heidegger NSDAP-Mitglied und 1933/34 Rektor der Freiburger Universität war. In diese Zeit fällt auch seine Rektoratsrede *Die Selbstbehauptung der deutschen Universität*, aus der in *Wolken.Heim.* fast wortgetreu zitiert wird. Heidegger hatte sich bereits in den 1920er Jahren für die Notwendigkeit einer grundlegenden Universitätsreform ausgesprochen[35] und legte als Rektor das Konzept einer Neuorganisation der Universität nach antikem Vorbild vor. Dabei wendet er sich gegen Vorstellungen von Wissen und Wissenschaft als Selbstzweck, also gegen „die reine Betrachtung, die nur der Sache in ihrer Fülle und Forderung verbunden bleibt"[36], und formuliert das Desiderat einer Wissenschaft, die die Anbindung an das Leben sucht und damit sowohl die Trennung von Theorie und Praxis, Wissen und Handeln als auch die „Verkapselung der Wissenschaften in gesonderte Fächer"[37] aufzuheben vermag. Dieses holistische Ideal macht Heidegger als „Wesen der Wissenschaft"[38] geltend, das er am Anfang der abendländischen Wissenschaftsgeschichte in der antiken griechischen Philosophie verwirklicht sieht:

> Denn einmal geschieht die ‚Theorie' nicht um ihrer selbst willen, sondern einzig in der Leidenschaft, dem Seienden als solchem nahe und unter seiner Bedrängnis zu bleiben. Zum andern aber kämpfen die Griechen gerade darum, dieses betrachtende Fragen als eine, ja als die höchste Weise der energeia, des ‚am-Werke-Seins', des Menschen zu begreifen und zu vollziehen. Nicht stand ihr Sinn danach, die Praxis der Theorie anzugleichen, sondern

---

35 Zu Heideggers Kritik am Universitätssystem vgl. Holger Zaborowski. *„Eine Frage von Schuld und Irre?" Martin Heidegger und der Nationalsozialismus*. Frankfurt/M. 2008; Pierre Bourdieu. *Die politische Ontologie Martin Heideggers*. Frankfurt/M.: Syndikat, 1975.
36 Martin Heidegger. „Die Selbstbehauptung der deutschen Universität". *Martin Heidegger. Gesamtausgabe. Bd. 16. Reden und andere Zeugnisse eines Lebensweges 1910–1976*. Hg. Hermann Heidegger. Frankfurt/M.: Vittorio Klostermann, 2000, S. 107–117, hier S. 109.
37 Ebd., S. 111.
38 Ebd., S. 110.

umgekehrt, die Theorie selbst als die höchste Verwirklichung echter Praxis zu verstehen. Den Griechen ist die Wissenschaft nicht ein ‚Kulturgut', sondern die innerst bestimmende Mitte des ganzen volklich-staatlichen Daseins. Wissenschaft ist ihnen auch nicht das bloße Mittel der Bewußtmachung des Unbewußten, sondern die das ganze Dasein scharfhaltende und es umgreifende Macht.[39]

Genau dieses Programm der Rückbindung der Wissenschaft an Leben und Praxis macht nach Holger Zaborowski die Rektoratsrede zum „Dokument einer Annäherung an die nationalsozialistische Idee".[40] Die Verwurzelung der Philosophie im Alltäglichen und Historisch-Konkreten profiliert Heidegger als völkische Bestimmung der Wissenschaft: „Und die geistige Welt eines Volkes ist nicht der Überbau einer Kultur, sowenig wie das Zeughaus für verwendbare Kenntnisse und Werte, sondern sie ist die Macht der tiefsten Bewahrung seiner erd- und bluthaften Kräfte als Macht der innersten Erregung und weitesten Erschütterung seines Daseins."[41] Existentialistische Betrachtungen des Daseins in *Sein und Zeit* (1927) sind in Heideggers Denken der 1930er Jahre einer gemeinschaftlich-völkischen Definition des Daseins gewichen.[42] In den *Schwarzen Heften* reflektiert er diese Fokusverschiebung zum geschichtlich-völkischen, d. h. auch räumlichen Denken als Neuformulierung der „*Metaphysik als Meta-politik*"[43]: „Die *Metaphysik des Daseins* muss sich nach ihrem innersten Gefüge vertiefen und ausweiten zur *Metapolitik ‚des' geschichtlichen Volkes.*"[44] Die Sprache der völkisch ausgerichteten Fundamentalontologie weist mit der Verwendung pedologischer Begrifflichkeiten und Denkfiguren (Boden, Fundament, Verwurzelung, Volk usw.) eine frappierende Ähnlichkeit zu der nationalsozialistischen Blut-und-Boden-Rhetorik auf. Obgleich Heideggers Volksbegriff nicht rassistischen oder biologistischen Ursprungs ist, sondern eher an romantische Traditionen und Ideale der Gemeinschaft und Einheit anknüpft,[45] zeigt sein Konzept des Metapolitischen eine Anschlussfähigkeit an die NS-Ideologie.

---

39 Ebd., S. 109 f.
40 Zaborowski. *„Eine Frage von Schuld und Irre?"*, S. 271.
41 Heidegger. „Die Selbstbehauptung der deutschen Universität", S. 112.
42 Zum Verhältnis von Heideggers Frühwerk zu seiner Philosophie der 1930er Jahre (metapolitische Wende) vgl. Marion Heinz und Sidonie Kellerer (Hg.). *Martin Heideggers „Schwarze Hefte." Eine philosophisch-politische Debatte.* Berlin: Suhrkamp, 2016; hier vor allem die Beiträge von Emmanuel Faye und Marion Heinz.
43 Martin Heidegger. „Überlegungen und Winke III". *Martin Heidegger. Gesamtausgabe. Bd. 94. Überlegungen II-VI (Schwarze Hefte 1931–1938).* Hg. Peter Tawny. Frankfurt/M.: Vittorio Klostermann, 2014, S. 107–199, hier S. 116.
44 Ebd., S. 124.
45 Vgl. Zaborowski. *„Eine Frage von Schuld und Irre?"*, S. 315.

Die Rektoratsrede erschöpft sich jedoch nicht nur in wissenschaftstheoretischen Darlegungen, sondern stellt auch konkrete Maßnahmen der Neuorganisation des universitären Lebens vor, auf die auch Jelineks Text referiert (vgl. WH, 151). Die Bindung der Studierenden an die völkische Gemeinschaft soll nach Heidegger durch das Erbringen von „Diensten" realisiert werden: Der Arbeitsdienst, also das „mittragende[...] und mithandelnde[...] Teilhaben am Mühen, Trachten und Können aller Stände und Glieder des Volkes", kommt der Bindung an die Volksgemeinschaft zugute; im Wehrdienst wird die „Bindung an die Ehre und das Geschick der Nation" organisiert; der Wissensdienst schafft schließlich die „Bindung an den geistigen Auftrag des deutschen Volkes".[46] Heidegger konzipiert die Universität als Schmiede einer in der völkischen Gemeinschaft verwurzelten Elite, wobei der Philosophie als Leitwissenschaft eine besondere Funktion als gestaltende gesellschaftliche Kraft zukommt. Der historische Auftrag der Philosophie liegt darin, eine geistige Erneuerung des Volkes zu bewirken: „Indem das deutsche Volk es selbst wird, wird zugleich der neue Anfang des Denkens möglich."[47]

Die Brisanz der Rektoratsrede besteht darin, dass es Heidegger gelungen ist, „die existentialen und ontologischen Kategorien [...] dem geschichtlichen ‚Augenblick' zu unterstellen"[48], also Politik im Feld der Philosophie zu denken und in dieser „ungewöhnlichen Übertretung des akademischen Gebots der Neutralität [...] die [...] Frage nach dem ‚politischen Denken' des Philosophen"[49] zu stellen. Dabei bewegt sich Heideggers politisches Denken vor allem in philosophisch-ontologischen, universitären und kulturellen Kontexten, deren Reformation er als Voraussetzung einer neuen gesellschaftspolitischen Ordnung verstanden wissen will. In diesem Sinne hat Zaborowski sicherlich Recht, dass es Heidegger „also auch hier weniger um eine politisch bestimmte Universität, sondern viel eher um eine universitär bestimmte Politik geht".[50] Die Ambiguität der Rektoratsrede, sprachlich-rhetorisch und z.T. auch konzeptuell eine Konformität mit den ideologischen Maximen des Nationalsozialismus aufzuweisen, dabei jedoch in zentralen ideologischen Fragen davon abzuweichen, ist letztlich darauf zurückzuführen, dass Heidegger in der nationalsozialistischen Bewegung und der Stimmung des ‚nationalen Aufbruchs' die historische Möglichkeit einer konser-

---

[46] Vgl. Heidegger. „Die Selbstbehauptung der deutschen Universität", S. 113 f.
[47] Marion Heinz. „Seinsgeschichte und Metapolitik". *Martin Heideggers „Schwarze Hefte." Eine philosophisch-politische Debatte.* Hg. Marion Heinz und Sidonie Kellerer. Berlin: Suhrkamp, 2016, S. 122–143, hier S. 130.
[48] Bourdieu. *Die politische Ontologie Martin Heideggers*, S. 78.
[49] Ebd., S. 38.
[50] Vgl. Zaborowski. *„Eine Frage von Schuld und Irre?"*, S. 282.

vativen Kulturrevolution sah, deren Fürsprecher und Akteur er seit den 1920er Jahren war.

Die durch Heideggers nationalsozialistisches Engagement aufgeworfene Frage nach den Möglichkeiten, Grenzen und Gefahren der Politisierung der Wissenschaft zeigt bis heute eine ungebrochene Aktualität. So rekurriert Slavoj Žižek in seinem Plädoyer für einen intellektuellen Kampf um politische Veränderungen im einundzwanzigsten Jahrhundert auf Heideggers Verstrickungen mit dem Nationalsozialismus und ergreift Partei für dessen politisches Engagement: „Sein NS-Engagement war nicht ‚völlig falsch' – das Tragische ist, dass es *fast richtig* war, indem es die Struktur eines revolutionären Akts aufwies, die dann aber durch ihre faschistische Verzerrung zerstört wurde."[51] Zugleich ist Heidegger in seinem Irrtum aber auch zur Symbolfigur für die Gefahren der Allianz von Kunst/Wissenschaft und Politik geworden. Auch Jelinek gibt zu verstehen, dass ihr intertextuelles Interesse an Heidegger von der Verblendung und Selbstüberschätzung des Denkers herrührt:

> I was interested in a nativist philosopher who wanted to guide the *Führer* – to lead the leader as it were – this thinker in his own misguidedness. One can't breathe spirit into *unspirit*, just as one can't breathe Christianity into the Antichrist. How could thinking be so deluded as to believe that it could influence a fascist state?[52]

Sinngemäß diffamiert Jelinek auch in *Am Königsweg* in Anspielung an Heidegger die Vorstellung, Kunst, Philosophie und Wissenschaft könnten auf das Feld der Macht direktiv oder korrektiv einwirken, ohne ihre Unabhängigkeit einzubüßen, als Selbstverblendung und Selbstabschaffung: „Der Denker will den Führer führen, hat ihn aber irgendwo, auf halber Strecke, verloren, weil er ein Signal, das alle Völker gehört haben, nur er nicht, übersehen hat, verloren an einem Ort, wo er nichts verloren hatte, der arme Denker. [...] Das Denken fällt in sich zusammen, ohne daß der Denker es gemerkt hat." (AM, 7)

In *Wolken.Heim.* lässt Jelinek Heidegger in der zweiten Hälfte des Theatertextes zu Wort kommen, dramaturgisch gesehen also zu einem Zeitpunkt, an dem die am Anfang des Textes thematisierte Spannung zwischen Wort und Tat in einen Diskurs des Aktionismus und Dezisionismus umschlägt. Jelinek zitiert Heideggers Programm der studentischen Dienste (vgl. WH, 151) und die Bestimmung des „Wille[ns] zur Wissenschaft als Wille zum geschichtlichen geistigen Auftrag des

---

[51] Slavoj Žižek. *Die bösen Geister des himmlischen Bereichs. Der linke Kampf um das 21. Jahrhundert*. Frankfurt/M.: Fischer, 2011, S. 74.
[52] Gitta Honegger und Elfriede Jelinek. „This German Language... An Interview with Elfriede Jelinek". *Theater New Haven CT*. 25.1 (1994), S. 14–22, hier S. 16.

deutschen Volkes" (WH, 149) und setzt diese echoartig mit Hölderlin und den RAF-Stimmen in Beziehung. Durch diese Montage wird eine Wechselrede zwischen Heidegger und RAF, Alt und Jung, Professorenschaft und Studierenden erzeugt, die von Hölderlin umrahmt wird und so eine geschichtliche Kontinuität suggeriert. Jenseits von inhaltlichen Bestimmungen wird Heideggers Vermengung des Politischen und Philosophischen in *Wolken.Heim.* als naiv und in seiner Naivität verhängnisvoll ausgewiesen, insofern sie nicht nur – wie der Text auf sprachlicher Ebene aufzeigt – in gefährliche Nähe zu chauvinistischen Ideologien gerät, sondern sich auch als ideologische Matrix und Legitimationsgrundlage von Gewalt überlebt.

In der Tat wird auch in der Forschung auf den Heideggerianisch-existentialistischen Duktus des Linksterrorismus und die geistesgeschichtlichen Verbindungslinien der antiautoritären Bewegung (so etwa hinsichtlich des Dezisionismus und Voluntarismus) zur Existenzphilosophie des zwanzigsten Jahrhunderts hingewiesen.[53] Vor allem legt das Stück Korrespondenzen zwischen künstlerisch-philosophischem und terroristischem Diskurs nahe, die in dem beiderseitigen Führungsanspruch und Selbstverständnis als politische Avantgarden liegen. Im Einsatz der RAF-Stimmen in *Wolken.Heim* wird deutlich, dass es Jelinek nicht ausschließlich um die Demaskierung und Diffamierung rechter Ideologie geht, sondern dass der ideologische Habitus per se an den Pranger gestellt wird. Die RAF-Stimmen vermögen im chauvinistischen Raunen aufzugehen, weil sie die Sprache des Absoluten und Heroischen, die Rhetorik des radikalen Bruchs und pathetischen Neuanfangs sowie die Selbstautorisierung des Individuums oder einer Gruppe zur Führungsinstanz mit dem deutschnationalen Chor gemein haben. In *Ulrike Maria Stuart* wird dieser Führungsanspruch explizit zum Thema gemacht und als Machtdünkel sowie Selbsttäuschung ausgestellt:

> Wir sind die Führung, daran darf nun wirklich niemand zweifeln, nein, auch du nicht, du mußt uns als Führung endlich anerkennen, ganz egal wie unsere Gruppe heißt, [...]. (UMS, 89)

> Wir sind das Volk, wir sprechen für das Volk, das leider heute nicht mehr selber sprechen kann, es hat das wohl verlernt und ist heut nicht zu Haus, es ist nie da, wenn mans braucht; [...]. (UMS, 78)

Während im ersten Zitat die interne Gruppenstruktur angesprochen und Gudrun Ensslins/Andreas Baaders Führungsanspruch gegenüber Ulrike Meinhof als

---

[53] Vgl. z. B. Wolfgang Kraushaar. „Entschlossenheit: Dezisionismus als Denkfigur. Von der antiautoritären Bewegung zum bewaffneten Kampf". *Die RAF und der linke Terrorismus.* Bd. 1. Hg. ders. Hamburg: Hamburger Edition, 2006, S. 140–156.

Narzissmus offengelegt wird, wird im zweiten Textauszug der Repräsentationsanspruch der RAF gegenüber den Entrechteten und Ausgebeuteten, für die sie einzustehen und zu sprechen glaubt, als Phantasma markiert, das die Existenz der Vereinigung begründet und der Legitimation der terroristischen Gewalt dient. Das Stück führt allerdings gerade die Abwesenheit des Referenten der revolutionären Rede.

In diesem Sinne argumentiert Klaus Theweleit, dass die RAF-Terrorist/-innen „nicht Opfer einer ganz bestimmten Ideologie von rechts oder links, sondern vom ideologischen Verhalten allgemein"[54] waren. Dieses ideologische Verhalten bestimmt Theweleit als einen abstrakten Radikalismus, den er als Schnittpunkt zwischen Kunst und Terrorismus und als Grund für die Solidarität der 1970er-Kunstszene mit der terroristischen Vereinigung ausmacht. Künstler wie Gerhard Richter, Alexander Kluge und Volker Schlöndorff sympathisierten demnach mit der RAF nicht „wegen einer Übereinstimmung mit ihren Zielen oder Ideen, sondern aus einer abstrakten Identifikation mit deren exzeptioneller Lage: ihrer radikalen Isolation, ihrer Verfolgung [...]. Darin der Tenor, auch der Künstler-Avantgardist will *Änderungen mit größter Radikalität*; er ist darin strukturell ein Verfolgter' [...]."[55] Dieser ästhetische Habitus des abstrakten Radikalismus kann mit Theweleit bis in die Literatur der Moderne zurückverfolgt werden:

> An Radikalisten wie Benn oder Hamsun oder Céline oder Pound für die 30er, 40er Jahre, habe ich beschrieben, dass ihre Verbindung mit dem Politischen, in ihrem Fall den Naziführern, nicht aus ihrer primär faschistischen oder nazistischen ‚Ideologie' herkommt, sondern aus ihrem Führungsanspruch im Artistischen. Diesen verwechseln sie – Qualen ihrer ‚Bedeutungslosigkeit' im Realen ausgesetzt und in die Leere katapultiert – mit Führerpositionen im Politischen: sie nehmen – von gleich zu gleich, wie sie glauben, von Genie zu Führer, – Kontakt auf mit diesen Führungen.[56]

Ebenso lässt Jelineks Inbezugsetzung der RAF-Zitate zu den anderen Intertexten (vor allem Hölderlin und Heidegger) die radikale Geste als Nahtstelle zwischen Kunst und gewaltsamer Politik hervortreten und verortet den linken Terror so in einer geistesgeschichtlichen, vor allem aber ästhetischen Tradition. Dabei wird die Verbindung von Kultur und Politik in allen ihren historischen Variationen als problematisch ausgewiesen: Der abstrakt-ästhetische Radikalismus der RAF, Hölderlins von Jelinek reinszenierte faschistische Vereinnahmung und Heideggers metapolitischer Pakt mit dem NS-Regime lesen sich als Beispiele der Irrun-

---

54 Theweleit. „Bemerkungen zum RAF-Gespenst", S. 68.
55 Ebd.
56 Ebd., S. 70.

gen und Wirrungen, des Scheiterns der Kunst und Philosophie in der politischen Praxis. *Wolken.Heim.* muss in diesem Sinne als kunstkritische Positionierung und Reflexion der Möglichkeiten und Grenzen politischer Literatur verstanden werden: Literatur und Philosophie, die mit einem (revolutionären) Führungsanspruch auftreten und die Nähe zum Feld der Macht suchen, machen sich für Jelinek immer dort korrumpierbar, wo sie – sei es auch nur rhetorisch – Eingeständnisse an die Machthaber/-innen machen. Jelinek nimmt deutlich Abstand von einer politischen Kunst, die die Merkmale Heroismus, Führungsanspruch, Verbindung von Kunst und Leben und Radikalismus trägt und historisch gesehen eine vertikal ausgerichtete Avantgarde-Position bezeichnet, die ihre Vorläufer in der Genieästhetik der Kunstperiode findet. Diese Distanzierung spiegelt die sich seit den 1960er Jahren vollziehende Transformation der Avantgardeposition „von einer dominant vertikalen in eine dominant horizontale Ausrichtung"[57] wider. In *Wolken.Heim.* kommt diese Transformation zum einen in der politischen Verurteilung des avantgardistischen Anspruchs auf eine gesellschaftspolitische Vorreiterrolle zum Tragen, zum anderen in der Strategie der Verflachung des in den Intertexten vorgebrachten elitären Diskurses (vgl. Kapitel VII.2).

So handelt es sich bei *Wolken.Heim.* um einen Text, der die deutsche Geschichte und die deutsche Gegenwart zum Gegenstand hat und eine unheilvolle Kontinuität zwischen beiden stiftet. *Wolken.Heim.* ist aber auch ein Text, der nach dem Ort der Literatur in diesem Gewaltkontinuum fragt und problematisiert, dass Kunst immer schon Teil des Schuldzusammenhangs gewesen ist – entweder als illegitime Aneignung oder via Selbstautorisierung als kulturelle und politische Avantgarde. Jelinek erteilt mit dem Theatertext eine Absage an Literaturen mit Führungsanspruch; angesichts der Verstrickungen von Kunst und Kultur in die Geschichte des zwanzigsten Jahrhunderts erscheint es für die Autorin im höchsten Grad geschichtsvergessen, Literatur eine Leitfunktion in der Gesellschaft zuzuweisen.

2 Kunstreligion – Exklusivität und Exklusion (*Wolken.Heim.*, *Rein Gold*)

Jelineks Problematisierung der Verflechtung von Kunst und Politik zieht die Frage nach sich, inwiefern der Rückzug der Literatur aus dem Feld der Macht nicht die bessere, da ‚sicherere' Alternative bezeichnet: Wo Kunst die Niederungen des Politischen nicht berührt, kann sie sich schließlich auch nicht die Hände

---

57 Tommek. *Der lange Weg in die Gegenwartsliteratur*, S. 436. Vgl. dazu Kapitel IV.4.2.

2 Kunstreligion – Exklusivität und Exklusion (*Wolken.Heim.*, *Rein Gold*) —— 181

schmutzig machen. Dass Jelinek diese Option im Umfeld der Entstehung von *Wolken.Heim.* reflektiert und wie sie sich dazu verhält, soll im Folgenden dargelegt werden.

Auch wenn Jelinek ihre Kritik an künstlerischer Selbsterhöhung anhand des literarischen und philosophischen Kanons formuliert, darf nicht vergessen werden, dass ihre Auseinandersetzung mit ästhetischem Elitarismus eine zeitgeschichtliche Signatur trägt. Der literarischen Aktualität des Stückes trägt die Autorin in poetologischen und gesellschaftspolitischen Stellungnahmen Rechnung. Angesprochen auf ihre Einschätzung der politischen Entwicklungen nach der Wiedervereinigung, welche sie auf „erstaunliche Weise"[58] vorweggenommen habe, äußert sich Jelinek besorgt über das Erstarken einer neuen „rechte[n] Intelligenz" in Deutschland und konkretisiert auf Anregung der Interviewerin ihre Zeitdiagnose in Hinblick auf den Schriftsteller und Dramatiker Botho Strauß:

> Das muss ja immer schon in ihm gewesen sein, nun jetzt hat er das Gefühl, da kann er auch ein Programm daraus machen. ‚Die Verachtung des Soldaten' – wo hätte sich noch vor fünf Jahren einer getraut, diesen Satz hinzuschreiben? Diese Singularismen sind ja reine Nazi-Sprache. Zu sagen, das Große (das ist eigentlich Heidegger) das steht im Sturm und nicht in Frage, das ist eigentlich ein fataler Übersetzungsfehler aus dem Griechischen, da steht ‚das Große steht im Sturm', was bedeutet, dass es fallen wird. [...] Und jetzt kommen diese Pseudo-Denker der neuen Größe, die das Große wie eine Fahne im Sturm richten wollen. [...] Der doppelte Boden der Sprache geht wieder verloren. Das Wissen, dass das eine auch das andere bedeuten kann, diese Brüchigkeit wird herausgenommen.[59]

Jelinek nimmt hier Bezug auf Strauß' Essay *Anschwellender Bocksgesang* (1993), bei dem es sich um eine in der Tradition der gegenaufklärerischen, romantisch-konservativen Kulturkritik stehende Gegenwartspolemik[60] handelt, in der der Autor seinen Unmut über den Verlust des Mythischen, Religiösen und Heroischen bekundet. Ursache für diese negative Entwicklung ist für Strauß die liberale, konsumorientierte und medialisierte Gesellschaft, in der staatstragende Institutionen (Militär, Kirche) und Werte („Eros", „Tradition" und „Autorität") von der „deutsche[n] Nachkriegsintelligenz" aus einem „verklemmten deutschen Selbst-

---

[58] Kathrin Tiedemann und Elfriede Jelinek. „Das Deutsche scheut das Triviale". *Theater der Zeit* 6 (1994), S. 34–39, hier S. 37.
[59] Ebd., S. 38.
[60] Zu den geistesgeschichtlichen Bezugspunkten des Essays vgl. auch Richard Herzinger. „Die Heimkehr der romantischen Moderne. Über ‚Ithaka' und die kulturphilosophischen Transformationen von Botho Strauß". *Theater heute* 8 (1996), S. 7–12; Martin Tauss. *Rhetorik des Rechten. Botho Strauß' konservative Kulturkritik im „Anschwellenden Bocksgesang"*. Diplomarbeit Universität Wien, 1999.

hass"⁶¹ heraus erodiert worden sind. Der vermeintlichen Herrschaft der Masse und den Profanierungen bzw. „politischen Relativierungen von Existenz"⁶² begegnet Strauß mit einem ästhetischen Aristokratismus und der Beschwörung eines mythisch-tragischen Weltverhältnisses, womit er die Deutschen auf kommende Überlebenskämpfe⁶³ einstimmt:

> Anders als die linke, Heilsgeschichte parodierende Phantasie malt sich die rechte kein künftiges Weltreich aus, bedarf keiner Utopie, sondern sucht den Wiederanschluss an die lange Zeit, die unbewegte, ist ihrem Wesen nach Tiefenerinnerung und insofern eine religiöse oder protopolitische Initiation. Sie ist immer und existentiell eine Phantasie des Verlustes und nicht der (irdischen) Verheißung. Eine Phantasie also des Dichters, von Homer bis Hölderlin.⁶⁴

Strauß' Gedankengänge sind von einer hohen Suggestivität und Unbestimmtheit gezeichnet. Die Anrufung der künstlerischen Vorbilder Hölderlin und Homer erinnert eher an ein Namedropping, das nicht über die Auflistung europäischer Literaturgrößen hinausgeht. So stellt er nirgends den Bezug zu einem konkreten Text her oder versucht, den genannten Autoren in der Differenzierung, Kontextualisierung und Historisierung gerecht zu werden. Diese werden in einem Atemzug genannt und als Vertreter einer ‚rechten Kunst' etikettiert. Diese Vagheit des Denkens wird durch strukturelle und rhetorische Tautologien verstärkt. Strauß wiederholt und variiert binäre Schemata: Profanes vs. Heiliges, Aufklärung vs. Mythos, links vs. rechts in immer neuen Anläufen. Auch in stilistisch-rhetorischer Hinsicht tragen eine archaisierende Höhenkammdiktion und ein „verklausulierte[s], uneigentliche[s] ‚Sprechen'"⁶⁵ zum Eindruck der Vagheit und Dunkelheit der Rede bei. Die Suggestion einer Bedrohung des ‚Unseren' durch eine anonyme Masse von Fremden („Heerscharen von Vertriebenen und heimat-

---

61 Botho Strauß. „Anschwellender Bocksgesang". *Der Spiegel* 6 (1993), S. 202–207, hier 203.
62 Ebd., S. 205.
63 Vgl. ebd., S. 202: „Nach Lage der Dinge dämmert es manchem inzwischen, dass Gesellschaften, bei denen der Ökonomismus nicht im Zentrum aller Antriebe steht, aufgrund ihrer geregelten, glaubensgestützten Bedürfnisbeschränkung im Konfliktfall eine beachtliche Stärke oder gar Überlegenheit zeigen werden." Strauß beschwört immer wieder „das Szenario sozialdarwinistischer Existenzkämpfe einzelner ‚Gesellschaften'", ohne diesen Zusammenhang konkret auszuführen. Vgl. dazu Tauss. *Rhetorik des Rechten*, S. 74: „Nicht umsonst vertraut der Autor bei der Schilderung einer bedrohten Gesellschaft hauptsächlich auf die Suggestivkraft seiner Rhetorik: Schließlich stehen seine Ausführungen auf einem argumentativ äußerst brüchigen Fundament."
64 Strauß. „Anschwellender Bocksgesang", S. 204.
65 Tauss. *Rhetorik des Rechten*, S. 103.

los Gewordenen"⁶⁶), die Stilisierung des Großen, Heiligen und Heroischen, die Anrufung einer mythischen Zeitordnung und schließlich auch die abstrakt-radikale Sprache, die „das Undeutliche, das Dunkle und das Missverständliche kultiviert"⁶⁷ und mit dem Einsatz historisch belasteter Begriffe provozieren will, lesen sich als Doublette der chauvinistisch-nationalistischen Gemeinplätze und der sinnentleerenden Verfahren der mythischen Rede, die Jelinek in *Wolken.Heim.* ausstellt.

Vor diesem Hintergrund muss *Wolken.Heim.* als eine Auseinandersetzung mit kulturkonservativen und -reaktionären Positionen verstanden werden, die im Zuge der Wiedervereinigung einen Aufschwung erfahren haben. Jelinek (und damit ist sie nicht allein⁶⁸) nimmt die zunehmende Akzeptanz von revisionistischen Diskursen, die sich durch die Beschwörung von verlorener deutscher Größe auszeichnen und bei Strauß fremdfeindliche und rassistische Ressentiments bedienen⁶⁹, besorgt zur Kenntnis. Zu den „Pseudo-Denker[n] der neuen Größe" zählt sie neben Botho Strauß auch Rolf Hochhuth⁷⁰ und Martin Walser⁷¹, denen sie eine verhängnisvolle Geschichtsvergessenheit und einen daraus resultierenden skandalösen, da naiven Umgang mit belasteten Literatur- und Philosophietraditionen (Heidegger, Jünger) vorwirft. Die Autorin macht sich in *Wolken.Heim.* die rhetorischen und argumentativen Strategien der reaktionären Diskurse zu eigen und stellt diese in ihrer Aktualität kritisch aus. Die Auseinandersetzung mit Strauß, Walser und Co. steht jedoch nicht nur im Zeichen der Ideologiekritik, sondern ist

---

66 Strauß. „Anschwellender Bocksgesang", S. 203.
67 Tauss. *Rhetorik des Rechten*, S. 102 f.
68 Vgl. z. B. Diedrich Diedrichsens Ausführungen zum Erstarken kulturreaktionärer Positionen nach der Wende in Diedrichsen. *Freiheit macht arm*, S. 117–157.
69 Vgl. den apologetisch-affirmativen Charakter folgender Ausführungen: „Rassismus und Fremdenfeindlichkeit sind ‚gefallene' Kultleidenschaften, die ursprünglich einen sakralen, ordnungsstiftenden Sinn hatten." Strauß. „Anschwellender Bocksgesang", S. 205.
70 Vgl. Tiedemann und Jelinek. „Das Deutsche scheut das Triviale", S. 38: „Und jetzt kommen diese Pseudo-Denker der neuen Größe, die das Große wie eine Fahne im Sturm richten wollen. Hochhuth lobt Jünger für einen kleinen Text, in dem er sagt, daß die preußische Zivilcourage, die größte war und daß zur Zeit, als die Juden geholt worden sind, daß da die Deutschen zu wenig Courage gezeigt haben. Aber die entsetzlichsten antisemitischen Stellen von Ernst Jünger, die sind im Giftschrank, die zitiert natürlich niemand und die gibt es nämlich auch. Da gibt es furchtbare Zitate."
71 Vgl. Armgard Seegers und Elfriede Jelinek. „‚Menschen interessieren mich nicht.' Elfriede Jelinek im Gespräch". *Hamburger Abendblatt* (21. Oktober 1993): „Eine Ideologie von Nation und Heimat, unter der das Unheimliche liegt, die auf Blut und Boden aufgebaut ist. Ich gehe [in *Wolken.Heim.*] zu den Wurzeln zurück, wo das hypertrophe Nationalgefühl entstanden ist. [...] Offenbar besteht jetzt wieder ein Bedarf an solchen Texten, wenn man die jüngsten Werke von Martin Walser oder Botho Strauß anguckt."

auch Ausdruck einer Selbstreflexion der Literatur und der Abgrenzung von poetischen Modellen, die für Jelinek eine unheilvolle Verbindung von Kunst und reaktionärer Politik stiften. Strauß selbst verbindet seine Zeitkritik mit dem Entwurf einer dezidiert elitären, den ‚Massen' feindlich gestimmten Literatur:

> Dem gegenüber werden sich strengere Formen der Abweichung und der Unterbrechung als nötig erweisen; man wird sich daran erinnern, dass in verschwätzten Zeiten, in Zeiten der sprachlichen Machtlosigkeit, die Sprache neuer Schutzzonen bedarf; und wär's allein im Garten der Befreundeten, wo noch etwas Überlieferbares gedeiht, hortus conclusus, der nur wenigen zugänglich ist und aus dem nichts herausdringt, was für die Masse von Wert wäre. Tolerante Missachtung der Mehrheit.[72]

Strauß' Poetik der „tolerante[n] Missachtung der Mehrheit" gründet auf einer Grenzziehung zwischen der profanen Zeit der medialisierten und ökonomisierten Gegenwart der Alltags- und Massenkultur und dem exklusiven, nur wenigen Auserwählten zugänglichen, sakralen Reich der Kunst. Die Literatur der „Tiefenerinnerung", die den „Wiederanschluss an die lange Zeit"[73], also an das mythische Kontinuum der überzeitlichen ästhetischen Werte sucht, könne dabei nur von einem Künstler geleistet werden, der sich als „Außenseiter-Heros"[74] gegenüber dem Mainstream behauptet. Es ist kein Zufall, dass die Trennung von sakraler Kunst der geistigen Eliten und profaner Wirklichkeit der Massen an Agambens Definition der Religion als Praxis des Entzugs[75] erinnert, zählt nach Heribert Tommek doch Botho Strauß neben Peter Handke zum sichtbarsten und renommiertesten Repräsentanten einer kunstreligiös gestützten *L'art pour l'art*-Position in der Gegenwartsliteratur: „Das Werk beider steht für die Errichtung eines ‚Asyls', eines ‚Niemandslandes' im Sinne eines der sozialen Zeit und der (Massen-)Gesellschaft enthobenen ästhetischen Raumes. In ihren Poetiken herrscht das ästhetische ‚interesselose Wohlgefallen', das den ‚irdischen' Interessen entgegengesetzt ist."[76] Nach Bourdieu liegt dem autonomen Pol des literarischen Feldes per se eine religiöse Logik zugrunde, denn Produkte der autonomen Produktion erfahren eine „an Transsubstantiation gemahnende ontologische Erhöhung" und sind durch eine „sakrale Schranke [...], die legitime

---

72 Strauß. „Anschwellender Bocksgesang", S. 206.
73 Ebd., S. 204.
74 Ebd., S. 206.
75 Vgl. Agamben. *Profanierungen*, S. 71: „Als Religion lässt sich definieren, was die Dinge, Orte, Tiere oder Menschen dem allgemeinen Gebrauch entzieht und in eine abgesonderte Sphäre versetzt." Vgl. Kapitel V.2.2.2.
76 Tommek. *Der lange Weg in die Gegenwartsliteratur*, S. 330 f.

Kultur zu einer separaten Sphäre werden lässt"[77], von der sozio-ökonomischen Gegenwart und ihren zweckrationalen Bestimmungen getrennt. Dieser Wille zum Sakralen schlägt sich vor allem am ästhetischen Pol der autonomen Produktion in Texten und poetischen Programmen nieder, die den Rückzug aus der Wirklichkeit in eine ästhetische Welt des Schönen und Wahren antreten. Hier ist die sakrale Welt der Kunst als „Bereich des Unberechenbaren, des jenseits der bemessbaren Werte stehenden Nicht-Rationalen" konzipiert: „Hier zählt der Sinn für das ‚Mysteriöse', das ‚Fantasievolle', ‚Unsagbare', ‚Unnennbare' oder ‚Unsichtbare' jenseits einer quantifizierbaren Größe."[78] Der Zutritt zu dieser außerweltlichen Sphäre der Kunst fällt nicht in den Zuständigkeitsbereich des Subjekts, sondern obliegt dem Gnadenprinzip der künstlerischen Inspiration: „Die göttliche Inspiration ist die grundlos gewährte Gunst."[79] Der Dichter wird zum Medium einer höheren poetischen Wahrheit auserkoren und ist als inspiriertes Individuum immer schon der Masse gegenübergestellt.

Jelinek hat seit Beginn ihrer künstlerischen Laufbahn die Distanz zur „Ästhetenfraktion"[80] gesucht und dabei vor allem Peter Handke als einen Kontrahenten bestimmt, dessen Schaffen Jelineks literarischem Programm diametral entgegengesetzt ist.[81] Bei Handke polemisiert die Autorin gegen dessen „Zwang zur Kostbarkeit und zur Erlesenheit": „Was bei mir alles negativ wird, eigentlich zu Scheiße wird, was ich angreife, wird bei ihm kostbar. Das ist ein verzweifelter Wunsch nach dem Positiven, der für mich ergreifend ist und auch tragisch."[82] Handkes „Beschwörung des Positiven"[83] stigmatisiert Jelinek als ein naives, apolitisches Schreiben, das auf der Suche nach authentischer Erfahrung nicht hinter die ideologischen Strukturen der subjektiven Wahrnehmung zu gehen vermag, sondern diese im Gegenteil im Projekt der Auratisierung der profanen Dinge reproduziert. Der neo-romantischen Utopie der *Mythologisierung* und „poetischen Wiederverzauberung der Welt"[84] stellt Jelinek ein an Roland Barthes geschultes Programm der *Mythenzerstörung* gegenüber, das keine authentische Wirklichkeit hinter den Bildern der Massenmedien mehr kennt: „Diese Illusion

---

[77] Bourdieu. *Die feinen Unterschiede*, S. 26. Vgl. auch Kapitel IV.4.2.
[78] Tommek. *Der lange Weg in die Gegenwartsliteratur*, S. 320.
[79] Ebd.
[80] Korte und Jelinek. „Gespräch mit Elfriede Jelinek", S. 292.
[81] Zu Jelineks Positionierung zu Peter Handke vgl. auch Degner. *Eine ‚unmögliche' Ästhetik*.
[82] Sucher und Jelinek: „„Was bei mir zu Scheiße wird, wird bei Handke kostbar"", S. 49.
[83] Hans-Jürgen Heinrichs und Elfriede Jelinek. „Die Sprache zerrt mich hinter sich her". *Schreiben in das bessere Leben*. Hg. ders. München: Verlag Antje Kunstmann, 2006, S. 12–55, hier S. 40.
[84] Vgl. Michael Braun. „Die Sehnsucht nach dem idealen Erzähler. Peter Handkes romantische Utopie". *Text+Kritik. Zeitschrift für Literatur* 24 (1989), S. 73–81, hier S. 74.

kann ich mir eigentlich nicht mehr erlauben, in einer Erstlingshaltung, in einer Naivität, als ob das nicht schon tausendmal im Fernsehen gezeigt worden wäre, zu beschreiben, wie irgendwo Schneeglöckchen zwischen dem Schutt herauswachsen."[85] Jelineks Kritik gilt also vor allem Handke als „Fürsprecher eines achronen, sich zwar auffüllenden, aber strukturell unveränderbaren Raums der Literatur"[86], in dem ein Schreiben entsteht, das vom Versuch der Überwindung und Transsubstantiation der irdischen Zeit des sozial-ökonomisch Alltäglichen in das Kontinuum überzeitlich-universeller Werte der Kunst geprägt ist.[87]

Im Umfeld von *Wolken.Heim.* greift Jelinek mit Botho Strauß eine weitere prominente Position des *L'art pour l'art* im gegenwartsliterarischen Feld an, die freilich andere, wenn man so möchte: verhängnisvollere Konsequenzen aus der ästhetizistischen Absetzungslogik zieht. Strauß' „Sehnsucht nach unzerstörbaren metaphysischen Werten"[88], gepaart mit Vorstellungen von Exzellenz und Größe, geht nicht nur einher mit der Ablehnung der Massen- und Alltagskultur, sondern drückt sich auch im Ressentiment gegenüber der zivilen Masse („Mehrheit") aus und schlägt so eine Brücke zu chauvinistischen und fremdenfeindlichen Diskursen, die Rassismus mythologisch legitimieren. Durch die Übertragung der „Rechts-Links-Dichotomie in [die] Gegenüberstellung von Heiligem und Profanem"[89] löst Strauß Politik in der Sphäre des Religiösen, Metaphysischen und

---

85 Gunna Wendt und Elfriede Jelinek. „‚Es geht immer alles prekär aus – wie in der Wirklichkeit.' Ein Gespräch mit der Schriftstellerin Elfriede Jelinek über die Unmündigkeit der Gesellschaft und den Autismus des Schreibens". *Frankfurter Rundschau* (14. März 1992), S. 3.
86 Cornelia Blasberg. „Peter Handke und die ewige Wiederkehr des Neuen". *Literaturwissenschaftliches Jahrbuch* 38 (1997), S. 185–204, hier S. 187.
87 Bekanntermaßen ist Handke Ende der 1990er Jahre in der Serbien-Kontroverse als politisch umstrittener Autor in Erscheinung getreten, der Kritik an der journalistischen Berichterstattung der westlichen Medien im Fall der NATO-Intervention in Serbien geübt hat. Bei aller inhaltlichen Distanzierung ergriff Jelinek damals Partei für Handke: „Mir macht das schon Sorge, dass da jetzt gegen einen Dichter so gehetzt wird. Ich bin politisch absolut nicht seiner Meinung (da fängt es ja schon an, das sollte ich gar nicht zu sagen brauchen!), der drohende Völkermord hat für mich das Eingreifen der NATO gerechtfertigt, aber als Mensch, der für die Aufklärung ist, hat man für die Meinung des anderen zu kämpfen, das ist doch eine Binsenweisheit. Es sind in Bezug auf Handke so viele Falschmeldungen im Umlauf, z. B. diese schreckliche Äußerung über die Serben in Relation zu der Judenverfolgung, die er längst klargestellt und widerrufen hat. [...] Und übrigens: Seltsam ist es schon, dass die Politiker, die am Anfang des Balkankonflikts Mitschuld am Zerfall Jugoslawiens getragen haben, Mock und Genscher, so überhaupt nicht zur Rechenschaft gezogen werden. Dass man ausgerechnet auf einen Dichter losprügelt. Dichter sind machtlos und müssen es sein." N. N. und Elfriede Jelinek. „‚In unserem Gespensterland wächst die Hand aus dem Grab.'" *News* 22.06 (01. Juni 2006), S. 121.
88 Tauss. *Rhetorik des Rechten*, S. 99.
89 Ebd., S. 99.

‚Protopolitischen'⁹⁰ auf. Die Kulturkritik im Zeichen von Mythos, Individualismus und Aristokratismus muss für Jelinek apolitisch und inhaltsleer bleiben, weil sie auf der Verachtung der Gegenwart beruht.

Wurde im vorherigen Kapitel dargelegt, dass in *Wolken.Heim.* vertikal ausgerichtete Avantgarde-Positionen, die die Verbindung von Kunst und Leben, also die Umsetzung von Reflexion in Praxis fordern, kritisch kommentiert und als Modell politischer Literatur verworfen werden, so haben die Ausführungen in diesem Kapitel gezeigt, dass Jelinek auch Abstand von *L'art pour l'art*-Ästhetiken nimmt, die die Aufhebung der sozialen Gegenwart in der Kunst suchen. Jelinek macht eine Verbindung, feldtheoretisch gesprochen Homologie, zwischen literarischen und politischen Stellungnahmen geltend, wenn sie in Strauß' Zuwendung zur reaktionären Kulturkritik eine Kontinuität erkennt: „Das muss ja immer schon in ihm gewesen sein, nun jetzt hat er das Gefühl, da kann er auch ein Programm daraus machen."⁹¹ Dementsprechend identifiziert auch Heribert Tommek in Strauß' „politische[m] Wechsel von der Linken zur konservativen Rechten die kontinuierliche Ausprägung einer ästhetizistischen Position [...], die [...] auf einer aus der Zeitdiagnostik entstehenden Absetzungslogik"⁹² fußt. In diesem Sinne stellen Jelineks Äußerungen zu Strauß' politischen Ansichten immer auch schon Positionierungen gegen ein literarisches Programm dar und sind im Kontext der feldinternen Verhandlungen einer legitimen politischen Literatur zu lesen. Vor allem mit Bezug auf Strauß' Essay *Anschwellender Bocksgesang*, der sich als Intertext zu *Wolken.Heim.* liest, problematisiert Jelinek ästhetizistische Literaturprogramme in ihrer Verbindung zur Gesellschaft, scheinen diese doch strukturell dazu verurteilt, ob ihres Erhabenheitsgebarens und ihrer Verachtung für die Niederungen des Alltags den Weg für reaktionär-chauvinistische Aneignungen zu ebnen oder gar diesen Weg selbst zu gehen.

Strauß' und Handkes kunstreligiöse Positionen konstruieren Literatur als einen exklusiven, autonomen Ort außerhalb der sozialen Zeit, zu dem nur Auserwählte Zugang haben. In Jelineks Werk finden sich aber auch kritische Bezüge zu kunstreligiösen Positionen, die auf eine Breitenwirkung zielen, indem sie Kunst als Religionsersatz für moderne Gesellschaften proklamieren – so etwa Richard Wagner, mit dessen Kunstverständnis sich die Autorin in *Rein Gold* auseinandersetzt. Wagner stand der institutionalisierten Religion zeitlebens ableh-

---

90 Vgl. Strauß. „Anschwellender Bocksgesang", S. 204: „Anders als die linke, Heilsgeschichte parodierende Phantasie malt sich die rechte kein künftiges Weltreich aus, bedarf keiner Utopie, sondern sucht den Wiederanschluss an die lange Zeit, die unbewegte, ist ihrem Wesen nach Tiefenerinnerung und insofern eine religiöse oder protopolitische Initiation."
91 Tiedemann und Jelinek. „Das Deutsche scheut das Triviale", S. 38.
92 Tommek. *Der lange Weg in die Gegenwartsliteratur*, S. 331.

nend gegenüber, vertrat in seinen mittleren und späteren Schriften aber zunehmend die Überzeugung, dass die Religion als Sinn- und Trostzusammenhang nach wie vor unabdingbar war: „Der religiösen Vorstellung geht die Wahrheit auf, es müsse eine andere Welt geben, als diese, weil in ihr der unerlöschliche Glückseligkeitstrieb nicht zu stillen ist, dieser Trieb somit eine andere Welt zu seiner Erlösung braucht."[93] Der ehemalige Revolutionär trennte sich von der „junghegelianischen Idee einer Aufhebung des Religiösen in Gesellschaften, die keine Entfremdung mehr kennen"[94], und sah in der Religion eine Möglichkeit, dem Emanzipations- und Freiheitsbedürfnis des Menschen kompensatorisch nachzukommen und die Partikularisierungs- und Entfremdungstendenzen der modernen Gesellschaft in einer Vision der Ganzheit aufzuheben – wobei nicht traditionellen religiösen Praktiken und Institutionen, sondern der Kunst die Aufgabe zufallen sollte, „den Kern der Religion zu retten, indem sie die mythischen Symbole, welche die erstere im eigentlichen Sinne als wahr geglaubt wissen will, ihrem sinnbildlichen Werthe nach erfaßt, um durch ideale Darstellung derselben in ihnen verborgene tiefe Wahrheit erkennen zu lassen".[95]

Der „Kern der Religion", den die Kunst zu retten hat, besteht für Wagner demnach in der symbolisch-allegorischen Kommunikation von Heils- und Erlösungslehren, die eine „sozialintegrative Funktion"[96] zeitigen. Dementsprechend ist Wagners künstlerische Praxis auf die Aktualisierung von Stoffen und Bildern der germanisch-christlichen Mythologie ausgerichtet, denen eine zeitlose Gültigkeit zugesprochen wird. Aber auch seine Vision von Festspielen, denen in der Tradition der antiken Dionysien ein ritueller Charakter zukommt, muss im Kontext der Sakralisierung der Kunst gesehen werden – wie von Jelinek in *Rein Gold* zum Ausdruck gebracht: „ein Held soll kommen, den hast du mir versprochen. Einer, der alle frei macht, [...]! Versprich mir den Erlöser, Vater! Das kostet dich ja nichts, der ist schon so oft versprochen worden, Häuser hat man ihm gebaut, Opernhäuser!" (RG, 200)

---

93 Richard Wagner. „Über Staat und Religion". *Richard Wagners gesammelte Schriften und Briefe*. Bd. 14. Hg. Julius Kapp. Leipzig: Hesse & Becker, 1914, S. 7–34, hier S. 25.
94 Münkler. *Marx – Wagner – Nietzsche*, S. 248.
95 Richard Wagner. „Religion und Kunst". *Richard Wagners gesammelte Schriften und Briefe*. Bd. 14. Hg. Julius Kapp. Leipzig: Hesse & Becker, 1914, S. 130–171, hier S. 130.
96 Fabian Lampart. „Kunstreligion intermedial. Richard Wagners Konzept des musikalischen Dramas und seine frühe literarische Rezeption". *Kunstreligion. Bd. 2: Ein ästhetisches Konzept der Moderne in seiner historischen Entfaltung. Die Radikalisierung des Konzepts nach 1850*. Hg. Alessandro Costazza, Albert Meier und Gérard Laudin. Berlin, Boston: De Gruyter, 2012, S. 59–77, hier S. 67.

Wagners Verbindung von Kunst und Religion steht in der Tradition des romantischen Einheits- und Totalitätspostulats, das prominent in der Idee der progressiven Universalpoesie elaboriert wurde. Im Anschluss daran entwirft Wagner in seinen postrevolutionären Schriften das Ideal eines „Kunstwerks der Zukunft", das zum einen Auflösungserscheinungen im Politischen und Sozialen, zum anderen die „Schranken der Nationalitäten"[97] überwinden soll. Die Erlösung durch die Kunst sollte nicht nur jedem Menschen unabhängig von Stand, Herkunft und Nationalität zuteilwerden, sondern die politischen und gesellschaftlichen Grenzziehungen gar beseitigen. Genau an diesem Universalitätsversprechen der Wagnerschen Kunstreligion meldet Elfriede Jelinek in ihrer Lektüre des *Ring*-Zyklus Zweifel an, wenn in *Rein Gold* der völkisch-nationale Charakter von Wagners heroischem Erlösungsprogramm herausgestellt wird: „Er [d. i. der Held-Erlöser] wird dem ältesten Volk der Welt angehört haben, trotz allem, den Deutschen, denen zum Glück der Hort, das Geld, der Schatz gehört, den alle von diesem Volk bekommen wollen. Dieses Volk kommt direkt vom Sohn Gottes, es ist noch ganz atemlos, es ist jetzt auch selbst Gott, [...]." (RG, 165)

Jelineks Auseinandersetzung mit Wagner weiß selbstverständlich um seinen Antisemitismus und Rassismus; über die Jahrzehnte sollte dieser immer energischer ein antisemitisch-rassistisches Weltbild kundtun, wonach die (künstlerische) Regeneration der Gesellschaft nur durch die „Auswerfung des zersetzenden fremden Elements"[98] – gemeint sind die deutschen Jüdinnen und Juden – zu erreichen sei. In der Forschung ist diskutiert worden, ob Wagners rassistischer Antisemitismus entscheidende Anstöße aus der sozialistischen Literatur bezogen hat.[99] In *Rein Gold* (so wie auch in *Die Kontrakte des Kaufmanns*, vgl. Kap. V.2) geht Jelinek den geschichtlichen Verbindungen von Antikapitalismus und Antisemitismus nach,[100] darüber hinaus macht der Theatertext aber auch eine Korrespondenz zwischen Wagners kunstreligiösem Programm und seinem antisemitisch-rassistischen Weltbild geltend. Wenn bei Wagner von Religion und damit einhergehend auch von der Kunst als Ersatzreligion die Rede ist, ist stets das Christentum gemeint, dem er eine rassentheoretisch begründete Überlegenheit

---

97 Richard Wagner. „Kunst und Revolution". *Richard Wagners gesammelte Schriften und Briefe.* Bd. 10. Hg. Julius Kapp. Leipzig: Hesse & Becker, 1914, S. 11–47, hier S. 35.
98 Richard Wagner. „Das Judentum in der Musik". *Richard Wagners gesammelte Schriften und Briefe.* Bd. 13. Hg. Julius Kapp. Leipzig: Hesse & Becker, 1914, S. 7–51, hier S. 50.
99 Anlass zu solchen Überlegungen geben solche Textstellen: „Der Jude [...] herrscht, und wird so lange herrschen, als das Geld die Macht bleibt, vor welcher all' unser Tun und Treiben seine Kraft verliert." Ebd., S. 74.
100 Vgl. dazu Schmitt und Schößler. „Was ist aus der Revolution geworden?", S. 96 f.

attestiert.[101] Wagner macht das rassistische Zugeständnis, dass „den niedrigsten Rassen der Genuß des Blutes Jesu [...] zu göttlichster Reinigung gedeihen"[102] dürfe – was wiederum bedeutet, dass nicht-christliche bzw. sich nicht zum Christentum bekehrende, und das heißt für ihn vor allem jüdische Menschen nicht nur von der (kunst-)religiösen Erlösungsgemeinschaft ausgeschlossen, sondern auch als Bedrohung dieser wahrgenommen werden. Am Ende von *Das Judentum und die Musik* stellt Wagner eine Möglichkeit der Teilhabe von Jüdinnen und Juden am Erlösungsgeschehen in Aussicht, die sich umstandslos in die nationalsozialistische Vernichtungspolitik übersetzen ließ: „Gemeinschaftlich mit uns Mensch werden, heißt für den Juden aber zu allernächst soviel als: aufhören, Jude zu sein. [...] Aber bedenkt, daß nur eines eure Erlösung von dem auf euch lastenden Fluche sein kann: die Erlösung Ahasvers, – der Untergang!"[103]

Wagners Übertragung religiöser Vorstellungen in die Sphäre des Ästhetischen reproduziert die religiöse, rassistisch unterfütterte Exklusions- und Exklusivitätslogik: Wenn er den Versuch unternimmt, die Unfähigkeit von Jüdinnen und Juden zur künstlerischen Produktion zu begründen, greift er auf die kunstreligiöse Unterscheidung von wahrer und warenförmiger Kunst zurück und führt aus, dass von Juden und Jüdinnen geschaffene Kunst ein „kaüfliche[r] Luxusartikel" sei und damit auch zum „Gleichgültige[n] und Triviale[n]" neige, insofern ihr durch die fehlende Verankerung in einer völkischen Gemeinschaft und „ihrem natürlichen Boden" etwas „Bestimmtes, Notwendiges oder Wirkliches"[104] abgehe. In Jelineks *Rein Gold* wird dieses Bild einer den Niederungen des Ökonomischen enthobenen – deutschen – Kunst dementiert, indem immer wieder die Interferenzen von Kunst und Kapitalismus eingeholt werden:

> Papier ist geduldig, das weißt du Kind, weil du schließlich Hobbyschriftstellerin bist, die nie einen Satz ordentlich abschließen kann, hier zum Beispiel suche ich schon lang das Ende; deswegen erwähne ich doch überhaupt das Papier, dieses Papier, diesen Schein, aber auch Papier im allgemeinen, der Schein ist Papier im Gemeinen, Papier, das pariert, das dem Wert, der draufsteht, gehorcht, das seine Einlösung aufschiebt, immer in die Zukunft hinein, immer später, immer erfolgt die Einlösung und die Erlösung später, das ist ein Versprechen, aber verlangen Sie nicht, daß es auch eingelöst wird! (RG, 114)

---

101 Vgl. Richard Wagner. „Heldentum und Christentum". *Richard Wagner. Kunst und Revolution. Auswahl aus seinen politischen Schriften.* Hg. Gustav Steinbömer. Potsdam: Protte, 1935, S. 143–155.
102 Ebd., S. 153.
103 Wagner. „Das Judentum und die Musik", S. 29.
104 Ebd., S. 15–18.

Die Doppelkodierung des Wortes ‚Papier' als materieller Träger von monetären und ästhetischen Werten macht deutlich, dass der Wert der Literatur ebenso wie der Wert des Geldes nie vollständig gedeckt werden kann: Wenn mit Derrida gesprochen der Sinn immer schon im Aufschub begriffen und nie präsent ist, die Bedeutung eines Kunstwerks also niemals im Jetzt erschöpft werden kann, ist es stets von der Gefahr des Nicht-Sinns und der Bedeutungslosigkeit, der Gleichgültigkeit und Trivialität bedroht. Die Äquivalentsetzung von Literatur und Papiergeld schleust diese aber auch in ökonomischen Tauschprozesse ein (Kunst lässt sich schließlich in symbolisches und kulturelles Kapital umwandeln), was eine eindeutige Unterscheidung von wahrer und warenförmiger Kunst infrage stellt.

So wird in Elfriede Jelineks Bezugnahmen auf kunstreligiöse Positionen der Gegenwart und Vergangenheit zum einen der ästhetische Exklusivitätsanspruch als eine Geste der Exklusion markiert, zum anderen dementieren die Theatertexte die Möglichkeit einer ihrer Zeit enthobenen Kunst, indem sie Übereinstimmungen zwischen Kunst und Ökonomie herausstellen. Wenn Jelinek in *Wolken.Heim.* die Irrungen und Wirrungen einer politischen Literatur mit avantgardistischem Anspruch beleuchtet, so zeigt sich in ihrer Auseinandersetzung mit kunstreligiösen Positionen, dass keine Politik auch keine Lösung ist. Nicht nur ist die eskapistische Vorstellung eines abgeschotteten Raums der Kunst keineswegs vor ideologischer Vereinnahmung gefeit, auch lässt die Autorin in ihren Stellungnahmen und Stücken Strauß' und Wagners Kunstreligion als Matrix eines chauvinistisch-rassistischen Weltbildes zutage treten.

3 Komödie und Ökonomie – Interferenzen und Allianzen (*Die Kontrakte des Kaufmanns*)

In den beiden vorangegangenen Kapiteln wurde argumentiert, dass Jelineks Theatertexte eine poetologische Dimension aufweisen und die Auseinandersetzung mit avantgardistischen und kunstreligiösen Positionen der Gegenwart und Vergangenheit suchen. Dabei zielen diese Auseinandersetzungen darauf, die Möglichkeit einer Kunst, die sich als Opposition zu dem (politischen, ökonomischen, kulturellen) Status quo entwirft, infrage zu stellen, indem die Theatertexte Übereinstimmungen zwischen Diskurs und künstlerischem Gegendiskurs aufzeigen. Dass Jelineks Zweifel an der Unabhängigkeit der Literatur noch umfassender ausfallen und auch politisch (auf den ersten Blick) unverdächtige Formtraditionen einbeziehen, soll im Folgenden in ihrer Rezeption der Gattung der Komödie aufgezeigt werden.

Jelinek hat *Die Kontrakte des Kaufmanns* paratextuell als „Wirtschaftskomödie" ausgewiesen und mit dieser Gattungsbezeichnung eine Verbindung zwischen der Sphäre des Literarischen und Ökonomischen gestiftet, die auf eine weitreichende generische Tradition verweist. Im Zuge der literaturwissenschaftlichen Auseinandersetzungen mit den Schnittstellen von Literatur und Ökonomie bzw. Geld[105] hat sich zunehmend eine gattungstheoretische Perspektive auf den Gegenstand herausgebildet und die Komödie ist in ihrem Verhältnis zu ökonomischen Diskursen in den Blickpunkt geraten.[106] Dabei ist die Affinität der Komödie zur Geldsphäre auf motivisch-thematischer Ebene herausgestellt worden: „Herkömmlich von niedriggestellten Figuren getragen und mit ‚Lastern' der Menschen beschäftigt, hat sich die Komödie seit der Antike weit stärker auf die von materiellen Interessen geprägte Lebensrealität eingelassen als das tragische Drama."[107] Jedoch stellen Geldgeschäfte nicht nur einen beliebten Gegenstand komischer Handlungen dar, vielmehr schlägt sich das ökonomische Tauschprinzip in Komödien auch auf der Ebene der Figuren, Sprache und Handlung nieder: „Komödien zeichnen sich in der Regel nicht nur durch ihre Vorliebe für Geldgeschäfte (als Ausdruck einer materialistischen Haltung) aus, sondern auch durch den ubiquitären Tausch von Personen, Dingen und Worten".[108] Hochzeiten, also der „Tausch von Ringen und Treueversprechen"[109], oder Verkleidungen, also der Tausch von (sozialen oder geschlechtlichen) Rollen, gehören zu den Konstituenten der komischen Handlung. Überdies lässt sich das Tauschprinzip für die Komödie noch in literatursoziologischer Hinsicht geltend machen: „Komödien waren im Übrigen stets nachfrageorientierte, marktgängige Unterhaltung, [...]. Der

---

105 Zur Übersicht möglicher Untersuchungsgebiete siehe Franziska Schößler. „Ökonomie". *Literatur und Wissen. Ein interdisziplinäres Handbuch*. Hg. Roland Borgards, Harald Neumeyer, Nicolas Pethes und Yvonne Wübben. Stuttgart, Weimar: Metzler, 2013, S. 101–106.
106 Vgl. dazu vor allem die Arbeiten von Fulda. *Schau-Spiele des Geldes*; Bernd Blaschke. „Was tauscht der Mensch. Ökonomie in deutschen Komödien des 18. Jahrhunderts". *„Denn wovon lebt der Mensch?" Literatur und Wirtschaft*. Hg. Dirk Hempel und Christine Künzel. Frankfurt/M.: Peter Lang, 2009, S. 49–73; Bernd Blaschke. „Automatismen und das Ende der Komödie. Tausch, Markt und (un)sichtbare Hand als Motive im Lachtheater". *Automatismen*. Hg. Hannelore Bublitz, Roman Marek, Christina Louise Steinmann und Hartmut Winkler. München: Fink, 2010, S. 271–297. Vgl. auch Joseph Vogl. *Kalkül und Leidenschaft. Poetik des ökonomischen Menschen*. München: Sequenzia, 2002. Vogl setzt sich zwar nicht programmatisch mit generischen Fragen auseinander, bezieht in seine Analysen aber Komödien wie Lessings *Minna von Barnhelm* ein.
107 Fulda. *Schau-Spiele des Geldes*, S. 21.
108 Schößler. „Das Ende der Revolution und der Klang der Finanzinstrumente", S. 75.
109 Blaschke. „Automatismen und das Ende der Komödie", S. 272.

Tausch von Unterhaltungsspiel gegen Geld und Lachen des Publikums war die Geschäftsgrundlage des quantitativ größten Teils der Theatergeschichte."[110]

Über diese Korrespondenzen hinaus stellt Daniel Fulda eine „*Strukturhomologie von Geldfunktion und Komödienhandlung*"[111] heraus, die auf dem Wechselspiel von Bewegung und Stabilisierung gründet: So wie die Funktion von Geld zwischen Tauschmittel und Wertaufbewahrung oszilliert, führt die Komödie per Gattungsgesetz die Entstehung von Stabilität und Ordnung aus Verwirrung, Konfusion und chaotischer Bewegung vor. Die Komödie zeichnet sich durch eine Tendenz zu schnellen Glückswechseln und plötzlichen Umverteilungen aus, die Unruhe in den Handlungsverlauf einspeisen.

Unruhe und unkoordinierte Bewegung entstehen in Komödien aber auch durch den Einsatz von Komik. In der Komik- und Komödientheorie ist im Anschluss an Kants Definition des Komischen als „Affekt aus der plötzlichen Verwandlung einer gespannten Erheiterung in nichts"[112] das „Augenblickhafte aller Komik" unterstrichen worden, „das der Komödie als dramatischer Form geradezu entgegen ist, das Drama aufhält, ja auflöst".[113] In seiner Ereignishaftigkeit verlangt das Komische eine Dramaturgie des Zufalls und der Störung, die einem kausal-linearen Handlungsverlauf entgegensteht: „[D]as Komische ergibt sich häufig punktuell und additiv. Vorstellbar wäre eine Komödienform, die aus einer Reihung komischer Szenen ohne kontinuierlichen Handlungszusammenhang bestünde".[114] Karlheinz Stierle macht außerdem das Moment der Isolation für die Entstehung einer komischen Wirkung geltend, insofern erst die Absonderung eines Gegenstandes aus dem Handlungszusammenhang, also aus der „Vernünftigkeit der gegebenen Handlungswelt"[115], diesen der Lächerlichkeit preisgibt: „[D]as komische Faktum [ist] betrachtbar [...] als es selbst, ohne Hinblick auf die vorausgehenden Momente einer Serie von Handlungen, die Teil sind einer Lebensgeschichte und insbesondere ohne Hinblick auf die Handlungs- und Ereignisserien, die aus dem komischen Faktum für eine Lebensgeschichte als Folge hervorgehen".[116] In dieser Enthobenheit tritt nach Stierle wiederum die anti-

---

110 Ebd., S. 276.
111 Fulda. *Schau-Spiele des Geldes*, S. 23.
112 Immanuel Kant. *Kritik der Urteilskraft*. Hg. Heiner F. Klemme. Hamburg: Meiner, 2001, § 54, S. 229.
113 Helmut Arntzen. „Komödie und episches Theater". *Der Deutschunterricht* 21/3 (1996), S. 67–77, hier S. 76.
114 Franziska Schößler. *Einführung in die Dramenanalyse*. 2. Aufl. Stuttgart 2017: Metzler, S. 41.
115 Karlheinz Stierle. „Komik der Handlung, Komik der Sprachhandlung, Komik der Komödie". *Das Komische*. Hg. Wolfgang Preisendanz und Rainer Warning. München: Fink, 1976, S. 237–268, hier S. 267.
116 Ebd., S. 251.

dramatische Struktur des Komischen hervor: „Wenn nämlich das komische Faktum immer nur als ein enthobenes komisch werden kann, dann stellt sich die Frage, wie überhaupt die Bewegung der Komödie, die Konstruktion der Fabel denkbar ist."[117] Folglich entwickeln Komödien in ihrer Affinität zum Komischen[118] eine Dynamik des Diskontinuierlichen und Kontingenten, die dem kohärenten, teleologischen Fortschreiten der Handlung entgegensteht.

Einer glücklichen Abwicklung der Handlung steht im Grunde genommen auch das niedere Personal der Komödie im Weg, das seit Aristoteles konstitutiv für die Gattung ist:

> Die Komödie ist, wie wir sagten, Nachahmung von schlechteren Menschen, aber nicht im Hinblick auf jede Art von Schlechtigkeit, sondern nur insoweit, als das Lächerliche am Hässlichen teilhat. Das Lächerliche ist nämlich ein mit Hässlichkeit verbundener Fehler, der indes keinen Schmerz und kein Verderben verursacht, wie ja auch die lächerliche Maske hässlich und verzerrt ist, jedoch ohne den Ausdruck von Schmerz.[119]

Die Schlechtigkeit der Figuren ist bei Aristoteles nicht ständisch profiliert, sondern meint allgemein eine Lasterhaftigkeit des Menschen, die lächerlich wirkt, aber insofern harmlos ist, als sie weder leidvolle noch verderbliche Folgen zeitigt. Übel, Unpässlichkeiten und (körperliche) Versehrungen, die den Protagonist/-innen widerfahren und in der Tragödie in die Katastrophe führen würden, bleiben in der Komödie folgenlos und stehen dem guten Ende, bei dem die aus den Fugen geratene gesellschaftliche Ordnung wiederhergestellt und/oder ein utopischer Ausblick auf eine neue Ordnung gewährt wird, nicht entgegen – denn ungeachtet dieser so zahlreichen destabilisierenden Faktoren ist „im Gattungsgesetz der Komödie das Happy End garantiert: die finale Versöhnung, die Wiederherstellung der im Spielverlauf durch A-Sozialität bedrohten Ordnung".[120] Damit stellt sich die

---

117 Ebd., S. 261.
118 Obschon „das Wirkungselement *Lachen* und oder sein strukturelles Pendant *Lächerlichkeit* bzw. *Komik*" (Profitlich 2002, 13) von Platon, Aristoteles, Gottsched, Schiller u. a. als zentrales Merkmal der Komödie angesehen worden ist, zeigt ein Blick auf die Gattungsgeschichte, dass Komik und Komödie nicht miteinander gleichzusetzen sind: „Bereits im Barock zeichnet sich die Tendenz ab, die Komödie nicht mehr unbedingt auf das Lachen oder das Lächerliche festzulegen, von dem Aristoteles gesprochen hatte, sondern auch Rührung als Wirkung zuzulassen." (Schößler 2017, 37) Dennoch weisen Komödien unzweifelhaft eine Affinität zum Komischen auf. So argumentiert Ralf Simon, dass Komödien eine „Voraussetzungsstruktur mit dem Komischen" (Simon 2002, 58) teilen.
119 Aristoteles. *Poetik*. Griechisch/Deutsch. Übersetzt und hg. Manfred Fuhrmann. Stuttgart: Reclam, 1982, 5. Kapitel, S. 17.
120 Blaschke. „Automatismen und das Ende der Komödie", S. 272.

Frage, woher die Komödie diesen „Vorteil einer größeren Problemlösungskompetenz"[121] gegenüber der Tragödie bezieht. In der Gattungsgeschichte lassen sich zwei zentrale Modi der Problemlösung beobachten:

> Eine *un*sichtbare Hand als struktureller, marktoptimistischer Produzent des Happy Ends wirkt eigentlich nur, wenn das glückliche Ende aus den individuellen Handlungen der Beteiligten hervorgeht. Eine sichtbare Hand dominiert, wenn es eines *deus ex machina* oder einer kontingenten Verwandtenheimkehr zur Problemlösung und Versöhnung bedarf.[122]

Das glückliche Ende kann entweder aus der Interaktion des Dramenpersonals – durch Tauschhandlungen und Täuschungen (Spiel im Spiel, Intrigen, Verkleidungen) – hervorgehen oder ohne das Zutun der Beteiligten durch die Intervention von *Deus ex machina*-Figuren (z. B. Herrscherfiguren in Molières *Tartuffe* und Lessings *Minna von Barnhelm*) herbeigeführt werden. Wie Blaschkes Terminologie der sichtbaren und unsichtbaren Hand erkennen lässt, finden sich die komischen Prinzipien der Selbst- und Fremdbestimmtheit der Handlung in ökonomischen Grundsatzfragen nach der Regulation der Märkte wieder, die seit Adam Smith die Debatten der politischen Ökonomie bestimmen. Daniel Fulda führt diese Nähe von literarischem und ökonomischen Diskurs auf einen kulturellen Austauschprozess in der Frühen Neuzeit zurück, der von wechselseitigen Anleihen bestimmt ist – bei dem also Literatur an der ökonomischen Wissensordnung partizipiert, bei dem aber auch der ökonomische Diskurs Bezüge zur Literatur aufweist. So deutet Fulda darauf hin, dass Smiths Ausführungen von zahlreichen Theatermetaphern durchzogen sind und dass dieser bei der Begründung der *Ökonomodizee* auf theatrale Modelle der Beobachtung und des Rollenwechsels zurückgreift:

> Überraschen kann die Verbindung von theatralischer Beobachtung und Wirtschaftserfolg nur, wenn man nicht bedenkt, dass die Parallelisierung von Markt und Theater in der Frühen Neuzeit zumal in England weit verbreitet war. Und es ist nicht übertrieben zu behaupten, dass sich Adam Smith' Argumentation auf Bahnen bewegt, die die Topoi der traditionellen Marktkritik und des Theaterdiskurses vorgezeichnet haben.[123]

Angesichts dieser kulturgeschichtlichen Konstellation hat Fulda nach der Rolle von Komödien der Frühen Neuzeit und Aufklärung bei der Konstitution einer liberalen Marktgesellschaft gefragt. Smiths Wirtschaftstheorie und die Komödie

---

121 Ralf Simon. „Theorie der Komödie". *Theorie der Komödie – Poetik der Komödie*. Hg. ders. Bielefeld: Aisthesis, 2002, S. 47–66, hier S. 54.
122 Blaschke. „Automatismen und das Ende der Komödie", S. 277.
123 Fulda. *Schau-Spiele des Geldes*, S. 456.

fußen auf einem Providenzvertrauen, das amoralisches und normwidriges Verhalten nicht nur in Kauf nimmt, sondern im Hinblick auf das Eintreten einer finalen Harmonie für unabdingbar erklärt. Hinsichtlich dieser Verbindung von literarischem und ökonomischen Optimismus argumentiert Fulda, dass „die komödische Form einen Entwicklungsstand geldwirtschaftlicher Mentalität dokumentierte, der auf der motivischen oder normativen Ebene nicht zum Ausdruck kam oder sogar abgewehrt wurde".[124] Demnach stünden formale Entwicklungen der neuzeitlichen Komödie wie „die Kappung direkter Umweltreferenzen und der Aufbau einer eigenen Illusionssphäre" oder die Verminderung der Bühnenkomik im direkten Bezug zu zeitgenössischen ökonomischen Entwicklungen wie der „zunehmenden marktwirtschaftlichen Vernetzung und Verdichtung" und „Abstrahierung des geldwirtschaftlichen Marktes von face-to-face-Geschäften".[125] Ausgehend von diesen Entwicklungen stellt Fulda zur Diskussion, inwiefern gattungsspezifische Strukturen der Komödie „Übertragungshilfe"[126] bei der Behauptung einer wirtschaftsliberalen Mentalität geleistet haben:

> Zwar wird der Marktglaube als mentaler Kern der modernen Geldwirtschaft in keiner deutschen Komödie explizit propagiert. Doch modelliert die Komödie eben jene Sozialkonstellationen und Geschehenserwartungen, die das marktwirtschaftliche Vertrauen in einen künftigen Interessenausgleich nicht nur trotz, sondern sogar wegen des agonalen Verhaltens aller einzelnen konstituieren.[127]

Fulda gibt zu bedenken, dass die Komödien der Frühen Neuzeit sich nicht „das progressistisch-expansive Denken der modernen Marktwirtschaft" zu eigen gemacht haben und die Komödie des neunzehnten und zwanzigsten Jahrhunderts sogar eine „prinzipielle Opposition zum Progressismus des modernen Marktglaubens"[128] einnahm. Die Gattung stand also nicht „im Dienst einer historischen Macht, sondern teils in Relation zu ihr, teils ihr gegenüber[...]".[129] Die Literatur stellte ein Modell zur Verfügung, das strukturhomolog zu dem liberalen Paradigma eines selbstregulativen, auf den Ausgleich von (egoistischen) Interessen eingestellten Marktes war, und partizipierte so an der gesellschaftlichen Aushandlung einer ökonomischen Wirklichkeit.

In der Jelinek-Forschung hat die Gattungsfrage bisher nur am Rande Eingang in die Diskussion gefunden. So liest Natalie Bloch *Die Kontrakte des Kaufmanns*

---

124 Ebd., S. 518.
125 Ebd., S. 519.
126 Ebd., S. 8.
127 Ebd., S. 516.
128 Ebd., S. 521.
129 Ebd., S. 520.

als eine „ökonomische Tragödie", welche allerdings immer wieder travestiert und parodiert, „grotesk verfremdet und ausgehöhlt"[130] wird. Blochs Interesse gilt also weniger dem Genre der Komödie denn literarischen Verfahren, die traditionell der Komödie zugeordnet werden. Das Verhältnis von Tragödie und Komödie wird im Folgenden noch zu beleuchten sein, doch zunächst gilt es, Jelineks Gattungshinweis in seiner formgebenden und poetologischen Funktion ernst zu nehmen. In dieser Studie soll über thematisch-motivische Korrespondenzen hinaus[131] dargelegt werden, dass Jelineks Bezug auf die Komödie im Zeichen der Selbstreflexion des Textes als politische Literatur steht. Schließlich findet Jelineks theatrale Auseinandersetzung mit dem Finanzkapitalismus des einundzwanzigsten Jahrhunderts in einem Genre statt, dem der Nexus von Ökonomie und Literatur strukturgeschichtlich eingeschrieben ist.

Wohl am augenfälligsten zeigt sich Jelineks Bezug zur Komödie im motivischen und strukturellen Bezug auf die Unschädlichkeitsformel und die spezifische Folgenlosigkeit der komischen Handlung. So setzt der Text an einem Punkt ein, nachdem der eigentliche Skandal, der Betrugsfall, schon geschehen ist. Dementsprechend wird im Stück zentral die Frage nach den Folgen und Konsequenzen verhandelt, die aus den Betrugsfällen für die involvierten Banken und das Finanzsystem, das die Betrugsfälle möglich gemacht hat, gezogen worden sind bzw. noch zu ziehen sind. Bereits im Prolog wird mit der Thematisierung des Gerichtsverfahrens um die Gewerkschaftsbank BAWAG die Möglichkeit einer Rechtsprechung und Sanktionierung zur Disposition gestellt, jedoch verlieren sich die Ausführungen in der Suche nach Milderungsgründen (Alter, ordentlicher Lebenswandel, berufliche Zwänge) und im Zweifel an den Kompetenzen des Justizwesens:

> Also mit der Wahrheit sollten sie nicht rechnen, wenn Sie vor Gericht sind. (KK, 214)
>
> Das Gericht hat kein Recht, sowas zu rächen, rächen soll es überhaupt nicht, ein Racheprinzip ist uns fremd, nie gehört!, unerhört!, ein Gericht hat immer recht, wenn es Recht spricht, außer das Urteil hält nicht, dann vielleicht wenigstens der Grund, auf dem es steht, nein, auch nicht?, aber nein, das hält!, und schauen Sie, ein Überfall auf der Straße ist ja oft auch wegen Geld. (KK, 215)

---

130 Bloch. „,wir können ganze Märkte deregulieren wie Flüsse'", S. 56.
131 Franziska Schößler führt Jelineks Gattungsverweis auf die thematische Ausrichtung des Textes (Ökonomie, Tausch, Zirkulation) zurück: „Der Theatertext trägt wohl deshalb die Genre-Bezeichnung ‚Wirtschaftskomödie' im Untertitel, weil die Zirkulation von Geld und Worten im Zentrum steht." Schößler. „Das Ende der Revolution und der Klang der Finanzinstrumente", S. 75.

Der Theatertext stellt rechtliche Konsequenzen der Finanzskandale in Abrede. Die kriminellen Machenschaften bleiben vonseiten der Rechtsprechung folgenlos und ungesühnt. Das Thema der Wiedergutmachung wird noch einmal zum Ende des Stückes mit dem Auftritt der Engel der Gerechtigkeit wiederaufgenommen. Der Text schafft hier einen Rahmen, in dem die sozialethischen und politischen Konsequenzen aus dem Versagen des Kapitalismus unter Bezugnahme auf philosophische und ökonomische Diskurse diskutiert werden können. Doch wie bereits in V.2.3.1 dargelegt, lässt der Theatertext auch die kapitalismuskritischen Positionen ins Leere laufen und vermag keinen Standpunkt zu finden, von dem aus Maßnahmen gegen die bestehende Ordnung ergriffen oder konstruktive Ideen für ein gerechtes ökonomisches Miteinander entwickelt werden können. Im Sinne der Unschädlichkeitsklausel zeitigen die gerechtigkeitstheoretischen Anstrengungen keine Konsequenzen, die Immunität des Kapitalismus wird bestätigt.

Gleichwohl führt der Theatertext eine Folge, genauer gesagt ein im Umfeld der Finanz- und Bankenkrise angesiedeltes Ereignis vor: Ein Familienvater aus Wien hatte 2008 Frau, Kind, Eltern und Schwiegervater mit einer Axt ermordet und als „Motiv für den mutmaßlichen Fünffachmord [...] [angegeben], einen sechsstelligen Geldbetrag verspekuliert zu haben. Er habe der Familie ‚die Schmach ersparen' wollen".[132] Diese Tat wird im Text auf der Folie von Euripides' Tragödie *Herakles* thematisiert, in welcher Herkules im (von Hera auferlegten) Wahn seine Ehefrau und Kinder ermordet:

> Wo waren Sie, als dies geschah? Ach so, Sie haben das alles selbst gemacht!, eine Arbeit, eines Herkules würdig, da kann man nicht meckern. Es geschah nicht aus niedrigen Beweggründen wie Hass, Eifersucht oder Habgier, es geschah aus Ersparnis, diese Menschen, klein und groß, alle erschlagen aus Ersparnisgründen, denn es bleibt einem so und so nichts erspart. Das war es wert. Das haben sie verdient, weil wir nichts verdienen konnten und das, was wir verdienten, verloren! Das haben wir nicht verdient! Weil wir mit unseren Spekulationen nichts verdient haben, sondern, im Gegenteil, das Kapital der gesamten Familie verspielt, an der Börse verspielt, gleich aus dem Börsel verspielt, hat unsere gesamte Familie den Tod verdient. Weg also mit der Familie, weg, weg, weg! Ganz normal sollte es sein, bis zum Ende, der Mörder sieht keine andre Möglichkeit, ich sehe auch keine, das ganze Geld verspekuliert, er muss die Tochter, die Frau, die Eltern und den Vater der Frau befreien. Befreien wovon? Von der Schmach, die der Mörder mit seinem Versagen über sie gebracht hat, doch wenigstens an ihnen wird er nicht versagen, er und seine treue Axt, [...]. (KK, 342 f.)

Aus gattungstheoretischer Perspektive findet mit dem Rekurs auf das antike Drama eine Hybridisierung des tragischen und komischen Genres statt, die Jeli-

---

[132] Jutta Berger u. a. „Frau, Kind und Eltern mit der Axt erschlagen". *Der Standard* (15. Mai 2008). https://derstandard.at/3335809/Frau-Kind-und-Eltern-mit-der-Axt-erschlagen (01. März 2022).

nek nicht voneinander getrennt denken möchte: „alle guten Komödien sind nur haarscharf von der Tragödie entfernt".[133] Der antike Intertext legt den Blick frei auf die tragische Tiefendimension des komischen Themas Wirtschaft: Unglück, Leid, „Mord, Selbstmord, Verzweiflung"[134] liegen demnach am Grunde der schwerelosen und heiteren Geld- und Datenzirkulation, wie übrigens auch ein Blick auf gesellschaftliche Entwicklungen und Folgen von Wirtschaftskrisen zeigt. Die Suizidrate ist im Umfeld der Finanzkrise 2007 ff. weltweit nach oben gegangen,[135] allgemein legen Studien einen Zusammenhang zwischen wirtschaftlichen Notlagen und steigenden Mord- und Selbstmordraten nahe.[136] Der Theatertext lotet also das durchaus brutale, tragische „Durchschlagen"[137] der Finanzwirtschaft auf die soziale Wirklichkeit aus, wenn mit dem intertextuellen Bezug Aspekte der Gewalt und des Leidens in den Blickpunkt geraten. Im Hinblick auf die ökonomische Thematik des Textes dient der Rückgriff auf die Tragödie dazu, den ökonomischen Status quo als menschliche Katastrophe ins Bewusstsein zu rücken; aus der Perspektive der Privatpersonen müssen die Betrugsfälle als eine Tragödie erscheinen, der sie schutz- und machtlos ausgeliefert sind: „Nein, Ihrem Leid können Sie auch nicht entfliehen, nicht auf Schwingen und nicht in der Erde Nacht, die Nacht kommt von selber, da können Sie gar nichts tun, da können Sie gar nichts dagegen tun." (KK, 347)

Zugleich macht der Text deutlich, dass diese zivile Tragödie aus der Perspektive des Wirtschaftssystems folgenlos und gleichgültig bleibt. Im theatralen Sprechen wird eine Vergleichbarkeit zwischen den „tragische[n] Verluste[n] von Menschleben [und] dem tragischen Verlust von Geld" (KK, 343) suggeriert und das Erregungspotential des Vorfalls so relativiert. Ausführungen zu dem Verbrechen geraten immer wieder ins Fahrwasser ökonomischer Zweckrationalität; nicht Leiden oder Schmerz sind Gegenstand der Rede, vielmehr findet das Sprechen über den Mehrfachmord in den Kategorien von Gewinn/Verlust, Kosten/Nutzen statt:

> Es ist ein Pech, wenn eine bestimmte Samenzelle auf eine bestimmte Eizelle trifft, ein Pech, das man noch korrigieren kann, wenn auch spät, spät, aber doch, Verluste an der Börse lassen sich nicht so leicht korrigieren. (KK, 343 f.)

---

133 Lux und Jelinek: „‚Geld oder Leben!'"
134 Ebd.
135 Vgl. N. N. „Zahl der Suizide in der Finanzkrise weltweit gestiegen". *Die Zeit* (18. September 2013). http://www.zeit.de/wissen/2013-09/suizidrat-finanzkrise-studie (01. März 2022).
136 Vgl. die Studie von David Stuckler, Sanjay Basu, Marc Suhrcke, Adam Coutts und Martin McKee. „The public health effect of economic crises and alternative policy responses in Europe: An empirical analysis". *The Lancet* 374 (2009), S. 315–323.
137 Peter. „Kollabierende Sprachsysteme", S. 151.

> So. Sie sind jetzt alle tot, manche schneller, manche langsamer. Weh ihnen! Weh Ihnen! Die Zinsen sind ordentlich aufgelaufen, [...], es ist keiner mehr übrig, von Ihrem Geld ist auch nichts mehr übrig, von keinem Geld ist mehr übrig, keine kleinen Anteilscheine mehr, keine Zertifikate, die Anteil nehmen und Anteil geben könnten wie Gedächtnis die See gibt oder halt nimmt, [...]. (KK, 346)

Vom Standpunkt des ökonomischen Diskurses bleibt die Konfrontation mit der Tragödie folgenlos – auch auf rhetorischer Ebene: Der hohe Ton der Tragödie wird zwar immer wieder angeschlagen, „jedoch zugleich mit ‚niederen' Diskursen verquickt und damit grotesk verfremdet und ausgehöhlt".[138] Tatsächlich bietet die Tragödie keinen Anhaltspunkt für die Infragestellung des Finanzsystems, sondern lässt sich im Gegenteil umstandslos in die Logik der *Ökonomodizee* einfügen: Wahn, Mord und Leid vermögen die ökonomische Ordnung und ihren Marktoptimismus nicht zu erschüttern, sondern bezeichnen letztlich nur einen Kollateralschaden in einem selbstgenügsamen System. Aus der Perspektive des Wirtschaftssystems stellen sich Krisen, Betrugsfälle und zivile Tragödien als eine Komödie, also als ein Geschehen dar, das einer Unschädlichkeitsklausel untersteht und einem guten Ende nicht entgegensteht.

Die Verunmöglichung der Tragödie in der Wirtschaftskomödie hat unterdessen zur Folge, dass der Bezug auf den antiken Text immer auch schon polemisch gebrochen ausfällt und Ernsthaftigkeit missen lässt. Der von den Göttern auferlegte Wahn des Herkules wird in der modernen Fassung zu einer narzisstischen Raserei um des verlorenen Geldes und Prestiges willen verkehrt. Der Theatertext scheut sich nicht davor, den Familienmord in seiner Vulgarität und Primitivität auszustellen: „Es geschah nicht aus niedrigen Beweggründen wie Hass, Eifersucht oder Habgier, es geschah aus Ersparnis, diese Menschen, klein und groß, alle erschlagen aus Ersparnisgründen, denn es bleibt einem so und so nichts erspart." (KK, 342) Ein tragisch-existentialistischer Diskurs über individuelle Schuld und Sühne, der zu Mitleid und Empathie einlädt, kommt hier nicht zustande. Mit Marx gesprochen, lässt Jelinek die antike Tragödie als Farce[139] wiederkehren, die sich in die Geschichte chauvinistischer Machtansprüche und -ausübungen einschreibt. So wird die Gewalttat nicht als inkommensurable Grenzüberschreitung in Szene gesetzt, mit der das tragische Subjekt den Konflikt mit der ökonomischen Schicksalsmacht heraufbeschwört; vielmehr ist der Gewaltexzess ganz und gar mit der einer ökonomischen Ordnung kompatibel, die entfesselte Märkte fordert und den *Homo oeconomicus* als ein egoistisches,

---

138 Bloch. „‚wir können ganze Märkte deregulieren wie Flüsse'", S. 56.
139 Vgl. Marx. „Der 18. Brumaire des Louis Bonaparte", S. 115.

maßloses Wesen konzipiert, und erscheint daher als eine derb-groteske Auslegung des wirtschaftsliberalen Ethos.

Zusammengenommen lässt sich also festhalten, dass Jelineks Rekurs auf die Tragödie in *Die Kontrakte des Kaufmanns* im Dienst der kritischen Auseinandersetzung mit der Komödie, genauer gesagt ihrem Strukturmerkmal des guten Endes steht, das eine Verbindung zwischen Literatur und liberaler Ökonomie stiftet. So weist der Theatertext auf die Verdrängung der Gewalt und der zahlreichen zivilen Tragödien aus dem ökonomischen Diskurs hin und problematisiert die Folgenlosigkeit der menschlichen Katastrophen für die kapitalistische Wirtschaftsordnung. Dem Desiderat einer ‚kapitalistischen Tragödie' kommt das Stück selbst jedoch nicht nach. Die tragisch-existentielle Erfahrung der Selbst- und Grenzüberschreitung im Exzess erscheint bei Jelinek nur noch als vulgäres Schauspiel einer entfesselten aggressiven Männlichkeit, auf der auch die kapitalistische Wirtschaftsweise gründet. Dass Jelinek die Tragödie als Modell politischer Literatur dennoch nicht gänzlich für obsolet erklärt, soll im nächsten Kapitel diskutiert werden. Auf jeden Fall erweist sich die neuzeitliche Komödientradition für die Autorin im Hinblick auf die Thematisierung von Wirtschaftsfragen als problematisch. In *Die Kontrakte des Kaufmanns* kommen die Unschädlichkeitsformel und das Gattungsgesetz des glücklichen Endes strukturell zum Einsatz, um diese als unangemessene, zynische Reflexionsfiguren finanzwirtschaftlicher Prozesse zu stigmatisieren.

Mit der Infragestellung des Happy End-Prinzips kommt Jelineks Text außerdem auf ein Spannungsfeld zu sprechen, das der Komödie der Neuzeit inhärent ist und auch in Shakespeares *Der Kaufmann von Venedig*, einem Intertext von *Die Kontrakte des Kaufmanns*, virulent wird. Ein Blick in die Literaturgeschichte zeigt, dass die Komödie, allen voran die Verlachkomödie, mit ihrer Tendenz zur Typisierung der *dramatis personae* „klassische Stereotype wie das der schwatzhaften Frau, der hässlichen Alten etc. [hervorgebracht] und [...] gesellschaftliche Exklusionen"[140] festgeschrieben hat. Die literarischen Ausschlussmechanismen treten offenkundig am Schluss der komischen Dramen bei der (Wieder-)Einrichtung der zuvor aus den Fugen geratenen sozialen Ordnung zutage. Hier zeigt sich deutlich, auf welche sozialen Gruppen das sozio-ökonomische Heilsversprechen zugeschnitten ist und wer berechtigt ist, daran zu partizipieren – und wem dieses Privileg verwehrt wird. In *Der Kaufmann von Venedig* ist es der jüdische Kaufmann Shylock, der aus der neu ausgehandelten Wirtschafts- und Gesellschaftsordnung, die auf dem christlichen Modell der Gnade und Gabe beruht,[141] ausgeschlossen

---

140 Schößler. *Einführung in die Dramenanalyse*, S. 42.
141 Vgl. Fulda. *Schau-Spiele des Geldes*, S. 81–104.

wird. Der interreligiöse Konflikt, der in Forschung immer wieder Debatten um den antisemitischen bzw. antijudaistischen Subtext des Stückes ausgelöst hat,[142] verweist auf eine allgemeine Tendenz neuzeitlicher Komödien zur negativen Zeichnung jüdischer Figuren; den Stücken kommt eine unrühmliche Rolle als Medium der Fortschreibung kultureller Feindbilder und sozialer Diskriminierungen zu: „Die deutschsprachige Komödie spiegelt seit der frühen Neuzeit einen sozial sanktionierten Antisemitismus wider, der so weit verbreitet scheint, dass mit ihm im Kontext dramatischen Wirkungskalküls operiert werden kann".[143]

In *Die Kontrakte des Kaufmanns* finden sich Anspielungen auf antisemitische Klischees und Mythen (so z. B. auf die Ritualmordlegende: „Sie bieten uns an, für uns ihre Kinder zu schlachten, aber was machen wir mit dem Fleisch ihrer Kinder?", KK, 340) wieder, die an die Verlängerung des Antijudaismus und Antisemitismus in der Komödiengeschichte erinnern und der Literatur ein problematisches Verhältnis zur Gesellschaft attestieren. Jelineks Stück ruft vergangene literarische und ökonomische Ausschlüsse ins Gedächtnis und führt gleichzeitig die Exklusion der Kleinanleger aus der spätkapitalistischen *Ökonomidizee* in der Gegenwart vor. Indem der Theatertext literarische und sozio-ökonomische Ausschlussmechanismen reproduziert, die Ausschlüsse jedoch kenntlich macht, stellt er die Frage nach der gesellschaftlichen Verantwortung der Literatur.

In V.2.1 wurde diskutiert, dass sich die Behandlung sozialer Realitäten und ökonomischer Fragen im Gegenwartstheater immer wieder unter Bezugnahme auf einen elitären Literaturbegriff bei gleichzeitiger Ablehnung der Massen- und Populärkultur und Ausblendung des Ökonomischen der Literatur vollzieht und dadurch versäumt wird, die Involviertheit des Theaters in die allgemeinen ökonomischen Zusammenhänge zur Darstellung zu bringen. Demgegenüber lenkt Jelineks Theatertext bereits mit der generischen Selbstausweisung als ‚Wirtschaftskomödie' den Blick auf die Verbindung von Literatur und Ökonomie. Literatur wird in *Die Kontrakte des Kaufmanns* nicht als Gegendiskurs gestaltet, der sich außerhalb der Sphäre des Ökonomischen behauptet; vielmehr tritt Literatur

---

142 Vgl. dazu z. B. Frank Engehausen. „Shylock, Antonio und die zeitgenössische Diskussion um die Rechtmäßigkeit des Geldverleihs für Zinsen". *Jahrbuch der Deutschen Shakespeare-Gesellschaft* (1989), S. 148–168; Fulda. *Schau-Spiele des Geldes*, S. 81–104; Christopher McCullough. *The Merchant of Venice*. Basingstoke: Palgrave Macmillan, 2005; Heinz-Peter Preußer. „Europäische Phantasmen des Juden. Shylock, Nathan, Ahasver". *Von der nationalen zur internationalen Literatur. Transkulturelle deutschsprachige Literatur und Kultur im Zeitalter globaler Migration*. Hg. Helmut Schmitz. Amsterdam: Rodopi, 2009, S. 337–358; James Shapiro. *Shakespeare and the Jews*. New York: Columbia University Press, 2016.
143 Ulrich Profitlich. „Quellenkommentar zu Balthasar Kindermann: Der deutsche Poet (1664)". *Komödientheorie. Texte und Kommentare. Vom Barock bis zur Gegenwart*. Hg. ders. Reinbek bei Hamburg: Rowohlt, 1998, S. 26.

als ein Aussagesystem zutage, das nicht nur am neoliberalen Providenzdenken und seinen realen Ausschlüssen partizipiert, sondern dessen Teilhabe auch Erschöpfung und Ohnmacht nach sich zieht. So fällt auf, dass *Die Kontrakte des Kaufmanns* einen „jener wenigen Texte [bezeichnet], in denen sich die Autorin weder als Figur einschreibt, noch ihre ‚Figuren', in diesem Fall zumeist als ‚Chöre' angelegt [...], über den künstlerischen Schaffungsakt reflektieren lässt".[144] Dabei kommt gerade der Absenz einer im Abseits stehenden Jelinek'schen Autorinnenfigur eine selbstreflexive Dimension zu, wird doch damit die Fähigkeit der Literatur, (kritische) Distanz gegenüber ihrem Gegenstand einzunehmen, zur Diskussion gestellt. Bereits in den Regieanweisungen, die dem Stück vorangestellt sind, wird der Distinktionswert des Theatertextes angezweifelt:

> Der Text kann an jeder beliebigen Stelle anfangen und aufhören. Es ist egal, wie man ihn realisiert, ich stelle mir vor, dass drei oder vier Männer ihn möglichst laut schreien. Sie müssen dabei nicht präzise vorgehen, das heißt, sie müssen nicht unbedingt immer im gleichen Rhythmus bleiben, es können sich ruhig Verschiebungen und Ungenauigkeiten bilden, aber bitte nicht mit Absicht! (KK, 209 f.)

Die Autorin ruft zu Beliebigkeit, Verschiebungen und Ungenauigkeiten in der Inszenierungspraxis auf und stellt so den Originalitäts- und Singularitätswert des Textes infrage. Insofern gerade die autonome Kunstproduktion ihren Abstand von der ökonomischen Sphäre durch das anti-ökonomische Postulat der Nicht-Warenförmigkeit und Unverwechselbarkeit der Kunst behauptet, speist Jelineks Aufforderung zu einem pietätslosen Umgang mit der Textvorlage, zu einem Gebrauch des Textes, der dessen Verschleiß einkalkuliert, Literatur in ökonomische Verwertungszusammenhänge ein und macht eine Koaleszenz von Literatur und Ökonomie geltend.

Sei es in der Inszenierung eines literarischen Sprechens, das finanzökonomische Praktiken performativ nachbildet, oder sei es durch die generische Ausweisung des Theatertextes als Wirtschaftskomödie – in *Die Kontrakte des Kaufmanns* wird eine Komplizenschaft von Literatur und Ökonomie ausgestellt, die die Frage nach dem Ort und der Funktion einer Literatur mit kritischem Anspruch aufwirft. Schließlich setzt der Theatertext das Scheitern von Kapitalismuskritik in

---

144 Peter Clar. „Wer ist es dann, der das sagt, was die Wahrheit nicht sein kann? Die Autorinnenfigur in Elfriede Jelineks Theatertexten ‚Rechnitz (Der Würgeengel)' und ‚Die Kontrakte des Kaufmanns'". *Literatur als Performance. Literaturwissenschaftliche Studien zum Thema Performance.* Hg. Ana Rosa Calero Valera. Würzburg: Königshausen& Neumann, 2013, S. 237–250, hier S. 245. Clar interessiert sich weniger für die textuellen und poetologischen Implikationen dieser Konstellation, sondern untersucht den theatralen Umgang mit der Autorinnenfigur in Nicolas Stemanns Inszenierung von *Die Kontrakte des Kaufmanns*.

Szene, das zugleich eine Leerstelle sichtbar macht, die für Besetzungen offen ist. Der Umstand, dass die Kritik der Komödie im Medium der Komödie stattfindet, bringt die spezifische Problematik von Jelineks politischem Schreiben zum Ausdruck: die Unmöglichkeit, zu einem historisch und medial unvorbelasteten literarischen Sprechen zu finden. Wie bereits in *Wolken.Heim.* zeigt auch in *Die Kontrakte des Kaufmanns* Jelineks Reflexion des Verhältnisses von Literatur und Gesellschaft eine Skepsis gegenüber den Exklusivitätsansprüchen der Literatur, also gegenüber Vorstellungen von Literatur als einer distinkten Sphäre, die sich jenseits der Niederungen des Ökonomischen und Sozialen konstituiert. Jelineks Konfigurationen des Postpolitischen betreffen also im gleichen Maße die Literatur, die sich nicht mehr auf ein Außen von Gesellschaft, Politik und Ökonomie zurückziehen kann, von dem aus eine gegendiskursive Rede möglich wird. Im nächsten Kapitel soll deshalb zur Diskussion gestellt werden, welche Möglichkeiten einer politischen Literatur im Zeitalter des Postpolitischen in den Theatertexten der Autorin entworfen werden.

VII Antizipationen des Politischen

In Elfriede Jelineks Theatertexten werden hegemoniale Diskursordnungen in Szene gesetzt, die das Merkmal des Postpolitischen tragen: Diese weisen eine ideologische Immunität auf, die kritische Positionen und oppositionelle Bewegungen absorbiert. Auch der politischen Literatur wird die Option abgesprochen, eine Position außerhalb des Bestehenden einzunehmen, indem die Stücke Interferenzen zwischen der Literatur und dem Feld der (politischen, ökonomischen) Macht vorführen und die Verleugnung dieser Interferenzen problematisieren. Ungeachtet dieser sinistren Aussichten ergründen die Stücke der Autorin dennoch Möglichkeiten der Rückkehr des Politischen in der Antizipation von Agon, Dissens und Konflikt, wie in diesem Kapitel darzulegen ist.

1 Innenansichten der Hegemonie – Literatur als Sakrileg (*Die Kontrakte des Kaufmanns*)

Die ideologische Immunität des kapitalistischen Systems gegenüber unterschiedlichen Formen von Kritik und Protest wird in Jelineks Theatertexten mit seiner religiösen Struktur begründet. In Kapitel V konnte gezeigt werden, dass die Stücke *Die Kontrakte des Kaufmanns* und *Rein Gold* auf unterschiedlichen Ebenen Analogiebeziehungen zwischen Religion und Ökonomie stiften und eindringlich vorführen, dass eine Kritik der wirtschaftlichen Verhältnisse, die sich gleicherweise in religiös anmutende Heilsversprechen versteigt, zum Scheitern verurteilt ist. Einem System, das sakrosankt und über jegliche Vorbehalte erhaben ist, wäre demnach nur mit einer Strategie der Entweihung und Profanierung beizukommen. In diesem Sinne leitet auch Joseph Vogl aus seiner Kritik der „ökonomische[n] Neo-Scholastik" die Forderung nach einer „Säkularisierung ökonomischen Wissens" ab, durch die es möglich wird, „Ökonomien ohne Gott, Märkte ohne Vorsehung und Wirtschaftssysteme ohne prästabilierte Harmonien in Rechnung zu stellen".[1] Gleichermaßen schlussfolgert Giorgio Agamben angesichts der Unverfügbarkeit des Kapitalismus, dass die „Profanierung des Nicht-Profanierbaren [...] die politische Aufgabe der kommenden Generationen"[2] sein wird. Auch für *Die Kontrakte des Kaufmanns* lässt sich ein Programm der Profanierung identifizieren.

---

1 Vogl. *Das Gespenst des Kapitals*, S. 176.
2 Agamben. *Profanierungen*, S. 91.

Im Theatertext wird die Vorstellung der selbstregulativen Märkte – wie in Kapitel V dargelegt wurde – nicht nur im Bild der sich selbst bewegenden Steine aufgegriffen, sondern auch in einem selbstbezüglichen Sprechen abgebildet. Dabei lässt sich bereits in dieser Thematisierung der Doxa des ökonomischen Feldes und der Vorführung der hegemonialen Artikulation ein Moment der Profanierung ausmachen. Indem der Theatertext die ideologischen Grundlagen kapitalistischer Ökonomie freilegt und in die Nähe zur Religion rückt, betreibt er in aufklärerischer Tradition Ideologiekritik als Säkularisierungsprogramm. Die Strategie der Profanierung umfasst bei Jelinek aber noch mehr: Oben wurde bereits diskutiert, dass die Ästhetik der Selbstreferenz Mehrdeutigkeiten und Widersprüche produziert, die die Inflations- und Entwertungsprozesse im Kapitalismus abbilden und so die Vernunftmäßigkeit der ökonomischen Ordnung anzweifeln:

> jedoch 15% Garantie per anus, per rectus, per verrecktus, das bieten wir und garantieren wir [...]. (KK, 237)

> eine Gesellschaft, die verhaftet gehört, deren Haftung aber noch beschränkt ist, nicht ganz weg, nur beschränkt, unsere Gesellschaft, unsere beschränkte Gesellschaft, die verhaftet gehört. Wenn sie schon nicht mehr selber haftet, oje, der Kleber ist ein Dreck, und die Gesellschaft kann nicht geheftet, ich meine verhaftet werden, aber die Lizenzgebühren als Abführmittel an uns liefert, doch wir, wir führen nichts aber, wir führen keine Steuern ab, uns wird Geld angeliefert, doch es wird Geld von uns nicht ausgeliefert, an uns liefern diejenigen, die längst geliefert sind, die längst geliefert sind, an uns, das Ejakulationshaus, das Emissionshaus, [...]. (KK, 255)

> der Kleinanlegervertreter, der ist ein Reinlegervertreter, [...]. (KK, 259)

Die Zitatauswahl liefert einen Einblick in die Sprachspiele und Wortwitze, die *Die Kontrakte des Kaufmanns* durchziehen. Diese stellen das Produkt einer selbstbezüglichen Bewegung der Sprache dar und ergeben sich aus der assoziativen Rückwendung auf die klanglichen und semantischen Werte der Worte: „annum" wird lautlich verschoben zu „anus", woraus das Wort „rectus" geschöpft wird, das schließlich zu „verrecktus" modifiziert wird; in dem Begriff „abführen" verdichten sich unterschiedliche Bedeutungen (Gelder zahlen/defäkieren), die vom Theatertext ausgelotet werden; durch eine lautliche Variation wird aus dem „Kleinanlegervertreter" ein „Reinanlegervertreter", aus dem „Emissionshaus" ein „Ejakulationshaus" usw.

Das Verhältnis dieser Sprachspiele zum ökonomischen Diskurs, aus dem sie in einer selbstreferentiellen Operation hervorgehen, lässt sich als widerstreitend und gegensinnig charakterisieren: Die Modifikation des „Kleinanlegervertreters" zum „Reinlegervertreter" ist als Korrektur und Demaskierung inszeniert, die die unlauteren Geschäftsstrategien offen ausstellt. Ebenso bildet die Kombination der

Wörter „Haftung" und „verhaften" eine Figura etymologica, die die kriminelle Dimension der Finanzgeschäfte hervorkehrt. Die auf der Gleichheit der Anfangs- und Endsilben („Emission" – „Ejakulation") beruhende Wortschöpfung „Ejakulationshaus" eröffnet eine gendertheoretische Perspektive auf Fragen der Ökonomie und attestiert der kapitalistischen Ordnung dazu noch eine triebhafte und libidinöse Dynamik, die dem Selbstbild des vernünftigen Marktes entgegensteht.

Dieser Enthüllungslogik folgen auch die vulgären, dem Bereich des Analen und Fäkalen entnommenen Sprachspiele: Wenn aus „per annum" „per anus, per rectus, per verrecktus" wird und abgeführte Gelder klanglich in Nähe zu Abführmitteln rücken, begibt sich der Text in die Niederungen des Kreatürlichen und kulturell Tabuisierten und ruft mit der assoziativen Verknüpfung von Geld/Gold und Fäkalien einen symbolischen Komplex auf, der vor allem in niederen literarischen Genres (Volksmärchen, Schelmengeschichten, Schwänken, Possen usw.) einen Niederschlag gefunden und sich bis heute in einer Reihe von Redewendungen (z. B. „stinkreich", „großes Geschäft") überlebt hat. In der Moderne ist der Zusammenhang zwischen Geld und Defäkation vor allem in der Psychoanalyse und Sozialpsychologie von Sigmund Freud, Sándor Ferenczi, Erich Fromm u. a. auseinandergesetzt und in der Typologie des anal-retentiven Charakters, der sich durch einen übermäßigen Hang zur Reinlichkeit, Ordentlichkeit und Sparsamkeit auszeichnet, popularisiert worden.[3]

Aus historischer Sicht macht Florian Werner geltend, dass sich die „Entstehung der Gleichung Geld = Scheiße unter anderem auf den allmählichen Übergang vom Tauschhandel mit Gebrauchsgütern zum Handel mit Kreditgeld zurückführen"[4] lässt. Danach kommt in dieser Verknüpfung die Angst vor der Substanzlosigkeit des Münz- und Papiergeldes zum Ausdruck, dessen Wert weitgehend symbolischer Natur und vor einem plötzlichen Wertverlust nicht gefeit ist: „Aus der assoziativen Verbindung von Geld und Kot spricht also eine schon sehr alte und tiefgreifende Angst vor den unberechenbaren Kräften des Finanzmarktes"[5], die zuletzt im Umfeld der Finanzkrise 2007 ff. zur Wiederbele-

---

[3] So führt Freud ein besonders ausgeprägtes Geldinteresse ontogenetisch auf die Beziehung des Kindes zu seinen Exkrementen zurück: „Das ursprünglich erotische Interesse an der Defäkation ist [...] zum Erlöschen in reiferen Jahren bestimmt; in diesen Jahren tritt das Interesse am Geld als ein neues auf, welches der Kindheit noch gefehlt hat; dadurch wird es erleichtert, dass die frühere Strebung, die ihr Ziel zu verlieren im Begriffe ist, auf das neu auftauchende Ziel übergeleitet wurde [...]." Sigmund Freud. „Charakter und Analerotik". *Sigmund Freud. Gesammelte Werke. Bd. 7. Werke aus den Jahren 1906–1909*. Hg. Anna Freud. Frankfurt/M.: Fischer, 1946, S. 203–209, hier S. 208.
[4] Florian Werner. *Dunkle Materie. Die Geschichte der Scheiße*. München: Nagel & Kimche, 2011, S. 136.
[5] Ebd., S. 137.

bung der Metaphorik geführt hat. Im obszönen Witz rekurriert Jelinek auf diesen Bildkomplex und überflutet die im ökomonomischen Diskurs zuvor mit den Merkmalen der Immaterialität, Erhabenheit und Rationalität versehene Sphäre des Geldes und Kapitals mit niederen Materialitäten. So werden in *Die Kontrakte des Kaufmanns* das Anale, Fäkale, Schmutzige und Vulgäre als Kehrseite der ökonomischen Ordnung kenntlich gemacht, die hoch gehandelten Geld- und Finanzinstrumente sowie Wertpapiere werden als minderwertig und wertlos markiert.

Jelineks Ästhetik der Materialität, die ein Sprechen hervorbringt, das sich durch Fremdbestimmung und Kontingenz auszeichnet und den ökonomischen Diskurs mit abjekter Materie konfrontiert, lässt sich dem Programm der Säkularisierung zuordnen: Der Topos der Rationalität der Märkte wird durch paralogische Zuspitzungen unterminiert; das religiös besetzte Bild der erhabenen, autonomen und von der Schwerfälligkeit der materiellen Welt losgelösten Ökonomie wird durch niedere Materie heimgesucht und entsakralisiert. Die Profanierung des ökonomischen Diskurses erfolgt in *Die Kontrakte des Kaufmanns* dabei durch ein Sprechen, das sich verselbstständigt hat und seine Dynamik aus der lautlich-assoziativen Selbstreproduktion bezieht. In diesem autopoietischen Modus bildet die theatrale Rede das (neo-)liberale Paradigma der selbstregulativen Märkte ab, schleust jedoch Differenzen in die Wiederholung ein, die kontaminierend wirken. Das theatrale Sprechen, das der Logik der Materialität folgt, produziert immer wieder Versprecher, Brüche und Momente des Unberechenbaren, die gegen das System arbeiten, destabilisierende Dynamiken entfalten und Diskurse durchkreuzen.

Karlheinz Stierle macht in einem Sprechen, das in ein Spannungsverhältnis zu Handlungsabläufen, Subjektintentionen und Textmustern gerät, ein Moment der Fremdbestimmtheit aus, die konstitutiv für den Effekt des Komischen ist und im Bereich der Sprachhandlung „als der Sphäre, die von allen Sphären der Handlungswelt die gefährdetste ist, [...] zu ihrer größten Vielfalt" kommt: „So sind gewisse Einsichten in die Natur des Komischen erst auf der Ebene der Sprachhandlung möglich oder explizit fassbar."[6] Fremdbestimmung in der Sprache manifestiert sich danach vor allem in der Normabweichung, also in der Verletzung von textuell hergestellten oder lebensweltlich wirksamen Sprachnormen: Versprechen, Verschreiben und Verdrucken ebenso wie Formen sprachlicher Wiederholung und sprachliche Tics stellen typische Regelverstöße gegen den normierten Sprachgebrauch dar, die als Verfremdungen und „Störungen auto-

---

6 Stierle. „Komik der Handlung, der Sprachhandlung, der Komödie", S. 254.

matisierter Schichten der Artikulation" kommunikativen „Gegensinn"[7] erzeugen. Von Fremdbestimmung ist im Fall der sprachlichen Entgleisungen insofern die Rede, als in ihnen etwas dem Subjekt Fremdes und Anderes zum Ausdruck kommt. In der Freud'schen Lesart lässt sich diese fremde Instanz als „ein dem Subjekt selbst inhärentes Metasubjekt" (etwa im Sinne des Unbewussten) bestimmen, das „gleichsam in die Kommunikation des Subjekts eine Gegenkommunikation einschmuggelt".[8] Stierle schlägt aber auch vor, sprachliche Fauxpas der „Selbsttätigkeit des Kommunikationsmediums"[9], also dem Eigensinn der Sprache zuzurechnen. Auf jeden Fall manifestiert sich nach Stierle im Wirken eines Metasubjekts oder der Tücke der Sprache der „Widerstreit von vernünftiger und unvernünftiger Welt".[10] Durch das Moment der Fremdbestimmung gerät die „Vernünftigkeit der Handlungswelt" samt der sich in ihr bewegenden Figuren kurzzeitig in eine Krise, wird jedoch gemäß Gattungsgesetz der Komödie durch die „Wiederherstellung vernünftiger Zustände, einer geordneten kulturellen Welt"[11] bestätigt.

Jelinek konfiguriert in *Die Kontrakte des Kaufmanns* ein Sprechen, das sich im Spannungsfeld von Selbst- und Fremdbestimmung konstituiert, denn gerade in ihrer Selbsttätigkeit zeigt sich die Sprache als fremdgesteuert, widerständig gegenüber Vereinnahmungen und anfällig für Störungen. Dabei erzeugen die sprachlichen Ausrutscher nicht nur Gegensinn und unterminieren Vorstellungen des rationalen Wirtschaftsgeschehens, vielmehr wird der fremdbestimmten Rede ein epistemischer Mehrwert attestiert. Die zahlreichen Kalauer und Vulgarismen in dem Theatertext sind als Subtext der ökonomischen Rede markiert und bringen ihr Verdrängtes und Verborgenes zum Ausdruck.[12] Jelinek selbst hat die Erfahrung der Alterität in ihrer literarischen Spracharbeit immer wieder reflektiert:

---

[7] Ebd., S. 257.
[8] Ebd., S. 256.
[9] Ebd.
[10] Ebd., S. 260.
[11] Ebd.
[12] Christian Schenkermayr stellt bereits für Jelineks frühere Theatertexte fest, dass die burleske Komik einer Logik der Demaskierung folgt und wie im Falle von *Raststätte* einen unverblümten Blick hinter die Fassade des kapitalistischen Hedonismus gewährt: „Das Essen wird zum Vernichtungsakt und zur Eliminierung unerwünschter Fremdkörper, Sexualität zu einem auf Ausbeutung basierenden Wirtschaftszweig und Ausscheidung zum Ausdrucksmittel einer immer gieriger werdenden Überflussgesellschaft. Und all dies wird mit Mitteln der burlesken Komik transportiert." (2009, 362) Ähnlich macht auch Bernard Banoun für die frühen Texte der Autorin geltend, dass „Komik [...] hier als Mittel verwendet [wird], die Grausamkeit in ihrer alltäglichen Banalität zu zeigen". (Banoun 1996, 291) Der Bedeutung der Komik in Jelineks Werk widmet sich

> Bei mir geht es mehr um den einzelnen Ton, um das Wort für Wort, um die Wörtlichkeit. Ich arbeite ja auch viel mit Alliterationen, mit Wortspielen und Kalauern; ich will die Sprache sich selbst im Schreiben und Sprechen entlarven lassen. Der Sprache wohnt hier eine höhere Wahrheit inne als der Person.[13]
>
> Ich dagegen arbeite mehr im musikalischen Sinne mit dem Wort selbst, indem ich durch Alliterationen, Assonanzen, Metathese, etc. seine Wahrheit heraushole, aus dem Klang des einzelnen Wortes, es ist also ein kompositorisches Verfahren, dass ich die Sprache, auch gegen ihren Willen, zwingen möchte, nur durch sich selbst die Wahrheit preiszugeben.[14]

Ein musikalisches Schreibverfahren, das mit Klängen und Klangfiguren arbeitet, weist Jelinek als Mittel der Artikulation einer ‚höheren Wahrheit' aus. Im selbstbezüglichen Sprechen fallen Selbst- und Fremdbestimmung ineinander, insofern in der Selbsttätigkeit des Kommunikationsmediums ein Metasubjekt im Sinne eines kulturell und sozial Unbewussten zum Ausdruck kommt, welches die Sprache ‚auch gegen ihren Willen' zur Preisgabe der Wahrheit zwingt. Maria-Regina Kecht hat auf die Verbindungslinien dieser Poetik der Entäußerung zu der Sprachphilosophie des späten Heidegger hingewiesen: „Die Sprache [...] in ihrem Eigen-Wesen zu erkennen, sie als ein unabhängiges, separates Anderes wahrzunehmen, auf das wir uns einlassen können, dem wir uns übereignen müssen, wenn wir nur hin(ge)hören wollen, das kann Jelinek ohne Vorbehalt von Heidegger übernehmen – vielleicht mehr als inneren Zwang denn als Sehnsucht."[15] Bei Jelinek trägt das Programm der Auslieferung an die Sprache gleichwohl eine dezidiert politische Signatur und steht im Dienst der Ideologiekritik, wie die Autorin in poetologischen Stellungnahmen immer wieder zu verstehen gibt:

> Komik entsteht ja unterschiedlich: Sie entsteht, z. B. indem man einen Diskurs dekouvriert, ihn leicht verändert oder einfach zitiert in einer Situation, wo er seine ganze Komik preisgibt. Oder sie entsteht aus dem Wort selbst, indem man eben mit Worten spielt und Buchstaben und Silben vertauscht und so die Worte dazu zwingt, ihren Ideologiecharakter – oft widerwillig – preiszugeben. Bis zum Kalauer.[16]

---

auch der 2020 erschienene Sammelband Pia Janke und Christian Schenkermayr (Hg.). *Komik und Subversion – Ideologiekritische Strategien.* Wien: Praesens, 2020.

13 Peter von Becker und Elfriede Jelinek. „‚Wir leben auf einem Berg von Leichen und Schmerz.' *Theater heute*-Gespräch mit Elfriede Jelinek." *Theater heute* 9 (1992), S. 1–9, hier S. 4.

14 Yasmin Hoffmann und Elfriede Jelinek. „‚Sujet impossible'. Gespräch mit Elfriede Jelinek". *Germanica* 18 (1996), S. 166–175, hier S. 174.

15 Maria-Regina Kecht. „Elfriede Jelinek *in absentia* oder die Sprache zur Sprache bringen". *Seminar. A Journal of Germanic Review* 43.3 (2007), S. 351–365, hier S. 358.

16 Julia Scheffer und Elfriede Jelinek. „Felsblöcke und Kieselsteine. Elfriede Jelinek im Gespräch mit Julia Scheffer über Humor in ihren Texten, den Haider-Monolog und das Gefühl, nichts verhindern zu können". *an.schläge* 7.8 (01. Juli 2000), S. 34f., hier S. 34.

Derweil geht die Anerkennung der Sprache als einer fremden Macht, die als Ereignis auf der Textoberfläche hervortritt, mit dem Verzicht auf literarische Macht- und Souveränitätsansprüche einher. In der Forschung ist der Zusammenhang von Sprache und Macht vor allem im Hinblick auf Jelineks Autorschaftsmodell diskutiert worden, das die Unterordnung der Dichterin unter das Diktat der Sprache fordert und die Sprache zum handelnden Subjekt autorisiert.[17] Im Kontext der politischen Literatur stellt sich bei Jelineks Poetik der Entäußerung überdies die Frage nach dem Geltungs- und Machtanspruch einer Literatur, die die Finanzökonomie durch die Produktion von – obszönem, absurdem – Gegensinn komisch verfremdet. In *Die Kontrakte des Kaufmanns* werden Probleme der Kapitalismuskritik zur Disposition gestellt und die Literatur dabei als ein Diskurs konfiguriert, der gerade im Rahmen der Komödie immer schon Bezüge zur ökonomischen Sphäre aufweist und sich nicht auf eine Position außerhalb des gesellschaftlichen und ökonomischen Status quo zurückzuziehen vermag.

Tatsächlich findet der Theatertext zu keiner nachhaltigen antikapitalistischen Position – die ökonomische Ordnung wird vielmehr als ein System totalitären Ausmaßes gezeichnet, das Kritik absorbiert. Wo jedoch auf der inhaltlichen Ebene die Ohnmacht der Kritik zur Schau gestellt wird, produziert der Text lokal diskursive Störungen, die den Mythos des unfehlbaren, vernünftigen Finanzsystems infrage stellen. Gerade weil dem Kapitalismus des einundzwanzigsten Jahrhunderts durch traditionelle linke Kapitalismuskritik nicht beizukommen ist, besteht die ‚Guerillataktik' des Stückes darin, sich einer unberechenbaren Sprache und ihrer Logik des Ereignishaften auszuliefern. Die klanglichen Ereignisse, die im selbstbezüglichen Sprechen produziert werden, durchkreuzen immer wieder die Selbstvergewisserung der ökonomischen Rede und geben diese der Lächerlichkeit preis. Die Sprache wird in *Die Kontrakte des Kaufmanns* zum Medium einer kritischen Literatur, die permanent von der ‚feindlichen Übernahme' ihrer Argumente und Einwände durch ein postpolitisches System bedroht ist. So wird im Theatertext ein Gegendiskurs weniger elaboriert denn antizipiert, Konflikte wer-

---

17 Vgl. z. B. Kecht. „Elfriede Jelinek *in absentia* oder die Sprache zur Sprache bringen", S. 361f: „Das für Jelineks Gesamtwerk so wichtige Thema der Machtkonkurrenz, des Kampfes um Vorherrschaft – im persönlichen und familiären Bereich zwischen den Geschlechtern und zwischen Generationen, im gesellschaftlichen Bereich zwischen diversen öffentlichen Einrichtungen (Foucaultschen Diskurskonstrukteuren), im politischen Bereich zwischen Nationen und ideologischen Systemen – dieses Thema von Autorität und ihrer Struktur erscheint also auch in der Nobelpreisrede, transferiert auf die Beziehung zwischen Sprache und Dichter, verwandelt in eine legitime Asymmetrie zwischen den beiden, die eigentlich keine Alternativen zulässt. Dichterischer Wille zur Macht muss zu bereitwilliger Unterordnung verwandelt werden; um sich der, wie Heidegger es sieht, überwältigenden und unheimlichen Forderung der Sprache auszuliefern, und dabei ein Sichversagen bzw. eine gewisse Gelassenheit aufzubieten."

den weniger in Szene gesetzt denn in Rechnung gestellt – und zwar in Form von Desartikulationen und komischen Sprachspielen, die sich die Logik der Hegemonie aneignen und diese dann entstellen. Im Sinne von Laclau und Mouffe kann dieses Verfahren als Profileration der hegemonialen Artikulation identifiziert werden, das einen Effekt der Destabilisierung erzeugt: In der Ausweitung der hegemonialen Artikulationskette auf Elemente, die sich nicht nur als nicht integrierbar in den Diskurs erweisen, sondern diesem gar widersprechen, wird dessen Artikulationsfähigkeit ins Lächerliche verzerrt.

In der Beschreibung von Jelineks Textverfahren der Mimikry und Proliferation wurde sowohl auf Begrifflichkeiten und Konzepte der Diskurstheorie von Laclau und Mouffe als auch der Mythenanalyse von Roland Barthes zurückgegriffen, was auf eine zeichentheoretische Nähe dieser beiden Ansätze zurückzuführen ist, die in dieser Studie fruchtbar gemacht wurde. Barthes versteht den Mythos als ein sekundäres semiologisches System, das sich eines Zeichens erster Ordnung bemächtigt und dessen Sinn zur Form – mit Saussure gesprochen: zum Signifikanten – eines neuen Zeichens macht. Die ideologische Funktion dieser semiologischen Aneignung besteht für Barthes und Jelinek, die sich mit Barthes' Mythenbegriff in dem Essay *Die endlose Schuldigkeit* eingehend auseinandergesetzt hat, darin, Geschichte in Natur bzw. „*Antinatur* in *Pseudonatur*"[18] zu verwandeln und so via „abschaffung der komplexität der menschl. handlungen in der einsparung und entpolitisierung" „die welt in ihrer *unbeweglichkeit* zu halten".[19] Mythen sind also alltagsideologische Konstruktionen, die den sozialen und politischen Status quo legitimieren und zementieren.

Barthes' Semiologie wurzelt in der Überzeugung, dass die Herausforderung der Kunst und Wissenschaft im massenmedialen Zeitalter darin besteht, im Sinne einer „veränderung gegen verewigung"[20] an der Entschleierung der medial hergestellten Gegenwart der Trivialmythen zu arbeiten. Barthes führt aus, dass die Literatur der Moderne sich um eine Wiederkehr zum „vor-semiologischen Zustand der Sprache"[21] bemüht, sich also um die Suche nach einer Namenssprache verdient gemacht hat, die Signifikat und Signifikant wieder zusammenführt. Als „beste Waffe gegen den Mythos" erachtet Barthes jedoch die Konstruktion einer „dritten semiologischen Kette"[22], d.h. die Schaffung künstlicher Mythen, die durch die „[z]änkische und übermäßig [s]implifizierende" Wiederholung der se-

---

[18] Barthes. *Mythen des Alltags*, S. 130.
[19] Elfriede Jelinek. „Die endlose Unschuldigkeit". *Die endlose Unschuldigkeit. Prosa – Hörspiel – Essay.* Schwifting: Schwiftinger Galerie-Verlag, 1980, S. 49–82, hier S. 68 und 82.
[20] Ebd., S. 69.
[21] Barthes. *Mythen des Alltags*, S. 118.
[22] Ebd., S. 121.

miologischen Operation „Zerstörung [...] in die kollektive Sprache"[23] hineintragen: „Da der Mythos die Sprache entwendet, warum nicht den Mythos entwenden?"[24]

Diese Praxis der Verkettung stimmt mit Laclaus und Mouffes Überlegungen zur hegemonialen Funktion des Diskurses zeichentheoretisch überein. Sowohl für Barthes als auch für Laclau und Mouffe besteht die ideologische Operation in der Resignifikation bzw. Reartikulation von semiotischen Elementen durch ihre Verbindung mit anderen Elementen. Während für Laclau und Mouffe jedoch Ideologiekritik eine Praxis der Desartikulation bezeichnet, die die „Reartikulation der Situation"[25] in einem neuen Zusammenhang zum Ziel hat, ist das Ziel der ideologiekritischen Intervention bei Barthes bereits mit der Desartikulation des bürgerlichen Mythos erreicht; Instrument der Desartikulation ist die Reartikulation des Mythos in einer dritten semiologischen Kette.

In den Anfängen der Forschung zum Werk der Autorin ist Jelineks Rezeption von Barthes' Mythenkritik eingehend diskutiert worden und zählt heute zu den – nicht immer explizit gemachten – Doxa der Jelinek-Philologie. In dieser Studie möchte ich vorschlagen, die ideologiekritischen Verfahren in den Theatertexten der Autorin als eine Verschränkung von Barthes' und Laclaus/Mouffes Modellen zu lesen. Mit Barthes' Mythenanalyse und -kritik lässt sich Jelineks Verfahren der Mimikry von medialen, politischen und ökonomischen Diskursen in seiner Genese nachvollziehen und terminologisch fassen. Plausibel wird jedoch erst, warum sich Jelineks politisches Schreiben programmatisch nicht der Suche nach einer ‚vor-semiologischen', historisch unbelasteten Sprache verpflichtet, sondern Kritik als Reproduktion betreibt, wenn man in den Blick bekommt, dass ihre Texte kein Außen des Diskurses im Sinne des Postpolitischen konzipieren können.[26] Das Verfahren der Verkettung ist bei Jelinek als eine Funktion des hegemonialen Diskurses im Sinne von Laclau/Mouffe markiert, hinter den man nicht zurückgehen kann. Die Stücke der Autorin stellen in der Mimikry die Macht der sozioökonomischen Ordnung aus, demaskieren diese jedoch zugleich im Modus der überzeichneten, zugespitzten und zur Drastik neigenden Wiederholung.

Die Strategie der Profanierung in *Die Kontrakte des Kaufmanns* stellt ein Musterbeispiel für Jelineks Praxis der Verfremdung hegemonialer Verhältnisse

---

23 Ebd., S. 148 f.
24 Ebd., S. 121. Als Beispiel eines künstlichen Mythos nennt Barthes Flauberts Roman *Bouvard und Pécuchet*.
25 Mouffe. „Kritik als gegenhegemoniale Intervention", S. 43.
26 Feldtheoretisch lässt sich Jelineks Einlassung auf die hegemonialen politischen, ökonomischen und medialen Verhältnisse außerdem mit der Transformation der Avantgardeposition in der Postmoderne begründen. Vgl. dazu Kapitel IV.4.2.

durch ihre Nachahmung und Überbietung dar. Finanzökonomische Prozesse und Praktiken sind hier nicht nur Gegenstand des literarischen Diskurses, sondern werden performativ in Szene gesetzt und in der Reproduktion als dysfunktional ausgestellt. Dabei konstruieren Jelineks Stücke keine Positionen außerhalb des Diskurses, auf die sich eine engagierte Literatur zurückziehen kann, sondern legen aus dem diskursiven Innenraum der hegemonialen Ordnung die Bedingungen und Funktionsmechanismen der hegemonialen Artikulation offen und produzieren Störungen dieser Ordnung, die ein Unbehagen zum Ausdruck bringen und zum Ausgangspunkt von Einspruch und Dissens werden können.

2 Provokationen der Hegemonie – Hegemonie als Provokation (*Wolken.Heim.*, *Rechnitz (Der Würgeengel)*)

Wie oben argumentiert, ist die Strategie der Profanierung in Jelineks Werk allgegenwärtig und so auch in *Wolken.Heim.* vorzufinden. Auf unterschiedlichen Ebenen wird in dem Theatertext die Diskrepanz zwischen ‚Hohem' und ‚Niederem' in Szene gesetzt: Der Text gestaltet ein nationalchauvinistisches Raunen, das die Überlegenheit der Deutschen, ihrer Sprache und Kultur gegenüber Fremden behauptet. Das Wir imaginiert sich zum Höheren bestimmt: „Zu Haus sein, wenn Hohes wir entwerfen" (WH, 138); „Hinaufgerissen hat's uns in den Schnee, uns junge Helden, [...]. Die andren sind unten, tief im Tal. Wir aber, wir aber!" (WH, 141) Topoi der Höhe gelten auch für das von Jelinek verwendete Textmaterial: Bei den Intertexten von *Wolken.Heim.* handelt es sich größtenteils um Zeugnisse eines idealistischen Diskurses, der in dem Stück als abgehoben markiert wird. Genauso abgehoben erscheinen avantgardistische und ästhetizistische Positionen, die Literatur eine Führungsposition in der Gesellschaft zuweisen bzw. diese als Zufluchtsort vor den Niederungen des Alltags imaginieren. Einer Höhe sind die Intertexte aber auch in dem Sinne zugeordnet, dass sie als Repräsentanten des bürgerlichen Kanons einen kulturellen Wertungsprozess durchlaufen haben, an dessen Ende eine „an eine Transsubstantiation gemahnende ontologische Erhöhung"[27] steht, also ihre Aufnahme in die Sphäre der *Hoch*kultur erfolgt ist.

Desgleichen zeichnet sich die Rede des Wir in *Wolken.Heim.* durch einen hohen, erhabenen Stil (das *genus grande*) aus, der bestimmt ist von Archaismen, Abstrakta (Heimat, Volk, Schicksal usw.), emphatischen Setzungen und Überbietungsformeln („das Volk schlechtweg"). Sprachlich wird so eine vertikal aus-

---

27 Bourdieu. *Die feinen Unterschiede*, S. 26.

gerichtete „Pathostopographie"[28] entworfen, die, aufgespannt zwischen Höhe und Tiefe, stets zu Extremwerten neigt. Karl Heinz Bohrer hat darauf hingewiesen, dass der pathetisch-ernsthafte Ton eine Konstante in der deutschen Geistes- und Kulturgeschichte darstellt, die von dem deutschen Idealismus zur Rhetorik der NS-Zeit reicht: „Wenn eines die nationalsozialistische Epoche Deutschlands charakterisiert hat, dann die Tatsache, dass sie den Ernst des Fichteschen Nationbegriffs totalisiert hat."[29] Obschon Bohrer vor leichtfertigen historischen Kurzschlüssen warnt und klarstellt, dass „Fichtes Nation [...] nicht die Hitlers"[30] war, und dass es ebenso unangemessen wäre, „den Volksbegriff der romantischen Philologie unmittelbar schon mit der völkischen Perversion zu belasten"[31], diagnostiziert er die Wiederkehr von Fichtes „Sprachstil eines erbarmungslosen Ernstes", der „sprachlichen Härte des Systematisierens" und der „aggressive[n] Schärfe"[32] in der nationalsozialistischen Ideologie und ihrer Rhetorik: „Vor allem aber [...] trat jener Ernst, der Fichtes Stil charakterisiert, flankiert vom Stil, wenn nicht Hegels, so doch der Hegel-Schüler, trat also diese akkumulierte Masse von Ernsthaftigkeit im Medium der nationalsozialistischen Ideologie und ihrer Sprache an und definierte die Nation."[33]

Die Sprache, genauer gesagt das *genus grande*, steckt für Bohrer den Rahmen ab, in dem sich Geschichte zu einem Knoten verdichtet und Koinzidenzen zutage treten lässt, die nicht nur sprachlicher Natur sind, sondern auch Wahrnehmungs- und Verhaltensdispositionen bezeichnen: „Mentalitätsgeschichtlich war dieser Ernst [...] von großer Bedeutung."[34] Mit dieser sprachkritischen Perspektive reiht sich Bohrer in eine Tradition der Kultur- und Sprachkritik ein, die vor allem mit der Kritischen Theorie verbunden ist. Bereits Adorno hatte *Auf die Frage: was ist deutsch?* einen zum überschwänglichen Ernst neigenden Sprachduktus genannt, der eine bestimmte Geisteshaltung abbildet bzw. produziert: „Allein schon ohne den deutschen Ernst, der vom Pathos des Absoluten herrührt und ohne den das Beste nicht wäre, hätte Hitler nicht gedeihen können."[35] Der Mangel an Ironie und ironischer Selbstdistanz, die Adorno und Bohrer den deutschen Dichtern und

---

28 Franziska Schößler. *Augen-Blicke. Erinnerung, Zeit und Geschichte in Dramen der neunziger Jahre*. Tübingen: Narr, 2004, S. 36.
29 Bohrer. „Gibt es eine deutsche Nation?", S. 229.
30 Ebd., S. 229.
31 Ebd., S. 226.
32 Ebd., S. 228.
33 Ebd., S. 230.
34 Ebd.
35 Theodor W. Adorno. „Auf die Frage: Was ist deutsch?" *Theodor W. Adorno. Gesammelte Schriften. Bd. 10.2. Kulturkritik und Gesellschaft II. Eingriffe, Stichworte*. Hg. Rolf Tiedemann. Frankfurt/M.: Suhrkamp, 1977, S. 691–701, hier S. 695.

Denkern attestieren, gepaart mit einem idealistischen Pathos des Absoluten, bildet danach den Humus, auf dem die nationalsozialistische Idee Früchte treiben konnte: „In den westlichen Ländern, wo die Spielregeln der Gesellschaft den Massen tiefer eingesenkt sind, wäre er [d. i. Hitler] dem Lachen verfallen. Der heilige Ernst kann übergehen in den tierischen, der mit Hybris sich buchstäblich als Absolutes aufwirft und gegen alles wütet, was seinem Anspruch sich nicht fügt."[36]

Genau bei dieser Sprach- und Kulturkritik setzt Jelineks Auseinandersetzung mit der deutschen Literatur- und Philosophietradition in *Wolken.Heim.* an. Hier geht es nicht darum, Idealismus und Nationalsozialismus gleichzusetzen, sondern Übereinstimmungen und Kontinuitäten zwischen dem philosophisch-idealistischen und dem faschistischen Projekt der Identitätsstiftung vorzuführen. Die Autorin interessiert sich für Sprachmuster und diskursive Schleifen, die unter unterschiedlichen Vorzeichen in unterschiedlichen – literarischen, philosophischen sowie nationalen und national(sozial)istischen – Diskursen immer wieder zurückkehren: „Es ist [in der deutschen Literatur] immer dann metaphysisch und schwer mit großen Worten wie Einsamkeit, Verzweiflung und wie sie alle heißen."[37] Es sind nach Jelinek der abstrakte Radikalismus und der pathetische Stil, in denen kultureller Elitarismus, das „hypertrophe Nationalgefühl"[38] und faschistischer Größenwahn gleichermaßen wurzeln. In *Wolken.Heim* wird vorgeführt, dass es nur minimaler (etwa grammatikalischer, pronominaler) Eingriffe und Entstellungen bedarf, um aus idealistischen Versatzstücken ein totalitäres Sprechen zu erzeugen, das über raumzeitliche und weltanschauliche Grenzen hinweg „scheinbar unterschiedslos von Hölderlin über Hegel bis zur RAF reicht".[39]

Die in *Wolken.Heim.* verwendeten Intertexte bringen also in jeglicher Hinsicht Fallhöhe mit, auf die das Stück mit dem Programm der Herabsetzung reagiert. Es werden unterschiedliche Texte auf ein Plateau projiziert, wodurch ein stratigraphischer Querschnitt der deutschen Literatur- und Kulturgeschichte entsteht, der ein Gewaltkontinuum erkennen lässt. Die archäologische Operation generiert Textflächen, die Sichtbarkeit und Geheimnislosigkeit schaffen, wo sonst Tiefe und Pathos ist. Die Produktion von (Ober-)Flächentexturen, die an Ästhetiken und Verfahren der Trivial- und Popkultur erinnern, impliziert ein Moment der Verfla-

---

36 Ebd.
37 Berka und Jelinek. „Ein Gespräch mit Elfriede Jelinek", S. 138.
38 Seegers und Jelinek. „Menschen interessieren mich nicht".
39 Andrea Geier. „,Was aber bleibet, stiften die Dichter'? Über den Umgang mit der Tradition in Text und Inszenierungen von *Wolken.Heim*". *Elfriede Jelinek – Stücke für oder gegen das Theater?* Hg. Inge Marteel und Heidy Margrit Müller. Brüssel: FWO, 2008, S. 143–154, hier S. 146.

chung: Durch die Verschmelzung unterschiedlicher Stimmen wird ein Kontinuum eingerichtet, in welchem Unterschiede eingeebnet werden und das die Beliebigkeit und Austauschbarkeit der Intertexte suggeriert. Gerade weil sich aber Erzeugnisse der Hochkultur durch die Aura der Einmaligkeit und Singularität auszeichnen, stellt Jelineks Politik der Gleichmachung einen provokativen Akt der Herabsetzung dar.

Das Verfahren der Herabsetzung setzt karnevaleske, anarchistische Dynamiken frei – im Sinne von Michail Bachtins Bestimmung des Komischen als des Ineinanders von Erniedrigung und Erhöhung.[40] Jelineks gleichberechtigtes Nebeneinanderstellen von hochkulturellen Versatzstücken und terroristischen Diskursen, des Hohen und Profanen, Kanonischen und Verdrängten legt die Selektions- und Ausschlussmechanismen des kulturellen Gedächtnisses offen. In seiner kumulativen Logik erscheint *Wolken.Heim.* als ein Simulacrum des kulturellen Speichergedächtnisses, das Aleida Assmann von dem Funktionsgedächtnis unterscheidet.[41] Während das Funktionsgedächtnis „das Produkt einer bewussten und intentionalen (Re-)Konstruktion der Vergangenheit"[42] bezeichnet, aus dem der sich Identitätsprofile, Handlungsmaximen und Wertvorstellungen einer soziokulturellen Gemeinschaft ableiten lassen, stellt das Speichergedächtnis eine amorphe Masse narrativ unverbundener, „ungebrauchter [und] nicht-amalgamierter" Erinnerungsbruchstücke bereit, die zwar nicht in die Traditionsbildung des kulturellen Gedächtnisses eingegangen sind, jedoch „durch die Bergung alternativer Wahrnehmungen und verschütteter Hoffnungen die stets zu Verfestigung und Reduktion tendierenden Sinnkonstruktionen der Tradition durchkreuzen".[43] Jelineks erinnerungspolitische Strategie besteht nun darin, das selektive Funktionsgedächtnis, an dessen Konstitution auch die Literatur mitwirkt, mit seinem Ausgeschlossenen zu überfluten. Die Literatur büßt ihre Ordnungsmacht und Autorität ein und fungiert als anarchistisches, deregulierendes, ja karnevaleskes Prinzip, das das kulturelle Machtgefüge infrage stellt. Der assoziative Fluss

---

40 Vgl. Michail Bachtin. *Literatur und Karneval. Zur Romantheorie und Lachkultur.* München: Hanser, 1969, S. 48f.: „Der Karneval ist die umgestülpte Welt. [...] Das betrifft vor allem die hierarchische Ordnung und alle aus ihr erwachsenden Formen der Furcht, Ehrfurcht, Pietät und Etikette [...]. Der Karneval vereinigt, vermengt und vermählt das Geheiligte mit dem Profanen, das Hohe mit dem Niedrigen, das Große mit dem Winzigen, das Weise mit dem Törichten."
41 Vgl. Aleida Assmann. *Erinnerungsräume. Formen und Wandlungen des kulturellen Gedächtnisses.* München: Beck, 2003, S. 130–148.
42 Aleida Assmann. *Einführung in die Kulturwissenschaft. Grundbegriffe, Themen, Fragestellungen.* Berlin: Schmidt, 2006, S. 182.
43 Assmann. *Erinnerungsräume*, S. 142.

von Stimmen setzt einen Kontrollverlust der literarischen Rede in Szene und bewirkt eine Destabilisierung der kulturellen Hierarchien und Wertungsmuster.

Das riskante Zitationsverfahren des Theatertextes besteht darin, das Pathos und den ‚heiligen Ernst' der Prätexte zu reproduzieren, doch liegt der Wiederholung als Mimikry das Prinzip der Proliferation zugrunde, das karnevalesk und dekonstruktiv wirkt: Durch die Wiedergabe der gleichen Sprachmuster produziert der Text einen Signifikantenüberschuss, eine redundante, ausschweifende Materialität, die die kulturellen und nationalen Diskurse inhaltlich aushöhlt und semantische Leerläufe erzeugt: „Wir aber wir aber wir aber!" (WH, 139) Durch die Steigerung des literarischen und philosophischen Pathos werden die Intertexte ins Faschistische übersetzt, in ihrer faschistischen Zuspitzung jedoch an die gesellschaftliche Wirklichkeit zurückgebunden. Die politische und historische Einbettung wirkt banalisierend und trivialisierend, weil sie die Topoi der Höhe durchkreuzt und den umgekehrten Prozess der idealistischen Verklärung bezeichnet: Das Ideelle wird aus der Sphäre überzeitlich-metaphysischer Werte rückübersetzt in seine profanen Entstehungs- und Rezeptionszusammenhänge. Die Herabsetzung via Vervielfältigung und Kontextualisierung trägt in der Struktur der Überzeichnung und Verfremdung Züge der Satire und Karikatur:

> Was mich besonders interessiert, ist eben das Überführen des Denkens (dessen, was andere gedacht haben) in ein Sprechen, um eine Differenz (oder: keine) auszuloten. Dann soll natürlich auch Komik entstehen durch den Vergleich zwischen der Größe des Gedachten, das sich ja an keine Regel halten muss, und der politischen Praxis, die oft so kläglich ausfällt und von Geißenpetern und Heidis, von Hänseln und Treteln vertreten wird. Wie aus Gedanken, die einmal groß waren, das verlautbarte Sprechen von Provinzpolitikern wird, wie ein vielleicht kitschiges und lächerliches, aber immerhin groß gedachtes ‚sterbliches Sprechen', in den von Schmissen gezeichneten Gesichtern der deutschnationalen schlagenden Burschenschaftler als Karikatur wieder auftaucht [...] als untotes Gespenst von Fichtes oder Heideggers Denken.[44]

Wie an dieser Selbstaussage abzulesen ist, ist die Poetik der Profanierung für Jelinek eng an die Theaterpraxis gebunden. In der theatralen Überführung des Denkens in ein Sprechen, in der Rückbindung des Geistigen und Ideellen an die Kreatürlichkeit der Körper von Schauspieler/-innen stellt sich zwangsläufig ein komischer Effekt der Unverhältnismäßigkeit ein – gerade weil sich die künstlerischen und philosophischen Diskurse der Höhe in der Verwerfung von Kontingenz und Materialität konstituieren. Das Theater als Medium des Transitorischen, Performativen und Präsentischen ist für Jelineks Programm der Eliten- und

---

44 Lux und Jelinek: „Was fallen kann, das wird auch fallen'", S. 12.

Machtkritik unabdingbar, indem es die Verkörperung von Ideen und Ideologien einfordert und das Abstrakteste verfügbar, d. h. angreifbar macht.

Jelineks pietätsloser Umgang mit der literarischen Tradition hat den Missmut der Öffentlichkeit nach sich gezogen. Im *Generalanzeiger* war anlässlich der Bonner Uraufführung des Stücks von einer „ungeheure[n] Geschichtsklitterung"[45] die Rede; in den *Nürnberger Nachrichten* monierte man Jelineks Textauswahl: „Gemeint ist das gewiss kritisch. [...] Doch derart dargeboten, geht der Schuss nach hinten los und ist zudem geeignet, große Geister, die halt wie jeder auch Dummes gesagt haben, zu denunzieren. [...] Wollten sich da Österreicher für Waldheim aggressiv entschuldigen?"[46] Wie man diesen Rezensionen entnehmen kann, entzünden sich Jelineks Theaterskandale in Österreich und Deutschland an der theatralen Demontage der jeweiligen nationalen Selbstbilder: War Jelineks Schaffen in Österreich immer dann Anfeindungen ausgesetzt, wenn es die Mitverantwortung des Landes am NS-Regime und die Kontinuitäten des Faschismus anmahnte, hat sich das deutsche Publikum zunächst an dem ikonoklastischen Impetus der Theatertexte gestört, weil hier das Selbstbild der Deutschen als Kulturnation ins Wanken gebracht wurde – ein Selbstbild, das bereits bei Adorno Unbehagen ausgelöst hat. Dieser hatte sich nach seiner Rückkehr aus dem amerikanischen Exil verstört über die bundesrepublikanische Konjunktur von Kultur und die unreflektierten Bemühungen um die Wiedergewinnung von humanistischen und aufklärerischen Traditionen gezeigt. Wo Adorno einen „Abbau von Kultur"[47] erwartet hatte, wurden Literatur, Malerei und Musik „als Trostspender, als Stifter alter und neuer Ideale und um das vergangene wie gegenwärtige Leid zu heilen, [...] zu emphatischen Refugien des ‚Eigentlichen' emporgehoben".[48] Als Medium überzeitlicher Werte und eine von gesellschaftlichen Herrschaftsverhältnissen isolierte Daseinssphäre stellte Kunst in der Nachkriegszeit einen Ort der Selbstidentifikation der Deutschen als tragisch verführte Schicksalsgemeinschaft dar, die durch die Rückbesinnung auf humanistische Werte die Vergangenheit hinter sich zu lassen hoffte.

In den abwehrenden Reaktionen auf Jelineks Profanierung des literarischen Kanons des frühen neunzehnten Jahrhunderts in *Wolken.Heim.* schwingen diese

---

45 Tanina Nevak. „Von deutschem Wesen. Uraufführung in Halle Breuel: Elfriede Jelineks ‚Wolken.Heim'". *Generalanzeiger* (23. September 1988).
46 Werner Schulze-Reimpell. „Nebulöse Montage. Bonner Uraufführung von Hans Hoffers und Elfriede Jelineks ‚Wolken.Heim.'". *Nürnberger Nachrichten* (30. September 1988).
47 Theodor W. Adorno. „Die auferstandene Kultur". *Theodor W. Adorno. Gesammelte Schriften. Bd. 20.2. Vermischte Schriften II.* Hg. Rolf Tiedemann. Frankfurt/M.: Suhrkamp, 1986, S. 453–464, hier S. 455.
48 Krankenhagen. *Auschwitz darstellen*, S. 25.

nationalen Identitätsnarrative noch mit. Das Stück unterminiert den Vorstellungskomplex der autonomen, der Wirklichkeit enthobenen Hochliteratur, indem es die Entstehungs- und Rezeptionsbedingungen der Intertexte mitspricht. Umso erstaunlicher ist es, dass die von Jelinek kritisch hinterfragten Doxa der autonomen Produktion in der Forschung teilweise implizit fortgeschrieben werden, sofern die wirkungsästhetische Dimension des Werks selten in den Blick gerät. Freilich ist in der Literaturwissenschaft umfassend (auch im Rahmen dieser Studie) herausgestellt worden, dass Elfriede Jelineks Schaffen auf Destabilisierungen und Störungen des (literarischen, philosophischen, ökonomischen usw.) Diskurses abzielt, doch wird das tatsächliche Erregungspotential dieser Praktiken auf reaktionäre Dispositionen der Rezeptionsgemeinschaft zurückgeführt – und eben keineswegs einem wirkungsästhetischen Kalkül der Autorin zugerechnet. Die Skandale um die Texte und Persona der Autorin gelten als Kollateralschäden einer politisch engagierten, jedoch stets um die Sache bemühten und daher nicht effekthascherischen Ästhetik. Was aber, wenn die Sache mit der Wirkung übereinstimmt?

Neuere, feldtheoretisch ausgerichtete Ansätze von Heribert Tommek,[49] Uta Degner[50] und Norbert Christian Wolf[51] haben den provokatorischen Zug von Jelineks literarischen und nicht-literarischen Positionierungen herausgestellt. Im Anschluss an diese Darlegungen wurde auch in dieser Studie die Distinktionslogik von Jelineks Texten im literarischen Feld herausgearbeitet. An dieser Stelle möchte ich überdies vorschlagen, das Erregungspotential ihres theatralen Œuvres poetologisch im Kontext der Bemühungen um das Politische, also um die Wiedereinführung des Agons zu lesen. Denn die Stücke der Autorin bergen enormes gesellschaftliches Konfliktpotential, indem sie gesellschaftliche Vereinbarungen infrage stellen. Den vielleicht medial weitreichendsten Theaterskandal in Deutschland löste die Inszenierung von *Rechnitz (Der Würgeengel)* unter der Regie von Hermann Schmidt-Rahmer am Schauspielhaus Düsseldorf in der Spielzeit 2010/11 aus. Auf *nachtkritik.de* werden die in der überregionalen Presse diskutierten Ereignisse folgendermaßen dokumentiert:

---

49 Vgl. Tommek. *Der lange Weg in die Gegenwartsliteratur*, S. 525–561.
50 Zur „Appellstruktur" von Elfriede Jelineks Schaffen vgl. Degner. *Eine ‚unmögliche' Ästhetik*, S. 20–23. Vgl. auch die Einleitung in Uta Degner und Christa Gürtler (Hg.). *Elfriede Jelinek: Provokationen der Kunst*. Berlin, Boston: De Gruyter, 2021.
51 Vgl. Norbert Christian Wolf. „*Lust* im journalistischen Feld, Unlust an der Lektüre. Zur Funktion der Werkpolitik und Kritik an Jelineks Roman". *Elfriede Jelinek. Provokationen der Kunst*. Hg. Uta Degner und Christa Gürtler. Boston, Berlin: De Gruyter, 2021, S. 133–161.

Bei den ersten drei Vorstellungen im Central, der Ausweichspielstätte des Schauspiels, verließen bereits zur Pause zahlreiche Zuschauer das Theater. Kurz vor Schluss, bei einem Dialog des sogenannten „Kannibalen von Rotenburg" mit seinem Opfer, liefen laut einem Bericht der *Düsseldorfer Rheinischen Post* (12.10.2010) „die Menschen in Scharen heraus", 70 Prozent bekräftigt in der *Frankfurter Rundschau* Theaterkritiker Stefan Keim. Im Anschluss an die zweite Aufführung am Sonntag habe „ein älterer Herr" sogar die Regieassistentin, die in der Aufführung auch auftritt, im Foyer angespuckt.[52]

Historischer Gegenstand des Theatertextes ist ein Endphaseverbrechen des Zweiten Weltkriegs: das Massaker an ungarisch-jüdischen Zwangsarbeitern im österreichischen Rechnitz. In der Nacht vom 24. auf den 25. März 1945 wurden von den Teilnehmer/-innen eines Gefolgschaftsfestes, das von der Gräfin Margit von Batthyány für die Elite der lokalen NSDAP und SS ausgerichtet wurde, schätzungsweise 180 Zwangsarbeiter erschossen und von einer Gruppe von etwa 20 Zwangsarbeitern begraben, die am darauffolgenden Tag ermordet wurden. Wenige Tage später ist das Schloss Rechnitz durch ein Feuer, das die russischen Besatzer gelegt haben sollen, zerstört worden. Die Gräfin floh mit ihrem Ehemann und ihren Nazi-Liebhabern, Gutsverwalter Oldenburg und Ortsgruppenleiter Podezin, in die Schweiz, wo sie bis zu ihrem Tod 1989 ein gesellschaftlich angesehenes Leben führte und als Züchterin von Rennpferden hervortrat. Das Massengrab konnte bis heute nicht gefunden werden, obschon sich die österreichische Justiz bereits 1947/48 um die Aufklärung des Falls bemüht hatte. Da sich die Angeklagten der Verantwortung durch Flucht entzogen, die Ermittlungen, z. B. durch die Ermordung von zwei Zeugen, behindert wurden und ein Großteil der Bewohner/-innen von Rechnitz die Mitarbeit mit der Justiz verweigerte, herrscht bis heute Unsicherheit über den genauen Tathergang.

Wie konnte nun ein Stück über ein österreichisches Endphaseverbrechen die deutschen Gemüter derart erhitzen? Ausgehend von dem historischen Massaker verhandelt *Rechnitz (Der Würgeengel)* gegenwärtige politische und mediale Formen nicht nur der österreichischen, sondern vor allem der deutschen Erinnerungskultur:

> Sündenstolz, niemand hat so viel gesündigt wie der und der und der, und von denen reden wir, und wir nehmen einen Teil der Schuld gern auf uns, nein, nehmen wir nicht, wir waren damals schließlich gar nicht geboren, warum sollten wir?, und doch sind wir stolz auf unsere Sünden und reden darüber, denn welchen Sinn hätte es zu sündigen, wenn man danach

---

52 „Presseschau vom 13. Oktober 2010 – Skandal bei Elfriede Jelineks *Rechnitz (Ein Würgeengel)* in Düsseldorf". *nachtkritik.de* (13. Oktober 2010). https://www.nachtkritik.de/index.php?view=article&id=4779:presseschau-vom-13-oktober-2010-skandal-bei-elfriede-jelineks-rechnitz-ein-wuergeengel-in-duesseldorf&option=com_content&Itemid=62 (01. März 2022).

> nicht darüber reden dürfte, und wie lang man auch graben lässt, sie schweigt, die Geschichte, oder sie spricht zu uns, sie spricht, dass wir uns schämen sollten, egal, wer wir sind, ich sage: Die sind es gewesen und bin stolz darauf, als wäre ich selbst von ihnen erschossen worden, das ist sehr wichtig, dieser Stolz auf Buß und Reu [...]. (Re, 131)

Jelinek prägt den Begriff des Sündenstolzes und benennt damit eine bekenntnisrituelle Praxis, bei der das Eingeständnis von historischer Schuld der moralischen Profilierung und Überhöhung der Büßenden dient: „Dort haben Männer ihren Stolz verschlucken müssen, das werden wir aber nicht machen, wir werden natürlich stolz sein auf unsere Sünden, auf unsre Natur. [...] und wir selber reden am schlechtesten über uns, uns übertrifft darin niemand." (Re, 134) Der Sündenstolz wird bei Jelinek als eine deutsche Sehnsucht nach (moralischer) Größe und neuem Heroismus identifiziert, wie in dem Stück vom Ausnahmeboten dargelegt wird: „Wir haben heute doch eine kognitive Distanz zu dieser Zeit der Extreme gewonnen, [...]. Die Deutschen kennen keine Angst vor sich, das ist ihre Größe. Sie sind Menschen mit einem inneren Kompass, und dem sind sie immer gefolgt, die Deutschen, auch wenn das riskant war." (Re, 78–80) Dabei wird dieses Überlegenheitsgebaren als ideologisches Verbindungsglied zwischen nazistischer Vergangenheit und Gegenwart ausgemacht und so die Notwendigkeit einer Erinnerungspraxis vorgeführt, die im Zeichen einer selbstreflexiven Durchdringung der ideologischen Voraussetzungen des Massenmords steht.

Bedenkt man, dass die „deutsche Schuld [...] zum Gründungsmythos der Bundesrepublik"[53] wurde, wird verständlich, warum Jelineks Stigmatisierung der nationalen Erinnerungskultur als moralische Selbstvergewisserung und institutionalisiertes Vergessen derart heftige Reaktionen nach sich gezogen hat. Besonders verstörend und geschmacklos hat auf das Publikum die Montage eines Dialogs zwischen einem Kannibalen und seinem Opfer gewirkt, der an den Fall des „Kannibalen von Rotenburg" angelehnt ist, wobei das Motiv des Kannibalismus das Stück in den intertextuellen Anspielungen auf Euripides' *Die Bakchen* durchzieht. Wieder durchkreuzt die intertextuell forcierte Deutung des Massenmords als orgiastisch-dionysisches Fest die Paradigmen der deutschen Erinnerungskultur, genauer gesagt die erinnerungspolitische Rationalisierung der Vergangenheit, die im Text als eine Immunisierungsstrategie ausgewiesen ist. In den Besprechungen der Inszenierung wurde immer wieder auf die Uraufführung des Theatertextes an den Münchener Kammerspielen unter der Regie von Jossi Wieler verwiesen, der auf die Einspielung des ‚Kannibalendialogs' verzichtet hatte. Seine

---

53 Hans-Ulrich Thamer. „Der Holocaust in der deutschen Erinnerungskultur vor und nach 1989". *Erinnern des Holocaust? Eine neue Generation sucht Antworten.* Hg. Jens Birkmeyer und Cornelia Blasberg. Bielefeld: Aisthesis, 2006, S. 81–93, hier S. 81.

Entscheidung, diesen Teil des Textes zur Darstellung zu bringen, begründete der Regisseur Hermann Schmidt-Rahmer mit einem wirkungsästhetischen Argument:

> Wir Nachgeborenen haben uns einen Blick auf die NS-Zeit zurechtgelegt, der mehr oder weniger sagt, der Holocaust ist ein bürokratischer und verwaltungstechnischer Akt gewesen. Und die Jelinek sagt, es ist ein dionysischer Rausch gewesen, in dessen Verlauf Menschen gegessen worden sind. Das ist nicht wörtlich zu nehmen. Insofern ist der Kannibalentext am Ende ganz bewusst gesetzt, wie ein Weckruf, der den Widerstand geradezu provozieren muss.[54]

Rahmer-Schmidt erkennt nicht nur den provokatorischen Gehalt des kannibalistischen Diskurses, sondern macht die Provokation auch als Textintention geltend. Jelineks Stücke wollen ein „Weckruf" sein, Diskussionen anstoßen und müssen dazu auf affektiver Ebene operieren: „In München konnte man am Ende nett klatschen. Das wollte ich unbedingt vermeiden. Man kann einen literarischen Amoklauf nicht gelöst beklatschen. Dass der Zuschauer am Ende beklommen oder wütend ist, finde ich absolut nachvollziehbar."[55]

Angriffslustig fallen die Texte der Autorin jedoch nicht nur als Provokationen der kulturellen, politischen und ökonomischen Hegemonie aus. Schon in Jelineks theatralen Ordnungen des Postpolitischen kann ein provokatorisches Kalkül ausgemacht werden. So haben sich die Rezensionen von *Wolken.Heim.* dezidiert an dem intertextuellen Verfahren der Komplexitätsreduktion gestört – also am Verfahren der Herstellung eines hegemonialen Diskurses. Indem der Theatertext also die Auslöschung von Differenzen und das Verschwinden von Widerrede vorführt, hat er Widerspruch im Sinne einer paradoxen Intervention[56] nach sich gezogen. Jelineks Inszenierungen des Postpolitischen fordern Gegenreaktionen

---

54 Hermann Schmidt-Rahmer und Annette Bosetti. „Jelineks literarischer Amoklauf". *RP Online* (12. Oktober 2010). https://rp-online.de/kultur/jelineks-literarischer-amoklauf_aid-12620731 (01. März 2022).
55 Ebd.
56 Unter der paradoxen Intervention ist eine psychotherapeutische Methode zu verstehen, die dem Prinzip des *similia similibus curantur* folgt: Sie kann z.B. eine Verhaltensaufforderung umfassen, die „so zusammengesetzt ist, dass sie a) das Verhalten verstärkt, das der Patient ändern möchte, b) diese Verstärkung als Mittel der Änderung hinstellt und c) eine Paradoxie hervorruft, weil der Patient dadurch aufgefordert wird, sich durch Nichtändern zu ändern" – oder anders formuliert: „was Menschen zum Wahnsinn treiben kann, muss sie letztlich auch aus dem Wahnsinn herausholen können". In diesem Fall sprechen Watzlawick u.a. von „Symptomverschreibung". Die paradoxe Intervention bezeichnet nach Watzlawick u.a. eine Form der paradoxen Kommunikation. Paul Watzlawick, Janet H. Beavin und Don D. Jackson. *Menschliche Kommunikation. Formen, Störungen, Paradoxien.* 12. Aufl. Bern: Huber, 2011, S. 266 f.

heraus, die nicht per se agonistisch ausfallen, aber Raum für agonistische Verhandlungen schaffen.

In Kapitel VI ist ausgeführt worden, dass die Texte der Autorin eine Skepsis gegenüber den Wirkungsmöglichkeiten der Literatur artikulieren, wenn diese für sich eine Position außerhalb der Gesellschaft in Anspruch nimmt, von der aus eine – wie auch immer gedachte – Überlegenheit geltend gemacht wird. Dieser Befund ist dahin gehend zu ergänzen, dass Jelineks skeptischer Habitus keineswegs eine Wirkungslosigkeit der Literatur behauptet; vielmehr folgt das Schaffen der Autorin dem wirkungsästhetischen Kalkül der Provokation, das das Theater als Medium des Agons revitalisiert. Das Theater der Provokation ist bei Jelinek nicht als ein Ort außerhalb der Gesellschaft bestimmt – sowohl in *Wolken.Heim.* als auch in *Rechnitz (Der Würgeengel)* werden kulturelle Topoi der Höhe ja gerade kritisch ausgestellt, sondern tritt als ein Theater zutage, das Konflikte durch die Einlassung auf die Niederungen von Gesellschaft, Politik und Medien heraufzubeschwören vermag.

3 Der Blick auf das Außen (*Wolken.Heim.*, *Rechnitz (Der Würgeengel)*, *Die Schutzbefohlenen*)

3.1 Die zivile Tragödie

In den bisherigen Überlegungen wurde herausgestellt, dass Elfriede Jelineks Schaffen von dem Bewusstsein um die Unmöglichkeit einer Literatur des Außen geprägt ist. In ihren Theatertexten werden Ordnungen des Postpolitischen konfiguriert, denen sich auch die literarische Rede nicht entziehen kann. Die Stücke setzen immer wieder das Scheitern von Widerrede in Szene, ohne dabei jedoch einem posthistorischen Défätismus das Wort zu reden. Vielmehr wird durch die Mimikry des hegemonialen Diskurses ebendieser in seiner Funktionsweise ausgestellt und im Modus der Überbietung desartikuliert. Dabei darf jedoch nicht übergangen werden, dass Jelineks Arbeit am Diskurs ein Bewusstsein für gesellschaftliche Grenzziehungen und Ausschlüsse eingeschrieben ist. Die Autorin hat in poetologischen Selbstaussagen immer wieder hervorgehoben, dass sie ihr Schreiben in den Dienst der gesellschaftlich Marginalisierten und Ausgeschlossenen stellt: „Ich spüre eine moralische Verpflichtung, mich der Unterprivilegierten anzunehmen."[57] Jelineks Theatertexte exponieren komplexe Konfigura-

---

[57] Presber und Jelinek. „‚das schlimmste ist dieses männliche Wert- und Normensystem, dem die Frau unterliegt'", S. 128.

tionen des hegemonialen Innen und seines konstitutiven Außen, die das Problem der Unverfügbarkeit des Außen jedoch keineswegs ausblenden, sondern – wie in Beispielanalysen zu *Wolken.Heim.* und *Die Schutzbefohlenen* zu zeigen sein wird – in der Textgestaltung reflektieren.

Jelineks Darstellung von kollektiver Marginalität vollzieht sich im Kontext ihres Theaterschaffens vornehmlich in der Rezeption der Gattung der Tragödie. In der Tragödie findet Jelinek ein Genre vor, in dem das sinnlose und unverschuldete Leiden des Menschen einen festen Ort hat. Hier ist die menschliche Existenz definiert durch „Schrecken, Fremdheit, Angst, Zweideutigkeit und Ambiguität, die Erfahrung ohnmächtigen Unterliegens, Verletzbarkeit, Ungewissheit, den denkend nicht zu bewältigenden desaströsen Zerfall".[58] Dabei ist die tragische Artikulation dieses Leidens zugleich nicht jedermann bzw. jedefrau vorbehalten. Seit Aristoteles gilt die Tragödie als hohe Gattung, wobei der Philosoph das Kriterium der tragischen Höhe an den dramatisch verhandelten Themen (Staat, Herrschaft, Recht, Religion usw.), der moralischen Qualität und dem Redestil der Figuren festmacht: „Die Tragödie ist Nachahmung einer guten und in sich geschlossenen Handlung von bestimmter Größe, in anziehend geformter Sprache"[59], die in der Katastrophe mündet. Im Kontext der mittelalterlichen und (früh-)neuzeitlichen feudalen Ständeordnung haben diese generischen Bestimmungen mit der Einführung der Ständeklausel eine soziopolitische Prägung bekommen. „Die normativen Poetiken definieren die Tragödie seitdem ständisch, also in Bezug auf Beruf oder Stand der Figuren. Die sogenannte Ständeklausel, die sich bei Aristoteles in der Form noch nicht findet, ordnet der Tragödie Könige oder Helden zu, der Komödie hingegen Repräsentanten niederer Schichten."[60] So sieht etwa Martin Opitz die ernsten Themen der Tragödie ausschließlich mit einem gehobenen Figureninventar verwirklicht.[61]

Erst im Zuge der Durchsetzung genie- und autonomieästhetischer Ansätze wurden Genrekonventionen zunehmend infrage gestellt, was seit dem achtzehnten Jahrhundert zur Transformation der Tragödie und Ausbildung neuer tragischer Formen geführt hat: Die Aufhebung der Ständeklausel im bürgerlichen

---

58 Hans-Thies Lehmann. *Tragödie und dramatisches Theater*. Berlin: Alexander Verlag, 2015, S. 47.
59 Aristoteles. *Poetik*, 5. Kapitel, S. 19.
60 Schößler. *Einführung in die Dramenanalyse*, S. 25.
61 Vgl. Martin Opitz. *Buch von der Deutschen Poeterey*. Stuttgart: Reclam, 2002, V. Kapitel, S. 30: „Die Tragedie ist an der maiestet dem Heroischen getichte gemeße / ohne das sie selten leidet / das man geringen standes personen vnd schlechte sachen einführe: weil sie nur von Königlichem willen / Todtschlägen / verzweiffelungen / Kinder= und Vätermörden / brande / blutschanden / kriege vnd auffruhr / klagen / heulen / seuffzen vnd dergleichen handelt."

Trauerspiel im achtzehnten Jahrhundert, die Transformation des bürgerlichen Trauerspiels zum sozialen Drama bei Georg Büchner und den Naturalist/-innen sowie das Aufkommen des kritischen Volksstücks und Epischen Theaters im zwanzigsten Jahrhundert (bei Ödön von Horváth, Marieluise Fleißer, Bertolt Brecht, Franz Xaver Kroetz u. a.) stellen historische Versuche dar, niedere Stände, d. h. zunächst das Bürgertum und später das Kleinbürgertum, Proletariat und andere gesellschaftlich ausgeschlossene Gruppen, „tragikfähig bzw. tragödientauglich zu machen":

> Dem bürgerlichen Trauerspiel, dem sozialen Drama und dem kritischen Volksstück ist gemeinsam, dass unterprivilegierte Figuren, die nicht oder nur beschränkt am symbolischen und ökonomischen Kapital einer Gesellschaft partizipieren, zu Protagonist/innen tragischer Ausdrucksformen werden, wobei sich auch das Konzept des Tragischen ändert: Tragik wird nun nicht mehr durch ein jenseitiges Schicksal verursacht, sondern findet ihren Ursprung im Inneren der Figuren, in der Sphäre des Privaten und im Moralischen.[62]

Mit Erich Auerbach lassen sich diese historischen Verwerfungen der klassischen Höhenlagen auch als ‚ernster Realismus'[63] oder ‚existentieller' Realismus'[64] darstellen. Friedrich Balke und Hanna Engelmeier sprechen in der Lektüre von Auerbach von einer „minderen und niedrigen Mimesis" und einem „niederen Materialismus".[65] Auerbach interessiert sich für Phänomene der „rücksichtslose[n] Mischung von alltäglich Wirklichem und höchster, erhabenster Tragik"[66] in der abendländischen Literaturgeschichte, die er bis zur neutestamentlichen Darstellung der Passionsgeschichte zurückverfolgt. Der für die Moderne entscheidende Bruch mit der antiken Stil- und *decorum*-Lehre und dem Ausschluss der Alltagswirklichkeit der ‚einfachen Leute' und niederen Schichten aus der ernsten Literatur vollzieht sich nach Auerbach aber erst im neunzehnten Jahrhundert:

> Indem Stendhal und Balzac beliebige Personen des alltäglichen Lebens in ihrer Bedingtheit von den zeitgeschichtlichen Umständen zu Gegenständen ernster, problematischer, ja tragischer Darstellung machten, zerbrachen sie die klassische Regel von der Unterscheidung der Höhenlagen, nach welcher das alltägliche und praktisch Wirkliche nur im Rahmen einer

---

[62] Schößler. *Einführung in die Dramenanalyse*, S. 32.
[63] Vgl. Erich Auerbach. *Mimesis. Dargestellte Wirklichkeit in der abendländischen Literatur*. 4. Aufl. Bern: Francke, 1967, S. 516.
[64] Vgl. Erich Auerbach. „Über die ernste Nachahmung des Alltäglichen". *Erich Auerbach. Geschichte und Aktualität eines europäischen Philologen*. Hg. Martin Treml und Karlheinz Barck. Berlin: Kadmos, 2007, S. 439–465, hier S. 448.
[65] Vgl. Friedrich Balke und Hanna Engelmeier (Hg.). *Mimesis und Figura. Mit einer Neuausgabe des „Figura"-Aufsatzes von Erich Auerbach*. 2. Aufl. Paderborn: Fink, 2018, S. 7 und S. 13–88.
[66] Auerbach. *Mimesis*, S. 516.

niederen oder mittleren Stilart, das heißt entweder als grotesk komisch oder als angenehme, leichte, bunte und elegante Unterhaltung seinen Platz in der Literatur haben durfte.[67]

Diese Entwicklungen im Roman, an denen sich Auerbachs Darstellungen vornehmlich orientieren, gehen einher mit den oben dargestellten Transformationen der Tragödie seit dem achtzehnten und neunzehnten Jahrhundert – wobei der eingehende generische Vergleich noch ein Forschungsdesidarat darstellt. In dieser Tradition ist auch Jelineks Umgang mit der Gattung zu verorten. Wenn die Autorin davon spricht, dass es ihr um die Partizipation der Unterprivilegierten an der hochkulturellen Legitimitätssphäre geht, dann setzt sie die Geschichte der zivilen Subversion höherer Gattungen wie der Tragödie fort, führt sie jedoch in entscheidenden Punkten unter zeitgeschichtlichen Bedingungen weiter. Im Unterschied zu den sozialen Dramen und kritischen Volksstücken des neunzehnten und zwanzigsten Jahrhunderts treten in Jelineks Theatertexten keine Protagonist/-innen niederen Standes im eigentlichen Sinne auf, vielmehr wird in einer nach-protagonistischen, polyphonen Rede standes- und rechtloses, *verworfenes Leben*[68] in Szene gesetzt, das die Schwelle zum Protagonisten-Dasein gar nicht erst überschreiten konnte und weder zur Individualisierung durchdringt noch eine Gruppenidentität ausbildet. Die Texte stellen Konfigurationen der „*Einzelnen als Viele*"[69] aus, deren Identitätslosigkeit ihre Marginalität und die Unmöglichkeit der Partizipation an der hegemonialen Ordnung widerspiegelt. Jelineks Stücke öffnen die tragische Gattung für die „von der ‚Weltzeit' des Tragischen und Erhabenen ausgeschlossenen und in die nicht-tragische ‚Verkehrszeit' verwiesenen Zivilisten"[70] und denken dabei die Tragödie der verhinderten Subjektwerdung immer schon mit.

Über die Jahrzehnte hat Jelinek unterschiedliche Textstrategien bei der Einschreibung des Zivilen in die Legitimitätssphäre der hohen Literatur verfolgt, deren Entwicklung im Folgenden anhand der Stücke *Wolken.Heim.* (1988) und *Die Schutzbefohlenen* (2014), mit einem Seitenblick auf *Stecken, Stab und Stangl* (1996) sowie *Rechnitz (Der Würgeengel)* (2008), nachgezeichnet werden soll.

---

[67] Ebd., S. 515. Zur Ästhetik des Niederen in der deutschen Literatur des 19. Jahrhunderts vgl. Irene Husser. „Ästhetik des Niederen zwischen Goethezeit und Realismus. Literatur und Pauperismus bei Georg Büchner und Annette von Droste Hülshoff gelesen mit Erich Auerbach". *Ästhetik im Vormärz.* Hg. Nobert Otto Eke und Marta Famula. Bielefeld: Aisthesis, 2021, S. 201–233.
[68] Vgl. Zygmunt Baumann. *Verworfenes Leben. Die Ausgegrenzten der Moderne.* Hamburg: Hamburger Edition, 2004.
[69] Tommek. *Der lange Weg in die Gegenwartsliteratur*, S. 544. Vgl. dazu Kapitel IV.4.3.
[70] Ebd., S. 544 f.

3.2 Ein unmögliches Gedächtnis

In Interviews hat Elfriede Jelinek eine generische Einordnung ihres Theatertextes *Wolken.Heim.* vorgenommen: „‚Wolken.Heim', ‚Totenauberg' und ‚Raststätte' sind eigentlich eine Trilogie. Die philosophische Vorbereitung, die Katastrophe und das Satyrspiel, so ist es eigentlich gedacht."[71] Die Einordnung des Textes in eine Trilogie mit Satyrspiel verweist auf die Theaterpraxis der griechischen Antike: Im Rahmen der Großen bzw. Städtischen Dionysien traten drei Tragödiendichter mit einer Tetralogie, bestehend aus drei Tragödien und einem Satyrspiel, im Wettbewerb gegeneinander an. Die drei Tragödien stellten abgeschlossene Einzelstücke dar, die als Teil einer Reihe dennoch Bezug zu den anderen Dramen aufwiesen: „Entweder man legte die Tetralogie als *thematische Einheit* an – dann bildeten zumindest die je zweite und dritte *Tragödie* die Fortsetzung der ersten bzw. zweiten –, oder man schuf grundsätzlich *Einzelstücke*, die vielleicht allenfalls durch eine übergreifende Idee, aber nicht durch ein und dasselbe Thema, ein und denselben Stoff miteinander verbunden waren."[72] Bei dem Satyrspiel handelte es sich um ein heiteres Nachspiel, das „Satyrn, Anhänger des Dionysos und mythologische Figuren zwischen Mensch und Tier, in burlesken Situationen" zeigte: „Ziel der abschließenden Satyrspiele war es, den Gott Dionysos nach den Tragödien wieder in den Mittelpunkt zu rücken."[73]

Jelineks um ein Stück entschlackte Bezugnahme auf das antike Theatermodell stiftet einen Zusammenhang zwischen den Texten, der auf dem Prinzip einer übergreifenden Idee beruht. Danach werden in *Wolken.Heim.* die ideologischen Grundlagen des Faschismus dargelegt, in *Totenauberg* rücken die nationalsozialistische Vergangenheit und ihre Wiederkehr in der Gegenwart in den literarischen Fokus, während das „derbe und schweinische Satyrspiel" *Raststätte oder sie machens alle* als „post-sozialistisches Stück" konzipiert ist, das den Sieg des kapitalistischen Lustprinzips zum Thema hat: „Mit dem Sieg des Kapitalismus haben diejenigen gewonnen, die sich nie für etwas anderes als ihr eigenes Wohl – Fressen, Saufen, Vögeln – interessiert haben."[74] Im Zusammenspiel der Texte entsteht so ein düsteres Panorama der deutschen Geschichte, die zu ihrer Wiederholung ansetzt. Der Verweis auf die antike Theaterpraxis verortet das hier in Rede stehende Stück in der Tradition der Tragödie und aktiviert so eine literari-

---

71 Tiedemann und Jelinek. „Das Deutsche scheut das Triviale", S. 38.
72 Joachim Latacz. *Einführung in die griechische Tragödie*. 2. Aufl. Göttingen Vandenhoeck & Ruprecht, 2003, S. 92.
73 Schößler. *Einführung in die Dramenanalyse*, S. 20.
74 Perthold und Jelinek. „Sprache sehen", S. 26.

sche Gattung, die maßgeblich von dem leidvollen und aussichtslosen Konflikt zwischen Subjekt und objektiver Schicksalsmacht geprägt ist.

In *Wolken.Heim.* legt Jelinek vor allem der Auseinandersetzung mit der RAF das tragische Konfliktmodell[75] zugrunde. In den RAF-Referenzen wird der gemarterte, ausgezehrte Körper des Individuums der selbstbezüglichen, entkörperlichten Rede des chauvinistischen Wir gegenübergestellt. Die RAF-Stimmen sind als Gegendiskurs gestaltet, der das Begehren nach Befreiung von der deutschen Geschichte zum Ausdruck bringt, jedoch an dem Anspruch der Subversion scheitert. Die Unentrinnbarkeit und „Übermacht des Objektiven"[76] holt die Revolte auf sprachlicher Ebene ein: Die Aufwertung des körperlichen Leidens zum heroischen Selbstopfer, das Pathos des Absoluten und die ideologische Kompromisslosigkeit der RAF-Rhetorik fügen sich in den Horizont der radikalen, elitären Geisteshaltung des nationalen Diskurses ein. Die Struktur der Heimsuchung und die Vergeblichkeit der Auflehnung gegen das historische Schicksal rufen das tragische Konfliktmodell auf: Wenn man in Hinblick auf *Wolken.Heim.* von einer Tragödie sprechen kann, dann von der Tragödie der linken Revolutionsbemühungen und der Tragödie des Engagements, das immer wieder zur Wiederholung der Gewalt verurteilt ist.

Die Neutralisierung und Absorption von Gegenstimmen konnten in Kapitel V und VI als Praxis des hegemonialen Diskurses bestimmt werden. Indem Jelineks Texte das Verschwinden der Vielstimmigkeit jedoch in Szene setzen, machen sie die Stimmen „hörbar und unhörbar zugleich"[77] und erfüllen im Hinblick auf das Verdrängte eine mnemopoetische Funktion. Das ist der Fall für die RAF-Stimmen in *Wolken.Heim.*, aber auch zum Beispiel für Fragmente aus Paul Celans Gedichtzyklus *Mohn und Gedächtnis*, die in das Stück *Stecken, Stab und Stangl* eingearbeitet sind und dort zwar „verschliffen" und zum Verschwinden gebracht, aber eben auch „als Unheimliches, als Störung und Widerstand innerhalb der Identitäts-, Heimat- und Naturmythen konserviert"[78] werden. Jelineks Konfigurationen der verschwindenden und verschwundenen Vielstimmigkeit legen davon Zeugnis ab, dass das Ausgeschlossene des hegemonialen Diskurses immer nur als Spur im Innen der Ordnung erfasst werden kann.

Der Erinnerung der Vielstimmigkeit wird in *Wolken.Heim.* überdies ein anderer Erinnerungsmodus an die Seite gestellt, in dem Leid- und Gewalterfah-

---

[75] Hans-Thies Lehmann unterscheidet zwischen tragischem Konflikt- und Überschreitungsmodell. Vgl. Lehmann. *Tragödie und dramatisches Theater*, S. 84–107.
[76] Peter Szondi. „Versuch über das Tragische". *Peter Szondi. Schriften*. Bd. 1. Berlin: Suhrkamp, 2011, S. 149–260, hier S. 159.
[77] Schößler. „Diffusion des Agonalen", S. 101.
[78] Ebd., S. 102.

rungen aufgerufen werden, die dem Stück als Abwesenheit eingeschrieben sind. Bereits der Titel weist als Klammerwort zu „Wolkenkuckucksheim" auf eine Auslassung hin. Tatsächlich drängt sich bei der Gestaltung des aggressiven Sprechgesangs die Frage nach dem Verbleib der zahlreichen anonymen Opfer der deutschen Geschichte auf, die den Preis für die Ideen von Nation und Volk mit ihrem Leben bezahlen mussten: „Die gespenstisch-heroische Gruppenidentität stellt sich auf Kosten der Einzelnen her, denn der Kollektivkörper nimmt erst auf der Grundlage der Abwesenheit des konkreten, einzelnen Körpers Gestalt an."[79] Der Text weist auf das Fehlen der Vernichteten hin, indem Spuren der Vernichtung gelegt werden. Der Chor der Untoten in *Wolken.Heim.*, der sich in einer gespenstischen Rede an die Gegenwart richtet, ist das Ergebnis eines Vereinheitlichungs- und Entindividualisierungsprozesses: Jelineks Verfahren besteht darin, die verwendeten Texte ihrer Einzigartigkeit zu berauben und die einzelnen Stimmen zu einem chauvinistischen Raunen zu amalgamieren. Dabei verweist die paratextuelle Zurschaustellung des verwendeten Materials jedoch auf das gewaltsam Angeeignete und ermöglicht die Unterscheidung der unkenntlich gemachten Stimmen. Heribert Tommek erkennt in dieser Doppelstrategie der Vereinheitlichung von Differenzen und ‚Vermassung' des Singulären bei gleichzeitiger Markierung des Ausgelöschten die für Jelineks Schaffen seit den 1990er Jahren typische Darstellung eines kollektiven Zustands, der die „*Einzelnen als Viele*"[80] abbildet.

Die Gestaltung eines ‚Zustandes von Zivilisten' lässt sich auch für *Wolken.Heim.* nachvollziehen: Die zivilen Opfer der Geschichte sind nicht mit dem Kollektivsubjekt des aggressiven Sprechgesangs, dem Chor der Untoten, identisch, sondern bezeichnen die „nicht sichtbaren Opfer der männlich-heroischen, naturalisierten Kriegslogik in der Gesellschaft"[81] und sind immer nur *ex negativo* als Leerstelle, genauer gesagt als „fehlende Gegenrede" in den nationalen Gedächtnisraum eingefaltet: „Die Strategie des Stücktextes sieht kein dialogisches Gegenüber der vielstimmigen Reden des ‚Wir' vor. Die ‚anderen' – zu Vernichtenden, Fremden, Opfer –, von denen fortwährend die Rede ist, bleiben ohne Stimme. Im Gestus dieses endlosen Sprechens aber wird dieses Schweigen mitinszeniert."[82] Mit der Darstellung der zivilen ‚Einzelnen als Viele' verfolgt Jelinek

---

[79] Tommek. *Der lange Weg in die Gegenwartsliteratur*, S. 540.
[80] Ebd., S. 544.
[81] Ebd., S. 540.
[82] Christina Schmidt. „Chor der Untoten. Zu Elfriede Jelineks vielstimmigem Theatertext ‚Wolken.Heim.'". *Zum Zeitvertreib. Strategien – Institutionen – Lektüren – Bilder*. Hg. Alexander Karschnia, Oliver Kohns, Stefanie Kreuzer und Christian Spies. Bielefeld: Aisthesis, 2005, S. 223–232, hier S. 228.

ein auf Negativität und Absenz ausgerichtetes Erinnerungskonzept. Der Text ruft einen stummen, „anonymen, nicht sichtbaren Protagonisten"[83] auf, der keinen Ort in der symbolischen Ordnung hat und dem die Selbstrepräsentation in der Sprache verwehrt bleibt. In der Inszenierung des Schweigens im Modus der endlosen Rede vermag das Stück den aus der kulturellen Sphäre des Tragischen Ausgeschlossenen „indirekt"[84] eine Stimme zu geben.

Tommek weist darauf hin, dass Jelineks Erinnerungsmodell, das auf eine Leerstelle im literarischen und kulturellen Gedächtnis verweist und die Abwesenheit eines zivilen Gedächtnisses reflektiert, Gedächtniskonzepten von *L'art pour l'art*-Positionen bei etwa Peter Handke oder Botho Strauß entgegengesetzt ist, deren Programm der „Wiederherstellung des Vergangenen, Verlorenen und Zerfallenen im Medium der Sprache" immer schon „auf ein organisch oder morphologisch Ganzes"[85] verweist. Des Weiteren bietet Jelinek mit der literarischen Modellierung eines zivilen Gedächtnisses, das den Vergessenen und als nicht-erinnerungswürdig Erachteten Geltung verschafft, einen Gegenentwurf zu einem nationalkulturellen Gedächtnis des Bodens auf, das sich, so Nietzsche, durch ein monumentalisches Verhältnis zur Vergangenheit auszeichnet. Diesem vertikal ausgerichteten, auf Vorstellungen von Höhe und Tiefe beruhenden Gedächtnis liegt der „Glaube an die Zusammengehörigkeit und Continuität des Grossen aller Zeiten"[86] zugrunde, das sich auf dem Weg zur Unsterblichkeit gegen das „Kleine und Niedere"[87] behaupten muss. Was nicht in der Logik des Heroismus aufzugehen vermag, also keine tragische Fallhöhe und kein auratisches Potential zur Größe mit sich bringt – so wie etwa die namenlosen zivilen Opfer der deutschen Gewaltgeschichte, hat keinen Ort im nationalen Heldengedächtnis. Bei den Protagonisten des monumentalischen Gedächtnisses handelt es sich um exzeptionelle, in der Regel männliche Individuen, wohingegen die Zivilist/-innen als Vielzahl „in der abendländisch-idealistischen Tradition nicht ‚erhabenheits-' und ‚tragödienfähig' [gelten], da ihnen der sich selbst begründende, souverän-heroische Subjektstatus nicht zuerkannt wird".[88]

Jelineks Gestaltung eines zivilen Gedächtnisses spiegelt den erinnerungspolitischen Umbruch vom heroisch-sakrifiziellen zum traumatisch-viktimologischen

---

[83] Tommek. *Der lange Weg in die Gegenwartsliteratur*, S. 544
[84] Ebd., S. 544f.
[85] Ebd., S. 541.
[86] Friedrich Nietzsche. „Vom Nutzen und Nachtheil der Historie für das Leben". *Friedrich Nietzsche. Sämtliche Werke. Kritische Studienausgabe in 15 Bänden*. Bd. 1. Hg. Giorgio Colli und Mazzino Montinari. Berlin, New York: De Gruyter, 1980, S. 241–334, hier S. 260.
[87] Ebd., S. 259.
[88] Tommek. *Der lange Weg in die Gegenwartsliteratur*, S. 555.

Opfergedächtnis im zwanzigsten Jahrhundert wider.[89] Die Vorstellung eines heroischen Opfers geht in dem lateinischen Begriff des *sacrificiums* auf und meint den (selbstbestimmten) Einsatz des eigenen Lebens als Gabe an eine Gemeinschaft oder höhere Instanz, während der Begriff *victima* das passive und wehrlose Opfer von Gewalt bezeichnet.[90] Aleida Assmann argumentiert, dass sich in den westlichen postheroischen Gesellschaften nach dem Zweiten Weltkrieg angesichts der Erfahrungen der Schoah und des Kolonialismus eine „ethische Wende von sakrifziellen zu viktimologischen Formen des Erinnerns" vollzogen hat: „Die ethische Bedeutung dieser Wende besteht [...] darin, die Opfer anzuerkennen, sie beim Namen zu nennen und ihre Geschichte zu erzählen."[91] Jelineks Auseinandersetzung mit der deutschen Vergangenheit in *Wolken.Heim.* partizipiert an diesen erinnerungspolitischen Transformationen, wenn das heroische Selbstopfer des nationalen und terroristischen Diskurses zum einen als chauvinistische Figur ausgewiesen, zum anderen an die passiven, ohnmächtigen Opfer einer asymmetrischen Gewalt erinnert, genauer gesagt die Unmöglichkeit ihrer Erinnerung aufgezeigt wird.

Mit dem Entwurf eines Gedächtnismodells, das auf die Einschreibung der zivilen Menge in die kulturelle Ordnung hinarbeitet, fordert der Theatertext nicht nur die „Pathostopographie"[92] des nationalen Heldengedächtnisses heraus, sondern übt auch Kritik an dem „in die tragische Tiefe strebenden Eigentlichkeits- und Substanz-Denken[...] der abendländischen Kultur"[93], das diese Pathostopographie hervorbringt und das von der Literatur bis in die Gegenwart perpetuiert wird. Durch die Projektion von unterschiedlichen Intertexten auf ein Plateau entstehen Textflächen, die statt Tiefe und Latenz Sichtbarkeit und Geheimnislosigkeit suggerieren. Diese an den Verfahren der Popkultur orientierte Poetik der Oberfläche intendiert mit der „Destruktion und Umformung der hermeneutischen Tiefendimension der Sprache"[94] die Abwehr eines idealistischen Kunstverständnisses, das auf Konzepten der Einheit, Identität, Innerlichkeit, Individualität, Substanz, Repräsentation, Originalität und Kontinuität beruht und diejenigen, die sich nicht als Subjekte in das Gedächtnis der Literatur und Nationalkultur einschreiben können, ausschließt. Die Konfiguration eines zivilen Gedächtnisses birgt nach Tommek

---

[89] Vgl. Aleida Assmann. *Der lange Schatten der Vergangenheit. Erinnerungskultur und Geschichtspolitik.* München: Beck, 2006, S. 74–81.
[90] Vgl. ebd., S. 73f.
[91] Ebd., S. 76f.
[92] Schößler. *Augen-Blicke*, S. 36.
[93] Tommek. *Der lange Weg in die Gegenwartsliteratur*, S. 556.
[94] Ebd., S. 532.

ein utopisches Moment jenseits aller Geschichtsphilosophie. Jelineks Schreiben destruiert die Auratisierung des heroischen Individuums und tritt stattdessen für die Eingliederung der ‚Zivilisten' ein. Ihr chorisches Schreibverfahren dient weder der Verherrlichung des Kollektivs noch der Verdammung des Massenmenschen, sondern der Darstellung des sozialen Menschen als Einem von Vielen.[95]

Damit lässt sich festhalten, dass Jelinek Ende der 1980er Jahre mit *Wolken.Heim.* das Modell einer mnestisch-kompensatorischen Literatur entwickelt, die die Eingliederung der aus der kulturellen und sozialen Ordnung Ausgeschlossenen und Verdrängten (Zivilist/-innen, Frauen, Fremden, Holocaust-Opfern) anstrebt. Dabei arbeitet sie sich intertextuell an dem Kanon der bürgerlich-idealistischen Literatur und Philosophie und ihrem auratischen, tiefenhermeneutischen Gedächtnismodell ab, das, zugeschnitten auf ein männliches, heroisches Subjekt, Verwerfungen des Zivilen und Nicht-Heroischen vornimmt. Die Tragödie bietet als Genre, das sinnlose und unverschuldete Leiden des Menschen zum Gegenstand hat, Anknüpfungspunkte für Jelineks Programm der Erinnerung der Zivilgeschichte als Leidensgeschichte und der Partizipation der Namenlosen an der hochkulturellen Legitimitätssphäre. Diese Partizipation vollzieht sich jedoch nicht im Modus der Repräsentation, sondern weist mit der Gestaltung einer Leerstelle auf die unhintergehbare Abwesenheit der Opfer hin.

Die Konfiguration des Außen als Leerstelle kommt auch in späteren Stücken der Autorin zum Tragen – so z. B. in *Rechnitz (Der Würgeengel)*. Der Theatertext ist als ein Botenbericht konzipiert, in dem von einer unbestimmten Anzahl von Bot/-innen in nicht klar voneinander abgrenzbaren Sprecherpositionen (einen Sonderfall stellt der als solcher ausgewiesene „Ausnahmebote" dar) die Ereignisse um das Massaker an jüdischen Zwangsarbeitern in Rechnitz im März 1945 referiert werden (vgl. Kapitel VII.2). Im antiken Theater bezeichnet der Botenbericht ein Stilmittel, mit dem auf der Bühne aus logistischen oder moralisch-ästhetischen Gründen nicht darstellbare Handlungen (z. B. Kriegsschlachten, Gewalttaten oder sexuelle Handlungen) vergegenwärtigt werden konnten. Jelineks Adaption dieses dramatischen Bauelements steht ebenfalls im Zeichen einer Repräsentationsproblematik, die indessen eine ethisch-epistemische Signatur trägt.

In dem Text stellt sich mitunter der Eindruck einer Unmittelbarkeit und Authentizität ein, wenn sich die Botenfiguren als Augenzeug/-innen des Massakers von Rechnitz zu erkennen geben: „Und da gibt es lebende Tote, ich habe sie selbst gesehen, obwohl ich eigentlich hätte von ihnen berichten sollen, die musste man nur mit dem kleinen Finger anstoßen, und schon fielen sie um, die Menschen, ja, diese hier ganz besonders, 180 Stück, da liegen sie, und nichts mehr dran an ihnen, [...]."

---

95 Ebd., S. 557.

(Re, 115) Diese Authentizitätsbekundungen werden jedoch systematisch durch Konfigurationen der Unzuverlässigkeit unterlaufen. Der Text verunklart den Status der Botenfiguren, indem er sie zwischen Distanz und Nähe, zwischen Beobachterposition („der Bote bleibt derweil ganz cool, er wartet, bis das Fleisch der Wehrlosen zerbrochen ist", Re, 121) und Identifikation mit dem Täterkollektiv (angezeigt durch den Wechsel in die 1. Person Plural) oszillieren lässt: „und wir dürfen sie eliminieren, sie sind da, sie müssen weg, so einfach ist das, [...], sie wurden uns zum Erschießen übergeben, überlassen, und wir üben das Schießen aus, das ist unser Privileg. Das Privileg der Menschen, welche nicht hohl sind, [...]." (Re, 98)

Durch diese Perspektivwechsel kommen denn auch sich widersprechende Botenberichte zustande, etwa betreffend die Mittäterschaft der Gräfin Batthyány, was die Aufarbeitung der Mordnacht verunmöglicht:

> Das wird nachher schon nicht so gewesen sein, dass sie [die Gräfin] selber geschossen hat, nur keine Sorge! Wir Boten sorgen dafür, dass es nachher nicht so geschehen wird! Wir werden einander widersprechen, manche werden gar nichts sagen, doch ohne uns wüßten sie überhaupt nichts, ohne die anderen wüßten Sie mehr, seien Sie froh, dass Sie nicht wissen, jedenfalls nicht von uns, sondern von anderen, dass die Frau Gräfin überhaupt hier war, denn bald wird sie wieder weg sein. (Re, 143)

Im Zusammenspiel von „Gerüchten, Imaginationen, Verleugnungen, Verleumdungen, Vermutungen, Halbwissen"[96], die sich widersprechen und gegenseitig relativieren, verschwindet die historische Wirklichkeit; das unaufhörliche, kaskadenartige Sprechen über Rechnitz führt zur Verschleierung des Geschehens: „seien Sie froh, dass Sie nicht wissen, [...], dass die Gräfin überhaupt hier war". An dieser Satzkonstruktion lässt sich anschaulich nachvollziehen, wie in der Botenrede Wissen und Nicht-Wissen ineinandergreifen bzw. wie Nicht-Wissen über die Mitteilung von Wissen entsteht. Das Paradox des Satzes besteht darin, dass das Wissen über die Anwesenheit der Gräfin bei dem Massaker zwar übermittelt, im gleichen Zug jedoch als Nicht-Wissen reklamiert und zurückgenommen wird. Mit der Inszenierung der Dialektik von Reden und Schweigen simuliert der Theatertext das ‚geschwätzige Verschweigen' der Zeugenberichte, das Eduard Erne und Margareta Heinrich, die Macher/-innen des Dokumentarfilms *Totschweigen (A Wall Of Silence)* (1994), bei ihren Recherchen in Rechnitz angetroffen

---

96 Bärbel Lücke. „Elfriede Jelineks *Rechnitz (Der Würgeengel)* – Boten der (untoten) Geschichte". *JELINEK[JAHR]BUCH (2010)*, S. 33–98, hier S. 35.

haben und das sie als typisch „österreichisches Phänomen" im Umgang mit der nationalsozialistischen Vergangenheit einordnen.[97]

Die sprachlichen Vernebelungsstrategien sind auf der einen Seite als Verdrängungsmechanismus und Desinteresse an der Aufklärung des Mordes ausgewiesen: „Ich will das gar nicht genau wissen." (Re, 123) Auf der anderen Seite zeigt der Text ein Abhängigkeits- und Machtverhältnis. Es wird immer wieder herausgestellt, dass die Botenfiguren nicht selbstbestimmt, sondern im Auftrag von anderen Instanzen handeln („Ich als Bote sage, was man mir aufgetragen hat, [...]." Re, 133) und dementsprechend gesellschaftliche Zensurbestimmungen internalisiert haben: „Jeder Bote weiß, wann er zu schweigen hat. Das hat er gelernt. Das hat er in diesem Land gelernt." (Re, 152) In diesem Schweigen macht das Stück eine Komplizenschaft der Bot/-innen mit dem nationalsozialistischen Täterkollektiv aus, die die Folgenlosigkeit der Taten und die Flucht der Mörder/-innen ermöglicht.

Es ist jedoch nicht nur das (Ver-)Schweigen der Botenfiguren, das die Vergangenheit der Darstellung entzieht, sondern auch das Schweigen der Opfer. Der Text weist immer wieder auf die Unmöglichkeit hin, den Opfern eine Stimme zu geben; diesbezügliche Versuche werden zurückgenommen und in ihrem Scheitern ausgestellt: „Da spricht der nackte Mann doch: Mutter, ich bin es, bin dein eignes Kind, das du selbst gebarst! [...] Nein, da wird nichts gesagt." (Re, 113) In Rekurs auf T. S. Eliots Gedicht *The Hollow Men* (1925) werden die ermordeten jüdischen Zwangsarbeiter als ,hohle Männer' adressiert, was auf der einen Seite die entmenschlichende Perspektive der Täter auf die Opfer wiedergibt, auf der anderen Seite aber auch die Leere, um die der Text kreist, ausstellt: „Es fehlen uns welche." (Re, 91) Dieses Fehlen wird in *Rechnitz (Der Würgeengel)* nicht kompensiert, sondern in seiner Brutalität und Sinnlosigkeit stehen gelassen: „Man fasst es nicht! Wer es fassen kann, der fasse es, das IST aber nicht zu fassen." (Re, 99)

---

[97] Vgl. Eduard Erne und Sandra Kegel. „Rechnitz-Massaker. Die Köchin sah die Mörder tanzen". *FAZ* (26. Oktober 2007). https://www.faz.net/aktuell/feuilleton/debatten/rechnitz-massaker-die-koechin-sah-die-moerder-tanzen-1489773-p3.html?printPagedArticle=true#pageIndex_2 (01. März 2022): „Anfangs dachten wir: Man muss nur mit den Menschen in Rechnitz reden und dann werden sie sagen, was passiert ist. Aber wir stellten fest, dass sie absolut gemauert haben. Sie redeten zwar über jene Nacht, wie sie die Schüsse gehört haben, die Schreie der Sterbenden, aber sie verschweigen die Details: Wo die Erschießung stattgefunden hat, wo die Menschen verscharrt wurden. Das war grotesk, diese Form des geschwätzigen Verschweigens, ein sehr österreichisches Phänomen. Einer sagt im Film: ,Die Juden haben eine Klagemauer, wir haben eine Schweigemauer.'"

Mit der Absage an die Darstellung der Ermordung und der Weigerung, für die Opfer zu sprechen, ruft der Theatertext ästhetische Diskurse der Undarstellbarkeit der Schoah auf, die auf die kunsttheoretischen Positionen von T. W. Adorno zurückgehen. Entgegen nachkriegszeitlichen Versuchen, Kunst als Medium der sittlichen Vervollkommnung und Läuterung des Menschen und der Gesellschaft durch die Aufrufung humanistischer Werte und Wahrheiten wiederzugewinnen, verpflichtet Adorno die künstlerische Praxis auf die Konfrontation mit Auschwitz. Mit dem Satz über Gedichte nach Auschwitz, der in der Verkürzung, ‚nach Auschwitz ein Gedicht zu schreiben, ist barbarisch', zum Bezugspunkt der Kultur- und Literaturkritik sowie des literarischen Sprechens nach 1945 wurde, formuliert Adorno ein säkularisiertes Bilderverbot, das nicht – wie oft missverstanden – Darstellungen per se unterbindet, sondern Darstellungsformen legitimiert, die die Bedingungen ihrer Textkonstitution: die Dialektik von Kultur und Barbarei selbstreflexiv problematisieren und die Darstellung des Undarstellbaren in Rechnung stellen. Wenn es in Jelineks Text immer wieder in Bezug auf Eliots Gedicht heißt, „we are the hollow men, we are the stuffed men", so wird im fremdsprachigen Literaturzitat deutlich, dass es nicht die Opfer von damals sind, die hier sprechen. Im Gegenteil wird Kunst bei Jelinek im Sinne von Adorno als Medium des nicht-identischen Sprechens bestimmt, also eines Sprechens, das Differenzen produziert und sich der Repräsentation verwehrt.

3.3 Eine unmögliche Rede

Elfriede Jelineks Blick auf das Außen des hegemonialen Diskurses ist das Problem seiner sprachlichen Uneinholbarkeit eingeschrieben. In den Theatertexten werden das Moment des Verschwindens und die Abwesenheit des zivilen Ausgeschlossenen in Szene gesetzt. Vor diesem Hintergrund muss sich der Beitrag der Autorin zur europäischen Flucht- und Migrationskrise, das Stück *Die Schutzbefohlenen*,[98] auf den ersten Blick als ein Bruch mit den erprobten ästhetischen

---

[98] Die Flüchtlingsproteste in Wien 2012/2013 und die humanitären Katastrophen vor der Küste von Lampedusa nahm Jelinek zum Anlass der literarischen Auseinandersetzung mit der europäischen Flucht- und Migrationspolitik. Der am 21. September 2013 in Hamburg in einer Lesung vorgestellte und am 23. Mai 2014 in Mannheim uraufgeführte Theatertext *Die Schutzbefohlenen* sollte jedoch nur den Auftakt für ein Work in Progress-Projekt bilden, das mit *Appendix* (2015), *Coda* (2015), *Epilog auf dem Boden* (2015/16) und *Philemon und Baucis* (2016) weitere Fortschreibungen der Thematik umfasst. In dem Eröffnungstext *Die Schutzbefohlenen* verarbeitet Jelinek die Proteste von Asylsuchenden in Wien im Herbst/Winter 2012/13. Vgl. dazu N. N. „Votivkirchen-Flüchtlinge: Eine Chronologie". *Wien ORF.at* (19. Februar 2013). http://wien.orf.at/

Verfahren darstellen, lässt die Autorin hier doch scheinbar im Modus der Repräsentation ein marginales Wir zur Sprache kommen, das seine Ausgeschlossenheit zum Gegenstand der Rede macht: „denn wir gehören noch nicht dazu, und wir werden nie dazugehören". (Sb, 12) Diese Sprechkonstellation ist an Aischylos' Tragödie *Die Schutzflehenden* (auch *Die Hiketiden*) angelehnt, die neben Ovids *Metamorphosen*, der Broschüre „Zusammenleben in Österreich" des österreichischen Bundesministeriums für Inneres und einer „Prise Heidegger, die muss sein, denn ich kann es nicht allein" (Sb, 19), als Intertext des Stücks ausgewiesen ist. Bei Aischylos treffen Danaos und seine 50 Töchter in Argos ein und bitten Pelasgos, den König von Argos, um Asyl in der peloponnesischen Stadt. Im griechischen Asylrecht muss zwischen der *Hikesie*, dem sakralen Asylrecht, und „der fremdenrechtlichen *asylia*, dem persönlichen Asyl, das bestimmten AusländerInnen durch eine griechische Polis gewährt wurde"[99], unterschieden werden. Die *Hikesie* wurde „vollzogen von Personen, die, ohne Schutz oder Recht, von Gefahr bedroht oder aufgrund einer Schuld verbannt, auf der Flucht sind und daher, häufig in der Fremde, um Asyl in einem Heiligtum nachsuchen".[100] Eingeleitet wurde die *Hikesie* durch das Einfinden der Schutzsuchenden an dem heiligen Ort des *asylon*, der in der Regel an den Grenzen von Ortschaften gelegen war und eine Zuflucht für Bedrängte und Verfolgte, unabhängig von ihrer Herkunft und ihrem sozialen Status, bot. Am *asylon* waren die Verfolgten vor dem Zugriff ihrer Verfolger sicher. Während die *Hikesie* prinzipiell jedem, der Zuflucht zu einem heiligen Ort gesucht hatte, offenstand, konnten die Verhandlungen um die *asylia* zwischen Schutzsuchendem und Schutzgewährendem einen nicht absehbaren Ausgang nehmen.

Aischylos' Tragödie wird mit der Altarflucht der Danaiden und ihrer *Hikesie*-Rede eröffnet und geht in die Asyl-Verhandlungen des Chors der Schutzflehenden mit König Pelasgos über: Die Danaiden machen geltend, dass sie aus Ägypten geflohen sind, um dem Ehewerben ihrer Cousins, der Söhne von Danaos' Bruder Aigyptos, zu entkommen. Der tragische Konflikt entfaltet sich aus dem politischen Sprengstoff, den die antike Asylpraxis birgt: „Zum Politikum wird die Hikesie [...] dadurch, dass der Schutzgewährende häufig in eine offene Konfrontation mit dem

---

news/stories/2572156/ (01. März 2022); Luigi Reitani. „,Daß uns Recht geschieht, darum beten wir.' Elfriede Jelineks *Die Schutzbefohlenen*". *JELINEK[JAHR]BUCH* (2014–2015), S. 55–71.
99 Silke Felber. „Verortungen des Marginalisierten in Elfriede Jelineks *Die Schutzbefohlenen*". *Jelineks Räume*. Hg. Pia Janke, Agnieszka Jezierska und Monika Szczepaniak. Wien: Praesens, 2017, S. 63–71, hier S. 67.
100 Susanne Gödde. *Das Drama der Hikesie. Ritual und Rhetorik in Aischylos' Hiketiden*. Münster: Aschendorff, 2000, S. 3.

Verfolger der Schutzflehenden tritt."[101] So ist auch in der Forschung Pelagos als die „eigentlich tragische Hauptfigur (oder zumindest neben den Danaiden eine zweite Hauptfigur)"[102] bestimmt worden, muss er doch bei der Gewährung der Hikesie eine kriegerische Auseinandersetzung mit den Aigyptos-Söhnen in Kauf nehmen. Pelagos entschließt sich dazu, das Volk über das Gesuch der Danaiden abstimmen zu lassen, welches sich dann für die Aufnahme der Schutzsuchenden ausspricht. Die Tragödie endet mit der Ankunft der Aigyptos-Söhne und ihrem bewaffneten Gefolge in Argos, was eine kriegerische Konfrontation antizipieren lässt, die selbst jedoch nicht mehr Gegenstand des Stückes ist.[103]

Man sieht, dass sich Jelinek bei der Rezeption der Tragödie vor allem auf den Akt des Klagens und Bittens der Danaiden bezieht und ein chorisches Sprechen entwirft, das sich in Anlehnung an das antike Drama an eine übergeordnete Instanz mit der Bitte um Schutz und Asyl wendet. Dabei ruft der Text eine Topologie von Innen/Außen auf[104] und lässt die Randständigen den Wunsch nach Anerkennung und Partizipation vortragen, macht zugleich aber auch die Unmöglichkeit der Teilhabe zum Thema, indem die Bedingungen der Zugehörigkeit zum Innen dargelegt werden; diese Zugangsbedingungen sind ökonomischer und sprachlicher Art.

Die ökonomische Logik asylrechtlicher Verfahren verhandelt Jelinek anhand der Blitzeinbürgerung der Tochter des ehemaligen russischen Präsidenten Boris Jelzin, Tatjana Borissowna Jumaschewa, hinter der „obskure Machtinteressen"[105] standen: 2009 war Jumaschewa auf Betreiben des Industriellen und Politikers Frank Stronach eingebürgert worden, der mit der Abwicklung der Einbürgerung ein Geschäft mit einer russischen Bank abschließen wollte, das den Kauf des Automobilherstellers Opel vorsah. Die Auseinandersetzung mit der Ungerechtigkeit des österreichischen Asylrechtssystems erfolgt bei Jelinek unter kapitalis-

---

101 Ebd., S. 32.
102 Ebd., S. 18.
103 Da es sich bei *Die Schutzflehenden* um den einzig erhaltenen (wahrscheinlich ersten oder zweiten) Teil einer Trilogie handelt, kann über den weiteren Verlauf der Handlung nur spekuliert werden. Der Danaiden-Mythos, nach dem die Danaiden nach der Belagerung von Argos und dem Tod von Pelagos an ihre Vettern verheiratet werden, diese jedoch in der Hochzeitsnacht ermorden, kann hier nur bedingte Auskunft über den Inhalt von Aischylos' Trilogie geben, handelt es sich doch bei antiken Tragödien stets um aktualisierte, den historischen und sozialen Kontexten verpflichtete Gestaltungen mythischer Vorlagen.
104 Vgl. auch Felber. „Verortungen des Marginalisierten in Elfriede Jelineks *Die Schutzbefohlenen*", S. 63: „Schließlich stellt sich in *Die Schutzbefohlenen* nicht nur die Frage, wer da spricht, sondern vor allem jene nach der Lokalisierung der SprecherInneninstanzen: wer spricht von welcher Position aus? Wer ist drinnen, wer draußen, wer unten, wer oben?"
105 Reitani. „Daß uns Recht geschieht, darum beten wir'", S. 58.

muskritischen Vorzeichen: „wir haben unsere Existenz als Zahlungsmittel, aber wir sind nicht der Zahlungsmittelpunkt, nein sind wir nicht, der ist die Frau Jumaschewa". (Sb, 9) Mit der Wortschöpfung „Zahlungsmittelpunkt" werden die räumlichen Beziehungen einer ökonomischen Logik unterstellt: Während Jumaschewa ihr ökonomisches Kapital in soziales Kapital transformieren kann, das ihr den Zugang zum Inneren des Systems ermöglicht, bleibt dieser den Asylsuchenden aufgrund ihrer materiellen Bedürftigkeit verwehrt.

Jelineks Entwurf einer ökonomisch fundierten Exklusionstopologie korrespondiert mit philosophischen und soziologischen Analysen des globalen Kapitalismus. Peter Sloterdijk spricht im Hinblick auf die kapitalistische Globalisierung von der Herstellung eines Weltinnenraums, eines „Treibhaus[es], das alles vormals Äußere nach innen gezogen hat"[106] und aus der Perspektive des Innen zwar unendlich scheint, dabei jedoch über die Existenz von Peripherien und Grenzen hinwegtäuscht. Slavoj Žižek richtet den Blick auf dieses Außen der kapitalistischen Ordnung: „Die globale Reichweite des Kapitalismus gründet auf der Art und Weise, in der er eine radikale Klassentrennung über den gesamten Globus einführt und damit diejenigen, die durch diese Sphäre geschützt sind, von denjenigen außerhalb ihres Schutzes trennt."[107] Der Kapitalismus zeichnet sich danach aus durch „die unvermeidliche Exklusivität [...] als Erbauung und Ausdehnung eines Weltinnenraums, dessen Grenzen unsichtbar, aber von außen unüberwindlich sind und der von eineinhalb Milliarden Globalisierungsgewinnern bewohnt wird".[108] Stefan Lessenich spricht in diesem Zusammenhang von den westlichen Externalisierungsgesellschaften, die die „negativen Effekte ihres Handelns auf Länder und Menschen in ärmeren, weniger ‚entwickelten' Weltregionen" auslagern: „Externalisierung heißt in diesem Sinne: Ausbeutung fremder Ressourcen, Abwälzung von Kosten auf Außenstehende, Aneignung der Gewinne im Innern, [...]."[109] Nach Zygmunt Baumann haben diese Externalisierungsmechanismen zur Folge, dass an den Rändern der kapitalistischen Ordnung „verworfenes", aus der Sicht des Innen ‚überflüssiges' und ‚entbehrliches', nicht gebrauchtes und nicht gewolltes Leben entsteht, das einen „unbeabsichtigten und ungeplanten ‚Kollateralverlust' des wirtschaftlichen Fortschritts"[110] darstellt. Das

---

106 Peter Sloterdijk. *Im Weltinnenraum des Kapitals. Für eine philosophische Theorie der Globalisierung.* Frankfurt/M.: Suhrkamp, 2005, S. 26.
107 Slavoj Žižek. *Der neue Klassenkampf. Die wahren Gründe für Flucht und Terror.* 2. Aufl. Berlin: Ullstein, 2016, S. 9 f.
108 Ebd., S. 9.
109 Stefan Lessenich. *Neben uns die Sintflut. Die Externalisierungsgesellschaft und ihr Preis.* Berlin: Hanser, 2016, S. 24 f.
110 Baumann. *Verworfenes Leben*, S. 58.

Prinzip der Externalisierung wirkt dabei nicht nur in geographischer Hinsicht als Grenzziehung zwischen globalem Norden/Westen und globalem Süden. Insofern die „Produktion ‚menschlichen Abfalls' – korrekter ausgedrückt: nutzloser Menschen [...] ein unvermeidliches Ergebnis der Modernisierung und eine untrennbare Begleiterscheinung der Moderne"[111] darstellt, verlaufen die Grenzen zwischen Außen und Innen nicht nur geographisch, vielmehr greifen die sozialen und wirtschaftlichen Verteilungs- und Ausschlussmechanismen immer auch dort, wo Gewinner/-innen und Profiteur/-innen des globalen Kapitalismus Globalisierungsverlierer/-innen gegenüberstehen, die keinen Ort in der ökonomischen Verwertungslogik haben.

Die globale Wirtschaftsordnung im einundzwanzigsten Jahrhundert ist mehr denn je von der Trennung in Außen und Innen bestimmt, die sich zwar gegenseitig bedingen, jedoch durch unsichtbare Grenzen voneinander geschieden sind. Jelineks Theatertext thematisiert die Lage von Geflüchteten und Migrant/-innen in Europa im Rahmen dieser Exklusionstopologie und bringt den Anspruch auf Zugang zum Weltinnenraum, der einen Schutzraum bietet, zum Ausdruck, zeigt dabei aber das Scheitern dieses Begehrens und führt es auf die materielle Mittellosigkeit der Schutzsuchenden zurück. Die ökonomische Logik der Asylpraxis steht im Widerspruch zum moralischen Selbstverständnis westlicher Gesellschaften, das in dem Stück an der Wirklichkeit der Schutzsuchenden gemessen wird. So hinterfragt der Theatertext anhand der prekären Lage von Geflüchteten und Migrant/-innen den Universalitätsanspruch der Menschenrechte und klagt an, dass im globalisierten Kapitalismus das „Menschsein zu einer Frage der Kaufkraft"[112] degradiert worden ist: „wir haben unsere Existenz als Zahlungsmittel". (Sb, 9) Im Zusammenhang damit wird die Aushöhlung humanistischer Ideen durch die kapitalistische Warenwelt und Erlebnisgesellschaft kommentiert: „die Freiheit brauchen wir für die Freizeit". (Sb, 7) Die Reduktion der Freiheitsidee auf einen Lifestyle und eine Möglichkeit privater Selbstverwirklichung legitimiert die Ausblendung realer Unfreiheiten und Ungerechtigkeiten. Indessen verläuft die Abdrängung humanistischer Grundsätze in hedonistische und konsumistische Kontexte entlang sozialer Trennlinien: Diejenigen, die nicht über die materiellen und symbolischen Ressourcen verfügen, zu konsumieren und sich statusökonomisch in Szene zu setzen, sind vom humanistischen Wertekanon ausgeschlossen.

Die Herrschaft des Kapitals wird auch in der Adressatenstruktur des Theatertextes reflektiert. Die Bitten der Schutzsuchenden richten sich immer wieder an einen „Herr[n] in der Schweiz, in Kanada, im Ösenland, du Herr der Bestandteile,

---

[111] Ebd., S. 12.
[112] Sloterdijk. *Im Weltinnenraum des Kapitals*, S. 26.

Herr allen Bestands". (Sb, 11) Der Anredegestus rekurriert auf die Kommunikationssituation in Aischylos' *Die Schutzflehenden*, genauer gesagt auf das Bittgesuch der Danaiden gegenüber Pelagos. Die Anredeformel „Herr" und das monologische, fast tranceartige Sprechen weisen die Struktur einer religiösen Zwiesprache auf, wie sie bereits in der „für die griechische Antike so spezifischen Verbindung von Literatur und Religion, von Drama und Dionysos-Kult"[113] angelegt ist und auch bei Aischylos in der literarischen Gestaltung des *Hikesie*-Rituals zum Tragen kommt. Das Gebet des Wir in *Die Schutzbefohlenen* richtet sich jedoch weder an eine göttliche Instanz noch an einen politischen Entscheidungsträger, sondern an Frank Stronach, den Milliardär, Vorsitzenden des österreichisch-kanadischen Automobilzulieferers Magna International und Gründer der Partei „Team Stronach". In der Konstruktion einer religiösen Kommunikationsstruktur zeigt der Theatertext das Fortbestehen von postsäkularen ökonomischen Eschatologien, die – vergleichbar mit religiösen Heilsvorstellungen – mit Erlösungsszenarien operieren (vgl. Kapitel V.2), aus denen jedoch weniger Nicht-Gläubige denn Nicht-Besitzende ausgeschlossen bleiben.

Bis dato lässt sich festhalten, dass in Jelineks *Die Schutzbefohlenen* ausgehend von der Lage von Geflüchteten und Migrant/-innen Fragen nach der Existenz von realen und symbolischen Grenzen im einundzwanzigsten Jahrhundert verhandelt und gesellschaftliche Exklusionsmechanismen aufgezeigt werden. So stellt der Theatertext dar, dass die Zugehörigkeit zum Innen, also das Recht auf Heimat und Asyl in Europa, von ökonomischen Faktoren abhängig ist. Das Stück weist aber auch ein weiteres topologisches Selektionskriterium nach: die Sprache. In *Die Ordnung des Diskurses* unterscheidet Michel Foucault zwischen Ausschließungs- und Verknappungssystemen, die die Einschränkung und Begrenzung des Diskurses steuern: Ausschließung ist das Produkt von Grenzziehungen und Entgegensetzungen (von Erlaubtem und Verbotenem, Vernunft und Wahnsinn, Wahrem und Falschem), wohingegen der Diskurs von Innen durch die Funktion des Kommentars, des Autors, die Organisation von Disziplinen und die Verknappung der sprechenden Subjekte reguliert wird.[114]

In *Die Schutzbefohlenen* werden in der Rede des marginalen Wir immer wieder Sprechverbote und sprachliche Ausschlüsse zum Thema gemacht: „wir dürfen nicht klingen und nicht klagen, wir dürfen gar nichts, nicht einmal hier sein". (Sb, 10) Als Ausschließungssystem tritt in dem Text die Unterscheidung von „Barbarensprache" (Sb, 4) und legitimer Sprache zutage, wobei die legitime Sprache nicht auf die Sprache der Einheimischen beschränkt ist, schließlich vermag auch

---

113 Gödde. *Das Drama der Hikesie*, S. 251.
114 Vgl. Michel Foucault. *Die Ordnung des Diskurses*. 10. Aufl. Frankfurt/M.: Fischer, 2007.

Jumaschewa in das Gemeinwesen aufgenommen zu werden, obwohl sie die deutsche Sprache nicht beherrscht: „die können überall Russisch sprechen, wir können nicht einmal Deutsch". (Sb, 15) Die legitime Sprache ist die Sprache der Mächtigen und Besitzenden, während die Sprache der ökonomisch Bedürftigen fremd bleibt und in konativer Hinsicht zum Scheitern verurteilt ist: „aber es will ja keiner, nicht einmal ein Stellvertreter eines Stellvertreters will es hören, niemand, aber wir würden es erzählen, [...] aber verstehen werden sie uns nicht, wie auch, wenn Sie es gar nicht hören wollen. Verstehen werden sie nicht, und unser Reden wird ins Leere fallen, in Schwerelosigkeit". (Sb, 6)

Neben diesen Grenzziehungen werden in dem Stück auch die „Spielregeln" der „Konstruktion neuer Aussagen"[115], also die Möglichkeitsbedingungen der Produktion von ‚wahren' und diskursfähigen Aussagen ausgestellt. Der Text macht die rhetorisch-formale Verfasstheit der marginalen Rede zum Thema, welche als „leises Flüstern", „lispelnde Klage" (Sb, 11) und „weitschweifende Rede" (Sb, 7) charakterisiert ist. Die Sprache der Asylsuchenden stellt in puncto Lautstärke, Artikulation und Ausdruck eine Abweichung bzw. einen rhetorischen Regelverstoß (vor allem auf den Ebenen der *Elocutio* und *Actio/Pronuntiatio*) dar, erscheint also im etymologischen Sinne des Wortes ‚barbarisch' als unverständlich, stammelnd und unkultiviert. Diese Bestimmung der chorischen Rede als Abweichung evoziert zugleich die Vorstellung einer Norm, die vornehmlich im Rekurs auf die Broschüre des Bundesministeriums für Inneres etabliert wird.

Jelineks Bezugnahme auf die Broschüre zeichnet sich durch die Auseinandersetzung mit den dargelegten Inhalten (Vorstellung der österreichischen Wertegemeinschaft) aus und übt Kritik an der Bigotterie und der stellenweisen Insensibilität des Dokuments,[116] aber auch die Sprache der Broschüre ist Thema des Theatertextes: „Kurz und klar ist die Broschüre, und sie ist nicht auf die bloßen Zeitverhältnisse eingeschränkt, sie ist schrankenlos, sie gilt für alle, daher Ihre Überlegenheit über uns." (Sb, 7) Der weitschweifigen, lispelnden Ausdrucksweise des Wir steht die klare, sachliche, bürokratisch-stringente Diktion der Broschüre gegenüber, die zudem einen hohen Abstraktions- und Allgemeinheitsgrad an den Tag legt. Die Überlegenheit des bürokratischen Diskurses besteht darin, das Individuelle und Singuläre aus seinen „bloßen Zeitverhältnisse[n]", also raumzeitlichen Kontexten zu lösen und unter ein Gesetz oder eine Norm zu subsumieren. Das Bild der Schrankenlosigkeit assoziiert einen absoluten

---

115 Ebd., S. 22.
116 So wird zur Veranschaulichung der Werte der Gerechtigkeit, der Anerkennung und des Respekts das Beispiel eines Schwimmwettkampfs herangezogen, was angesichts der für viele Geflüchtete und Migrant/-innen tödlichen Einreiseroute über das Mittelmeer geschmacklos scheint.

Geltungsanspruch, den die zu Redundanzen, Detailreichtum und Wiederholungen neigende, gebetsmühlenartige Sprache des marginalen Wir nicht erfüllen kann. Jelinek inszeniert die Rede der Schutzsuchenden als eine dem Subjektiven, Affektiven und Emotionalen verhaftete, ins Nonverbale und Parasprachliche tendierende Ausdrucksweise, als „Seufzer, gepresst aus der Tiefe des Herzens" (Sb, 10), der diskursiv nicht anschlussfähig ist bzw. die Ordnung des Diskurses übersteigt.

Dahin gehend lässt sich festhalten, dass in *Die Schutzbefohlenen* die Bedingungen der Teilhabe am hegemonialen Diskurs reflektiert werden und dabei ein marginales Sprechen zutage tritt, das es eigentlich nicht geben dürfte, weil es diese Bedingungen nicht erfüllt.[117] Damit ist in die chorische Rede eine Differenz eingeschrieben, die auch in der rhetorischen Gestaltung des Textes zum Tragen kommt. Wo Jelinek auf der einen Seite die pathetische Rede literarischer und philosophischer Provenienz – wie für *Wolken.Heim.* in Kapitel VII.2 dargelegt – einer Trivialisierung unterzieht mit dem Ziel, die Topoi der Höhe als Insignien einer Herrenmoral und eines chauvinistischen Habitus zu demontieren, führt sie auf der anderen Seite das *genus grande* der Tragödie als einen positiven Bezugspunkt ihrer Auseinandersetzung mit der Gattung ins Feld:

> Ich finde ja, man sollte sich als Autorin schon mit aktuellen Dingen auseinandersetzen […], aber man muss das dann irgendwie anheben (man muss gar nichts, es ist meine Methode, es gibt sicher andere), aus dem Alltäglichen etwas Gültiges machen, indem man es auf eine andre Ebene bringt (ich benütze dazu oft die klassische griechische Tragödie), sonst hat es für mich literarisch keinen Sinn.[118]

> Ich finde, man muss die großen Dinge klein machen und die kleinen groß. Das ist so ein Prinzip von mir, dass man das Pathos herunterholen und trivialisieren muss und umgekehrt, den Alltag der kleinen Leute groß machen muss.[119]

Die Autorin macht den pathetisch-hohen Stil als eine ästhetische Möglichkeit geltend, das Tagesgeschehen ‚irgendwie anzuheben' und den ‚Alltag der kleinen

---

117 So hat auch Immanuel Nover herausgestellt, dass ein zentraler Unterschied zwischen den Schutzflehenden bei Aischylos und Jelinek darin besteht, dass die Töchter des Danaos im antiken Drama als „handlungsfähige Subjekte" gezeigt werden, während in Jelineks Theatertext „Agency […] trotz der vermeintlichen sprachlichen Handlung nicht erreicht werden" kann. Immanuel Nover. „Wer darf sprechen? Stimme und Handlungsmacht in Aischylos' *Die Schutzflehenden* und Elfriede Jelineks *Die Schutzbefohlenen*". *Das Politische in der Literatur der Gegenwart.* Hg. Stefan Neuhaus und Immanuel Nover. Berlin, Boston: De Gruyter, 2019, S. 323–339, hier S. 327 und 332.
118 Walter Thaler und Elfriede Jelinek. „‚Man muss das Pathos wagen.'" *Der Heimat treue Hasser. Schriftsteller und Politik in Österreich. Ein politisches Lesebuch.* Hg. ders. Wien: New Academic Press, 2013, S. 305f., hier S. 306.
119 Tiedemann und Jelinek. „Das Deutsche scheut das Triviale", S. 36.

Leute groß zu machen ', also soziokulturell marginalen Phänomenen Sicht- und Hörbarkeit zu verleihen. Das Bestreben, einen pathetisch-erhabenen Stil zu finden, der historisch nicht belastet ist, führt Jelinek zur klassischen antiken Literatur, die als Arché, Vor- und Leitbild des *genus grande* in der europäischen Literaturgeschichte gilt.[120]

Antike Rhetoriken unterscheiden drei Aufgaben (*officia*) des Redners: *docere* (belehren), *delectare* (gefallen) und *movere* (bewegen), denen drei Stilarten, die *genera dicendi*, zugeordnet worden sind: *genus humile*, *genus medium* und *genus grande*. Der hohe Stil ist in erster Linie wirkungsästhetisch bestimmt und eng mit dem Begriff des Pathos verbunden. So beurteilt schon Aristoteles in der *Poetik* die Elemente der Tragödie danach, „ob sie zur eigentümlichen Wirkung der Tragödie, nämlich zur Erregung der tragischen Affekte, beitragen".[121] Dem Dichter/Redner, der sich auf das *genus grande* beruft, geht es darum, die Zuhörer/-innen, Zuschauer/-innen oder Leser/-innen affektiv zu bewegen (*movere*), ihre Gemüter durch Jammer und Schauder, Furcht und Mitleid, Lust und Unlust zu erregen. Die Affektrhetorik hat einen Katalog von Figuren, Tropen und Verfahren zur Evokation und Darstellung von pathetischer Ergriffenheit hervorgebracht, zu denen ein auffälliger Wortschatz (mit Archaismen, großen Komposita), Interjektionen, Apostrophen (Adressierungen von Göttern, Verstorbenen oder Abstrakta), Vergegenwärtigungen, Amplifikationen, Wiederholungen, Antithesen u.v.m.[122] zählen. Dennoch erschöpft sich der erhaben-pathetische Stil nicht in der appellativen Funktion, sondern kann auch auf „einen Sprecher als ‚Ausdruck' von dessen Seelenzustand" sowie auf die „‚Darstellung' auf einen Gegenstand, der es [das Pathos] ausgelöst hat"[123], verweisen. Das dichterische und rhetorische Pathos rechtfertigt sich also auch durch die Ergriffenheit und Ekstase des sprechenden Subjekts und durch den hohen Gegenstand der Rede, wobei in der Rhetoriktradition im Sinne der *Aptum*-Regeln nicht jedes Sujet zum Objekt des Erhabenen taugt: „Die angemessenen Gegenstände des hohen Stils sind die jeweils letzten Dinge einer Religion, einer Nation oder der Menschheit überhaupt. Pathoswürdig

---

[120] Tatsächlicher Ursprung des hohen Stils stellen die im Rahmen des Dionysos-Ritus rezitierten Lob- und Preislieder dar; ausgehend von diesen hat sich der „hohe[...] poetische[...] Stil für die Griechen und alle späteren ausgebildet: hat sich doch die Tragödie daraus entwickelt und damit alle erhaben-pathetische Dichtungen des Abendlandes [...]." Bruno Snell. *Die Entdeckung des Geistes. Studien zur Entstehung des europäischen Denkens bei den Griechen*. 5. Aufl. Göttingen: Vandenhoeck & Ruprecht, 1980, S. 57.
[121] Rainer Dachselt. *Pathos. Tradition und Aktualität einer vergessenen Kategorie der Poetik*. Heidelberg: Winter, 2003, S. 26.
[122] Vgl. ebd., S. 78–100.
[123] Ebd., S. 20.

ist, was die Leidenschaft aller, nicht was die Leidenschaft Einzelner erregt. Der Affektausbruch des Einzelnen ist ein Verstoß gegen die guten Sitten [...]."[124]

In sprachlich-rhetorischer Hinsicht weisen *Die Schutzbefohlenen* zahlreiche Merkmale des *genus grande* auf. Der feierliche, ernste Ton, in dem der Theatertext gehalten ist, ist das Ergebnis einer archaisierenden, durch den antiken Intertext transponierten Sprache. Altertümliche Begriffe und Wendungen („unsres Stammes Fluch", „Blutschuld", „erhabener Hain der Heimat", „Hort") ebenso wie eine ungewöhnliche, archaisierende Syntax („Fliehe nicht mich!", „von Furcht abbrechend unsere Worte") tragen zum unzeitgemäß hymnischen, kultisch-religiösen Charakter der Rede bei. Auch der Einsatz von Affekt-Figuren wie Interjektionen, Apostrophen („O droben ihr Himmlischen", die zahlreichen „o Herr"-Anreden) und Antithesen (Asylsuchende/Einheimische, Außen/Innen, Masse/Individuum) entfaltet eine intensivierende Wirkung und verleiht der chorischen Rede einen pathetischen Nachdruck. Gleichfalls arbeitet der Theatertext mit Wiederholungen – sowohl „unterhalb der Bedeutungsebene als Klang, Rhythmus und Metrum"[125], was die spezifische Musikalität des Stückes (wie von Jelineks Texten überhaupt) auszeichnet, als auch auf makrostruktureller Ebene durch das Verfahren der *Amplificatio*. So weist die (An-)Klage der Schutzflehenden keine Entwicklung und keinen Argumentationsgang, also keine *dispositio* auf, sondern variiert das Thema der Ausgeschlossenheit und Marginalität in immer neuen Anläufen. Wie Dachselt ausführt, wirken Wiederholungen in ihrer Redundanz eher appellativ denn denotativ[126] und auch im Fall von *Die Schutzbefohlenen* dient das Verfahren der *Amplificatio* dazu, die Unermesslichkeit des Leidens eindringlich darzustellen und dadurch im Sinne der Wirkungsästhetik Mitleid und Empathie zu erregen.

Mit dem *genus grande* lässt der Theatertext vermeintlich randständigen Phänomenen und marginalen Existenzen Geltung und gesamtgesellschaftliche Bedeutung zukommen. In der hohen Sprache erfährt das tagesaktuelle Geschehen mitsamt seinem niederen Personal eine Aufwertung, da Verknüpfung mit den ‚letzten Dingen der Menschheit', also mit Fragen der Politik und Moral, der Schuld und Verantwortung. Mit Jacques Rancière lässt sich feststellen, dass die Darlegung marginaler Rede im hohen Stil die soziale „Verteilung des Sichtbaren, Sagbaren und Machbaren"[127] herausfordert und neue Wahrnehmungsverhältnisse schafft. Zugleich lässt Jelineks Stück nicht vergessen, dass es sich bei der theatralen Rede um kein authentisches Sprechen handelt. Die Reflexion der Be-

---

124 Ebd., S. 148 f.
125 Ebd. S. 94.
126 Vgl. ebd., S. 94.
127 Jacques Rancière. Ist Kunst widerständig? Berlin: Merve, 2008, S. 38.

dingungen der diskursiven Teilhabe und der Auftritt einer nach-protagonistischen Chorfigur, aber auch der Einsatz des *genus grande* gehen nicht im Modell der Repräsentation auf. Das Sprechen im hohen Stil ist im intertextuellen Verweis als literarisierte, stilisierte Rede markiert, die den Blick auf das Außen des Diskurses zwar lenkt, dabei jedoch mit diesem nicht identisch ist und die Sprache der Anderen immer schon überschreibt. Damit lesen sich *Die Schutzbefohlenen* als eine Variation von Jelineks Verfahren der Annäherung an das Außen der hegemonialen Ordnung durch das Ausstellen der Unmöglichkeit, dieses Außen sprachlich einzuholen. Die markierte Senderlosigkeit der Rede erscheint als eine Weiterentwicklung der intertextuellen Methode in *Rechnitz (Ein Würgeengel):* Stellt in dem früheren Text – wie oben ausgeführt – der Einsatz des Zitats von T. S. Eliot, „we are the hollow men, we are the stuffed men", die Abwesenheit des Sprecherkollektivs in Rechnung und verweist auf eine Leerstelle im Erinnerungsdiskurs, wird in *Die Schutzbefohlenen* nun der ganze Text in intertextueller Anlehnung an Aischylos' *Die Hiketiden* von einer chorischen Formation vorgetragen, deren sprachlicher Auftritt auf unterschiedlichen Ebenen als unmöglich ausgewiesen ist.

3.4 Erscheinen des *demos*

Bisher wurde dargelegt, dass Jelineks Blick auf das Außen des Diskurses die Unmöglichkeit der Repräsentation dieses Außen mitdenkt und das Erscheinen des Außen im hegemonialen Innen als Inszenierung kenntlich macht. Dabei bleibt zuletzt zu fragen, inwiefern diese Ausrichtung der Literatur auf das Außen einem politischen Impuls folgt. Jelinek selbst spricht von einer „moralische[n] Verpflichtung, mich der Unterprivilegierten anzunehmen".[128] Nun aber gilt Theoretiker/-innen des Politischen wie Chantal Mouffe und Jacques Rancière die Figur der Ausschließung als ein Symptom des Postpolitischen (vgl. Kapitel II.3), schließlich zementiere die Forderung nach Inklusion die bestehende hegemoniale Ordnung, anstatt diese agonistisch herauszufordern: „Wenn man die vom Markt systematisch erzeugten strukturellen Ungleichheiten als ‚Exklusion' neu definiert, kann man sich der Analyse ihrer Ursache entheben und damit der fundamentalen Frage ausweichen, welche Veränderungen der Machtverhältnisse notwendig wären, um gegen die Ungleichheiten anzugehen."[129] Auch wenn außer

---

128 Presber und Jelinek. „‚das schlimmste ist dieses männliche Wert- und Normensystem, dem die Frau unterliegt'", S. 128.
129 Mouffe. *Über das Politische*, S. 82.

Frage steht, dass Jelineks Schaffen einem moralischen Imperativ folgt, so soll im Folgenden gezeigt werden, dass ihre ästhetische Herangehensweise an das Problem der Ausschließung zugleich eine politische Signatur im Sinne der oben getroffenen Definitionen des Politischen trägt.

Erinnert sei dazu noch einmal an die Ausführungen in IV.4.3: In Auseinandersetzung mit der antiken Tragödie findet Jelinek in ihren Theatertexten zu chorischen Konfigurationen des singulär Pluralen (Nancy) bzw. der Einzelnen als Viele (Tommek), die den postpolitischen Tendenzen der Auslöschung von Differenzen und Vermassung Widerstand leisten. Wird in Texten wie *Wolken.Heim.* das Verschwinden der Vielstimmigkeit in der Wir-Rede in Szene gesetzt, ist der Chor in *Die Schutzbefohlenen* nicht als Bedrohung, sondern als Möglichkeitsbedingung der Einzelnen angelegt. In dem Stück kommen rudimentäre Formen des Zwiegesprächs durch die liturgische Struktur der Rede, vor allem aber durch Individuationen des Sprechens zustande, die sich aus dem chorischen Wir absondern, um sodann wieder in den Sprachfluss zurückübergeführt zu werden:

> Von alter Blutschuld, die grauenhaft der Erde Schoß entwich, ausgerechnet zu *uns*, zu *meiner* Familie, kann niemand befreit werden, es kann keine Ausnahme gemacht werden außer *mir*, *ich* bin außer *mir*, alle *tot*, alle tot, grauenhaft entwichene Schuld, aber das ist Ihnen wurst, das kümmert Sie nicht, allvernichtendes, das kann ich jetzt nicht lesen, Mordgen? Nein, von Genen wissen *wir* nichts, *wir* sind Bauern gewesen, *wir* sind Ingenieure gewesen, *wir* sind Ärzte gewesen [...]. (Sb, 7) [meine Hervorhebungen, I. H.]

> *wir* stehen einfach nur so da, auf dem gemeinsamen Fundament, bloß will keiner zu *uns* hinaufsteigen auf das gemeinsame Fundament, es ist ein Fundament der Werte, die man Gleichwertigkeit nennt, ja, so fasst man die Werte zusammen, wozu soll *ich* überhaupt aufstehen, wenn alle gleich wert sind? *Ich* liege hier in der Kirche auf dem kalten Steinboden und bin genausoviel wert wie Sie! [...] *ich* könnte Ihnen Sachen erzählen vom *Tod*, vom Kopfabschneiden, vom Erschießen, Erschlagen, Erstechen, da würde Ihnen die Freude auf Ihren eigenen Tod glatt vergehn, so, Ende des Hinweises auf das Sterben anderer, und jetzt zu Ihnen: Mit Ihrem eigenen Tod können Sie gar nichts machen, nein, da können Sie nichts machen, mit dem können Sie nichts anfangen, das ginge gar nicht, und das könnten Sie auch keinem erzählen, das würde Ihnen niemand glauben, wie das ist, zu sterben. Niemals könnten Sie dort oben, auf Ihrer Klippe, dort oben, auf Ihrem Berg, *unsere* Gefährdung verstehen, denn wenn Sie einmal selbst in Gefahr sind, ups, dann ist es zu spät. Sie verstehen es nicht, aber das wäre die Voraussetzung, eine Seinsmöglichkeit des Miteinander mit *uns* herzustellen, und das bedeutet, dass ein Dasein das andere vertreten können müsste, so. Es ist nicht vertretbar, dass *wir* dauernd nur getreten werden, bloß weil Sie sich mal die Füße vertreten wollten und nicht geschaut haben, ob dort schon jemand steht. (Sb, 8) [meine Hervorhebungen, I. H.]

Der Wechsel zwischen Ich und Wir vollzieht sich in einer Oszillationsbewegung: Es liegt keine dramatische Sprechsituation mit eindeutiger Verteilung der Rollen und Repliken vor, stattdessen gehen die Sprecherinstanzen fließend ineinander über. Jelinek inszeniert ein sprachliches Kontinuum, das sich zeitweilig zu identifizierbaren Stimmen und Diskursen verdichtet. Kovacs und Felber haben für diese Textmetamorphosen den Begriff des ‚schwärmenden Schreibens' geprägt, erinnert doch „der ständige Wechsel der Sprecherposition zwischen einem Ich und einem Wir an die plötzliche Bildung des Schwarms, der jederzeit in seine Einzelteile, in einzelne ‚Ichs' auseinanderfallen kann, um gleich darauf wieder als ‚Wir' aufzutreten".[130] Bei Wir und Ich handelt es sich in den oben zitierten Textpassagen nicht um distinkte Sprechinstanzen, vielmehr bietet das Ich eine Art solistische Einlage innerhalb einer chorischen Komposition dar, die das Leitmotiv individuell interpretiert. Das marginale Wir gibt Thema und Takt der Rede vor und stellt so die Rahmenbedingungen für den Auftritt des Ich.

In *Die Schutzbefohlenen* fungiert vor allem der Tod als Trigger der Individuation, so fallen das Motiv des Todes und die Individualisierung der Rede immer wieder zusammen. Die Bedeutung des Todes für das menschliche Dasein ist ein zentraler Gegenstand der abendländischen (Existenz-)Philosophie, wobei in Jelineks Theatertext allen voran Heidegger als intertextueller Bezugspunkt der Auseinandersetzung mit Fragen von Existenz, Tod und Zeit dient. Für Heidegger erscheint der Tod in seiner Unhintergehbarkeit als eine Möglichkeit des authentischen, ‚eigentlichen' Daseins, das sich als Sein zum Tode realisiert: Erst das Bewusstsein um die Sterblichkeit und Endlichkeit der Existenz befähige zu einer sinnvollen Gestaltung des Lebens, zu einem Verstehen und einer Bejahung des Daseins. Nun wird in *Die Schutzbefohlenen* jedoch die Uneigentlichkeit der marginalen Existenz, genauer gesagt die Verweigerung der „Möglichkeit zur *Eigentlichkeit*"[131] zum Thema gemacht. Die Asylsuchenden sind gezwungen ein Dasein zu führen, dem die sprachliche, soziale und ökonomische Existenzgrundlage entzogen ist. Auch der Tod birgt für sie keine Möglichkeit der Selbstermächtigung, weil er in seiner Anonymität und Omnipräsenz weder dem Subjekt ein Identifikationsangebot zu machen vermag noch Erhabenheitspotential mit sich bringt: So ist von den toten Angehörigen ebenso vom Wir als „lebenden Toten, [...] deren Tote noch so lebendig und deren Lebendige tot sind" (Sb, 18), immer wieder im Plural die Rede. Während der Text also auf der einen Seite die existenzphilosophische Ausblendung des Todes als anonymes Massenereignis und Ereignis einer

---

[130] Silke Felber und Teresa Kovacs. „Schwarm und Schwelle: Migrationsbewegungen in Elfriede Jelineks Die Schutzbefohlenen". *Transit. A Journal of Travel, Migration, and Multiculturalism in the German-speaking World* 10.1 (2015), S. 1–15. http://transit.berkeley.edu/2015/felber_kovacs/ (01. März 2022).

[131] Bärbel Lücke. *Zur Ästhetik von Aktualität und Serialität in den Addenda-Stücken Elfriede Jelineks zu* Die Kontrakte des Kaufmanns, Über Tiere, Kein Licht, Die Schutzbefohlenen. Wien: Praesens, 2017, S. 237.

anonymen Masse kritisch ausstellt,[132] schließt er auf der anderen Seite produktiv an die Überlegungen zum Verhältnis von Tod und Existenz an. Das Todesthema fungiert immer wieder als Steilvorlage für den Auftritt einer Solo-Stimme, wodurch eine Individualisierung und Humanisierung der gesichtslosen, homogenen Masse der Geflüchteten stattfindet. Dabei wird der Tod im Theatertext nicht so sehr als Möglichkeit eines authentischen Daseins thematisiert, sondern als „Seinsmöglichkeit des Miteinander" (Sb, 8), als eine genuin menschliche Erfahrung verhandelt, die zur Empathie befähigt und Gemeinschaft zu stiften vermag.

Nach dem Vorbild der antiken Vorlage ist das Wir in Jelineks Stück den Schutzsuchenden zugeordnet. Der als marginal markierte Chor bildet eine Leitstimme, „eine führende, mächtige Stimme, als Ich- oder Kollektivstimme"[133], die allerdings von anderen Sprechinstanzen überlagert wird. Diese Stimmen und Diskurse rekrutieren sich aus „Gegner[n], [...] Finanzmächtigen, [...] Empörten aus allen Lagern".[134] Die Übergänge von der marginalen Ich- oder Wir-Stimme des Außen zum Herrendiskurs des Innen sind fließend gestaltet:

> Sie sagen, wir wollen die Würde nicht, wir wollen immer bloß herkommen, immer kommen, nie gehen, das sagen Sie: Und wenn sie erst mal da sind, liegen sie uns auf der Tasche, das werden wir verhindern, und schon verhindern wir es, oje, sie stürzen, sie sind unantastbar, wir erwischen sie nicht, sie ertrinken, erstürzen, erschauern, erbeben, erdbeben, sind, unabhängig vom eigenen Geschlecht, vom eigenen Alter, von der eigenen Bildung, unabhängig, total unabhängig unterwegs zu uns, Aussehen und Herkunft egal, Zukunft zwecklos, Vergangenheit verfallen, hier stehts ja, hier stehts!, aber nein, Aussehen und Herkunft haben hier, wo sie ankommen, keinen Platz, und es stimmt!, bei uns haben Aussehen, Diskriminierung und Rassismus keinen Platz [...]. (Sb, 7)

Der Doppelpunkt im obigen Zitat erweckt zwar zunächst den Anschein einer zitierten Figurenrede, doch wird durch die Eigendynamik der Sprache die Bildung von Schachtelstrukturen und Binnenhierarchisierungen zunichte gemacht. Das Wir der Schutzflehenden lässt das Wir der Angeflehten auftreten, dessen Rede sich verselbstständigt und eine feindlich gestimmte Position annimmt. Auch wenn es zunächst so scheint, als ob sich die Interaktion zwischen dem Chor der Schutzsuchenden und dem seiner Widersacher anders als die Beziehung zwischen dem marginal markierten Wir und dem Ich gestaltet, liegt den beiden Sprechkonstellationen dennoch ein gemeinsames Konstruktionsprinzip zugrun-

---

132 Jelineks kritische Auseinandersetzung mit existenzphilosophischem Denken reicht zurück zum Roman *Die Ausgesperrten* (1980) und spielt bis heute vor allem in intertextuellen Bezügen auf Heidegger eine zentrale Rolle.
133 Lücke. *Zur Ästhetik von Aktualität und Serialität*, S. 224.
134 Ebd.

de. Betreffend die Wechselwirkung von marginaler Kollektiv- und Ich-Stimme konnte ein Bedingungsverhältnis konstatiert werden: Das Ich ist dem chorischen Wir nicht vorgängig, sondern wird von diesem ermöglicht.[135] Aus systemtheoretischer Sicht stellt sich das Erscheinen des Ich als Emergenz dar: Es entsteht als Effekt eines Zusammenspiels der Elemente des chorischen Redeflusses, ist jedoch nicht mit diesem identisch. Genauso verhält es sich mit den antagonistischen Sprechinstanzen, die dem chorischen Wir entwachsen, sich jedoch nicht mehr auf dieses zurückführen und reduzieren lassen. Wie das antike Drama, in dem der Chor „schon da [ist], wenn die Tragödie anhebt"[136], wird auch Jelineks Theatertext durch den Chor der Asylsuchenden eröffnet: „Wir leben. Wir leben. Hauptsache, wir leben, und viel mehr ist es auch nicht als leben nach Verlassen der heiligen Heimat." (Sb, 3) Der Chor ist also von der Beschaffenheit einer Matrix, die ein plurales, auch antagonistisches Sprechen hervorbringt und als Außen nicht nur den Auftritt eines Ich, sondern auch die Existenz des Innen ermöglicht.

Indem der Theatertext ein marginal markiertes Wir als Leitstimme auftreten lässt, das den Grund für andere Sprechinstanzen und feindliche Positionen bereitet, wird ein Bedingungsverhältnis zwischen Außen und Innen installiert: Das Außen stellt die Weichen für das Erscheinen des Innen; das Zentrum konstituiert sich durch den Ausschluss der Peripherie, die jedoch im Medium der Literatur wiederkehrt. In diesem chorischen Sprechen, das die Unterscheidung zwischen Ich und Wir, Innen und Außen, Zentrum und Peripherie verwischt, setzt der Theatertext eine Heimsuchung und Grenzüberschreitung in Szene: „wenn ihr uns nicht wollt, bleiben wir ja immer noch als eure Aufgabe". (Sb, 4) Was jedoch im Innen erscheint, ist eine heterogene, namenlose, ungezählte Menge des singulär Pluralen, die das ökonomische Prinzip der Verrechnung im Sinne von Rancières Begriff des *demos* infrage stellt. Problematisch ist also nicht, dass das chorische Sprechen bei Jelinek kein eine „kollektive Kraft erzeugende[s] ‚Wir'"[137] ausbilden kann; die politische Sprengkraft des Stücks liegt im Gegenteil in dem Auftritt einer anonymen „unterschiedslosen Masse der Männer ohne Eigenschaften"[138], die ein Anrecht auf Teilhabe bekundet und ein *Unvernehmen* mit den bestehenden Verhältnissen zum Ausdruck bringt. In der Struktur der Grenzüberschreitung eignet

---

[135] Diese Beobachtung macht auch Felber. „Verortungen des Marginalisierten in Elfriede Jelineks *Die Schutzbefohlenen*", S. 64: „Der immer schon seiende Chor ermöglicht erst das Auftreten des einzelnen."
[136] Haß. „Chor_Figur und Grund", S. 118: „Selbst wenn diese nicht durch ein Chorlied, sondern durch einen Protagonisten eröffnet wird, machen häufig schon dessen erste Worte [...] deutlich, dass er umgeben ist von Leuten, an die er sich richtet."
[137] Nover. „Wer darf sprechen?", S. 332.
[138] Rancière. *Das Unvernehmen*, S. 21.

dem Theatertext ein – für Jelineks theatrales Schreiben wiederum typisches – antizipatorisches Moment, das den rasanten Anstieg der Flucht- und Migrationszahlen 2015 andeutet.

Mit der Dissens-Figur des *demos* positioniert sich Jelineks Theatertext überdies gegen literarische Auseinandersetzungen mit dem Thema Flucht und Asyl im Mittelbereich des literarischen Feldes. Manuel Clemens stellt für die Gegenwartsliteratur fest, dass Geflüchtete und Migrant/-innen als „Sinnstifter" und „Erneuerer der Literatur betrachtet werden, weil sie über Geschichten verfügen, die sich außerhalb eines wenig innovativen Literaturbetriebs zu befinden und aufgrund der Dramatik ihrer Erlebnisse über eine unnachahmliche Einmaligkeit zu verfügen scheinen".[139] Nach Clemens tritt die Figur des/r Geflüchteten die Nachfolge des Künstler-Genies an, das seine kulturelle Vorreiterstellung und Legitimität im Zuge der spätkapitalistischen Vermassung des Kreativitätspositivs[140] verloren hat. In der von Florian Kessler und Maxim Biller 2014 in *Die Zeit* geführten Debatte um die Ermüdung der deutschen Gegenwarts-„Schlappschwanzliteratur"[141] erkennt Clemens die Sehnsucht nach neuen, nicht „banalen und produktiv vereinnahmten Formen der Kreativität" und nach einem „Protagonisten [...], der sich – in Anlehnung an Kants Geniebegriff – nicht imitieren lässt; dessen Erfahrungen, Exotismus und Opferstatus – im Sinne von Schillers erhabener Bildungskonzeption – ‚pädagogisch wertvoll' sind".[142] Diese Sehnsucht finde ihren Ausdruck zum einen in der Resonanz der sogenannten ‚Migrationsliteratur' in der Literaturkritik und Literaturwissenschaft, zum anderen in der Konjunktur der Thematik Migration und Flucht in Literatur, Film und Theater. Repräsentativ verweist Clemens auf Jenny Erpenbecks Roman *Gehen, Ging, Gegangen* (2015) um den emeritierten Altphilologen Richard, der in der Begegnung mit jungen Flüchtlingen nicht nur seinem einsamen Rentner-Dasein entkommt und Sinn und Struktur findet, sondern auch seinen klassischen Bildungskanon

---

[139] Manuel Clemens. „Nach dem Künstler. Flüchtlinge und Migranten als neue Sinnstifter". *Niemandsbuchten und Schutzbefohlene. Flucht-Räume und Flüchtlingsfiguren in der deutschsprachigen Gegenwartsliteratur.* Hg. Thomas Hardtke, Johannes Kleine und Charlton Payne. Göttingen: V & R Unipress, 2017, S. 249–267, hier S. 249.
[140] Clemens' Ausführungen greifen hier auf Andreas Reckwitz' Darstellungen zum Kreativitätsparadigma spätmoderner Gesellschaften zurück. Vgl. Andreas Reckwitz. *Die Erfindung der Kreativität. Zum Prozess gesellschaftlicher Ästhetisierung.* Berlin: Suhrkamp, 2012.
[141] Maxim Biller. „Letzte Ausfahrt Uckermark". *Die Zeit* (20. Februar 2014). http://www.zeit.de/2014/09/deutsche-gegenwartsliteratur-maxim-biller (01. März 2022). Vgl. auch Florian Kessler. „Lassen Sie mich durch, ich bin Arztsohn". *Die Zeit* (23. Januar 2014). http://www.zeit.de/2014/04/deutsche-gegenwartsliteratur-brav-konformistisch (01. März 2022).
[142] Clemens. „Nach dem Künstler: Flüchtlinge und Migranten als neue Sinnstifter", S. 262.

durch eine Form des „erlebten Wissens und der alltäglichen Erfahrung"[143] einzutauschen vermag.

Aus feldanalytischer Perspektive adressiert Clemens' Diagnose den flexibel ökonomisierten und medialisierten Mittelbereich des literarischen Feldes. In diesem hat sich das Leitbild einer Literatur mit Universalitätsanspruch zur „Anforderung einer ‚repräsentativen Gegenwärtigkeit'", also zum Desiderat einer Literatur mit „sektoralem Legitimationsanspruch" transformiert, die sich nicht mit den ‚letzten Fragen' des gesellschaftlichen Miteinanders beschäftigt, sondern Aktualitätsbezüge herstellt und „gelegentliche Alltags- und Lebensorientierung"[144] bietet. In diesem Mittelbereich ästhetischer Kompromissbildungen wird nach Heribert Tommek das „Streben nach einer ‚wahrhaften', substantiellen Relevanz und einer längerfristigen, repräsentativen Stellung der Literatur in der Gesellschaft"[145] vor allem durch einen ‚dispersen Realismus' aufgefangen, der von Texten „der (pathologischen) Alltäglichkeit [...] wie z. B. bei Sibylle Berg, John von Düffel, Wilhelm Genanzino bis hin zu einer von kulturellen Fremderfahrungen ausgehenden ‚welthaltigen Literatur' wie z. B. bei Feridun Zaimoglu oder Ilija Trojanow"[146] reicht. Diese Zuordnung bedeutet allerdings nicht, dass die Themen Flucht und Migration nicht auch in den Subfeldern der Massenproduktion oder der eingeschränkten Produktion Gegenstand der Auseinandersetzung werden können – Jelineks Theatertext ist der beste Beweis dafür. Vielmehr ist mit Hinblick auf Clemens' Analyse zu spezifizieren, dass Flucht und Migration im Mittelbereich des literarischen Feldes – und in einer gewissen Analogie dazu auch in der bürgerlichen Mitte der Gesellschaft – in den Kategorien von Sinnstiftung, Authentizität, Erneuerung und ‚Welthaltigkeit' verhandelt werden.

Was nun Jelineks Umgang mit diesen Themen betrifft, zeigt sich, dass das *Schutzbefohlenen*-Projekt nicht in den Begriffen von bürgerlicher Selbstfindung und gesellschaftlichem Fortschritt aufgehen vermag. In der Darstellung der zeitgeschichtlichen Ereignisse werden Widersprüche und Risse in der bestehenden Werteordnung sichtbar, die nicht dialektisch aufgehoben werden. Mit einem Text, der in einem repetitiven Klagegesang eine schlechte Unendlichkeit in Szene setzt, positioniert sich Jelinek gegen literarische und politische Vereinnahmungen der Asylsuchenden als Mittel der bürgerlichen Identitätsstiftung. Bei Jelinek geht es nicht, wie etwa bei Erpenbeck, um eine bürgerliche Sinnkrise, der durch das Zutun des Anderen Abhilfe geschaffen werden kann. Vielmehr stellt das Er-

---

143 Ebd., S. 265. Eines ähnlichen Plots bedient sich auch die erfolgreiche deutsche Kinokomödie *Willkommen bei den Hartmanns* (2016) von Simon Verhoeven.
144 Tommek. *Der lange Weg in die Gegenwartsliteratur*, S. 283 und 235f. Vgl. dazu Kapitel IV.1.
145 Ebd., S. 293.
146 Ebd., S. 284.

scheinen der Anderen als *demos* gesellschaftliche Vereinbarungen infrage. In *Die Schutzbefohlenen* wird mit dem tragischen Fokus auf das Unglück der Ausschließung die wirtschaftliche und politische Ordnung, die dieses Unglück zu verantworten hat, erklärungsbedürftig, ohne dass ein Allheilmittel für deren Umgestaltung vorgelegt wird – dafür ist der Kontext, in den das Geschehen gestellt ist, im Sinne der Tragödie zu ‚groß', also zu unpersönlich, allgemein und omnipräsent gehalten, als dass literarische Patentrezepte für die Überwindung der säkularen Schicksalsmacht aus Wirtschaft, Industrie und Politik präsentiert werden könnten. Jelineks Stück bringt einen Dissens mit der neoliberalen Hegemonie zum Ausdruck, der weitere kontrahegemoniale Strategien in Rechnung stellt.

VIII Epilog: Literatur, Macht und Hegemonie

Die vorliegende Studie hat sich der Aufgabe gestellt, Elfriede Jelineks Theatertexte als politische Texte zu lesen – wobei die Herausforderung dieses Unternehmens darin bestand, gängige Rezeptionsmuster und Meinungen kontextologisch zu fundieren. Jelinek wird von der Forschungsgemeinschaft sowie von der literarischen Öffentlichkeit als politische Autorin wahrgenommen, eine systematische Verortung ihres Schaffens in der politischen Gegenwartsliteratur stand jedoch noch aus. So konnte die vorliegende Untersuchung darlegen, dass politisch an Jelineks Theater seine agonistische Dimension ist. Die Stücke der Autorin setzen das postpolitische Verschwinden von Konflikten und Dissens in Szene, bemühen sich aber gleichermaßen um die Rückgewinnung des Agons – ohne Literatur dabei zu einem Residuum des Widerstandes und Gegendiskurs im Abseits der hegemonialen Ordnung zu stilisieren. Im Gegenteil spüren Jelineks Texte Verbindungen und Allianzen der Literatur mit Politik, Ökonomie und Religion nach, um ausgehend davon aus dem ‚Innen der Hegemonie' Möglichkeiten des Ein- und Widerspruchs zu ergründen und Weichen für eine agonistische Politik zu stellen.

Diese Bestimmung des Politischen bei Jelinek ist das Ergebnis einer feld- und diskursanalytisch orientierten Vorgehensweise. Jelineks Abwehr der Vorstellung von Literatur als Leitdiskurs der demokratischen Öffentlichkeit wird plausibel, wenn man in den Blick bekommt, dass die engagierte Literatur mit gesamtgesellschaftlichem Repräsentationsmandat in Deutschland in der zweiten Hälfte des zwanzigsten Jahrhunderts eine Delegitimierung erfahren hat (Tommek), die österreichische engagierte Literatur wiederum traditionell die Distanz zum Feld der Macht sucht. Jelineks Neuverhandlungen der politischen Literatur sind allerdings nicht nur das Produkt von literarischen Entwicklungen der letzten Jahrzehnte, sondern spiegeln auch Transformationen linken Denkens und politischer Theorie nach 1968 wider. Die Bestimmung des Politischen als Agonismus und die These vom Verschwinden des Politischen bei Denker/-innen wie Chantal Mouffe, Ernesto Laclau, Jacques Rancière u. a. finden eine Entsprechung in Jelineks theatralen Auflösungen des Agons.

Die Arbeit mit den postmarxistischen Theorien des Politischen hat sich dabei nicht nur als anschlussfähig an Forschungsdiskurse der Jelinek-Philologie erwiesen, Doxa und Leitlinien der Jelinek-Forschung konnten darüber hinaus diskurs- und feldgeschichtlich profiliert und neu gedacht werden: So wurde die Vielstimmigkeit in Jelineks Texten mit dem antiken Agon-Begriff und ausgehend davon mit Mouffes Modell des Agonismus gelesen, Jelineks an Roland Barthes geschultes Verfahren der Mythenkritik mit dem diskursanalytischen Hegemonie-Ansatz von Laclau und Mouffe weiterverfolgt, die chorischen Kompositionen konnten mit

Rancières Überlegungen zum ästhetischen Regime und seinem Begriff des *demos* in Verbindung gebracht werden. Diese Reformulierungen haben ermöglicht, Jelineks politisches Schreiben, das sich mit Fragen der Hegemonie und Kritik, Macht und Ohnmacht, der Konfliktlosigkeit und des Agons beschäftigt, systematisch zu erfassen und in seinen diskursiven Verästelungen nachzuverfolgen.

Die These, dass Jelineks Stücke der Literatur keinen Raum außerhalb der politischen, ökonomischen und soziokulturellen Hegemonie zugestehen, sondern aus dieser heraus im Modus der Mimikry operieren, wurde vorwiegend an Texten entwickelt, in denen keine oder nur in geringem Maß eine Stimme das Wort ergreift, die einer auktorialen Instanz zugeordnet werden kann. In der Lektüre von *Ulrike Maria Stuart*, *Rein Gold* und *Am Königsweg* wurde der Diskurs der Autorschaft bei der Analyse der Texte nicht berücksichtigt. Zuletzt soll deshalb ausblickartig am Beispiel des letztgenannten Stückes diskutiert werden, inwiefern die Grundannahme dieser Studie auch für Texte haltbar ist, in denen eine sich im gesellschaftlichen Abseits positionierende Autorinnenstimme tonangebend in Erscheinung tritt. Das Autorin-Ich in *Am Königsweg* distanziert sich nicht nur deutlich von dem Führer-König (Trump) und seiner Wählerschaft, sondern setzt sich auch in Opposition zur „Welt", die es zu läutern sucht: „aber ich kann nicht wählen, ich darf nicht, nicht überall, wo ich will, und wenn, dann hätte ich nicht Sie gewählt, ich hätte nicht Sie genommen, ich hätte eher einen feuchten Schwamm genommen, mit dem ich die Welt gereinigt hätte". (AM, 74) Eine (unwillkürliche) Nähe von Literatur und politischer oder ökonomischer Macht, wie sie in Stücken wie *Wolken.Heim. Die Kontrakte des Kaufmanns, Rein Gold* u. a. zur Schau gestellt wird, verbietet das moralische Selbstverständnis des Ich, sein „Verlangen nach Gerechtigkeit" (AM, 81), eigentlich.

Aus dieser Position der Distanz und Opposition richtet das Ich in *Am Königsweg* Appelle an seine Zeitgenoss/-innen, die jedoch – in einer für Jelinek typischen Haltung der Ohnmacht (vgl. Kapitel IV.4.1) – unerhört bleiben: „Sie sind keine Retterin, Sie sind keine, die spricht, sondern eine, die schreibt, das ist stiller, das macht weniger Lärm, es sei Ihnen gegönnt, es gibt keine Menschen, wirklich keine, die zuhören, die hören jemand anderem zu." (AM, 89) Augenfällig an dem Diskurs der Autorschaft in *Am Königsweg* ist der selbstironische Ton, in dem die Ohnmachtsbekundungen vorgetragen werden: „Das Ausbleiben der erhofften Befriedigung, daß mir, daß uns Dichtern und Sagern noch wer zuhört, das wundert mich jetzt schon. Eigentlich wurde es uns fix versprochen." (AM, 93) Nicht nur diffamiert Jelinek im selbstironischen Gestus das Modell einer engagierten Literatur, die eine unmittelbare Wirkung der Kunst in Aussicht stellt, sondern zieht auch die Trauer um die Ohnmacht der Literatur als Selbstmitleid ins Lächerliche: „Also Gerechtigkeit ist mir schon sehr wichtig. Das wird hier vom

Opfer, allerdings von jedem Opfer behauptet. Macht nichts, als Opfer spiele ich mich sogar besonders gern auf!" (AM, 82)

Uta Degner hat in Jelineks Machtdementi die Behauptung einer autonomen Position identifiziert, dabei bedeutet die Ironisierung dieser Machdementi nicht die Zurücknahme der Außenseiterrolle, vielmehr wird diese im Modus der ironischen Selbstreflexion souverän bestätigt.[1] Dabei autorisiert die Distanz zu der eigenen Gegenwart die Autorinnenstimme zu Widerrede und Einspruch, doch wird in *Am Königsweg* zugleich die Tragweite des auktorialen Widerwortes kritisch reflektiert. Wie in V.3 dargelegt, wird am Ende des Stückes mit Bezug auf Girards Theorie des Sündenbocks der (links-)liberale Umgang mit dem Rechtspopulismus problematisiert und zu bedenken gegeben, inwiefern die affektive Fokussierung auf Figuren wie Donald Trump die demokratische Öffentlichkeit nicht schon versöhnlich stimmt und davor abhält, die Ursachen des Erstarkens rechtspopulistischer Bewegungen zu benennen, geschweige denn dagegen anzugehen. Diese Mahnung birgt eine poetologische Brisanz, bringt doch die Autorinnenfigur gleichfalls in aller Deutlichkeit ihre Ablehnung gegen den Führer-König zum Ausdruck und sieht sich demnach dem Verdacht ausgesetzt, mit ihrem Text an dem Sündenbock-Ritual zu partizipieren. Zum Thema gemacht wird in *Am Königsweg* damit nicht nur die Vergeblichkeit des literarischen Sprechens, zur Diskussion steht auch die Sorge, dass das literarische Engagement kontraproduktiv sein könnte und Versöhnung bzw. Konsens stiftet, wo es einer echten Alternative bedürfte.

Damit zeigt sich, dass auch in einem Theatertext wie *Am Königsweg*, in dem der Literatur in der Figur der Autorin eine distinkte Position im gesellschaftlichen Abseits zugestanden wird, Abgrenzungsschwierigkeiten bestehen. Die Gefahr der Vereinnahmung durch die kulturelle, politische und ökonomische Hegemonie ist in Jelineks Stücken allgegenwärtig. In diesem Sinne ist die in Kapitel IV.4.1 formulierte Homologie zwischen den Inszenierungen der Autorin-Persona und den politischen Positionierungen der Texte zu bekräftigen: So wie die „Verweigerungsgesten"[2] gegen den Literaturbetrieb (etwa der Rückzug aus der Öffentlichkeit oder der Verzicht auf eine Buchveröffentlichung des Online-Romans *Neid*) aufzeigen, dass sich „eine solche Abstandsbewegung zur Macht" bei einer etablierten Autorin „nicht mehr von selbst"[3] versteht, legen Jelineks Theatertexte Zeugnis von dem ambigen Verhältnis der arrivierten politischen Literatur zum Feld der Macht ab. Die Stücke artikulieren ein Bewusstsein dafür, dass die literarische Autonomie im Sinne von Bourdieu

---

[1] Uta Degner spricht (in Anlehnung an Bourdieu) bei Jelinek von der Position einer ‚häretischen Arriviertheit', die sich darin äußert, dass die Autorin mit zunehmender Etabliertheit ostentativ eine Außenseiterposition geltend macht. Vgl. Degner. *Eine ‚unmögliche' Ästhetik*, S. 323–326.
[2] Ebd., S. 324.
[3] Degner. „Die Kinder der Quoten", S. 166.

immer nur eine „*relative Autonomie*"[4] bezeichnet, denn „wie frei es [d. i. das literarische Feld] auch sein mag, es bleibt stets durchzogen von den Gesetzen des übergeordneten Feldes, d. h. von den Gesetzen des wirtschaftlichen und politischen Profits."[5] So loten die Theatertexte der Autorin die verdrängten Verbindungen der Literatur zum Feld der politischen und ökonomischen Macht aus, reden damit aber keineswegs einem posthistorischen Defätismus das Wort, sondern ergründen in der Selbstreflexion der politischen Literatur die Möglichkeiten für Störungen und Eingriffe in die hegemonialen Verhältnisse.

Diese Einordnungen weisen auf eine ambivalente Position von Jelineks Werk im Feld der politischen Gegenwartsliteratur hin: In Kapitel IV.1 konnte bestimmt werden, dass die Konjunktur der politischen Gegenwartsliteratur den Verlust und das daraus erwachsene Begehren nach einer Literatur mit gesamtgesellschaftlichem Repräsentationsanspruch widerspiegelt, die Verbindlichkeiten für das demokratische Miteinander in politisch turbulenten Zeiten formuliert. Jelineks Theater vermag diesem Begehren durchaus nachzukommen, insofern die chorischen Konfigurationen von Agon und Vielstimmigkeit dem pluralistischen Leitbild demokratischer westlicher Gesellschaften entsprechen; die moralischen Appelle der Autorin finden in der bürgerlichen Öffentlichkeit Gehör. Jelinek konnte eine derart prominente, von unterschiedlichen Konsekrationsinstanzen nobilitierte Stellung im Literaturbetrieb einnehmen, weil sich ihre Texte in das politisch Imaginäre demokratischer Ordnungen einschreiben und so gesamtgesellschaftliches Repräsentationspotential mit sich bringen, das das Werk und die Autorin für (kultur-)politische Vereinnahmungen prädestiniert.

Diese Nähe zum Feld der Macht wird von der Autorin jedoch – in Entsprechung zu ihrer häretischen Position im Avantgardekanal – fortwährend aufgekündigt, indem die Stücke das politisch Imaginäre mit dem Verschwinden von Agon, Dissens und Pluralität in der kapitalistischen Hegemonie konfrontieren. Dadurch dass Jelineks Theatertexte auf der Differenz von demokratischem Anspruch und Sein bestehen und das Prinzip der literarischen und politischen Repräsentation gesamtgesellschaftlicher Anliegen kritisch reflektieren, dabei zugleich – auch in der ästhetischen Form – die relative Autonomie der Kunst gegenüber dem Feld der Macht nachdrücklich geltend machen, entziehen sie sich institutionellen Aneignungen und legen eher Zeugnis vom Verlust denn von der Rückkehr einer politischen Literatur mit gesamtgesellschaftlichem Repräsentationsmandat ab. Gerade dieser Verlust ist bei Jelinek jedoch die Voraussetzung für ein politisches Theater des Agons.

---

4 Bourdieu. „Das literarische Feld", S. 325.
5 Ebd., S. 326.

Literaturnachweise

Siglenverzeichnis

AM Am Königsweg. In: Elfriede Jelinek. Schwarzwasser. Am Königsweg. Zwei Theaterstücke. Hamburg: Rowohlt, 2020, S. 7–147.
KK Die Kontrakte des Kaufmanns. In: Elfriede Jelinek. Die Kontrakte des Kaufmanns. Rechnitz (Der Würgeengel). Über Tiere. Drei Theaterstücke. Reinbek bei Hamburg: Rowohlt, 2009, S. 207–348.
L   Das Lebewohl. In: Elfriede Jelinek. Das Lebewohl. 3 kl. Dramen. Berlin: Berlin Verlag, 2000, S. 7–35.
Re Rechnitz (Der Würgeengel). In: Elfriede Jelinek. Die Kontrakte des Kaufmanns. Rechnitz (Der Würgeengel). Über Tiere. Drei Theaterstücke. Reinbek bei Hamburg: Rowohlt, 2009, S. 53–205.
RG Rein Gold. Ein Bühnenessay. Reinbek bei Hamburg: Rowohlt, 2013.
Sb Die Schutzbefohlenen. In: Theater Heute. Das Stück 7 (2014), S. 1–19.
UMS Ulrike Maria Stuart. In: Elfriede Jelinek. Das schweigende Mädchen. Ulrike Maria Stuart. Zwei Theaterstücke. Reinbek bei Hamburg: Rowohlt, 2015, S. 7–149.
WH Wolken.Heim. In: Elfriede Jelinek. Stecken, Stab und Stangl. Raststätte oder sie machens alle. Wolken.Heim. Neue Theaterstücke. 3. Aufl. Reinbek bei Hamburg: Rowohlt, 2004, S. 135–158.

Andere Texte von Elfriede Jelinek
Essayistische Texte

Jelinek, Elfriede und Wilhelm Zobl. „Offener Brief an Alfred Kolleritsch und Peter Handke". *manuskripte* 27 (1969), S. 3 f.

Jelinek, Elfriede. „Die endlose Unschuldigkeit". *Die endlose Unschuldigkeit. Prosa – Hörspiel – Essay.* Schwifting: Schwiftinger Galerie-Verlag, 1980, S. 49–82.

Jelinek, Elfriede. *In Mediengewittern* (28. April 2003). http://www.elfriedejelinek.com/ (01. März 2022).

Interviews

Anders, Sonja, von Blomberg, Benjamin und Elfriede Jelinek. „‚Vier Stück Frau.' Vom Fließen des Sprachstroms. Einige Antworten von Elfriede Jelinek". *Programmheft des Thalia Theaters Hamburg zu Elfriede Jelineks* Ulrike Maria Stuart 66 (2006), S. 7–22.

Andrist, Marilen und Elfriede Jelinek. „Heimat! Mir graut's vor dir". *manager magazin* 9 (1992), S. 292 f.

Berka, Sigrid und Elfriede Jelinek. „Ein Gespräch mit Elfriede Jelinek". *Modern Austrian Literature* 26.2 (1993), S. 127–155.

Ehlers, Kai und Elfriede Jelinek. „Über den Wahnsinn der Normalität oder die Unaushaltbarkeit des Kapitalismus. Gespräch mit Böll-Preisträgerin (1986) Elfriede Jelinek". *Arbeiterkampf* (12. Januar 1987), S. 14 f.

Grohotolsky, Ernst und Elfriede Jelinek. „Mehr Hass als Liebe". *Provinz, sozusagen. Österreichische Literaturgeschichten.* Hg. ders. Graz: Droschl, 1995, S. 63–76.

Heinrichs, Hans-Jürgen und Elfriede Jelinek. „Die Sprache zerrt mich hinter sich her". *Schreiben in das bessere Leben.* Hg. ders. München: Verlag Antje Kunstmann, 2006, S. 12–55.

Hirschmann-Altzinger, Elisabeth und Elfriede Jelinek. „,Sieg der Geistlosigkeit'. Elfriede Jelinek, Österreichs wortgewaltige Dichterin und angefeindete Kulturkampfikone, meldet sich nach Jahren politischer Abstinenz wieder öffentlich zu Wort, um Haider zu bekämpfen". *Format* 44 (30. Oktober 1999), S. 140 f.

Hoffmann, Yasmin und Elfriede Jelinek. „,Sujet impossible'. Gespräch mit Elfriede Jelinek". *Germanica* 18 (1996), S. 166–175.

Honegger, Gitta und Elfriede Jelinek. „This German Language… An Interview with Elfriede Jelinek". *Theater New Haven CT.* 25.1 (1994), S. 14–22.

Klein, Gabi und Elfriede Jelinek. „Elfriede Jelinek: ,Wir haben verloren, das steht fest.'" *Basta* 4 (1990), S. 176–180.

Korte, Ralf B. und Elfriede Jelinek. „Gespräch mit Elfriede Jelinek". *Elfriede Jelinek. Die internationale Rezeption.* Hg. Daniela Bartens. Graz: Droschl, 1997, S. 273–299.

Lux, Joachim und Elfride Jelinek. „,Was fallen kann, das wird auch fallen.' Der Nachkriegsmythos Kaprun und seine unterschwellige Wahrheit. Eine E-Mail-Korrespondenz zwischen Elfriede Jelinek und Joachim Lux". *Programmheft des Wiener Akademietheaters zu Elfriede Jelineks* Das Werk 77 (2003), S. 9–21.

Lux, Joachim und Elfriede Jelinek. „,Geld oder Leben! Das Schreckliche ist immer des Komischen Anfang.' Elfriede Jelinek im Email-Verkehr mit Joachim Lux". *Programmheft des Schauspiels Köln zu Elfriede Jelineks* Die Kontrakte des Kaufmanns (2009).

Mertl, Monika und Elfriede Jelinek. „,Sexualität bleibt meine Obsession.' Elfriede Jelinek im Gespräch über ihr letztes Stück, die politischen Entwicklungen in Europa – und ihre Lebensperspektiven jenseits der literarischen Produktion". *Musik und Theater* 5–6 (1994), S. 18–23.

N. N. und Elfriede Jelinek. „Gespräch in Wien, 16.12.1995". *Identität* (1995/96).

N. N. und Elfriede Jelinek. „,Man will ja nicht schreiben, aber man muss.' Elfriede Jelinek glaubt nicht mehr an die Wirkung von Literatur, will jedoch ,die Tyrannei der Mehrheit durchbrechen'". *Brandenburger Zeitung* (30. April 2004), S. 40.

N. N. und Elfriede Jelinek. „,In unserem Gespensterland wächst die Hand aus dem Grab.'" *News* 22.06 (01. Juni 2006), S. 121.

Perthold, Sabine und Elfriede Jelinek. „Sprache sehen. Ein BÜHNE-Gespräch mit Elfriede Jelinek, deren neuestes Stück *Raststätte oder sie machens alle* unter der Regie von Claus Peymann im Akademietheater uraufgeführt wird". *Bühne* 11 (1994), S. 24–26.

Presber, Gabriele und Elfriede Jelinek. „,… das schlimmste ist dieses männliche Wert- und Normensystem, dem die Frau unterliegt.'" *Kunst ist weiblich.* Hg. Gabriele Presber. München: Knaur, 1988, S. 106–131.

Roeder, Anke und Elfriede Jelinek. „'Ich will kein Theater. Ich will ein anderes Theater.' Gespräch mit Elfriede Jelinek". *Autorinnen. Herausforderungen an das Theater*. Hg. Anke Roeder. Frankfurt/M.: Suhrkamp, 1989, S. 141–160.

Scheffer, Julia und Elfriede Jelinek. „Felsblöcke und Kieselsteine. Elfriede Jelinek im Gespräch mit Julia Scheffer über Humor in ihren Texten, den Haider-Monolog und das Gefühl, nichts verhindern zu können". *an.schläge* 7.8 (01. Juli 2000), S. 34 f.

Schneider, Helmut und Elfriede Jelinek. „Hoffentlich kein Anlass für bloße Greuelberichterstattung. SN-Gespräch mit der Autorin Elfriede Jelinek über Theater Österreich, die EU und das Fremde". *Salzburger Nachrichten* (21. April 1994).

Seegers, Armgard und Elfriede Jelinek. „'Menschen interessieren mich nicht.' Elfriede Jelinek im Gespräch". *Hamburger Abendblatt* (21. Oktober 1993).

Sichrovsky, Heinz, Jelinek, Elfriede und George Tabori. „Auf den Spuren des Bösen. Jelinek und Tabori im Streitgespräch über Schuld, Verzeihen, Haider und Präsident Lugner". *News* (11. September 1997), S. 149 f.

Sucher, Bernd C. und Elfriede Jelinek. „'Was bei mir zu Scheiße wird, wird bei Handke kostbar.' Ein Gespräch mit Elfriede Jelinek, geführt in Wien-Hütteldorf, neben einem schweren Flügel". *Programm des Schauspiels Bonn zur Ersten Premieren-Spielzeit 1986/87* (1986), S. 45–52.

Tiedemann, Kathrin und Elfriede Jelinek. „Das Deutsche scheut das Triviale". *Theater der Zeit* 6 (1994), S. 34–39.

Thaler, Walter und Elfriede Jelinek. „'Man muss das Pathos wagen.'" *Der Heimat treue Hasser. Schriftsteller und Politik in Österreich. Ein politisches Lesebuch*. Hg. ders. Wien: New Academic Press, 2013, S. 305 f.

Unger, Karl und Elfriede Jelinek. „'Mein Pessimismus ist wirklich grenzenlos.' Die Schriftstellerin Elfriede Jelinek und ihr Verhältnis zu Österreich". *Die Wochenzeitung* 43 (25. Oktober 1996), S. 19.

Von Becker, Peter und Elfriede Jelinek. „'Wir leben auf einem Berg von Leichen und Schmerz.' *Theater heute*-Gespräch mit Elfriede Jelinek." *Theater heute* 9 (1992), S. 1–9.

Wendt, Gunna und Elfriede Jelinek. „'Es geht immer alles prekär aus – wie in der Wirklichkeit.' Ein Gespräch mit der Schriftstellerin Elfriede Jelinek über die Unmündigkeit der Gesellschaft und den Autismus des Schreibens". *Frankfurter Rundschau* (14. März 1992), S. 3.

Weitere Literatur

Adorno, Theodor W. *Gesammelte Schriften*. 20 Bde. Hg. Rolf Tiedemann. Frankfurt/M.: Suhrkamp, 1970–1986.

Agamben, Giorgio. *Profanierungen*. Frankfurt/M.: Suhrkamp, 2005.

Annuß, Evelyn. „Zwangsleben und Schweigen in Elfriede Jelineks *Wolken.Heim*". *Sprache im technischen Zeitalter* 153 (2000), S. 32–49.

Annuß, Evelyn. *Elfriede Jelinek. Theater des Nachlebens*. 2. Aufl. Paderborn: Fink, 2007.

Annuß, Evelyn. „Tatort Theater. Über Prekariat und Bühne". *Ökonomie im Theater der Gegenwart. Ästhetik, Produktion, Institution*. Hg. Franziska Schößler und Christine Bähr. Bielefeld: transcript, 2009, S. 23–38.

Anz, Thomas. *Es geht nicht um Christa Wolf. Der Literaturstreit im vereinten Deutschland.* München: Ed. Spangenberg, 1991.
Arendt, Hannah. *Vita activa oder Vom tätigen Leben.* München: Piper, 2002.
Arendt, Hannah. *Was ist Politik? Fragmente aus dem Nachlass.* Hg. Ursula Ludz. 3. Aufl. München: Piper, 2007.
Aristoteles. *Poetik.* Griechisch/Deutsch. Übersetzt und hg. Manfred Fuhrmann. Stuttgart: Reclam, 1982.
Arntzen, Helmut. „Komödie und episches Theater". *Der Deutschunterricht* 21.3 (1996), S. 67–77.
Arteel, Inge. „Ulrike Maria Stuart". *Jelinek Handbuch.* Hg. Pia Janke. Stuttgart, Weimar: Metzler, 2013, S. 179–181.
Assmann, Aleida. *Erinnerungsräume. Formen und Wandlungen des kulturellen Gedächtnisses.* München: Beck, 2003.
Assmann, Aleida. *Der lange Schatten der Vergangenheit. Erinnerungskultur und Geschichtspolitik.* München: Beck, 2006.
Assmann, Aleida. *Einführung in die Kulturwissenschaft. Grundbegriffe, Themen, Fragestellungen.* Berlin: Schmidt, 2006.
Auerbach, Erich. *Mimesis. Dargestellte Wirklichkeit in der abendländischen Literatur.* 4. Aufl. Bern: Francke, 1967.
Auerbach, Erich. „Über die ernste Nachahmung des Alltäglichen". *Erich Auerbach. Geschichte und Aktualität eines europäischen Philologen.* Hg. Martin Treml und Karlheinz Barck. Berlin: Kadmos, 2007, S. 439–465.
Aust, Stefan. *Der Baader-Meinhof-Komplex.* Hamburg: Hoffmann und Campe, 1997.
Bachtin, Michail. *Literatur und Karneval. Zur Romantheorie und Lachkultur.* München: Hanser, 1969.
Baecker, Dirk (Hg.). *Kapitalismus als Religion.* Berlin: Kadmos, 2003.
Bakker Stut, Pieter (Hg.). *das info. Briefe von Gefangenen aus der RAF 1973–1977.* Hamburg: Neuer Malik Verlag, 1987.
Bal, Mieke. *Travelling Concepts in the Humanities. A Rough Guide.* Toronto: University of Toronto Press, 2002.
Balke, Friedrich, Harun Maye und Leander Scholz (Hg.). *Ästhetische Regime um 1800.* München: Fink, 2009.
Balke, Friedrich und Hanna Engelmeier (Hg.). *Mimesis und Figura. Mit einer Neuausgabe des „Figura"-Aufsatzes von Erich Auerbach.* 2. Aufl. Paderborn: Fink, 2018.
Banoun, Bernard. „Komik und Komödie in einigen Stücken Elfriede Jelineks". *Komik in der österreichischen Literatur.* Hg. Wendelin Schmidt-Dengler, Johann Sonnleitner und Klaus Zeyringer. Berlin: Schmidt, 1996, S. 285–299.
Barker, Elton T. E. *Entering the Agon. Dissent and Authority in Homer, Historiography and Tragedy.* Oxford: Oxford University Press, 2002.
Barthes, Roland. *Mythen des Alltags.* Frankfurt/M.: Suhrkamp, 1964.
Barthes, Roland. *Leçon/Lektion. Antrittsvorlesung am Collège de France.* Frankfurt/M.: Suhrkamp, 1980.
Baßler, Moritz. „Der neue Midcult". *Pop. Kultur und Kritik* 18 (Frühling 2021), S. 132–149.
Baudrillard, Jean. *Der symbolische Tausch und der Tod.* München: Matthes & Seitz, 1982.
Baudrillard, Jean. *Transparenz des Bösen. Ein Essay über extreme Phänomene.* Berlin: Merve, 1992.

Baudrillard, Jean. *Die Illusion des Endes oder Der Streik der Ereignisse*. Berlin: Merve, 1994.

Baudrillard, Jean. *Der Geist des Terrorismus*. 2. Aufl. Wien: Passagen-Verlag, 2003.

Baumann, Zygmunt. *Verworfenes Leben. Die Ausgegrenzten der Moderne.* Hamburg: Hamburger Edition, 2004.

Bech Dyrberg, Torben. „Diskursanalyse als postmoderne politische Theorie". *Das Undarstellbare der Politik. Zur Hegemonietheorie Ernesto Laclaus*. Hg. Oliver Marchart. Wien: Turia + Kant, 1998, S. 23–51.

Beilein, Matthias. „Wende im Entweder-und-Oder: Österreich und die engagierte Literatur seit 1986". *Engagierte Literatur in Wendezeiten*. Hg. Willi Huntemann, Malgorzata Klentak-Zablocka, Fabian Lampart und Thomas Schmidt. Würzburg: Königshausen & Neumann, 2003, S. 209–221.

Benjamin, Walter. *Gesammelte Schriften*. Sieben Bde. Hg. Rolf Tiedemann und Hermann Schweppenhäuser. Frankfurt/M.: Suhrkamp, 1991.

Bieling, Hans-Jürgen. „Die politische Theorie des Neomarxismus: Antonio Gramsci". *Politische Theorien der Gegenwart I*. Hg. André Brodocz und Gary S. Schaal. 4. Aufl. Opladen, Toronto: Verlag Barbara Budrich, 2016, S. 447–478.

Biller, Maxim. „Soviel Sinnlichkeit wie der Stadtplan von Kiel. Warum die neue deutsche Literatur nichts so nötig hat wie den Realismus. Ein Grundsatzprogramm." *Maulhelden und Königskinder. Zur Debatte über die deutschsprachige Gegenwartsliteratur*. Hg. Andrea Köhler und Rainer Moritz. Leipzig: Reclam, 1998, S. 62–71.

Blaschke, Bernd. „‚McKinseys Killerkommandos. Subventioniertes Abgruseln': Kleine Morphologie (Tool Box) zur Darstellung aktueller Wirtschaftsweisen im Theater". *Ökonomie im Theater der Gegenwart. Ästhetik, Produktion, Institution*. Hg. Franziska Schößler und Christine Bähr. Bielefeld: transcript, 2009, S. 209–224.

Blaschke, Bernd. „Was tauscht der Mensch. Ökonomie in deutschen Komödien des 18. Jahrhunderts". *„Denn wovon lebt der Mensch?" Literatur und Wirtschaft*. Hg. Dirk Hempel und Christine Künzel. Frankfurt/M.: Peter Lang, 2009, S. 49–73.

Blaschke, Bernd. „Automatismen und das Ende der Komödie. Tausch, Markt und (un)sichtbare Hand als Motive im Lachtheater". *Automatismen*. Hg. Hannelore Bublitz, Roman Marek, Christina Louise Steinmann und Hartmut Winkler. München: Fink, 2010, S. 271–297.

Blask, Falko. *Jean Baudrillard zur Einführung*. 3. Aufl. Hamburg: Junius, 2005.

Blasberg, Cornelia. „Peter Handke und die ewige Wiederkehr des Neuen". *Literaturwissenschaftliches Jahrbuch* 38 (1997), S. 185–204.

Bloch, Natalie. „‚wir können ganze Märkte deregulieren wie Flüsse'. Die Rhetorik des Finanzmarktes in Elfriede Jelineks *Die Kontrakte des Kaufmanns*". *Elfriede Jelinek. Begegnungen im Grenzgebiet*. Hg. Natalie Bloch und Dieter Heimböckel. Trier: Wissenschaftlicher Verlag Trier 2014, S. 55–72.

Blödorn, Andreas. „Paradoxie und Performanz in Elfriede Jelineks postdramatischen Theatertexten". *Text & Kontext* 27 (2005), S. 209–234.

Böckenförde, Ernst-Wolfgang. *Recht, Staat, Freiheit. Studien zur Rechtsphilosophie, Staatstheorie und Verfassungsgeschichte*. Frankfurt/M.: Suhrkamp, 1991.

Bodenburg, Julia, Katharina Grabbe und Nicole Haitzinger (Hg.). *Chor-Figuren. Transdisziplinäre Beiträge*. Freiburg u. a.: Rombach, 2016.

Bogdal, Klaus-Michael. „Klimawechsel. Eine kleine Meteorologie der Gegenwartsliteratur". *Baustelle Gegenwartsliteratur. Die neunziger Jahre*. Hg. Andreas Erb. Opladen, Wiesbaden: Westdeutscher Verlag, 1998, S. 9–31.

Böhme, Gernot. *Ästhetischer Kapitalismus*. 2. Aufl. Berlin: Suhrkamp, 2016.
Bohrer, Karl-Heinz. „Kulturschutzgebiet DDR?" *Merkur* 44.400 (1990), S. 1015–1018.
Bohrer, Karl Heinz. „Gibt es eine deutsche Nation?" *Politik ohne Projekt? Nachdenken über Deutschland*. Hg. Siegried Unseld. Frankfurt/M.: Suhrkamp, 1993, S. 225–235.
Boltanski, Luc und Eve Chiapello. *Der neue Geist des Kapitalismus*. Konstanz: UVK Verlagsgesellschaft mbH, 2013.
Bothe, Henning. *„Ein Zeichen sind wir deutungslos". Die Rezeption Hölderlins von ihren Anfängen bis zu Stefan George*. Stuttgart: Metzler, 1992.
Bothe, Henning. „Vom Versuch, ein deutscher Tyrtäus zu sein. Notizen zum Verhältnis von Dichtung, politischer Tat und Nationalbewusstsein bei Hölderlin". *Friedrich Hölderlin. Text +Kritik. Zeitschrift für Literatur*. Sonderband (1996), S. 118–131.
Bourdieu, Pierre. *Die politische Ontologie Martin Heideggers*. Frankfurt/M.: Syndikat, 1975.
Bourdieu, Pierre. *Das religiöse Feld. Texte zur Ökonomie des Heilsgeschehens*. Konstanz: UVK Universitätsverlag, 2000.
Bourdieu, Pierre. *Meditationen. Zur Kritik der scholastischen Vernunft*. Frankfurt/M.: Suhrkamp, 2001.
Bourdieu, Pierre. *Die Regeln der Kunst. Genese und Struktur des literarischen Feldes*. Frankfurt/M.: Suhrkamp, 2001.
Bourdieu, Pierre. *Die feinen Unterschiede. Kritik der gesellschaftlichen Urteilskraft*. 22. Aufl. Frankfurt/M.: Suhrkamp, 2012.
Bourdieu, Pierre. „Das literarische Feld. Kritische Vorbemerkungen und methodologische Grundsätze". *Pierre Bourdieu. Kunst und Kultur. Kunst und künstlerisches Feld. Schriften zur Kultursoziologie 4*. Hg. Franz Schultheis und Stephan Egger. Berlin: Suhrkamp, 2015, S. 309–339.
Bourdieu, Pierre. „Für eine Wissenschaft von den kulturellen Werken". *Pierre Bourdieu. Kunst und Kultur. Kunst und künstlerisches Feld. Schriften zur Kultursoziologie 4*. Hg. Franz Schultheis und Stephan Egger. Berlin: Suhrkamp, 2015, S. 449–468.
Böckelmann, Frank, Dietmar Kamper und Walter Seitter (Hg.). *Tumult. Zeitschrift für Verkehrswissenschaft* (1987). München: Klaus Boer Verlag, 1987.
Braun, Michael. „Die Sehnsucht nach dem idealen Erzähler. Peter Handkes romantische Utopie". *Text+Kritik. Zeitschrift für Literatur* 24 (1989), S. 73–81.
Carroll, Jerome, Steve Giles und Karen Jürs-Munby (Hg.). *Postdramatic Theatre and the Political. International Perspectives on Contemporary Performance*. London: Bloomsbury Publishing, 2013.
Charim, Isolde. „Elfriedes Teekesselchen. Elfriede Jelineks politisch-literarisches Unternehmen". *JELINEK[JAHR]BUCH* (2011), S. 78–84.
Clar, Peter. „Wer ist es dann, der das sagt, was die Wahrheit nicht sein kann? Die Autorinnenfigur in Elfriede Jelineks Theatertexten ‚Rechnitz (Der Würgeengel)' und ‚Die Kontrakte des Kaufmanns'". *Literatur als Performance. Literaturwissenschaftliche Studien zum Thema Performance*. Hg. Ana Rosa Calero Valera. Würzburg: Königshausen& Neumann, 2013, S. 237–250.
Clar, Peter. *„Ich aber bleibe weg." Dekonstruktionen der Autorinnenfigur(en) bei Elfriede Jelinek*. Bielefeld: Aisthesis, 2017.
Clemens, Manuel. „Nach dem Künstler. Flüchtlinge und Migranten als neue Sinnstifter". *Niemandsbuchten und Schutzbefohlene. Flucht-Räume und Flüchtlingsfiguren in der*

deutschsprachigen Gegenwartsliteratur. Hg. Thomas Hardtke, Johannes Kleine und Charlton Payne. Göttingen: V & R Unipress, 2017, S. 249–267.

Dachselt, Rainer. *Pathos. Tradition und Aktualität einer vergessenen Kategorie der Poetik.* Heidelberg: Winter, 2003.

Degner, Uta. „Die Kinder der Quoten. Zum Verhältnis von Medienkritik und Selbstmedialisierung bei Elfriede Jelinek". *Mediale Erregungen? Autonomie und Aufmerksamkeit im Literatur- und Kulturbetrieb der Gegenwart.* Hg. Nina Birkner, Markus Joch, York-Gothart Mix und Norbert Christian Wolf. Tübingen: Niemeyer, 2009, S. 153–168.

Degner, Uta. „'Eine neue Vorstellung von Kunst.' Intermediale Usurpationen bei Bertolt Brecht und Elfriede Jelinek". *Der Neue Wettstreit der Künste. Legitimation und Dominanz im Zeichen der Intermedialität.* Hg. Uta Degner und Norbert Christian Wolf. Bielefeld: transcript, 2010, S. 57–75.

Degner, Uta und Christa Gürtler (Hg.). *Elfriede Jelinek. Provokationen der Kunst.* Berlin, Boston: De Gruyter, 2021.

Degner, Uta. *Eine ‚unmögliche' Ästhetik. Elfriede Jelinek im literarischen Feld.* Wien, Köln: Böhlau, 2022.

Deiritz, Karl und Hannes Krauss (Hg.). *Der deutsch-deutsche Literaturstreit oder „Freunde, es spricht sich schlecht mit gebundener Zunge". Analysen und Materialien.* Hamburg: Luchterhand, 1991.

Delabar, Walter. „Jenseits der Kommunikation. Elfriede Jelineks antirhetorisches Werk (Zu *Wolken.Heim.* und *Und dann nach Hause*)". *Rhetorik. Ein internationales Jahrbuch* 27 (2008), S. 86–105.

Dhuga, U. S. *Choral Identity and the Chorus of Elders in Greek Tragedy.* Plymouth: Lexington Books, 2011.

Diedrichsen, Diedrich. *Freiheit macht arm. Das Leben nach Rock'n'Roll 1990–93.* Köln: Kiepenheuer & Witsch, 1993.

Dormal, Michael. *Nation und Repräsentation. Theorie, Geschichte und Gegenwart eines umstrittenen Verhältnisses.* Baden-Baden: Nomos, 2017.

Dörr, Julian, Nils Goldschmidt und Matthias Störring. „Verträge. Ihre Bedeutung für Wirtschaft und Gesellschaft". *Unterricht Wirtschaft + Politik* 4 (2016), S. 2–7.

Eagleton, Terry. *After Theory.* London: Penguin Books, 2004.

Elbe, Ingo. „Der Zweck des Politischen – Carl Schmitts faschistischer Begriff der ernsthaften Existenz". *Moral und Gewalt. Eine Diskussion der Dialektik der Befreiung.* Hg. Hendrik Wallat. Münster: Unrast-Verlag, 2014, S. 145–172.

Engehausen, Frank. „Shylock, Antonio und die zeitgenössische Diskussion um die Rechtmäßigkeit des Geldverleihs für Zinsen". *Jahrbuch der Deutschen Shakespeare-Gesellschaft* (1989), S. 148–168.

Englhart, Andreas. *Das Theater der Gegenwart.* München: Beck, 2013.

Ernst, Thomas. *Literatur und Subversion. Politisches Schreiben in der Gegenwart.* Bielefeld: transcript, 2013.

Ernst, Thomas. „Engagement oder Subversion? Neue Modelle zur Analyse politischer Gegenwartsliteraturen". *Das Politische in der Literatur der Gegenwart.* Hg. Stefan Neuhaus und Immanuel Nover. Berlin, Boston: De Gruyter, 2019, S. 21–44.

Esposito, Fernando. „,Posthistoire' oder: Die Schließung der Zukunft und die Öffnung der Zeit".
  Die Zukunft des 20. Jahrhunderts. Dimensionen einer historischen Zukunftsforschung. Hg.
  Luca Hölscher. Frankfurt/M., New York: Campus, 2017, S. 279–301.
Felber, Silke und Teresa Kovacs. „Schwarm und Schwelle: Migrationsbewegungen in Elfriede
  Jelineks Die Schutzbefohlenen". *Transit. A Journal of Travel, Migration, and
  Multiculturalism in the German-speaking World* 10.1 (2015), S. 1–15. http://transit.
  berkeley.edu/2015/felber_kovacs/ (01. März 2022).
Felber, Silke. „Verortungen des Marginalisierten in Elfriede Jelineks Die Schutzbefohlenen".
  Jelineks Räume. Hg. Pia Janke, Agnieszka Jezierska und Monika Szczepaniak. Wien:
  Praesens, 2017, S. 63–71.
Felsch, Philipp. *Der lange Sommer der Theorie. Geschichte einer Revolte 1960–1990.*
  München: Beck, 2015.
Fenner, Dagmar. *Religionsethik. Ein Grundriss.* Stuttgart: Kohlhammer, 2016.
Fiedler, Leslie A. „Überquert die Grenze, schließt den Graben! Über die Postmoderne". *Roman
  oder Leben. Postmoderne in der deutschen Literatur.* Hg. Uwe Wittstock. Stuttgart:
  Reclam, 1994, S. 14–39.
Fischer-Lichte, Erika. *Geschichte des Dramas. Epochen der Identität auf dem Theater von der
  Antike bis zur Gegenwart. Bd. 1: Von der Antike bis zur deutschen Klassik.* Tübingen:
  Francke, 1990.
Fischer-Lichte, Erika und Matthias Dreyer. „Antike Tragödie heute. Eine Einführung". *Antike
  Tragödie heute. Vorträge und Materialien zum Antiken-Projekt des Deutschen Theaters.*
  Hg. dies. Berlin: Henschel, 2007, S. 8–13.
Fleig, Anne. „Zitierte Autorität – Zur Reflexion von Autorschaft in ‚Rosamunde', ‚Ulrike Maria
  Stuart' und den Sekundärdramen". *„Machen Sie, was Sie wollen!" Autorität durchsetzen,
  absetzen und umsetzen: Deutsch- und französischsprachige Studien zum Werk Elfriede
  Jelineks.* Hg. Delphine Klein und Aline Vennemann. Wien: Praesens, 2017, S. 148–157.
Fliedl, Konstanze. „Im Abseits. Elfriede Jelineks Nobelpreisrede". *Elfriede Jelinek. Sprache,
  Geschlecht und Herrschaft.* Hg. Francoise Rétif. Würzburg: Königshausen & Neumann,
  2008, S. 19–32.
Foucault, Michel. *Die Ordnung des Diskurses.* 10. Aufl. Frankfurt/M.: Fischer, 2007.
Föllinger, Sabine. *Aischylos. Meister der griechischen Tragödie.* München: Beck, 2009.
Frank, Thomas, Albrecht Koschorke, Susanne Lüdemann und Ethel Matala de Mazza. *Der
  fiktive Staat. Konstruktionen des politischen Körpers in der Geschichte Europas.* Frankfurt/
  M.: Fischer, 2007.
Freud, Sigmund. *Gesammelte Werke.* 19 Bde. Hg. Anna Freud. Frankfurt/M.: Fischer, 1946.
Fukuyama, Francis. *Das Ende der Geschichte. Wo stehen wir?* München: Kindler, 1992.
Fulda, Daniel. *Schau-Spiele des Geldes. Die Komödie und die Entstehung der
  Marktgesellschaft von Shakespeare bis Lessing.* Tübingen: Niemeyer, 2005.
Gadamer, Hans-Georg. *Wahrheit und Methode. Grundzüge einer philosophischen Hermeneutik.*
  6. Aufl. Tübingen: Mohr, 1990.
Gaier, Ulrich. „Hölderlin, die Moderne und die Gegenwart". *Hölderlin und die Moderne. Eine
  Bestandsaufnahme.* Hg. Gerhard Kurz, Ulrich Gaier, Valérie Lawitschka und Jürgen
  Wertheimer. Tübingen: Attempto-Verlag, 1995, S. 9–40.
Galbraith, John Kenneth. *Eine kurze Geschichte der Spekulation.* Frankfurt/M.: Eichborn, 2010.

Gauchet, Marcel. „Die totalitäre Erfahrung und das Denken des Politischen". *Autonome Gesellschaft und libertäre Demokratie.* Hg. Ulrich Rödel. Frankfurt/M.: Suhrkamp, 1990, S. 207–239.

Gauchet, Michel und Claude Lefort. „Über die Demokratie: Das Politische und die Instituierung des Gesellschaftlichen". *Autonome Gesellschaft und libertäre Demokratie.* Hg. Ulrich Rödel. Frankfurt/M.: Suhrkamp, 1990, S. 89–122.

Geier, Andrea. „,Was aber bleibet, stiften die Dichter'? Über den Umgang mit der Tradition in Text und Inszenierungen von *Wolken.Heim*". *Elfriede Jelinek – Stücke für oder gegen das Theater?* Hg. Inge Marteel und Heidy Margrit Müller. Brüssel: FWO, 2008, S. 143–154.

Geitner, Ursula. „Stand der Dinge: Engagement-Semantik und Gegenwartsliteratur-Forschung". *Engagement. Konzepte von Gegenwart und Gegenwartsliteratur.* Hg. Jürgen Brokoff, Ursula Geitner und Kerstin Stüssel. Göttingen: V & R Unipress, 2016, S. 19–58.

Geitner, Ursula. „,hier entscheidet die Zeit'? Gegenwartsliteratur, Literaturkritik, Literaturwissenschaft – programmatisch". *Aktualität. Zur Geschichte literarischer Gegenwartsbezüge vom 17. bis zum 21. Jahrhundert.* Hg. Stefan Geyer und Johannes F. Lehmann. Hannover: Wehrhahn, 2018, S. 61–94.

Gilcher-Holtey, Ingrid. *Die 68er Bewegung. Deutschland – Westeuropa – USA.* 4. Aufl. München: Beck, 2008.

Gilcher-Holtey, Ingrid. „Die ,große Rochade': Schriftsteller als Intellektuelle und die literarische Zeitdiagnose 1968, 1989/90, 1999". *Transformationen des literarischen Feldes in der Gegenwart. Sozialstruktur – Medien-Ökonomien – Autorpositionen.* Hg. Heribert Tommek. Heidelberg: Synchron, 2012, S. 77–97.

Gilcher-Holtey, Ingrid. „Einleitung". *„1968" – Eine Wahrnehmungsrevolution. Horizont-Verschiebungen des Politischen in den 1960er und 1970er Jahren.* Hg. dies. München: Oldenbourg, 2013, S. 7–12.

Girard, René. *Der Sündenbock.* Zürich, Düsseldorf: Benziger, 1988.

Girard, René. *Das Heilige und die Gewalt.* Frankfurt/M.: Fischer, 1992.

Goldhill, Simon. „Collectivity and otherness: the authority of the tragic chorus". *Tragedy and the Tragic: Greek Theatre and Beyond.* Hg. Michael Silk. Oxford: Clarendon Press, 1996, S. 244–256.

Gödde, Susanne. *Das Drama der Hikesie. Ritual und Rhetorik in Aischylos' Hiketiden.* Münster: Aschendorff, 2000.

Gramsci, Antonio. *Gefängnishefte. Kritische Gesamtausgabe.* Bd. 1. Hg. Klaus Bochmann und Wolfgang Fritz Haug. Hamburg: Argument-Verlag, 1991.

Gruber, Bettina und Heinz-Peter Preußer (Hg.). *Weiblichkeit als politisches Programm? Sexualität, Macht und Mythos.* Würzburg: Königshausen & Neumann, 2005.

Gruber, Markus A. *Der Chor in den Tragödien des Aischylos. Affekt und Reaktion.* Tübingen: Narr, 2009.

Gutjahr, Ortrud. „Königinnenstreit. Eine Annäherung an Elfriede Jelineks *Ulrike Maria Stuart* und ein Blick auf Friedrich Schillers *Maria Stuart*". *Ulrike Maria Stuart von Elfriede Jelinek. Uraufführung am Thalia Theater Hamburg in der Inszenierung von Nicolas Stemann.* Hg. Ortrud Gutjahr. Würzburg: Königshausen & Neumann, 2007, S. 19–35.

Hacke, Jens. „Antiliberalismus, identitäre Demokratie und Weimarer Schwäche". *Das alte Denken der Neuen Rechten. Die langen Linien der antiliberalen Revolte.* Hg. Christoph Becker und Ralf Fücks. Frankfurt/M.: Wochenschau, 2020, S. 30–48.

Hampel, Anna. „Das Politische besprechen. Zur politischen Gegenwartsliteratur am Beispiel von Senthuran Varatharajahs *Vor der Zunahme der Zeichen*". *Politische Literatur. Begriffe, Debatten, Aktualität.* Hg. Christine Lubkoll, Manuel Illi und Anna Hampel. Stuttgart: Metzler, 2018, S. 441–458.

Haß, Ulrike. „Woher kommt der Chor". *Maske und Kothurn. Internationale Beiträge zur Theater-, Film- und Medienwissenschaft* 58.1 (2012), S. 13–30.

Haß, Ulrike. „Chor_Figur und Grund". *Chor-Figuren. Transdisziplinäre Beiträge.* Hg. Julia Bodenburg, Katharina Grabbe und Nicole Haitzinger. Freiburg u. a.: Rombach, 2016, S. 115–130.

Hauser, Dorothea. „,Das Stück, das Tanten Typen voraus haben'. Zur Beziehung von Ulrike Meinhof und Gudrun Ensslin". *Ulrike Maria Stuart von Elfriede Jelinek. Uraufführung am Thalia Theater Hamburg in der Inszenierung von Nicolas Stemann.* Hg. Ortrud Gutjahr. Würzburg: Königshausen & Neumann, 2007, S. 39–52.

Hebekus, Uwe und Jan Völker. *Neue Philosophien des Politischen zur Einführung.* Hamburg: Junius, 2012.

Hegenbart, Christine. *Zum Politischen der Dramatik von Thomas Bernhard und Peter Handke. Neue Aufteilungen des Sinnlichen.* Frankfurt/M.: Peter Lang, 2017.

Heidegger, Martin. *Gesamtausgabe.* 98 Bde. Frankfurt/M.: Vittorio Klostermann, 1975–2018.

Heinz, Marion und Sidonie Kellerer (Hg.). *Martin Heideggers „Schwarze Hefte." Eine philosophisch-politische Debatte.* Berlin: Suhrkamp, 2016.

Herrmann, Leonhard und Silke Horstkotte. *Gegenwartsliteratur. Eine Einführung.* Stuttgart: Metzler, 2016.

Herzinger, Richard. „Die Heimkehr der romantischen Moderne. Über ,Ithaka' und die kulturphilosophischen Transformationen von Botho Strauß". *Theater heute* 8 (1996), S. 7–12.

Hirsch, Michael. *Die zwei Seiten der Entpolitisierung. Zur politischen Theorie der Gegenwart.* Stuttgart: Steiner, 2007.

Hirsch, Michael. „Der symbolische Primat des Politischen und seine Kritik". *Das Politische und die Politik.* Hg. Thomas Bedorf und Kurt Röttgers. Berlin: Suhrkamp, 2010, S. 335–363.

Hofmann, Michael. „Neue Tendenzen der deutschsprachigen Dramatik". *Deutschsprachige Gegenwartsliteratur seit 1989. Zwischenbilanzen – Analysen – Vermittlungsperspektiven.* Hg. Clemens Kammler und Torsten Pflugmacher. Heidelberg: Synchron, 2004, S. 51–60.

Holler, Verena. *Felder der Literatur. Eine literatursoziologische Studie am Beispiel von Robert Menasse.* Frankfurt/M.: Peter Lang, 2003.

Holler, Verena. „Positionen – Positionierungen – Zuschreibungen. Zu Robert Menasses literarischer Laufbahn im österreichischen und deutschen Feld". *Mediale Erregungen? Autonomie und Aufmerksamkeit im Literatur- und Kulturbetrieb der Gegenwart.* Hg. Nina Birkner, Markus Joch, York-Gothart Mix und Norbert Christian Wolf. Tübingen: Niemeyer, 2009, S. 169–187.

Höfer, Hannes. *Deutscher Universalismus. Zur mythologisierenden Konstruktion des Nationalen in der Literatur um 1800.* Heidelberg: Winter, 2015.

Hölderlin, Friedrich. *Sämtliche Werke. Frankfurter Ausgabe.* 20 Bde. Hg. D. E. Sattler. Frankfurt/M.: Stroemfeld/Roter Stern, 1975–2008.

Höllerer, Florian und Tim Schleider (Hg.). *Betrifft: Chotjewitz, Dorst, Hermann, Hoppe, Kehlmann, Klein, Kling, Kronauer, Mora, Ortheil, Oswald, Rakusa, Walser, Zeh.* Frankfurt/M.: Suhrkamp, 2004.

Höllerer, Florian und Tim Schleider (Hg.). *Zur Zeit. Bärfuss, Bleutge, Geiger, Genazino, Härtling, Hettche, Jirgl, Krechel, Kuckart, Lewitscharoff, Mosebach, Müller, Oliver, Steinfest, Stolterfoht, Streeruwitz, Tripp, Trojanow, Zaimoglu*. Göttingen: Wallstein, 2010.

Hörisch, Jochen. *Man muss dran glauben. Die Theologie der Märkte*. München: Fink, 2013.

Horstkotte, Silke. „Zeitgemäße Betrachtungen: Die Aktualität der Gegenwartsliteratur und Aktualisierungsstrategien der Literaturwissenschaft". *Engagement. Konzepte von Gegenwart und Gegenwartsliteratur*. Hg. Jürgen Brokoff, Ursula Geitner und Kerstin Stüssel. Göttingen: V & R Unipress, 2016, S. 371–387.

Huntemann, Willi. „‚Unengagiertes Engagement' – zum Strukturwandel des literarischen Engagements nach der Wende". *Engagierte Literatur in Wendezeiten*. Hg. Willi Huntemann, Malgorzata Klentak-Zablocka, Fabian Lampart und Thomas Schmidt. Würzburg: Königshausen & Neumann, 2003, S. 33–48.

Huntemann, Willi und Kai Hendrik Patri. „Einleitung: Engagierte Literatur in Wendezeiten". *Engagierte Literatur in Wendezeiten*. Hg. Willi Huntemann, Malgorzata Klentak-Zablocka, Fabian Lampart und Thomas Schmidt. Würzburg: Königshausen & Neumann, 2003, S. 9–31.

Husser, Irene. „Machteffekte. Räumliche und körperliche Darstellungs- und Funktionsweisen des Politischen in Georg Büchners *Leonce und Lena* und *Danton's Tod*". *Georg-Büchner-Jahrbuch* 14 (2016–2019), S. 61–88.

Husser, Irene. „Ästhetik des Niederen zwischen Goethezeit und Realismus. Literatur und Pauperismus bei Georg Büchner und Annette von Droste Hülshoff gelesen mit Erich Auerbach". *Ästhetik im Vormärz*. Hg. Nobert Otto Eke und Marta Famula. Bielefeld: Aisthesis, 2021, S. 201–233.

Janke, Pia (Hg.). *Die Nestbeschmutzerin. Jelinek & Österreich*. Salzburg, Wien: Jung und Jung, 2002.

Janke, Pia (Hg.). *Jelinek Handbuch*. Stuttgart, Weimar: Metzler, 2013.

Janke, Pia und Stefanie Kaplan. „Politisches und feministisches Engagement". *Jelinek Handbuch*. Hg. Pia Janke. Stuttgart, Weimar: Metzler, 2013, S. 9–20

Janke, Pia und Teresa Kovacs (Hg.). *Schreiben als Widerstand. Elfriede Jelinek & Herta Müller*. Wien: Praesens, 2017.

Janke, Pia und Christian Schenkermayr (Hg.). *Komik und Subversion – Ideologiekritische Strategien*. Wien: Praesens, 2020.

Janz, Marlies. *Elfriede Jelinek*. Stuttgart: Metzler, 1995.

Janz, Marlies. „Mütter, Amazonen und Elfi Elektra. Zur Selbstinszenierung der Autorin in Elfriede Jelineks *Sportstück*". *Weiblichkeit als politisches Programm? Sexualität, Macht und Mythos*. Hg. Bettina Gruber und Heinz-Peter Preußer. Würzburg: Königshausen & Neumann, 2005, S. 87–96.

Jauß, Hans Robert. „Literaturgeschichte als Provokation der Literaturwissenschaft". *Rezeptionsästhetik. Theorie und Praxis*. Hg. Rainer Warning. München: Fink, 1975, S. 126–162.

Joch, Markus und Norbert Christian Wolf. „Feldtheorie als Provokation der Literaturwissenschaft. Einleitung". *Text und Feld. Bourdieu in der literaturwissenschaftlichen Praxis*. Hg. dies. Tübingen: Niemeyer, 2005, S. 1–24.

Jürgensen, Christoph. *Federkrieger. Autorschaft im Zeichen der Befreiungskriege*. Stuttgart: Metzler, 2018.

Jürs-Munby, Karen. „Der fremde, faszinierende, paradoxe, Ort Theater. Gedanken zu Elfriede Jelineks neueren theatertheoretischen Essays". *JELINEK[JAHR]BUCH* (2011), S. 85–102.

Jürs-Munby, Karen. „ Agon, Conflict and Dissent: Elfriede Jelinek's *Ein Sportstück* and its Stagings by Einar Schleef and Just a Must Theatre". *Austrian Studies* 22 (2014), S. 9–25.

Kant, Immanuel. *Kritik der Urteilskraft*. Hg. Heiner F. Klemme. Hamburg: Meiner, 2001.

Kantorowicz, Ernst. *The King's Two Bodies. A Study in Mediaeval Political Theology*. Princeton: Princeton University Press, 1957.

Kaplan, Stefanie. *„Fern noch tönt unser Donner." Zur literarischen Transformation der Lyrik Friedrich Hölderlins in Elfriede Jelineks* Wolken.Heim. Diplomarbeit Universität Wien, 2006. https://jelinetz2.files.wordpress.com/2013/02/xfern-tc3b6nt-noch-unser-donner.pdf (01. März 2022).

Kämmerlings, Richard. *Das kurze Glück der Gegenwart. Deutschsprachige Literatur seit '89*. Stuttgart: Klett-Cotta, 2011.

Kastner, Jens (Hg.). *Pierre Bourdieu und Jacques Rancière. Emanzipatorische Praxis denken*. Wien: Turia + Kant, 2014.

Kecht, Maria-Regina. „Elfriede Jelinek *in absentia* oder die Sprache zur Sprache bringen". *Seminar. A Journal of Germanic Review* 43.3 (2007), S. 351–365.

Koenen, Gerd. „Camera Silens. Das Phantasma der ‚Vernichtungshaft'". *Die RAF und der linke Terrorismus*. Bd. 2. Hg. Wolfgang Kraushaar. Hamburg: Hamburger Edition, 2006, S. 994–1010.

Koenen, Gerd. *Das rote Jahrzehnt. Unsere kleine deutsche Kulturrevolution 1967–1977*. 5. Aufl. Frankfurt/M.: Fischer, 2011.

Koselleck, Reinhart. *Vergangene Zukunft. Zur Semantik geschichtlicher Zeiten*. Frankfurt/M.: Suhrkamp, 1989.

Kovacs, Teresa. *Drama als Störung. Elfriede Jelineks Konzept des Sekundärdramas*. Bielefeld: transcript, 2016.

Kovacs, Teresa. „Widerständiges Schreiben. Subversion bei Elfriede Jelinek und Herta Müller". *Schreiben als Widerstand. Elfriede Jelinek & Herta Müller*. Hg. Pia Janke und Teresa Kovacs. Wien: Praesens, 2017, S. 237–252.

Krankenhagen, Stefan. *Auschwitz darstellen. Ästhetische Positionen zwischen Adorno, Spielberg und Walser*. Köln: Böhlau, 2001.

Kraushaar, Wolfgang. „Entschlossenheit: Dezisionismus als Denkfigur. Von der antiautoritären Bewegung zum bewaffneten Kampf". *Die RAF und der linke Terrorismus*. Bd. 1. Hg. ders. Hamburg: Hamburger Edition, 2006, S. 140–156.

Kremer, Detlef. *Romantik. Lehrbuch Germanistik*. 3. Aufl. Stuttgart, Weimar: Metzler, 2007.

Kuberg, Maria. *Chor und Theorie. Zeitgenössische Theatertexte von Heiner Müller bis René Pollesch*. Konstanz: Konstanz University Press, 2021.

Laclau, Ernesto. *New Reflections on the Revolution of Our Time*. London: Verso Books, 1990.

Laclau, Ernesto. *Emanzipation und Differenz*. Wien: Turia + Kant, 2013.

Laclau, Ernesto und Chantal Mouffe. *Hegemonie und radikale Demokratie. Zur Dekonstruktion des Marxismus*. 6. Aufl. Wien: Passagen-Verlag, 2020.

Lampart, Fabian. „Kunstreligion intermedial. Richard Wagners Konzept des musikalischen Dramas und seine frühe literarische Rezeption". *Kunstreligion. Bd. 2: Ein ästhetisches Konzept der Moderne in seiner historischen Entfaltung. Die Radikalisierung des Konzepts nach 1850*. Hg. Alessandro Costazza, Albert Meier und Gérard Laudin. Berlin, Boston: De Gruyter, 2012, S. 59–77.

Landwehr, Achim. *Historische Diskursanalyse*. 2. Aufl. Frankfurt/M.: Campus, 2018.
Latacz, Joachim. *Einführung in die griechische Tragödie*. 2. Aufl. Göttingen: Vandenhoeck & Ruprecht, 2003.
Lang, Lena. „Elfriede privat?! Elfriede Jelineks Selbstinszenierung". *Textpraxis. Digitales Journal für Philologie* 12 (2016). http://www.uni-muenster.de/textpraxis/lena-lang-elfriede-jelineks-digitale-selbstinszenierung (01. März 2022).
Lefort, Claude. „Die Frage der Demokratie". *Autonome Gesellschaft und libertäre Demokratie*. Hg. Ulrich Rödel. Frankfurt/M.: Suhrkamp, 1990, S. 281–297.
Lefort, Claude. „Die Weigerung, den Totalitarismus zu denken". *Debatte zu Politik und Moderne* 4 (2003), S. 21–36.
Lehmann, Hans-Thies. *Postdramatisches Theater*. 4. Aufl. Frankfurt/M.: Verlag der Autoren, 2008.
Lehmann, Hans-Thies. *Tragödie und dramatisches Theater*. Berlin: Alexander Verlag, 2015.
Leiprecht, Helga. „Die elektronische Schriftstellerin. Zu Besuch bei Elfriede Jelinek". *Du* 700 (1999), S. 2–5.
Lessenich, Stefan. *Neben uns die Sintflut. Die Externalisierungsgesellschaft und ihr Preis*. Berlin: Hanser, 2016.
Longo, Oddone. „The Theater of the Polis". *Nothing to Do with Dionysos? Athenian Drama in Its Social Context*. Hg. John J. Winkler und Froma I. Zeitlin. Princeton: Princeton University Press, 1990, S. 12–19.
Löffler, Marion und Georg Spitaler. „Demo ohne Demos? Politische Handlungsfähigkeit, Emotionen und ‚Unvernehmen' in *Die Reise einer jungen Anarchistin in Griechenland* von Marlene Streeruwitz als Nelia Fehn (2014)". *Das Politische in der Literatur der Gegenwart*. Hg. Stefan Neuhaus und Immanuel Nover. Berlin, Boston: De Gruyter, 2019, S. 475–496.
Lubkoll, Christine, Manuel Illi und Anna Hampel. „Einleitung". *Politische Literatur. Begriffe, Debatten, Aktualität*. Hg. dies. Stuttgart: Metzler, 2018, S. 1–10.
Lücke, Bärbel. „Elfriede Jelineks *Rechnitz (Der Würgeengel)* – Boten der (untoten) Geschichte." *JELINEK[JAHR]BUCH* (2010), S. 33–98.
Lücke, Bärbel. *Zur Ästhetik von Aktualität und Serialität in den Addenda-Stücken Elfriede Jelineks zu* Die Kontrakte des Kaufmanns, Über Tiere, Kein Licht, Die Schutzbefohlenen. Wien: Praesens, 2017.
Manow, Philip. *Im Schatten des Königs. Die politische Anatomie demokratischer Repräsentation*. Frankfurt/M.: Suhrkamp, 2008.
Manow, Philip. *(Ent-)Demokratisierung der Demokratie. Ein Essay*. Berlin: Suhrkamp, 2020.
Marchart, Oliver. *Die politische Differenz*. Berlin: Suhrkamp, 2010.
Marchart, Oliver. „Die politische Theorie des zivilgesellschaftlichen Republikanismus: Claude Lefort und Marcel Gauchet". *Politische Theorien der Gegenwart II*. Hg. André Brodocz und Garry S. Schaal. 4. Aufl. Opladen, Toronto: Verlag Barbara Budrich, 2016, S. 239–269.
Marx, Karl und Friedrich Engels. *Werke*. 43 Bde. Hg. Institut für Marxismus-Leninismus beim Zentralkomitee der Sozialistischen Einheitspartei Deutschlands. Berlin: Dietz, 1956–1990.
Matern, Harald, Georg Pfleiderer und Peter Seele (Hg.). *Eine Religion in der Krise II: Aspekte von Risiko, Vertrauen, Schuld*. Zürich: Theologischer Verlag Zürich, 2015.
Maurach, Martin. „Nationalsozialismus". *Kleist Handbuch. Leben – Werk – Wirkung*. Hg. Ingo Breuer. Stuttgart, Weimar: Metzler, 2009, S. 425–427.
Mayer, Hans. *Richard Wagner*. 2. Aufl. Frankfurt/M.: Suhrkamp, 1998.

Mayer, Verena und Roland Koberg. *Elfriede Jelinek. Ein Porträt*. Reinbek bei Hamburg: Rowohlt, 2006.
McCullough, Christopher. *The Merchant of Venice*. Basingstoke: Palgrave Macmillan, 2005.
Meister, Monika. „Bezüge zur Theatertradition". *Jelinek Handbuch*. Hg. Pia Janke. Stuttgart, Weimar: Metzler, 2013, S. 69–73.
Moretti, Franco und Dominique Pestre. „Bankspeak. The Language of the World Bank Reports". *New Left Review* 92 (2015), S. 75–99.
Mouffe, Chantal und Oliver Marchart. „Chantal Mouffe im Gespräch mit Oliver Marchart". *Mesotes* 3 (1993), S. 407–413.
Mouffe, Chantal. *Das demokratische Paradox*. Wien: Turia + Kant, 2008.
Mouffe, Chantal. „Kritik als gegenhomogeniale Intervention". *Kunst der Kritik*. Hg. Birgit Mennel. Wien, Berlin: Turia + Kant, 2010, S. 33–45.
Mouffe, Chantal. *Agonistik. Die Welt politisch denken*. Berlin: Suhrkamp, 2014.
Mouffe, Chantal. *Über das Politische. Wider die kosmopolitische Dimension*. 7. Aufl. Frankfurt/ M.: Suhrkamp, 2017.
Muhle, Maria. „Einleitung". Rancière, Jacques. *Die Aufteilung des Sinnlichen. Die Politik der Kunst und ihre Paradoxien*. 2. Aufl. Berlin: b_books, 2008, S. 7–19.
Muhle, Maria. „*Mimesis* und *Aisthesis*. Realismus und Geschichte bei Auerbach und Rancière". *Die Wirklichkeit des Realismus*. Hg. Veronika Thanner, Joseph Vogl und Dorothea Walter. Paderborn: Fink, 2018, S. 27–40.
Münkler, Herfried. *Die Deutschen und ihre Mythen*. Reinbek bei Hamburg: Rowohlt, 2010.
Münkler, Herfried und Grit Straßenberger. *Politische Theorie und Ideengeschichte. Eine Einführung*. München: Beck, 2016.
Münkler, Herfried. *Marx – Wagner – Nietzsche. Welt im Umbruch*. Berlin: Rowohlt, 2021.
Nancy, Jean-Luc. *singulär plural sein*. Zürich: Diaphanes, 2004.
Neuhaus, Stefan und Immanuel Nover. „Einleitung: Aushandlungen des Politischen in der Gegenwartsliteratur". *Das Politische in der Literatur der Gegenwart*. Hg. dies. Berlin, Boston: De Gruyter, 2019, S. 3–18.
Neumann, Birgit. „Kulturelles Wissen und Literatur". *Kulturelles Wissen und Intertextualität. Theoriekonzeptionen und Fallstudien zur Kontextualisierung von Literatur*. Hg. Marion Gymnich, Birgit Neumann und Ansgar Nünning. Trier: Wissenschaftlicher Verlag Trier, 2006, S. 29–51.
Neumann, Birgit und Ansgar Nünning. „Travelling Concepts as a Model for the Study of Culture". *Travelling Concepts for the Study of Culture*. Hg. dies. Berlin, Boston: De Gruyter, 2012, S. 1–22.
Neumann, Uwe. „Agonistik". *Historisches Wörterbuch der Rhetorik*. Bd. 1. Hg. Gerd Ueding. Tübingen: Niemeyer, 1992. Sp. 261–284.
Nietzsche, Friedrich. *Sämtliche Werke. Kritische Studienausgabe in 15 Bänden*. Hg. Giorgio Colli und Mazzino Montinari. New York, Berlin: De Gruyter, 1980.
Novalis. *Schriften. Die Werke Friedrich von Hardenbergs. Historisch-kritische Ausgabe in vier Bänden, mit einem Materialband und einem Ergänzungsband*. Hg. Richard Samuel. Darmstadt: Wissenschaftliche Buchgesellschaft, 1977–1999.
Nover, Immanuel. „Wer darf sprechen? Stimme und Handlungsmacht in Aischylos' *Die Schutzflehenden* und Elfriede Jelineks *Die Schutzbefohlenen*". *Das Politische in der Literatur der Gegenwart*. Hg. Stefan Neuhaus und Immanuel Nover. Berlin, Boston: De Gruyter, 2019, S. 323–339.

Opitz, Martin. *Buch von der Deutschen Poeterey.* Stuttgart: Reclam, 2002.
Ostermeier, Thomas. „Das Theater im Zeitalter seiner Beschleunigung". *Theater der Zeit. Zeitschrift für Politik und Theater* (Juli/August 1999), S. 10–15.
Pahl, Hanno. „Disziplinierung und Popularisierung ökonomischen Wissens als wechselseitiger Verstärkungsprozess: Konstituentien der Oikodizee". *Wirtschaftswissenschaft als Oikodizee? Diskussionen im Anschluss an Joseph Vogls Das Gespenst des Kapitals.* Hg. Hanno Pahl und Jan Sparsam. Wiesbaden: Springer VS, 2013, S. 53–76.
Paul, Axel T. *Theorie des Geldes zur Einführung.* Hamburg: Junius, 2017.
Päthe, Thorben und Clemens Pornschlegel (Hg.). *Zur religiösen Signatur des Kapitalismus.* Paderborn: Fink, 2016.
Peitsch, Helmut. „‚Vereinigungsfolgen': Strategien zur Delegitimierung von Engagement in Literatur und Literaturwissenschaft der neunziger Jahre". *Weimarer Beiträge* 47 (2001), S. 325–352.
Perica, Ivana. „*Politische Literatur* und *Politik der Literatur, Revolution* und *Evolution.* Schnittstellen von politischer Theorie und kritischer Literaturwissenschaft". *Politische Literatur. Begriffe, Debatten, Aktualität.* Hg. Christine Lubkoll, Manuel Illi und Anna Hampel. Stuttgart: Metzler, 2018, S. 93–107.
Peter, Nina. „Kollabierende Sprachsysteme. Zwei Strategien sprachlicher Verarbeitung der Geldwirtschaft". *Finanzen und Fiktionen. Grenzgänge zwischen Literatur und Wirtschaft.* Hg. Christine Künzel und Dirk Hempel. Frankfurt/M., New York: Campus, 2011, S. 137–154.
Peter, Nina. „‚Like a real thing'? Reale Operationen im Reich virtueller Werte". *Ökonomie – Narration – Kontingenz. Kulturelle Dimensionen des Marktes.* Hg. Wilhelm Amann, Natalie Bloch und Georg Mein. Paderborn: Fink, 2014, S. 209–229.
Pewny, Katharina. *Das Drama des Prekären. Über die Wiederkehr der Ethik in Theater und Performance.* Bielefeld: transcript, 2011.
Pfleiderer, Georg und Peter Seele (Hg.). *Eine Religion in der Krise I – Grundprobleme von Risiko, Vertrauen, Schuld.* Zürich: Pano-Verlag, 2013.
Pflüger, Maja Sibylle. *Vom Dialog zur Dialogizität. Die Theaterästhetik von Elfriede Jelinek.* Tübingen: Francke, 1996.
Politycki, Matthias. Die *Farbe der Vokale. Von der Literatur, den 78ern und dem Gequake der Frösche.* München: Luchterhand, 1998.
Polt-Heinzl, Evelyne. „Elfriede Jelineks verstörende Arbeit im Steinbruch der Sprache. ‚Wolken.Heim.' als Analyse historischer Gedächtnislücken". *Studia Austriaca* 9 (2001), S. 42–61.
Polt-Heinzl, Evelyne und Joseph Vogl. „Wirtschafts- und Finanzkrise in Elfriede Jelineks *Die Kontrakte des Kaufmanns.* Evelyne Polt-Heinzl und Joseph Vogl im Gespräch". *JELINEK[JAHR]BUCH* (2011), S. 316–326.
Poschmann, Gerda. *Der nicht mehr dramatische Theatertext. Aktuelle Bühnenstücke und ihre dramaturgische Analyse.* Tübingen: Niemeyer, 1997.
Preußer, Heinz-Peter. „Europäische Phantasmen des Juden. Shylock, Nathan, Ahasver". *Von der nationalen zur internationalen Literatur. Transkulturelle deutschsprachige Literatur und Kultur im Zeitalter globaler Migration.* Hg. Helmut Schmitz. Amsterdam: Rodopi, 2009, S. 337–358.

Primavera-Lévy, Elisa. „Helden der Autonomie. Genieästhetik und der Heroismus der Tat". *Ästhetischer Heroismus. Konzeptionelle und figurative Paradigmen des Helden*. Hg. Nikolas Immer und Mareen van Marwyck. Bielefeld: transcript, 2013, S. 63–81.
Profitlich, Ulrich (Hg.). *Komödientheorie. Texte und Kommentare. Vom Barock bis zur Gegenwart*. Reinbek bei Hamburg: Rowohlt, 1998.
Profitlich, Ulrich. „Komödien-Konzepte ohne das Element Komik". *Theorie der Komödie – Poetik der Komödie*. Hg. Ralf Simon. Bielefeld: Aisthesis, 2002, S. 13–30.
Rancière, Jacques. *Das Unvernehmen. Politik und Philosophie*. Frankfurt/M.: Suhrkamp, 2002.
Rancière, Jacques. *Die Aufteilung des Sinnlichen. Die Politik der Kunst und ihre Paradoxien*. 2. Aufl. Berlin: b_books, 2008.
Rancière, Jacques. *Ist Kunst widerständig?* Berlin: Merve, 2008.
Rancière, Jacques. *Der Hass der Demokratie*. 2. Aufl. Berlin: Matthes & Seitz, 2012.
Rancière, Jacques. *Zehn Thesen zur Politik*. Wien: Passagen-Verlag, 2018.
Reckwitz, Andreas. *Die Erfindung der Kreativität. Zum Prozess gesellschaftlicher Ästhetisierung*. Berlin: Suhrkamp, 2012.
Reitani, Luigi. „‚Daß uns Recht geschieht, darum beten wir.' Elfriede Jelineks *Die Schutzbefohlenen*". *JELINEK[JAHR]BUCH* (2014–2015), S. 55–71.
Ritzi, Claudia. „Die politische Theorie der Postdemokratie: Jacques Rancière". *Politische Theorien der Gegenwart III*. Hg. André Brodocz und Gary S. Schaal. Opladen: Verlag Barbara Budrich, 2016, S. 337–366.
Rohbeck, Johannes. *Geschichtsphilosophie zur Einführung*. Hamburg: Junius, 2004.
Rosa, Hartmut und Lars Gertenbach. *Theorien der Gemeinschaft zur Einführung*. Hamburg: Junius, 2010.
Salzborn, Samuel. *Angriff der Antidemokraten. Die völkische Rebellion der Neuen Rechten*. Weinheim, Basel: Beltz Juventa, 2017.
Sander, Sabine. *Der Topos der Undarstellbarkeit. Ästhetische Positionen nach Adorno und Lyotard*. Erlangen: Filos, 2008.
Sarna, David E. Y. *History of Greed: Financial Fraud from Tulip Mania to Bernie Madoff*. Chichester: Wiley Blackwell, 2010.
Schenkermayr, Christian. „Ende des Mythos? – Beginn der Burleske? Versuch einer Annäherung an das Verhältnis von Mythendekonstruktion und burlesker Komik in einigen Dramen Elfriede Jelineks". *Felix Austria – Dekonstruktion eines Mythos. Das österreichische Drama und Theater seit Beginn des 20. Jahrhunderts*. Hg. Malgorzata Leyko, Artur Pełka und Karolina Prykowska-Michalak. Fernwald: Litblockin, 2009, S. 344–363.
Schild, Wolfgang. *Richard Wagner – recht betrachtet*. Berlin, Boston: De Gruyter, 2020.
Schiller, Friedrich. *Werke und Briefe in 12 Bänden*. Hg. Otto Dann u. a. Frankfurt/M.: Deutscher Klassiker Verlag, 1992–2002.
Schleusener, Simon. „Trump als Symptom: Populistische Schockpolitik und die Krise der Demokratie". *The Great Disruptor. Über Trump, die Medien und die Politik der Herabsetzung*. Hg. Lars Koch, Tobias Nanz und Christina Rogers. Stuttgart: Metzler, 2020, S. 47–69.
Schmeiser, Leonhard. „Das Gedächtnis des Bodens". *Tumult. Zeitschrift für Verkehrswissenschaft* (1987), S. 38–56.
Schmidt, Christina. „Chor der Untoten. Zu Elfriede Jelineks vielstimmigem Theatertext ‚Wolken.Heim.'". *Zum Zeitvertreib. Strategien – Institutionen – Lektüren – Bilder*.

Hg. Alexander Karschnia, Oliver Kohns, Stefanie Kreuzer und Christian Spies. Bielefeld: Aisthesis, 2005, S. 223–232.

Schmidt, Jochen. *Die Geschichte des Genie-Gedankens 1750–1945. Bd. 1. Von der Aufklärung zum Idealismus.* Darmstadt: Wissenschaftliche Buchgesellschaft, 1985.

Schmidt am Busch, Hans-Christoph. „Grundfragen der Marx-Interpretation". *Marx Handbuch. Leben – Werk – Wirkung.* Hg. Michael Quante und David P. Schweikard. Stuttgart: Metzler, 2016, S. 295–305.

Smith, Adam. *Der Wohlstand der Nationen. Eine Untersuchung seiner Natur und seiner Ursachen.* 9. Aufl. München: Deutscher Taschenbuch-Verlag, 2001.

Schmitt, Carl. *Der Begriff des Politischen. Text von 1932 mit einem Vorwort und drei Corollarien.* 8. Aufl. Berlin: Duncker & Humblot, 2009.

Schmitt, Wolfgang und Franziska Schößler. „Was ist aus der Revolution geworden? Kapitalismuskritik und das intellektuelle Handwerk der Kunst in Elfriede Jelineks Bühnenessay *Rein Gold*". *JELINEK[JAHR]BUCH (2013)*, S. 90–106.

Schoeller, Wilfried F. und Herbert Wiesner (Hg.). *Widerstand des Textes. Politisch-ästhetische Ortsbestimmungen.* Berlin: Matthes & Seitz, 2009.

Schopenhauer, Arthur. *Werke in 10 Bänden. Zürcher Ausgabe.* Zürich: Diogenes, 1977.

Schopenhauer, Arthur. *Gesammelte Briefe.* Hg. Arthur Hübscher. Bonn: Bouvier Verlag Herbert Grundmann, 1978.

Schößler, Franziska. *Augen-Blicke. Erinnerung, Zeit und Geschichte in Dramen der neunziger Jahre.* Tübingen: Narr, 2004.

Schößler, Franziska. „Diffusion des Agonalen: Zum Drama der 1990er Jahre". *Rhetorik. Ein internationales Jahrbuch* 25 (2006), S. 98–106.

Schößler, Franziska und Christine Bähr. „Die Entdeckung der ‚Wirklichkeit'. Ökonomie, Politik und Soziales im zeitgenössischen Theater". *Ökonomie im Theater der Gegenwart. Ästhetik, Produktion, Institution.* Hg. dies. Bielefeld: transcript, 2009, S. 9–20.

Schößler. Franziska. „Die Arbeiten des Herkules als ‚Schöpfung aus dem Nichts': Jelineks Stück *Die Kontrakte des Kaufmanns* und das Popkonzert von Nicolas Stemann". *JELINEK[JAHR]BUCH* (2011), S. 327–340.

Schößler, Franziska. „Ökonomie als Nomos des literarischen Feldes. Arbeit, Geschlecht und Fremdheit in Theatertexten und Prosa seit 1995". *Transformationen des literarischen Feldes in der Gegenwart. Sozialstruktur – Medien-Ökonomien – Autorpositionen.* Hg. Heribert Tommek und Klaus-Michael Bogdal. Heidelberg: Synchron, 2012, S. 229–244.

Schößler, Franziska. *Drama und Theater nach 1989. Prekär, interkulturell, intermedial.* Erlangen: Wehrhahn, 2013.

Schößler, Franziska. „Ökonomie". *Literatur und Wissen. Ein interdisziplinäres Handbuch.* Hg. Roland Borgards, Harald Neumeyer, Nicolas Pethes und Yvonne Wübben. Stuttgart, Weimar: Metzler, 2013, S. 101–106.

Schößler, Franziska. „Das Ende der Revolution und der Klang der Finanzinstrumente. Elfriede Jelineks Wirtschaftskomödie ‚Die Kontrakte des Kaufmanns' und Nicolas Stemanns Inszenierung". *Elfriede Jelinek. Begegnungen im Grenzgebiet.* Hg. Natalie Bloch und Dieter Heimböckel. Trier: Wissenschaftlicher Verlag Trier, 2014, S. 73–84.

Schößler, Franziska. *Einführung in die Dramenanalyse.* 2. Aufl. Stuttgart: Metzler, 2017.

Schöttler, Peter. „‚Wer hat Angst vor dem ‚linguistic turn?'" *Geschichte und Gesellschaft* 32 (1997), S. 134–151.

Schulz, Ingo. *Unsere schönen neuen Kleider. Gegen eine marktkonforme Demokratie – für demokratiekonforme Märkte*. Berlin: Hanser, 2012.
Shapiro, James. *Shakespeare and the Jews*. New York: Columbia University Press, 2016.
Sieg, Christian. *Die ‚engagierte Literatur' und die Religion. Politische Autorschaft im literarischen Feld 1945 und 1990*. Berlin: De Gruyter, 2017.
Silk, Michael. „Style, Voice and Authority in the Choruses of Greek Drama". *Der Chor im antiken und modernen Drama*. Hg. Peter Riemer und Bernhard Zimmermann. Stuttgart: Metzler, 1998, S. 1–26.
Simon, Ralf. „Theorie der Komödie". *Theorie der Komödie – Poetik der Komödie*. Hg. ders. Bielefeld: Aisthesis, 2002, S. 47–66.
Sloterdijk, Peter. *Im Weltinnenraum des Kapitals. Für eine philosophische Theorie der Globalisierung*. Frankfurt/M.: Suhrkamp, 2005.
Snell, Bruno. *Die Entdeckung des Geistes. Studien zur Entstehung des europäischen Denkens bei den Griechen*. 5. Aufl. Göttingen: Vandenhoeck & Ruprecht, 1980.
Stahl Enno. *Diskurspogo. Über Literatur und Gesellschaft*. Berlin: Verbrecher Verlag, 2013.
Stahl, Enno. „Analytischer Realismus zwischen Engagement und Experiment". *Social Turn? Das Soziale in der gegenwärtigen Literatur(-wissenschaft)*. Hg. Dominic Büker, Esteban Sanchino Martinez und Haimo Stiemer. Weilerswist: Velbrück Wissenschaft, 2017, S. 30–50.
Stäheli, Urs und Stefanie Hammer. „Die politische Theorie der Hegemonie: Ernesto Laclau und Chantal Mouffe". *Politische Theorien der Gegenwart III*. Hg. André Brodocz und Gary S. Schaal. Opladen: Verlag Barbara Budrich, 2016, S. 61–98.
Stanitzek, Georg. „Kuckuck". Dirk Baecker, Rembert Hüser und Georg Stanitzek. *Gelegenheit. Diebe. 3x Deutsche Motive*. Bielefeld: Haux 1991, S. 11–80.
Stierle, Karlheinz. „Komik der Handlung, Komik der Sprachhandlung, Komik der Komödie". *Das Komische*. Hg. Wolfgang Preisendanz und Rainer Warning. München: Fink, 1976, S. 237–268.
Stobbe, Johannes. *Die Politisierung des Archaischen. Studien zu Transformationen der griechischen Tragödie im deutsch- und englischsprachigen Drama und Theater seit den 1960er Jahren*. Bielefeld: Aisthesis, 2017.
Strack, Friedrich. „Hölderlins ästhetische Absolutheit". *Revolution und Autonomie. Deutsche Autonomieästhetik im Zeitalter der Französischen Revolution. Ein Symposium*. Hg. Wolfgang Wittkowski. Tübingen: Niemeyer, 1990, S. 175–189.
Strauß, Botho. „Anschwellender Bocksgesang". *Der Spiegel* 6 (1993), S. 202–207.
Stuckler, David, Sanjay Basu, Marc Suhrcke, Adam Coutts und Martin McKee. „The public health effect of economic crises and alternative policy responses in Europe: An empirical analysis". *The Lancet* 374 (2009), S. 315–323.
Szondi, Peter. „Versuch über das Tragische". *Peter Szondi. Schriften*. Bd. 1. Berlin: Suhrkamp, 2011, S. 149–260.
Tacke, Alexandra. „‚Sie nicht als Sie'. Die Nobelpreisträgerin Elfriede Jelinek spricht ‚Im Abseits'". *Autorinszenierungen. Autorschaft und literarisches Werk im Kontext der Medien*. Hg. Christine Künzel und Jörg Schönert. Würzburg: Königshausen & Neumann, 2007, S. 191–209.
Tauss, Martin. *Rhetorik des Rechten. Botho Strauß' konservative Kulturkritik im „Anschwellenden Bocksgesang"*. Diplomarbeit Universität Wien, 1999.

Thamer, Hans-Ulrich. „Der Holocaust in der deutschen Erinnerungskultur vor und nach 1989".
   Erinnern des Holocaust? Eine neue Generation sucht Antworten. Hg. Jens Birkmeyer und
   Cornelia Blasberg. Bielefeld: Aisthesis, 2006, S. 81–93.
Theweleit, Klaus. „Bemerkungen zum RAF-Gespenst. ‚Abstrakter Radikalismus' und Kunst".
   Ghosts. Drei leicht inkorrekte Vorträge. Frankfurt/M., Basel: Stroemfeld/Roter Stern, 1998,
   S. 13–99.
Tommek, Heribert. *Der lange Weg in die Gegenwartsliteratur. Studien zur Geschichte des
   literarischen Feldes in Deutschland 1960–2000.* Berlin, Boston: De Gruyter, 2015.
Tuschling, Jeanine. „‚Ich, eine Figur, die zu nichts taugt?' Autofiktionale Erzählstrategien in
   Elfriede Jelineks Internetroman *Neid*". *Auto(r)fiktion. Literarische Verfahren der
   Selbstkonstruktion.* Hg. Martina Wagner-Egelhaaf. Bielefeld: transcript, 2013, S. 235–261.
Tuschling-Langewand, Jeanine. *Autorschaft und Medialität in Elfriede Jelineks
   Todsündenromanen* Lust, Gier *und* Neid. Marburg: Tectum, 2016.
Van den Berg, Hubert und Walter Fähnders. „Die künstlerische Avantgarde im 20. Jahrhundert
   – Einleitung". *Metzler Lexikon Avantgarde.* Hg. dies. Stuttgart, Weimar: Metzler, 2009,
   S. 1–19.
Vief, Bernhard. „Digitales Geld". *Digitaler Schein. Ästhetik der elektronischen Medien.* Hg.
   Florian Rötzer. Frankfurt/M.: Suhrkamp, 1991, S. 117–146.
Vogel, Juliane. „Intertextualität". *Jelinek Handbuch.* Hg. Pia Janke. Stuttgart, Weimar: Metzler,
   2013, S. 47–55.
Vogl, Joseph. *Kalkül und Leidenschaft. Poetik des ökonomischen Menschen.* München:
   Sequenzia, 2002.
Vogl, Joseph. *Das Gespenst des Kapitals.* 3. Aufl. Zürich: Diaphanes, 2010/2011.
Vogl, Joseph. „Poetologie des Wissens". *Einführung in die Kulturwissenschaft.* Hg. Harun Maye
   und Leander Scholz. München: Fink, 2011, S. 49–71.
Von Düffel, John und Franziska Schößler. „Gespräch über das Theater der neunziger Jahre".
   Theater fürs 21. Jahrhundert. Text+Kritik. Zeitschrift für Literatur. Sonderband (2004),
   S. 42–51.
Wagner, Richard. *Gesammelte Schriften und Briefe.* 14 Bde. Hg. Julius Kapp. Leipzig: Hesse &
   Becker, 1914.
Wagner, Richard. *Kunst und Revolution. Auswahl aus seinen politischen Schriften.* Hg. Gustav
   Steinbömer. Potsdam: Protte, 1935.
Wagner, Thomas (Hg.). *Die Einmischer. Wie sich Schriftsteller heute engagieren.* Hamburg:
   Argument, 2011.
Wagner, Sabrina. *Aufklärer der Gegenwart. Politische Autorschaft zu Beginn des
   21. Jahrhunderts – Juli Zeh, Ilja Trojanow, Uwe Tellkamp.* Göttingen: Wallstein, 2015.
Waldow, Stephanie (Hg.). *Ethik im Gespräch. Autorinnen und Autoren über das Verhältnis von
   Politik und Ethik heute.* Bielefeld: transcript, 2011.
Watzlawick, Paul, Janet H. Beavin und Don D. Jackson. *Menschliche Kommunikation. Formen,
   Störungen, Paradoxien.* 12. Aufl. Bern: Huber, 2011.
Wegmann, Nikolaus. „Engagierte Literatur? Zur Poetik des Klartexts". *Systemtheorie der
   Literatur.* Hg. Jürgen Fohrmann und Harro Müller. München: Fink, 1996, S. 345–365.
Weikert, Sakine. *„entweder Schwein oder Mensch". Sprache und Gewalt in den Texten der RAF.*
   Bremen: Institut für Kulturwissenschaftliche Deutschlandstudien, 2012.
Werner, Florian. *Dunkle Materie. Die Geschichte der Scheiße.* München: Nagel & Kimche, 2011.

Wetzel, Dietmar J. *Diskurse des Politischen. Zwischen Re- und Dekonstruktion.* München: Fink, 2003.
Wittek, Bernd. *Der Literaturstreit im sich vereinigenden Deutschland. Eine Analyse des Streits um Christa Wolf und die deutsch-deutsche Gegenwartsliteratur in Zeitungen und Zeitschriften.* Marburg: Tectum, 1997.
Wolf, Norbert Christian. „*Lust* im journalistischen Feld, Unlust an der Lektüre. Zur Funktion der Werkpolitik und Kritik an Jelineks Roman". *Elfriede Jelinek. Provokationen der Kunst.* Hg. Uta Degner und Christa Gürtler. Boston, Berlin: De Gruyter, 2021, S. 133–161.
Zaborowski, Holger. *„Eine Frage von Schuld und Irre?" Martin Heidegger und der Nationalsozialismus.* Frankfurt/M.: Fischer, 2008.
Zanetti, Sandro. „Welche Gegenwart? Welche Literatur? Welche Wissenschaft? Zum Verhältnis von Literaturwissenschaft und Gegenwartsliteratur". *Wie über Gegenwart sprechen? Überlegungen zu den Methoden einer Gegenwartsliteraturwissenschaft.* Hg. Paul Brodowsky und Thomas Klupp. Frankfurt/M.: Peter Lang, 2010, S. 13–29.
Zeh, Juli. „Auf den Barrikaden oder hinter dem Berg. Die jungen Schriftsteller und die Politik". *Deutschland denken. Beiträge für die reflektierte Politik.* Hg. Undine Ruge und Daniel Morat. Wiesbaden: VS Verlag für Sozialwissenschaften, 2005, S. 23–28.
Zeyringer, Klaus. *Österreichische Literatur 1945–1998. Überblicke, Einschnitte. Wegmarken.* Innsbruck: Haymon, 1999.
Zimmermann, Bernhard. *Die griechische Komödie.* Frankfurt/M.: Verlag Antike, 2006.
Žižek, Slavoj. *Die bösen Geister des himmlischen Bereichs. Der linke Kampf um das 21. Jahrhundert.* Frankfurt/M.: Fischer, 2011.
Žižek, Slavoj. *Demanding the Impossible.* Cambridge, Malden: Indigo Book Company, 2013.
Žižek, Slavoj. *Ärger im Paradies. Vom Ende der Geschichte zum Ende des Kapitalismus.* Frankfurt/M.: Fischer, 2015.
Žižek, Slavoj. *Der neue Klassenkampf. Die wahren Gründe für Flucht und Terror.* 2. Aufl. Berlin: Ullstein, 2016.

Rezensionen

Finger, Evelyn. „Ich bin absolut pessimistisch." *Zeit Online* (22. September 2006). https://www.zeit.de/online/2006/44/jelinek-premiere-hamburg/komplettansicht (01. März 2022).
Gondorf, Ulrike. „Gegen das System helfen keine Verträge". *nachtkritik.de* (16. April 2009). https://www.nachtkritik.de/index.php?option=com_content&view=article&id=2688:die-kontrakte-des-kaufmanns-nicolas-stemann-bringt-das-neue-stueck-von-elfriede-jelinek-zur-ua&catid=84:schauspiel-koeln&Itemid=100190 (01. März 2022).
Lindner, Burkhardt. „Deutschland: Erhabener Abgesang. Elfriede Jelineks Spiegel-Verzerrung zur Selbsterkenntnis: Wolken.Heim". *Elfriede Jelinek.* Hg. Kurt Bartsch und Günther A. Höfler. Graz: Droschl 1991, S. 243–246. [Ursprünglich erschienen in *Frankfurter Rundschau* am 07. April 1990.]
Nevak, Tanina. „Von deutschem Wesen. Uraufführung in Halle Breuel: Elfriede Jelineks ‚Wolken.Heim'". *Generalanzeiger* (23. September 1988).
„Presseschau vom 13. Oktober 2010 – Skandal bei Elfriede *Jelineks Rechnitz (Ein Würgeengel)* in Düsseldorf". *nachtkritik.de* (13. Oktober 2010). https://www.nachtkritik.de/index.php?view=article&id=4779:presseschau-vom-13-oktober-2010-skandal-bei-elfriede-jelineks-

rechnitz-ein-wuergeengel-in-duesseldorf&option=com_content&Itemid=62 (01. März 2022).

Schulze-Reimpell, Werner. „Nebulöse Montage. Bonner Uraufführung von Hans Hoffers und Elfriede Jelineks ‚Wolken.Heim.'". *Nürnberger Nachrichten* (30. September 1988).

Texte in Zeitungen und Online-Medien

Berger, Jutta u. a. „Frau, Kind und Eltern mit der Axt erschlagen". *Der Standard* (15. Mai 2008). https://derstandard.at/3335809/Frau-Kind-und-Eltern-mit-der-Axt-erschlagen (01. März 2022).

Biller, Maxim. „Letzte Ausfahrt Uckermark". *Die Zeit* (20. Februar 2014). http://www.zeit.de/2014/09/deutsche-gegenwartsliteratur-maxim-biller (01. März 2022).

Buchholz, Simone, Dmitrij Kapitelman und Mithu Sanyal. „Dichterin gesucht". *Süddeutsche Zeitung* (03. Januar 2022). https://www.sueddeutsche.de/kultur/parlament-poesie-kraft-der-sprache-kanada-parlamentspoetin-1.5500469 (01. März 2022).

Dean, Martin R., Thomas Hettche, Matthias Politycki und Michael Schindhelm. „Was soll der Roman?" *Die Zeit* (23. Juli 2005).

Erne, Eduard und Sandra Kegel. „Rechnitz-Massaker. Die Köchin sah die Mörder tanzen". *FAZ* (26. Oktober 2007). https://www.faz.net/aktuell/feuilleton/debatten/rechnitz-massaker-die-koechin-sah-die-moerder-tanzen-1489773-p3.html?printPagedArticle=true#pageIndex_2 (01. März 2022).

Greiner, Ulrich. „Die deutsche Gesinnungsästhetik. Noch einmal: Christa Wolf und der deutsche Literaturstreit. Eine Zwischenbilanz". *Die Zeit* (02. November 1990).

Kessler, Florian. „Lassen Sie mich durch, ich bin Arztsohn". *Die Zeit* (23. Januar 2014). http://www.zeit.de/2014/04/deutsche-gegenwartsliteratur-brav-konformistisch (01. März 2022).

McCool, Grant. „Vilified symbol of greed Madoff to hear prison term". *Reuters* (28. Juni 2008). https://www.reuters.com/article/us-madoff/vilified-symbol-of-greed-madoff-to-hear-prison-term-idUSTRE55P6O520090628 (01. März 2022).

Nazis und Goldmund. Über uns. http://www.nazisundgoldmund.net/info/ (01. März 2022).

N. N. „Votivkirchen-Flüchtlinge: Eine Chronologie". *Wien ORF.at* (19. Februar 2013). http://wien.orf.at/news/stories/2572156/ (01. März 2022).

N. N. „Zahl der Suizide in der Finanzkrise weltweit gestiegen". *Die Zeit* (18. September 2013). http://www.zeit.de/wissen/2013-09/suizidrat-finanzkrise-studie (01. März 2022).

N. N. „Die Türen sind offen. #refugeeswelcome – Wie die Theater in der Flüchtlingshilfe aktiv werden". *nachtkritik.de* (ab 23. September 2015). https://www.nachtkritik.de/index.php?option=com_content&view=article&id=11497:immer-mehr-theater-engagieren-sich-fuer-fluechtlinge&catid=1513:portraet-profil-die-neuen-deutschen&Itemid=85 (01. März 2022).

Riedl, Joachim. „Skandal in Österreich. Ein Snob stürzt ab". *Die Zeit* (03. April 2009). http://www.zeit.de/online/2009/15/meinl-wien/komplettansicht (01. März 2022).

Schirrmacher, Frank. „Eine Stimme fehlt. Literatur und Politik". *FAZ* (18. März 2011). http://www.faz.net/aktuell/feuilleton/themen/literatur-und-politik-eine-stimme-fehlt-1613223.html?printPagedArticle=true#pageIndex_0 (01. März 2022).

Schmidt-Rahmer, Hermann und Annette Bosetti. „Jelineks literarischer Amoklauf". *RP Online* (12. Oktober 2010). https://rp-online.de/kultur/jelineks-literarischer-amoklauf_aid-12620731 (01. März 2022).

Seiser, Michaela. „Die Schmach der ehrwürdigen Händlerfamilie. Finanzskandale (13): Julius Meinl." *FAZ* (18. April 2009). http://www.faz.net/aktuell/finanzen/finanzskandale/finanzskandale-13-julius-meinl-die-schmach-der-ehrwuerdigen-haendlerfamilie-1760114-p2.html?printPagedArticle=true#pageIndex_1 (01. März 2022).

Videos

Hannah Arendt im Gespräch mit Günter Gaus (28. Oktober 1964). https://www.youtube.com/watch?v=J9SyTEUi6Kw (01. März 2022).

Danksagungen

Cornelia Blasberg danke ich für die konstruktive und immer herzliche Betreuung des Dissertationsprojekts. Unsere jahrelange, stets von Vertrauen und Offenheit getragene Zusammenarbeit hat mein wissenschaftliches Selbstverständnis maßgeblich geprägt. Die Rückmeldungen von Martina Wagner-Egelhaaf waren immer eine produktive Anregung. Die Aufgeschlossenheit, mit der sich Anne Fleig meines Dissertationsvorhabens angenommen hat, weiß ich zu schätzen.

Dem Evangelischen Studienwerk Villigst verdanke ich die materielle und ideelle Förderung, die Sybille Hahn-Stiftung hat durch ein Stipendium die Fertigstellung der Dissertation möglich gemacht. Gedankt sei den Mitarbeiter/-innen des Jelinek-Forschungszentrums für die Betreuung meines Archiv- und Forschungsaufenthalts.

Gerrit Althüser, Gesine Heger, Patricia Gwozdz und Hans Julius Noack danke ich für die Lektüre und das Feedback zu meiner Arbeit.

Mein größter Dank gilt meiner Familie. Meine Eltern Waldemar und Maria Husser haben mit ihrer bedingungslosen Unterstützung und Liebenswürdigkeit die Weichen für die Realisierung des Dissertationsvorhabens gestellt. Ohne meine Schwester Natalia Husser, schärfste Kritikerin, intellektuelle Gesprächspartnerin, emotionaler Rückhalt und beste Freundin, hätte es die Arbeit in dieser Form nicht gegeben.

Register

Adorno, Theodor W.   80, 215 f., 219, 236
Agamben, Giorgio   17, 107, 128, 140 f., 152, 184, 205
Aischylos   85–88, 237 f., 241, 243, 246
Arendt, Hannah   16, 18 f., 32, 86
Aristoteles   16, 19, 40, 194, 225, 244
Assmann, Aleida   217, 232
Auerbach, Erich   41, 226 f.

Bachtin, Michail   217
Barthes, Roland   59, 63 f., 79, 104, 185, 212 f., 254
Baudrillard, Jean   35–38, 105
Baumann, Zygmunt   227, 239
Benjamin, Walter   57, 122, 128–131, 134, 153, 156
Biller, Maxim   48, 52 f., 56, 251
Bohrer, Karl-Heinz   43 f., 99, 104, 215
Boltanski, Luc   30–32, 114, 130, 135, 137 f.
Bourdieu, Pierre   7, 10–12, 26, 55, 63, 67, 74–78, 84, 168, 174, 176, 184 f., 214, 256 f.
Büchner, Georg   111 f., 157, 226 f.

Chiapello, Eve   30–32, 114, 130, 135, 137 f.

Derrida, Jacques   29, 132, 191

Eagleton, Terry   72

Fichte, Johann Gottlieb   93, 95 f., 99, 103 f., 106, 166, 173, 215, 218
Foucault, Michel   14, 37, 63, 241
Freud, Sigmund   207, 209
Fukuyama, Francis   33, 35 f.

Gadamer, Hans-Georg   4
Gauchet, Marcel   21–23, 62, 157–160
Gilcher-Holtey, Ingrid   24–26, 43
Girard, René   163–165, 256
Gramsci, Antonio   28, 30

Handke, Peter   42, 54, 58, 66, 79, 184–187, 231
Hegel, Georg Wilhelm Friedrich   35 f., 93, 95, 99, 106, 166, 173, 215 f.
Heidegger, Martin   16, 20 f., 57, 93, 95, 99, 104, 106, 174–179, 181, 183, 210 f., 218, 237, 248 f.
Hölderlin, Friedrich   57, 93, 95, 100, 103 f., 106, 109, 166–173, 178 f., 182, 216

Kant, Immanuel   57, 167, 193, 251
Koselleck, Reinhart   13 f.

Laclau, Ernesto   17, 21, 23 f., 26–30, 32, 39, 65, 73, 75, 104, 137, 212 f., 254
Lefort, Claude   21–23, 26, 62, 157–160
Lehmann, Hans-Thies   51, 225, 229

Manow, Philip   158 f., 165
Marx, Karl   27, 57, 128, 144 f., 148–155, 200
Moretti, Franco   136 f., 142
Mouffe, Chantal   17 f., 20–23, 26–30, 32–35, 38–42, 62, 64 f., 73, 75, 86, 104, 137, 156 f., 212 f., 246, 254
Münkler, Herfried   16, 98, 148, 152, 154 f., 188

Nancy, Jean-Luc   90, 247
Nietzsche, Friedrich   35, 57, 100 f., 171, 231
Novalis   167

Opitz, Martin   225

Pestre, Dominique   136 f., 142
Politycki, Matthias   47 f.

Rancière, Jacques   19 f., 22, 26 f., 33–35, 38, 40–42, 62, 64 f., 73, 75, 86, 90, 245 f., 250, 254
Reckwitz, Andreas   251

Schiller, Friedrich 41, 57, 64, 84, 100, 111, 166f., 194, 251
Schmitt, Carl 16–20
Schopenhauer, Arthur 100f., 154
Shakespeare, William 111, 124, 201f.
Sloterdijk, Peter 239f.
Smith, Adam 123, 125, 139, 195
Stahl, Enno 48
Strauß, Botho 57, 79, 181–184, 186f., 191, 231
Szondi, Peter 229

Theweleit, Klaus 110f., 179

Von Kleist, Heinrich 57, 93, 95, 103, 107

Wagner, Richard 118, 124, 152–155, 187–191
Walser, Martin 45, 57, 80, 183
Wolf, Christa 43

Zeh, Juli 2, 44f., 47, 60
Žižek, Slavoj 138, 156, 177, 239